高等学校教材

机械产品质量检验

（第二版）

田　晓　主编

中国质检出版社
中国标准出版社

北　京

图书在版编目(CIP)数据

机械产品质量检验/田晓主编.—2版.—北京:中国质检出版社,2014.7(2021.7重印)

ISBN 978-7-5026-4003-3

Ⅰ.①机… Ⅱ.①田… Ⅲ.①机械工业—产品质量—质量检验 Ⅳ.①TH-43

中国版本图书馆CIP数据核字(2014)第083622号

内 容 提 要

本书介绍了机械产品生产过程中基本环节的质量检验方法,包括材料特性、几何尺寸、加工过程中的质量检验(包括锻造、铸造、涂镀层、包装等的检验)以及机械产品的感官检验和环境检验等,并以机床、内燃机、汽车、起重机和防盗门的具体检验程序、要求以及具体方法为例,说明机械产品检验方法。

本书可作为大学本、专科相关专业的教材,也可供从事机械产品质检人员自学和参考。

中国质检出版社
中国标准出版社 出版发行

北京市朝阳区和平里西街甲2号(100029)

北京市西城区三里河北街16号(100045)

网址 www.spc.net.cn

总编室:(010)64275323 发行中心:(010)51780235

读者服务部:(010)68523946

中国标准出版社秦皇岛印刷厂印刷

各地新华书店经销

*

开本 787×1092 1/16 印张 16.5 字数 456 千字

2014年7月第二版 2021年7月第十一次印刷

*

定价 39.00 元

编　委　会

主　编　田　晓

副主编　黄铁群

编　委　（按姓氏笔画为序）

牛建刚　齐　斌　罗时淼　曹锁胜

编者的话

《机械产品质量检验》(第二版)是根据2004年7月中国计量出版社组织的质量技术监督专业教材而修订的。本教材是高等学校产品质量检验与质量工程等专业的一门重要的专业主干课程。

《机械产品质量检验》课的教学目的是使学生掌握机械产品所用材料的力学性能和产品加工过程中的一系列环节的质量检验方法,以及对典型的机械产品的检验项目和方法有一定的了解。

本书是为满足上述要求而编写的,共分十章,内容包括材料特性、几何尺寸、加工过程中的质量检验(包括锻造、铸造、涂镀层、包装等的检验)以及机械产品的感官检验和环境检验等,并以机床、内燃机、汽车、起重机和防盗门的具体检验程序、要求以及具体方法为例,说明机械产品检验方法。

编写本书的有河北大学质量技术监督学院田晓(第一章)、中央司法警官学院(保定)齐斌(第五章、第六章)、曹锁胜(第二章)、牛建刚(第七章);西华大学技术监督学院罗时淼(第三章、第四章、第十章);中国计量学院机电工程研究所黄铁群(第八章、第九章)。参加本书编写并给予指导的还有河北工业大学王建民、石秋荣教授和原常州工学院的葛为民老师,在整个编写过程中得到了中国质检出版社的指导和帮助,在此特表感谢。

由于作者水平有限,加之时间仓促,本书的错误和不足在所难免,敬请广大读者批评指正。

编　者

2014年4月

目 录

第一章　绪　论

第一节　产品质量检验的基本概念

一、产品

产品是活动或过程的结果。它可以是有形的（如组件或流程性材料等）也可以是无形的（如知识或概念）或是它们的组合。目前，一般将产品分为4种类型，分别是硬件、软件、流程性材料、服务。

通过机械加工或以机械加工为主要方法生产出来的产品，称为机械产品。本书主要涉及机械产品的检验方法。

二、产品质量及质量特性

（一）产品质量

机械产品质量是指反映工程机械产品这一实体满足明确和隐含需要的能力和特性的总和。

产品质量的明确需要是指在标准、规范、图样、技术要求和其他文件中已经做出的规定要求，即产品制造者对产品质量的要求；而隐含需要是从顾客和社会的角度对产品质量提出的日益不断提高的期望要求。从系统的观点来看，机械产品质量实质上是系统输入，例如：人员、资金、设施、设备、方法、手段等资源经转化实现系统的输出——产品质量，以满足顾客的需要。从系统的广义性来看，机械产品质量总的包括以下三个方面。

（1）最终产品质量，即成品质量。是实体质量状态与产品设计技术性能指标的符合程度以及是否满足设计要求的具体表现。

（2）过程质量，即半成品质量。它反映了系统的技术状态水平与生产图样、技术文件的一致性。

（3）质量体系运行质量。它是一项保证最终产品质量和过程质量的重要质量活动，是改善和提高产品质量和过程质量的有效手段。

（二）质量特性

机械产品质量评价内容主要是从产品性能指标、可靠性、维修性、安全性、适应性、经济性、时间性以及环境要求等方面对实体质量进行客观评价验收，以确定是否满足设计规定要求和是否达到顾客及社会对产品质量的期望。

（1）技术性能指标：反映了综合顾客和社会的需要对产品所规定的功能。在产品设计开发时，已经做出了明确规定，性能指标分为使用性能指标和外观性能指标。

（2）可靠性：指工程机械在规定条件下和规定时间内完成规定功能的能力。

(3)维修性:可以简单地描述为工程机械出现了故障时对其进行维修的难易程度,是在规定的时间和条件下,按照规定的程序和方法进行维修以保持或恢复到原功能状态下的能力的体现。

(4)安全性:反映了工程机械产品在贮存、流通和使用过程中不发生由于产品质量而导致的人员伤亡、财产损失的能力。

(5)适应性:指工程机械产品适应外界环境变化的能力,例如:适应环境条件、气候条件以及使用条件的地域分布特性。

(6)经济性:反映了工程机械产品合理的全寿命周期费用,主要包括:研制费用、购置费用、使用费用(用燃油消耗率来衡量)、保障和维修费用等方面。

(7)时间性:反映了在规定时间内满足顾客对产品交货期和数量要求,以满足随时间变化的顾客要求变化的能力,从研制、定型试验到批量生产的全过程应缩短时间周期。

(8)环境符合性:指工程机械产品在出厂时必须符合环境保护要求,这是一项强制性要求,具体而言,机械产品必须使环境噪声符合国家标准要求,而已排放的有毒有害气体也不能超标,这就是环境符合性要求。

三、检验及质量检验方式

(一)检验

质量检验就是对产品、过程或服务的一种或多个特性进行测量、检查、试验、计量,并将这些特性与规定的要求进行比较,做出接收(合格)或拒收(不合格)判别的过程。质量检验过程中,为了能迅速准确地做出判断往往需要引用一定公式和查阅有关资料,产品质量检验过程所采取的检验方法和手段,以及使用单位的原材料、半成品、成品的质量特性值与规定的质量标准进行比较,都要通过各种图表和原始记录等资料反映出来。它是质量检验常用资料的依据和结晶。随着质量检验的发展,质量检验常用资料也必将不断地丰富和完善。

(二)质量检验方式

质量检验方式是不同的检验对象,在不同的条件和要求下,所采取的不同的检验方法和手段。检验方式多种多样,选择合适的检验方式,不仅可以获得真实的产品质量,并可以缩短检验周期,节约费用。机械产品常用的检验方式有以下几个方面。

按检验程序划分:进货检验、过程检验、最终检验;

按检验地点划分:固定(集中)检验、就地检验、流动(巡回)检验;

按检验目的划分:生产检验、验收检验、复查检验,仲裁检验;

按检验数量划分:全数检验、抽样检验;

按检验后果性质划分:非破坏性检验、破坏性检验;

按检验人员划分:自我检验、互相检验、专职检验;

按检验数据性质划分:计量值检验、计数值检验。

对某一产品检验活动方式的选择,显然需要从上述几个方面中选取几个方面(不可能是一个方面)的各一种方式进行。

(三)质量检验方法

指产品质量检验时所采用的检验原理、检验程序、检验手段和检验条件的总体。因而,检验方法不符合要求,检验结果就不准确可靠,甚至会把合格产品误判为不合格品。质量检验方法通常分为感官检验、器具检验和试验性使用检验 3 种。如图 1 – 1 所示。

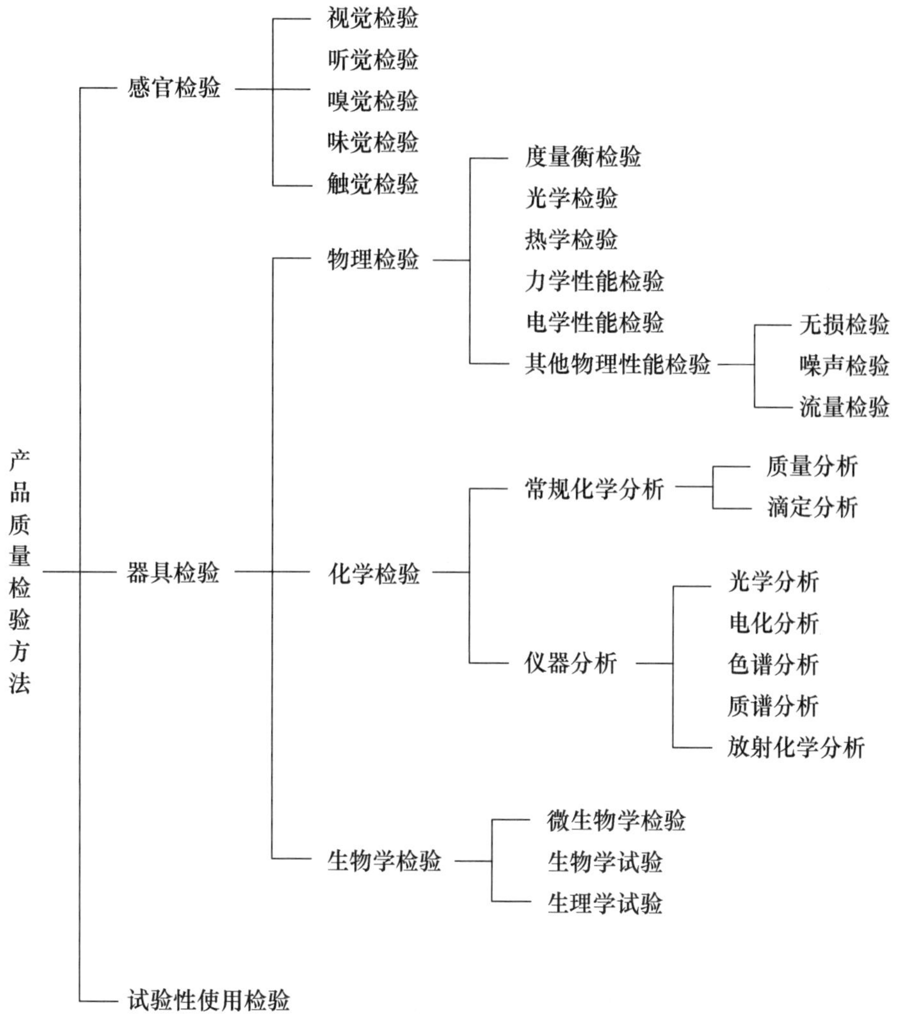

产品质量检验方法
感官检验
视觉检验
听觉检验
嗅觉检验
味觉检验
触觉检验
器具检验
物理检验
度量衡检验
光学检验
热学检验
力学性能检验
电学性能检验
其他物理性能检验
无损检验
噪声检验
流量检验
化学检验
常规化学分析
质量分析
滴定分析
仪器分析
光学分析
电化分析
色谱分析
质谱分析
放射化学分析
生物学检验
微生物学检验
生物学试验
生理学试验
试验性使用检验

图 1 – 1　质量检验方法

1. 器具检验

器具检验是依靠计量仪器、量具应用物理和化学方法对产品质量进行检验，以获得质量检验的结果。检验过程如图 1 – 2 所示。

被检物
确定
手段
接收
转换
示值
标准
判定
检验结论

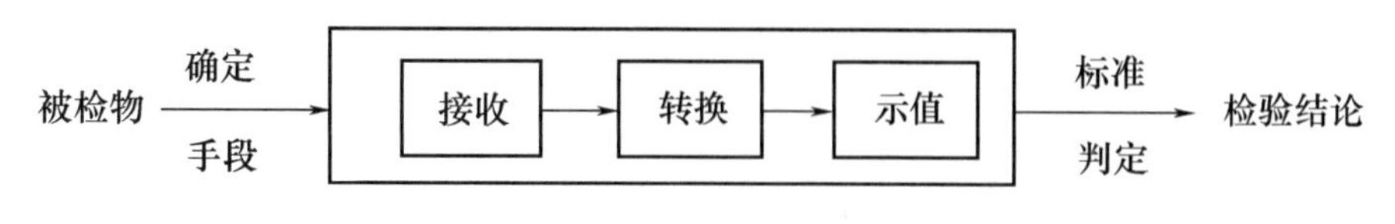

图 1 – 2　器具检验示意图

在确定检验方法和选择检验手段时，一般应做到：

(1)凡有技术要求的必检项目，都要按规定确定检验方法和检验手段；

(2)应按被检验质量特性的精度等级选择相应精度的计量器具及辅助工具；

(3)根据生产批量大小选用专用或万能量具等；

(4)对计量器具严格进行周期检定，凡超周期或未检定的计量器具不得使用。

2. 感官检验

感官检验是指靠人的感觉器官(眼、耳、鼻、嘴、皮肤等)对产品质量特性进行评价和判定的活动。如机械产品的外形，油漆表面的颜色、光泽、伤痕，金属表面的污损、锈蚀，机械转动的声音，表面升温等，往往依靠人的感觉器官进行检查和评价。但感官检验受人的“条件”影响。如错觉、时空、误差、疲劳程度、训练效果、心理影响、生理差异等，在检验实施过程中应力求给予排除。具体方法和内容见第五章。

3. 试验性使用检验

试验性使用检验法也称实际使用效果检验。这种检验方法是观察产品在实际使用条件下其质量变化情况。在开发新产品、新材料、新工艺时，试验性使用检验具有重要意义。一是通过这种方法可判断用户是否接受，二是可以考核产品的实际质量，如服装鞋类、电视机显像管、汽车的安全可靠性、金属材料耐腐蚀性等。为了缩短时间，有时用模拟的方法进行相似的环境或寿命试验，据此来代替试验性使用检验，但有时难以用实验室的试验结果来评估产品实际使用效果，世界发达国家很重视产品的实际使用效果的检验。

环境条件试验有自然暴露实验、现场试验和人工模拟试验三种。环境试验的常用方法见表1－1。

表1－1　环境试验常用方法

<table>
<tr><th>试验项目</th><th>各项目分支</th><th>目的及适用对象</th></tr>
<tr><td>高低温试验</td><td></td><td>考核产品贮存和使用的适应性</td></tr>
<tr><td>温度冲击试验</td><td></td><td>考核产品结构承受能力</td></tr>
<tr><td rowspan="3">湿热试验</td><td>恒定湿热试验</td><td>考察只有渗透而无呼吸作用的产品对湿热的适应性</td></tr>
<tr><td>交变湿热试验</td><td>考察有呼吸作用的产品对湿热的适应性</td></tr>
<tr><td>常温湿热试验</td><td>考核产品对湿热的适应性</td></tr>
<tr><td rowspan="2">防腐试验</td><td>大气暴露腐蚀试验</td><td rowspan="2"></td></tr>
<tr><td>人工加速腐蚀试验</td></tr>
<tr><td>霉菌试验</td><td></td><td>考核产品霉菌对产品性能和使用情况的影响</td></tr>
<tr><td>密封试验</td><td></td><td>考核产品防尘、防气体、液体渗漏和密封能力</td></tr>
<tr><td>振动试验</td><td></td><td>考核产品耐振动的适应性</td></tr>
<tr><td rowspan="3">老化试验</td><td>大气老化试验</td><td rowspan="3">考核高分子材料制品抵抗环境条件影响的能力</td></tr>
<tr><td>热老化试验</td></tr>
<tr><td>臭氧老化试验</td></tr>
<tr><td>运输包装试验</td><td></td><td>考核包装件承受动压力、冲击、振动、摩擦等</td></tr>
</table>

(四)机械产品质量检验

不同类型的产品检验方法和项目不同,产品质量检验一般分为:机械产品质量检验、电工电子产品质量检验、流程性材料的质量检验、软件质量检验等,本书主要阐述机械产品质量检验。

1. 机械产品的特点

机械产品是由最基本的单元零件装配而成。零件一般由原材料制成,材料的微观组成(成分)及各项性能就是零件重要的内在质量要求。整机质量产品又由固定部分和可动部分组成,它们之间的运动在直线、平面和空间实现,这些运动精度也是决定机械产品使用过程中质量的一个环节。在工作时承受不同方式的载荷,因此需要对零件的刚度、强度,对运动件可靠性、耐久性及耐磨性等性能提出要求。

2. 主要性能要求

(1)零件:金属材料化学成分;金属材料显微组织;主要结构型式尺寸、几何参数、形状与位置公差及表面粗糙度;机械力学性能;特殊要求如:互换性、耐磨性、耐腐性、耐老化性等。

(2)部件和整机:运动部件的灵活性;固定部分连接的牢固性;配合部件的互换性;外观质量及结构主要的规格尺寸;输入输出功率、速度、扭矩、动静平衡及完成各种不同作业的功能、技术性能和适用性。

3. 机械产品的检验、试验方法

(1)机械零件检验:化学分析;物理试验(机械性试验、无损探伤、金相显微组织检验等);几何量测量(尺寸精度及形状、位置公差等)。

(2)产品性能的试验:产品性能是按规定程序和要求对产品的基本功能、各种使用条件下的适应性及其他能力进行检查和测量,以评价产品性能满足规定要求的程度。包括功能试验;结构力学试验(一般用于承受动、静载荷的产品);空运转试验(考察产品在无负载条件下工作状况);负载试验(考察产品在加载条件下工作状况);人体适应性试验(考察机械对人体的影响及人体对机械运转影响的耐受程度等);安全性、可靠性和耐久性试验(考察机械在长期实际使用条件下运行性能);环境条件试验(考察产品性能对环境的适应性、持续性及稳定性)。

四、质量检验的基本要点

(1)一种产品为满足顾客要求或预期的使用要求和政府法律、法规的强制性规定,都要对其技术性能、安全性能、互换性能及对环境和人身安全、健康影响程度等多方面的要求做出规定,这些规定组成产品相应的质量特性。

(2)产品的质量特性一般都转化为具体的技术要求在产品技术标准(国家标准、行业标准、企业标准)和其他相关的产品设计图样、作业文件或检验规程中明确规定,成为质量检验的技术依据和检验后比较检验结果的基准。

(3)产品质量特性是在产品实现过程中形成的,是由产品的原材料、构成产品的各个组成部分(如零件、部件)的质量决定的,并与产品实现过程的专业技术、人员水平、设备能力甚至环境条件密切相关。

第二节　产品质量检验的意义与作用

一、产品质量检验的意义

质量检验是保证产品质量的重要手段，是全面质量管理的重要组成部分，即检验是产品质量形成过程的有机组成部分。客观地说，产品质量形成的主体是设计和制造，而质量保证的主体是检验，产品的符合性是由检验来保证的，因此产品质量检验是生产过程中保证质量必不可少的重要环节。

二、产品质量检验的作用

（一）判断鉴别职能

对产品进行度量（如测量、测试、化验等）并与质量标准比较，得出产品是否合格的结论。此外，根据有关规定的要求，判断产品的适用性。

（二）预防职能

采用先进的检验方法，及时发现产品的问题，并进行预报，防止出现批量不合格品。

预防职能可以体现为三个方面的具体职能：通过过程（工序）能力的测定和控制图的使用起预防作用；通过过程（工序）作业的首检与巡检起预防作用；广义的预防作用，实际上对原材料和外购件的进货检验，对中间产品转序或入库前的检验，既起把关作用，又起到预防作用。前过程的把关，对后过程就是预防。

（三）保证、把关职能

通过检验和测试，剔除不良品，把好质量关，做到不符合质量标准的不良品不转入下道工序或流入用户手中。

（四）信息反馈职能

及时做好检验工作中数据、质量信息等的记录，并进行分析和评价，向领导及有关部门报道。

第三节　产品质量检验依据

产品质量检验的依据是：国家法律和法规、技术标准、产品图样、工艺文件、明示担保和质量承诺、订货合同及技术协议。检验人员按有关质量检验规程或检验指导书实施质量检验，对产品质量合格与否做出判定。

一、质量法律和法规

国家非常重视产品质量立法工作。已形成了以《中华人民共和国产品质量法》（以下简称《产品质量法》）为基本法，辅之以其他配套质量法规和特殊产品的专门立法。

除全国人大发布的质量法律外，由国务院和下属部、局等部门及各省（市）人大发布的有关质量方面的规定，成为质量法规，也是必须要执行的。

二、技术标准

技术标准是从事生产和商品流通的一种共同技术依据。凡正式生产的产品都应有(或制定)标准,并贯彻执行。

(一)技术标准

按照标准化的对象性质,其内容应包括:

(1)基础标准:指在一定范围内作为其他标准的基础,如通用技术语言标准、六项互换性基础标准、机械制图标准等。

(2)产品标准:指某一类或某一种产品要达到的部分或全部技术要求的标准。

(3)方法标准:指以试验、检查、抽样和作业等方法为对象制定的标准。

(4)安全、保护标准:以保护人和物的安全为目的制定的标准,如机械产品的排放、噪声、振动等。

(二)我国技术标准的分级

按照技术标准的使用领域和有效范围,我国的技术标准分为:国家标准、行业标准、企业标准等。国家和行业标准又分为强制性(规定必须严格执行,否则不能生产和销售)标准和推荐性(国家鼓励企业自愿采用的)标准两种。规定行业、地方、企业标准不得与国家标准相抵触;地方和企业标准不得与行业标准相抵触;企业标准不得与地方标准相抵触。

(1)国家标准:对需要在全国范围内统一的技术要求,应制定国家标准,它由国务院标准化行政主管部门编制计划、组织制定、发布,其标准表示形式:GB(国家强制性标准代号)××××(顺序号)—××××(年代号)或 GB/T(国家推荐性标准代号)××××(顺序号)—××××(年代号)。

(2)行业标准:对没有国家标准,而又需要全国某个行业范围内统一的技术要求,可制定行业标准。由国务院有关行政主管部门组织计划、制定、发布,并报国家标准化主管部门备案。如机械行业标准表示方式:JB(行业强制性标准代号)××××(顺序号)—××××(年代号)或 JB/T(行业推荐性标准代号)××××(顺序号)—××××(年代号)。

(3)企业标准:企业生产的产品没有国家和行业标准,必须制定企业标准,否则按国家《产品质量法》规定生产。企业标准由企业自己计划、制定、发布,但标准须报当地标准化行政部门备案,除合同另有规定以外,该标准应是质量检验的依据。企业标准表示方式:Q/××(企业标准代号)×××(顺序号)—××××(年代号)。标准代号如图 1-3 所示。

图 1-3 标准代号

(三)产品图样

产品图样是产品制造中最基本的技术文件,素有工程语言之称。图样中既包括标准,同时又是标准的反映,如图样中标注的尺寸、公差、形位公差、表面粗糙度、硬度及技术要求等内容和标准一样都是产品质量检验的依据。

（四）工艺文件

工艺文件是指导生产工人操作和用于生产、检验、管理的主要依据之一。工艺文件的种类很多，作为质量检验依据主要有：工艺过程卡片、工艺卡片、工序卡片、操作指导卡片和质量控制文件。

（五）明示担保与质量承诺

（1）明示担保：明示担保是生产者、销售者对产品质量做出的口头或书面的保证，如产品使用说明书、产品样本、产品标识、产品合格证、产品铭（标）牌以及广告、展示商品等均为明示担保。

（2）质量承诺：质量承诺主要是指“质量保证声明”，如“保证提供合格产品、保证提供即时优质的服务”等，一般以经济赔偿为特征的市场行为。

依据《产品质量法》中条款规定：明示担保和质量承诺，均视为产品质量检验的依据。

（六）订货合同与技术协议

订货合同是《中华人民共和国经济合同法》的一种，产品质量和质量验收是经济合同中的主要条款。机械工业企业既是生产者，同时也是用户。为了防止纠纷，合同中的产品质量条款和验收条款，必须写得清楚而明确、具体，便于操作，当事人不得签无质量要求和技术标准的合同，如有的要求标准还不能满足，应附有经双方协商的技术协议，此合同和技术协议是产品质量检验的依据。

所以，在质量检验工作中，每个质量检验人员应严格按照质量检验依据进行质量检验，才能保证合格产品出厂。

第四节　对质检人员的要求

质量检验是具有监督保证作用的，它最重要、最本质的特点是公正。尽管检验工作的对象是产品，但造成产品质量问题的责任者又涉及方方面面，如果检验人员提供的判据不正确，势必引起对产品质量判断的错误，从而造成对人的处理也不公正。由此看来，检验员对保证产品质量有特殊使命，因此检验员必须要有责任心、事业心和一定的技术水平，并要具有高尚的职业道德，工作必须坚持科学性，必须严格按照科学程序办事，坚持实事求是的原则，以保证检验数据真实可靠。检验人员须具备一定的政治素质和业务素质，政治素质是公正执法的保证，业务素质是做好质量检验工作的基础，二者缺一不可。

质检部门应当采取以下措施，以保证检验结果的真实可靠。

（一）稳定和强化检验队伍

单位决策领导人对检验职能作用的正确认识是稳定和强化检验队伍的关键。要给予检验人员独立行使职责的权利以及优厚的待遇。

（二）提高检验人员素质

要使检验起到预防、判断、控制、保证及反馈信息的作用，必须提高检验人员各方面的素质，如文化水平、技术水平、质量管理知识的提高和质量意识的强化等，单位应把检验人员培训列入计划，并检查考核，使其了解和掌握新的技术标准，掌握新的检测方法。

(三)贯彻“预防为主的方针”

投产前应进行图样质量复查,检验人员应熟悉更改后的图样,并按新的技术状态进行检验。

(四)采用检测新技术

检验精度是实现实用性的重要方面,应提高零、部件加工过程的动态检测水平,逐步采用自动监测,自动补偿调整,形成闭环反馈系统,以提高和保证产品的质量水平。

总之,检验是保证产品质量的重要手段,因此,无论是领导还是具体检验人员,都应正确认识和重视检验工作,且不可轻视质量检验的重要作用。

第五节　顾客质量观

一、质量可靠,功能齐全

对机械产品来说,质量可靠首先是使用性能可靠,其次是安全性能可靠,耗能低,污染小,功能齐全。巧妙的设计,先进技术的采用,均可开发出多功能产品。

二、不断提高产品的自动化、智能化水平

产品的自动化和智能化可以使人们的体力劳动和脑力劳动大大减轻,解除人们生活、工作中的烦恼。先进的自动生产线可以把零件从原材料到成品全过程自动完成。零件的工位运送、定位、装夹、加工测量全部由微机程序控制。目前,产品的自动化和智能化是发展趋势,特别是在家电产品、通讯器材、办公设备和宇航技术等方面发展迅速。

三、美观精致,体小量轻,物美价廉

美观精致是指产品的外观造型、图案设计、色彩搭配要符合人们的审美观,结构紧凑,加工精细。体小量轻可以减少产品的放置空间,便于移动和携带。物美价廉指产品的性能好,价格低。美观精致、体小量轻、物美价廉体现了产品的材料、设计、制造工艺等方面的技术含量和质量水平。特别是在生活用品、家电和办公设备领域中,人们对这方面的要求日益提高。

第六节　常用的检验记录和报告

一、检验记录和报告的作用

(1)质量检验记录和报告是反映产品质量情况的原始凭证;

(2)质量检验记录和报告是质量分析和质量统计的重要依据;

(3)便于审查检验人员的工作质量。

二、质量报告的主要内容

(1)原材料、外购件、外协件进货验收的质量情况和合格率;

(2)过程检验、成品检验的合格率、返修率、报废率和等级率,以及相应的废品损失金额;

(3)按产品组成部分(如零、部件)或作业单位划分统计的合格率、返修率、报废率及相应废品损失金额;

(4)产品报废原因的分析;

(5)重大质量问题的调查、分析和处理意见;

(6)提高产品质量的建议。

三、检验记录和报告的种类

一般常用的检验记录和报告有:

(1)外协、配套件进厂检验记录;

(2)原材料和主要辅助材料化验报告;

(3)机械性能测试报告;

(4)金相组织化验报告;

(5)精密零件计量检测报告;

(6)主要零件检验记录;

(7)质量分等记录;

(8)质量“三检”记录;

(9)质量日报表;

(10)质量分析报告;

(11)质量事故报告。

四、原始记录和报告的整理和存档

原始记录和报告应按要求填写,记录要完整,要实事求是,填写完成以后,应由专人负责整理、分析、存档,以免遗失。所有记录和报告应按产品型号、种类和出厂编号分门别类处理好,使产品按台(件)有一整套完整的质量档案,并妥善保管,以便查阅和质量跟踪。

各种记录及报告表格可以自己设计或参照相关企业或质检部门的表格,根据国家标准或规定内容进行编辑修改。

第七节　质量检验的程序

进行产品质量检验必须按照一定的程序进行,一般的检验程序如下。

一、检验的准备

熟悉规定要求,选择检验方法,制定检验规范。

二、获取检测样品

样品是检测的对象,质量特性客观存在于样品之中,排除其他因素的影响后,可以说样品就客观决定了检测结果。

获取检测样品的途径主要有:送样和抽样两种。

三、测量或试验

按已确定的检验方法和方案，对产品质量特性进行定量或定性的观察、测量、试验，得到需要的量值和结果。

四、记录

对测量的条件、测量得到的量值和观察得到的技术状态，用规范化的格式和要求予以记载或描述，作为客观的质量证据保存下来。

五、比较和判定

由专职人员将检验的结果与规定要求进行对照比较，确定每一项质量特性是否符合规定要求，从而判定被检验的产品是否合格。

六、确认和处置

检验有关人员对检验的记录和判定的结果进行签字确认。对合格品准予放行，并及时转入下一作业过程（工序）或准予入库、交付（销售、使用）。对不合格品，按其程度分情况做出返修、返工或报废处置；对批量产品，根据产品批质量情况和检验判定结果分别做出接收、拒收、复检处置。

第八节　不同类型机械产品的质量检验

不同类型的产品检验方法和项目不同，产品质量检验一般分为：机械产品质量检验、电工电子产品质量检验、流程性材料的质量检验等，本文主要阐述机械产品质量检验。

一、机械产品质量检验

机械产品是由最基本的单元零件装配而成。零件一般由原材料制成，材料的微观组成（成分）及各项性能就是零件重要的内在质量要求。整机质量产品又由固定部分和可动部分组成，它们之间的运动在直线、平面和空间实现，这些运动精度也是决定机械产品使用过程中质量的一个环节。在工作时承受不同方式的载荷，因此需要对零件的刚度、强度，对运动件可靠性、耐久性及耐磨性等性能提出要求。

二、机械产品主要性能要求

（一）零件

金属材料的化学成分（金属元素含量及非金属夹杂物含量）；金属材料的显微组织；主要结构型式尺寸、几何参数、形状与位置公差及表面粗糙度；材料（金属和非金属）的机械力学性能；部件和整机性能对零件的特殊要求，如互换性、耐磨性、耐老化性等。

（二）部件和整机

运动部件的灵活性（转动、滑动、摆动、震动）固定部分连接的牢固性；配合部件的互换性；外观质量及结构主要的规格尺寸；输入输出功率、速度、扭矩、动静平衡及完成不同作业的功能；技术性能和适用性。

(三)机械产品的检验、试验方法

机械产品的检验、试验方法如下。

(1)化学分析:同流程材料。

(2)物理实验:

①机械性能试验:硬度、拉伸试验、压缩试验、扭转试验、弯曲试验、冲击试验、疲劳试验等。

②无损探伤:射线探伤、超声探伤、磁粉探伤、渗透探伤、涡流探伤等。

③金相显微组织检验:利用金相显微镜进行检验。

④几何量检验:尺寸精度及形状与位置公差的测量。

⑤产品性能试验:产品性能试验是按规定程序和要求对产品基本功能和各种使用条件下的适应性及其能力进行检查和测量,以评价产品性能满足规定要求的程度。

不同的产品及其性能要求是不同的,试验内容、要求和方法也不同,就机械产品而言,产品性能试验主要包括:

a. 功能试验:对产品的基本性能和使用性能通过试验取得资料,如汽车的速度、载重量、油耗量;机车的牵引功率、速度、油耗量、制动力、距离、运行平稳性能和稳定性等。

b. 结构力学试验:结构力学试验一般用于承受动、静载荷的产品,进行机械力学性能试验。试验时模拟外界受力的状态进行静力和动力等试验。试验时,往往加载到规定的载荷值,加载时间或直到结构破坏以测定其内部应力和结构的强度,验证产品设计及参数计算的正确性。

c. 空转试验:产品在无负荷的条件下,按照试验规定要求(时间、速度、位移、温度、压力等)检查、测试和评定各种运动部分工作的灵活性、平稳性、准确性、可靠性、安全性;检查其控制、驱动、冷却、测量等系统的工作状况的试验。

d. 负载试验:按照试验规范所规定的试验方法,在加载条件下,评定产品的各项性能参数,检查各运动部分的可靠性、安全性;检查控制、驱动、冷却、测量各系统的工作状况的试验。

e. 人体适应性试验:任何机械产品的使用和运转都会产生对人体的影响和人身安全问题,因此人体适应性试验是考察机械对人体的影响以及对机械运转影响的耐受程度和感知的舒适程度,如机械的加速度、冲击、噪声、隔热等方面性能的试验。

f. 安全性、可靠性和耐久性试验:安全性对于机械产品特别是对于运转机械和道路行驶、轨道交通机械十分重要,保证机械正常运行时不发生危及人身安全和机械破坏。安全性能试验是测量机械行驶时不发生倾覆、脱轨等的技术临界条件的试验。可靠性和耐久性试验是按照规定的时间和试验程序、方法考验机械在长期的使用条件下运行,其工作状况、性能变化、故障情况和损坏情况的试验。

g. 环境条件试验:针对各种机械产品的不同使用环境条件,在模拟或局部模拟环境条件进行产品性能对环境的适应性、持续性及稳定性的试验。

复习思考题

1. 说明产品的定义及其分类。
2. 质量与质量特性的概念以及质量特性主要内容有哪些?
3. 什么是检验?
4. 质量检验的方式和方法有哪些?
5. 产品质量检验的依据有哪些?
6. 如何提高检验人员的素质?

第二章　材料性能检验

机械或工程结构的每个组成部分通常称为构件。构件或材料的力学性能是指它们在规定的条件下具有抵抗外力作用而不超过允许变形或不遭受破坏的能力。产品的质量不但与构件或材料的力学性能优劣有关,还与构件或材料的工作状态有关。

利用常规力学性能指标的测试方法可以测定材料的强度、硬度和韧性等力学性能指标。对于一些在循环力作用下工作的构件,还要测定其疲劳寿命,以考核产品的可靠性和耐久性。某些机械构件由于结构上的要求,构件截面有满足要求的变化(例如,键槽、切口、油孔、螺纹、轴肩等),或者由于构件表面及内部有缺陷,会出现应力集中现象,严重影响构件的强度和其他力学性能,对于这些构件还要进行应力集中的测试。残余应力的存在常常影响构件的精度,进行残余应力的测试以考核构件精度的稳定性。

随着断裂力学的产生和发展,一些新的力学性能指标(断裂韧度等)已列入力学性能指标的标准和规范。进行断裂韧性的测试,可以考核构件在低应力情况下的破坏情况。

第一节　拉伸、压缩性能测试

一、拉伸试验

(一)静力拉伸试验的特点及意义

拉伸试验通常是在常温、应变速率$\leqslant 10^{-1}/s$的情况下进行的,由于这种应变速率较低,所以俗称静力拉伸试验。

拉伸试验是力学性能试验最普遍的试验方法,它是采用一定形式的试样(试件),在拉力试验机上测定单轴受力下的各项强度和塑性指标。拉伸试验可测定材料的屈服强度R_e、强度极限R_m、伸长率A和截面收缩率Z,这是最具有代表性的材料力学性能的四个指标,它是材料固有的基本属性和工程机械设计中的重要依据。

(二)试样

常用的拉伸试验试样分为比例试样和非比例试样两种。比例试样是按公式$l_0=K\sqrt{S_0}$计算而得到的试样尺寸,式中l_0为标距长度;S_0为试样原始截面积;K为系数,通常为5.65和11.3,前者称为短试样,后者称为长试样。

金属材料的比例试样分为圆形和矩形两种,它们的中间均为较细的等直径部分,两端较粗。在中间等直径部分取长度为l_0的一段为工作段即标距,如图2-1(a)所示。

对于圆形试样,标距l_0与横截面直径d之间的关系为:

$$l_0=5d \quad ,l_0=10d$$

对于矩形试样,标距l_0与横截面面积A_0之间的关系为:

$$l_0 = 5.65\sqrt{S_0}\ ,\ l_0 = 11.3\sqrt{S_0}$$

高分子材料特别是结构材料的试样为哑铃形状，如图 2－1(b)所示。过渡的圆弧半径 R 等于 70～100mm，工作段(平直部分)约为 50mm。

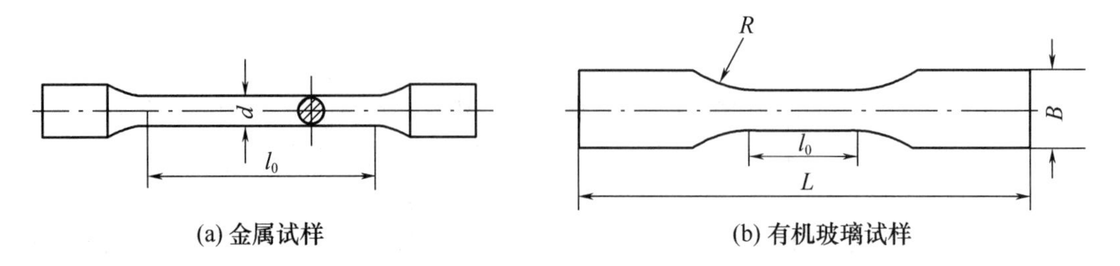

(a) 金属试样　　(b) 有机玻璃试样

图 2－1　拉伸用试样的形状

(三)材料试验机

材料试验机是用来对各种金属和非金属材料进行拉伸、压缩、弯曲、扭转、剪切、冲击以及疲劳等试验，以确定其各种机械性能的机器。

材料试验机一般由五部分组成，它包括机身、加力机构、测力机构、伸长记录装置和夹持机构。其中，加力机构和测力机构是试验机的关键部位，这两部分的灵敏度和精度的高低能正确反映试验机质量的优劣。

随着工业生产、国防和科学技术的发展，人们对各种材料机械性能的研究越来越深入，需要测试的内容越来越广，材料试验机种类也越来越多。如拉力试验机、压力试验机、扭转试验机、蠕变试验机、冲击试验机、疲劳试验机等。工作中常用的为杠杆摆锤式、万能试验机、液压式万能试验机和电子式万能试验机。

电子式万能试验机是采用各类传感器进行力值和变形量的检测，通过微机控制的新型机械式试验机。由于采用了传感技术、自动化检测技术和微机控制技术，它不仅可以完成拉伸、压缩、弯曲、剪切等常规试验，还能进行载荷或变形循环、恒加载速率、恒变形速率、蠕变、松弛和应变疲劳等一系列静、动态力学性能试验。具有测量准确度高、加载控制简单、试验范围宽等特点。配备微机控制的电子万能试验机不仅能提供较好的人机交互界面，还能对整个试验过程进行预设和监控、直接提供实验分析结果和实验报告、试验数据和试验过程再现等。

电子万能试验机由于制造厂家不同，其结构和功能略有差异，但其基本结构和工作原理是相似的。主要是由机械加载单元、传感器单元、微机控制单元、执行结构单元、输出单元等部分组成。机械加载单元主要完成试验机活动横梁的传动过程；传感器单元主要完成对机械量的检测与转换工作；微机控制单元主要完成数据采集、数据处理功能以及执行机构发送控制指令；执行机构单元主要完成对来自微机的控制指令进行解释、执行。

电子万能试验机的构造原理如图 2－2 所示。电子万能试验机一般采用微机控制、配备有力传感器、电子引伸计、光电位移编码等传感器，机械加载部分采用交流伺服控制系统控制滚珠丝杠进行传动。

在系统接通电源后，微机按试验前预先设定值发出横梁移动指令。该指令通过伺服控制系统控制内部的电机转动，经传送带、齿轮等减速机构驱动左、右丝杠转动，由活动横梁内与之啮合的螺母带动横梁上升或下降。

在装夹试样后，试验机可通过力、变形、位移传感器获得相应的信号，信号放大后通过A/D

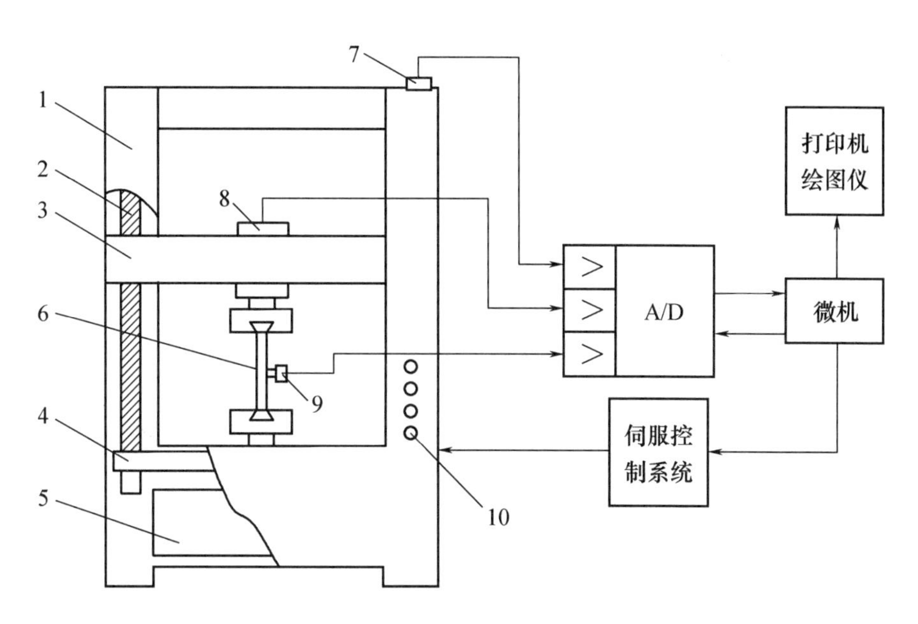

图 2-2 电子式万能材料试验机结构原理示意图

1—主机;2—滚珠丝;3—活动横梁;4—齿轮传动机械;5—伺服电机;6—试样;
7—光电位移编码器;8—力传感器;9—电子引伸计;10—启动控制按钮

进行数据采集和转换,并将数据传递给微机。微机一方面对数据进行处理,以图形和数据形式在微机显示器上反应出来;另一方面将处理后的信号与初始设定值进行比较,调节横梁移动输出量,并将调整后的输出量传递给伺服控制系统,从而可达到恒速率、恒应力、恒应变等较高要求的控制需要。

引伸计是专用的变形测量装置,有机械式、电子式、光栅式、光学非接触式等多种类型。目前,国产电子万能试验机一般配备电子引伸计。电子引伸计主要由带刃的变形传递杆、弹性元件、电阻应变计、标距调整机构以及固定夹具组成。引伸计的弹性元件上粘贴 4 枚电阻应变片并组成全桥测量电路,引伸计的刀刃与试样接触且两刀刃间距随着试样的伸长而变化。测量时,两刀刃间的初始距离 L_0称为原始标距,变形传递杆带动弹性元件发生弯曲变形,粘贴在弹性元件上的电阻应变片感受到变形、测量电桥产生输出信号。该输出信号与刀刃间的伸长量成正比,经测量电路调理和放大并经 A/D 转换后,进行数据采集、处理,最终以变形(伸长量)的方式反应出来。

(四)试验程序

1. 测量试样尺寸

在试样内端画细线标志标距(对于圆形试样,取 $L_0=10d_0$,或 $L_0=5d_0$)范围,若采用移位法测量延伸率,则需要将标距划分成 N 等分(具体断后伸比根据 GB/T 228 进行处理)。对于圆形试样,在每一横截面内沿互相垂直的两个直径方向各测量一次取平均值。用测得的三个平均值中最小值作为试样的横截面面积 S_0。

2. 设置试验参数

打开试验机、计算机系统电源。按实验要求,通过试验机操作软件设置试样尺寸、引伸计和加载速度等。

3. 安装试样、系统调零

将试样安装到试验机的上夹头上，若需要测量试样标距间的变形，则需要将引伸计安装在试样上。通过试验机操作软件或硬件，将系统的载荷、变形、位移及时间窗口调零。调整横梁夹持住试样的下端部。

4. 测试

通过试验机操作软件控制横梁移动对试样进行加载。测试过程中注意曲线和数字显示窗口的变化，当出现异常情况时，应及时中断测试。测试结束后，记录并保存试验数据。值得注意的是，若没有特殊要求，则当试验曲线出现一定长度后，在试样开始进入局部变形阶段时，应迅速取下引伸计，以避免由于试样断裂引起的振动对引伸计产生损伤。

5. 断后试样观察及测量

取下试样，将断成两段的试样的断口对齐并尽量靠紧，用游标卡尺测量拉断后的标距长度 l_1，测量颈缩处的直径 d_1。测量直径的方法和最初的测量方法相同，计算断口处的最小横截面面积 A_1。

（五）试验结果与分析

1. 屈服强度 R_e 和强度极限 R_m 的计算

根据试验记录的屈服试验力 F_e、最大试验力 F_m 和试样的原始横截面面积 S_0 计算屈服强度 R_e 和强度极限 R_m，计算公式为：

$$R_e = \frac{F_e}{S_0} \tag{2-1}$$

$$R_m = \frac{F_m}{S_0} \tag{2-2}$$

2. 伸长率 A 和截面收缩率 Z 的计算

根据试样断裂前、后标距长度和颈缩处的横截面面积计算伸长率 A 和截面收缩率 Z，计算公式为：

$$A = \frac{l_1 - l_0}{l_0} \times 100\% \tag{2-3}$$

$$Z = \frac{S_0 - S_1}{S_0} \times 100\% \tag{2-4}$$

3. 试验曲线的分析

低碳钢是工程中使用最广的钢材，这种金属材料在拉伸试验中表现出来的力学性能最为典型。现以低碳钢的试验曲线为例，简要分析其力学性能。

图 2-3(a) 是试验中记录的力-位移曲线（$F-\Delta l$ 曲线）。为了消除试样尺寸的影响，拉力 F 除以试样的初始截面面积 S_0 得到试样横截面上的正应力 R，$R = F/S_0$；伸长量 Δl 除以标距原始长度 l_0 得到试样在工作段内的应变 ε，$\varepsilon = \Delta l/l_0$，从而得到图 2-3(b) 所示的应力-应变曲线（$\sigma-\varepsilon$ 曲线）。

由图 2-3 可见，试样在拉伸过程中分为四个阶段。

弹性变形阶段（ob 段）：当试验力较小（$\leqslant F_e$）时，伸长量与试验力成比例地增加，曲线成直线关系，这时试样只产生弹性变形。当试验力去除后，试样能恢复到原来的长度。b 点对应的应力称为弹性极限。其中的 oa 段表示应变与应力成正比，a 点对应的应力称为比例极限。工程中弹性极限和比例极限并不严格区分。

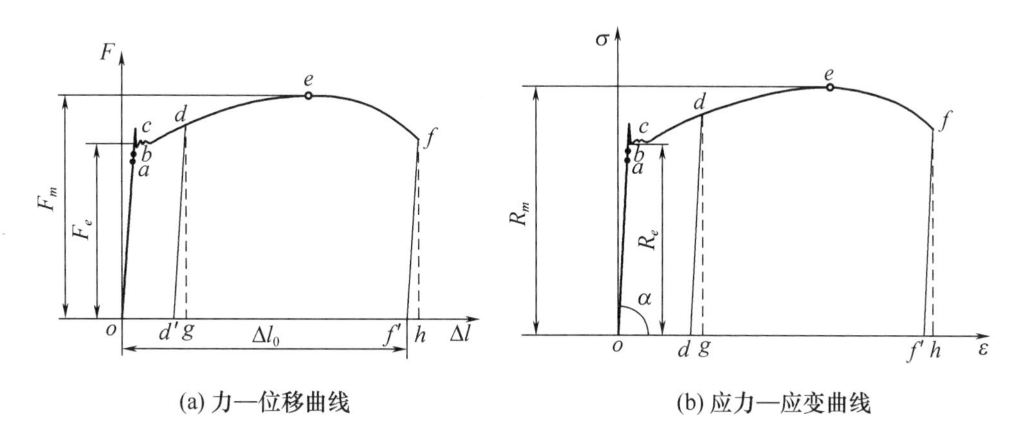

(a) 力—位移曲线　　(b) 应力—应变曲线

图 2－3　低碳钢的拉伸曲线

屈服阶段（*bcd* 段）：当试验力超过弹性极限后，试样除发生弹性变形外，还发生部分塑性变形（永久变形）。此时试验力去除后，试样不能完全恢复原来的长度（弹性变形部分消失，塑性变形部分保留）。如果继续增加试验力超过 F_s后，虽然试验力不再增加，但试样继续伸长，这种现象称为屈服。屈服后试样产生明显的塑性变形。在屈服阶段内的最高应力和最低应力分别称为上屈服强度和下屈服强度，通常把下屈服极限称为屈服极限 R_e。

强化阶段（*de* 段）：屈服阶段后再增加试验力，试样继续变形。随着塑性变形的增大，变形抗力不断增加，这种现象叫做材料的强化。强化阶段中的最高点 *e* 对应的应力是材料所能承受的最大应力，称之为抗拉强度 R_m。

局部变形阶段（*ef* 段）：强化阶段试验力达到一个最大值 F_m时，试样的某一截面开始急剧缩小，出现所谓"缩颈"现象，以后变形主要集中在缩颈附近。由于在缩颈处试样截面的急剧缩小，因而试验力下降，当外力达到 F_f时，试样在缩颈处断裂。

因为应力达到抗拉强度后，试样出现缩颈现象，随后即被拉断，所以抗拉强度 R_m是衡量材料强度的一个重要力学性能指标。

（六）其他材料在拉伸时的力学性能

1. 常用塑性金属材料的力学性能

工程上常用的塑性材料，除低碳钢外，还有中碳钢、某些高碳钢和合金钢、青铜、黄铜等。图 2－4中是几种塑性材料的应力－应变曲线，其中有些材料，如 16Mn 钢，和低碳钢一样，有明显的弹性阶段、屈服阶段、强化阶段和局部变形阶段。有些材料，如黄铜，没有屈服阶段，但其他三个阶段却很明显。还有些材料，如高碳钢 T10A，没有屈服阶段和局部变形阶段，只有弹性阶段和强化阶段。

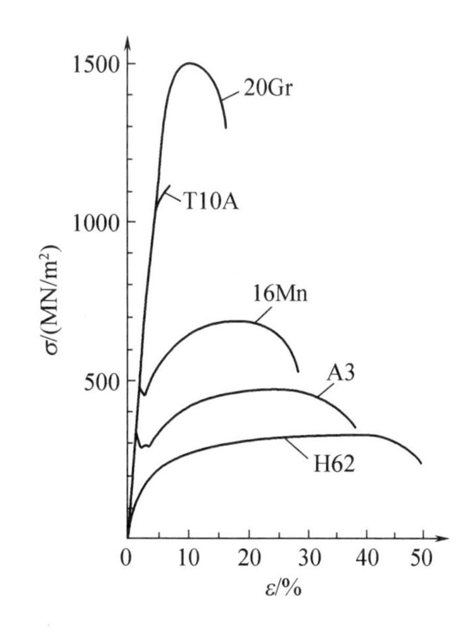

图 2－4　几种塑性材料的应力－应变曲线

对于没有明显屈服阶段的塑性材料，通常以产生 0.2% 的塑性应变所对应的应力作为屈服极限，并称为名义屈服极限，用$\sigma_{0.2}$表示，如图 2-5 所示。

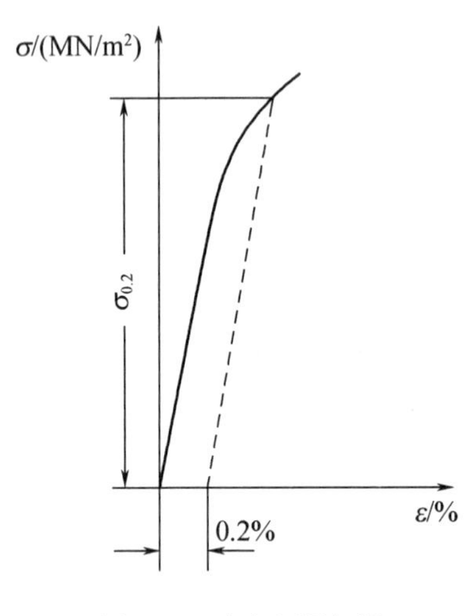

图 2-5　名义屈服极限$\sigma_{0.2}$

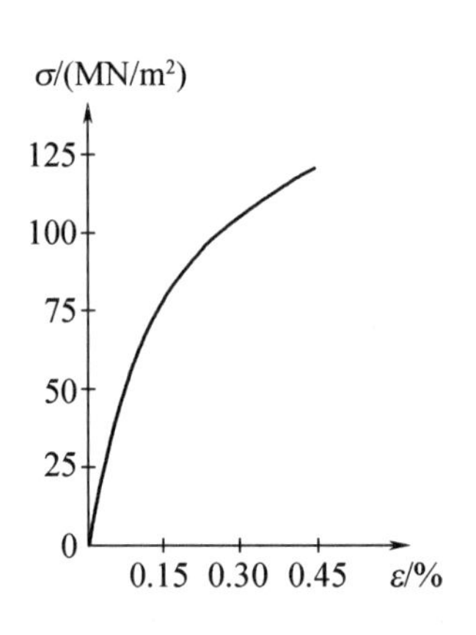

图 2-6　铸铁$\sigma-\varepsilon$曲线

2. 铸铁拉伸时的力学性能

灰口铸铁拉伸时的应力-应变关系是一段微弯曲线，如图 2-6 所示，没有明显的直线部分。在较小的拉应力下就被拉断，没有屈服和颈缩现象，拉断前的应变很小，延伸率也很小。所以，灰口铸铁是典型的脆性材料。

3. 高分子材料拉伸时的力学性能

高分子材料的种类很多，它们的力学性能相差很大，而且受许多因素的影响，如温度、材料本身的结构、试样尺寸、老化和加载速度等。

(1)温度的影响　高分子材料的力学性能对温度很敏感，温度的变化影响应力-应变曲线的形状。一般来说，它们的强度随温度的降低而提高，而延伸率减小。

(2)材料结构的影响　材料的结构，如成分、交联、增塑、结晶、取向和相对分子质量分布等对材料的力学性能都有一定的影响。结晶材料的结晶度越高，它的密度、熔点、强度极限和硬度等性能就越高，而延伸度和冲击强度降低。对于层合材料，即使采用相同的树脂和纤维，但铺层方向不同，得到的应力-应变曲线也不同。

(3)试样尺寸的影响　聚氯乙烯和聚乙烯制成的薄试样比厚试样的强度高，这与用玻璃纤维制成的细棒比粗棒有较高的抗拉强度的影响是一致的。所以，检验人员在检验高分子材料的力学性能时，试样的各个尺寸都应在规定的公差范围内。

另外，老化使高分子材料的强度下降。高分子材料的黏弹性决定了加载速度对其应力-应变曲线的影响，高应变速率下具有高的弹性模量和强度；在低的应变速率下，相同的材料呈现出较低的弹性模量和强度，但此时的延展性很高。

二、压缩试验

常温静力压缩试验，也是研究金属材料机械性能最常用和最基本的试验，它适用于脆性材料(如铸铁、铸铝合金、轴承合金和建筑材料等)的力学性能试验。通过压缩试验，可以测得材料的压缩模量、应力-应变曲线、压缩屈服强度和抗压强度。由于脆性材料在工程中一般只用来制造承压构件，所以工程检测中，通常只对脆性材料进行压缩试验测定抗压强度 σ_{bc}、弹性模量 E_c 和规定非比例抗压强度 σ_{pc}。对于塑性材料，只能压扁不能压破，所以压缩试验只能测定弹性模量 E_c 和规定非比例抗压强度 σ_{pc}、规定总抗压强度 σ_{tc} 和抗压屈服强度 σ_{sc}，还可测相对压缩率 ε_c 和相对断面扩展率 χ_c。

压缩试验的试样通常为圆柱形，试样的形状如图 2－7 所示。

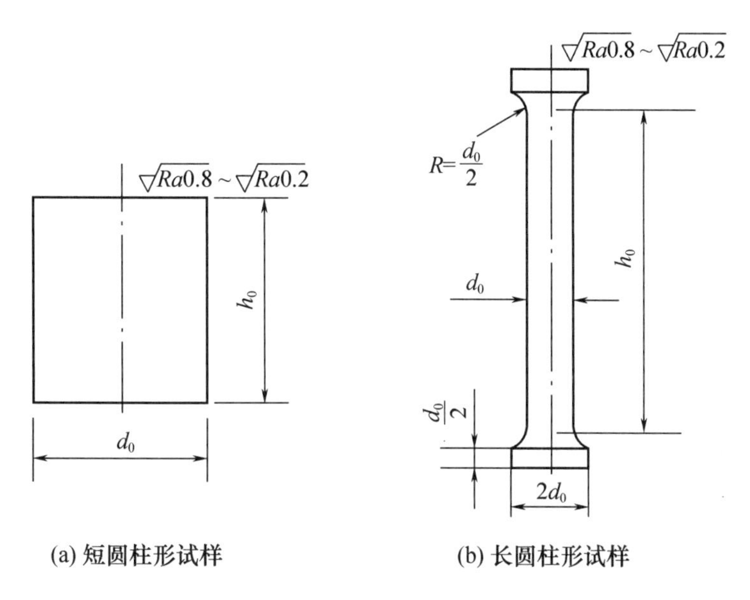

图 2－7　压缩试样

图 2－7(a)为短圆柱形试样，用来进行破坏试验，测定压缩变形与断裂过程中的全部性能参数。圆柱高度 h_0 和直径 d_0 的关系为 $h_0=(2.5\sim3.5)d_0$，$d_0=10\sim20\text{mm}$。

图 2－7(b)为长圆柱形试样，用来测定弹性及微量塑性变形抗力。圆柱高度 h_0 和直径 d_0 的关系为 $h_0=8d_0$，$d_0=25\text{mm}$。

金属材料试样，其端面加工要求很高，两端面平行并和轴线垂直，表面精糙度为 $Ra0.8\sim0.2$，以减小端面的摩擦对测定性能的影响。

高分子材料的试样除采用图 2－7(a)所示的圆柱体试样外，还采用长方体和薄板条两种类型，后者试验时需要设置侧向支撑夹具以防屈曲。这些试样一定要从待检的平板、杆件、管子、薄板等型材中取样，或直接用压塑、注射模塑材料制成。试样两端应平行，并垂直于试样的纵轴，否则会影响试验结果。

试验装置和试验方法基本上与拉伸试验相同，不同的是加力方向与拉伸时相反。圆柱形试样的下端应当用球形承垫，当试样两端面稍有不平行时，球形承垫可起调节作用，使压力通过试样的轴线。对于薄板压缩试样，要设计专用夹具，防止试样纵向失稳。

铸铁压缩过程的应力－应变曲线如图 2－8(a)所示。用铸铁试样进行压缩试验时，达到最大试验力 F_{bc} 前会出现较大的塑性变形，然后才发生破裂。铸铁试样压缩破坏的特征是断裂口与轴线约成 45°倾角。此时测力指针迅速倒退，由随动指针可读出最大试验力 F_{bc} 的值。

铸铁的抗压强度 σ_{bc} 是用最大试验力 F_{bc} 以试验前试样的横截面面积 S_0，即

$$\sigma_{bc}=\frac{F_{bc}}{S_0}$$

图2－8(b)是四种热塑性高分子材料的压缩应力－应变曲线图。这四种热塑性高分子材料分别是:聚本乙烯(PS)、聚氯乙烯(PVC)、聚甲基丙烯酸甲酯(PMMA)和聚碳酸酯(PC)。

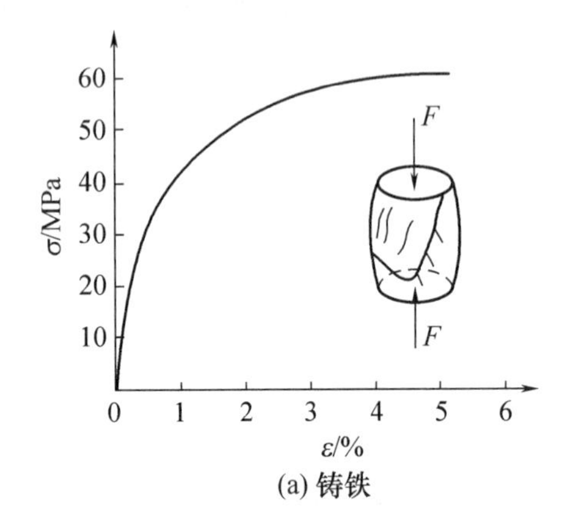

(a) 铸铁

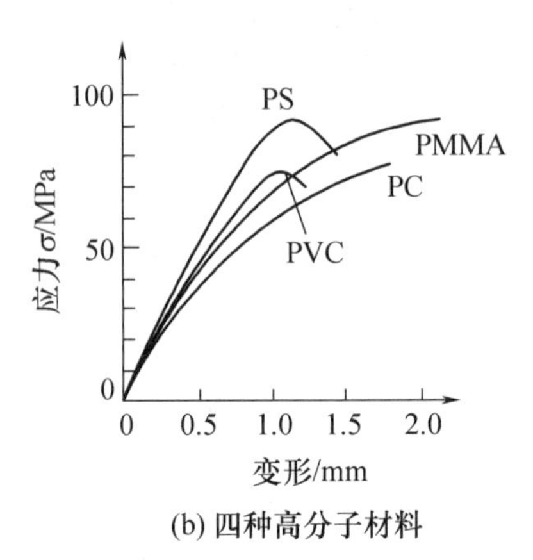

(b) 四种高分子材料

图2－8　铸铁和四种热塑性高分子材料的压缩应力－应变曲线

在测定玻璃纤维增强塑料圆柱体的抗压强度极限时,应装上一个金属套,以防止试样受压面裂开(成为花状)。

在高于室温的环境中,具有高阻尼的材料很难保持稳定的温度,因为试验时试样本身会发热,要消除这种热量的影响并不容易,可在材料试验规范中加以说明。

第二节　硬度性能测试

一、硬度试验的意义及分类

硬度是金属材料力学性能中最常用的性能指标之一,是固体材料抵抗弹性变形、塑性变形或破坏的能力。硬度不属于物理量,因为至今尚未发现用哪种试验方法获得的硬度同材料的某种物理性质有确定的关系,硬度值的大小不仅取决于材料本身,而且还取决于试验条件和试验方法。

硬度虽然没有确切的物理意义,但是它不仅与材料的强度、疲劳强度存在近似的经验关系,还与冷成型性、切削性、焊接性等工艺性能间也存在某些联系,因此,硬度值对于控制材料冷热加工工艺质量有一定的参考意义。对于玻璃、陶瓷等脆性材料,硬度还与材料的断裂韧度存在一定的经验关系。此外,表面硬度和显微硬度试验反映了金属表面及其局部范围内的力学性能,因此可以用于检验材料表面处理或微区组织鉴别。

硬度试验对于检验产品质量和确定合理的加工工艺是相当重要的。试验研究表明,金属的硬度和其他力学性能指标有一定的关系,如钢的抗拉强度极限 R_m 与布氏硬度的如下关系:

$$R_m = 3.62\text{HB} \quad \text{MPa}(\text{HB} < 175)$$
$$R_m = 3.45\text{HB} \quad \text{MPa}(\text{HB} > 175)$$

对于灰铸铁,则有:

$$R_m \approx \frac{\text{HB} - 40}{0.6}\text{MPa}$$

由此可以看出，用测量硬度的方法不会破坏零件即可得到该材料的强度数据。所以在工程检测中，测量材料的硬度是材料的力学性能指标测试中不可缺少的，而且也是简易的测试项目。

硬度试验按试验方法的物理意义可分为刻划硬度、回跳硬度和压入硬度三大类。刻划硬度主要表征材料抵抗破裂的能力；回跳硬度（如肖氏硬度）主要表征材料弹性变形功的大小；压入硬度主要表征材料抵抗变形的能力。由此可见，硬度不是一种基本力学性能，对不同类型的硬度试验结果，分别和材料的断裂抵抗力、弹性比功和变形抵抗力相关。

工程中应用最多的是压入硬度，其中包括布氏硬度、洛氏硬度、维氏硬度和显微硬度等。

二、布氏硬度试验法

布氏硬度试验法是由瑞典 J. A. Brinell 于 1900 年提出的，它适用于 8～650HBS（HBW）的布氏硬度值测量，是目前广泛应用的测量金属材料硬度的方法。

（一）基本原理

布氏硬度试验法是用一定的垂直于试样表面的试验力，将一定直径的淬火钢球或硬质合金球压头压入试样表面，保持一定时间后，卸除试验力，然后测量试样表面上球形压痕的平均直径，如图 2－9 所示。以试验力与压痕球形表面面积的比值表示材料的布氏硬度值，其表达式为：

$$\text{HBS(HBW)} = \frac{0.102F}{A}\left[\text{HBS(HBW)}\right] \tag{2-5}$$

式中　HBS 或 HBW——压头分别为淬火钢球或硬质合金球测得的布氏硬度单位符号；

F——试验力，N；

A——压痕球形面面积，mm^2。

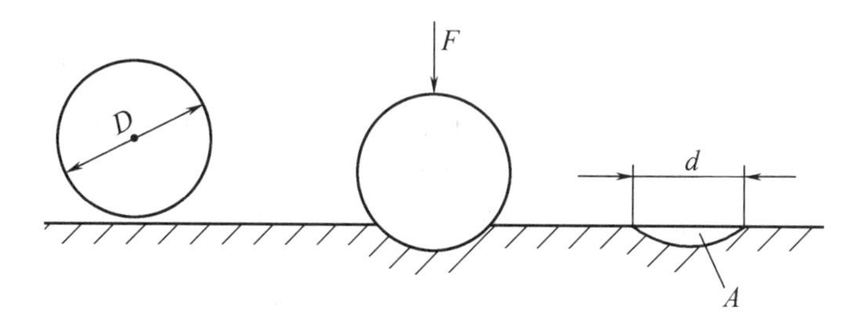

图 2－9　布氏硬度原理

在布氏硬度试验的实际应用中，测量压痕球形表面积很不容易，而是以测量压痕直径的方法获得压痕球形面面积，然后计算布氏硬度值。用压痕直径计算布氏硬度的公式为：

$$\text{HBS(HBW)} = \frac{0.102 \times 2F}{\pi D(D - \sqrt{D^2 - d^2})}\left[\text{HBS(HBW)}\right] \tag{2-6}$$

式中　D——压头球直径，mm；

d——压痕两垂直方向直径的平均值，mm。

为了比较不同材料的硬度，测试应在统一的国家标准规定的条件下进行。常用金属材料硬度试验的规范见表2－1。

表2－1　常用金属材料布氏硬度测试的有关规范

材料	布氏硬度范围	试件厚度/mm	钢球直径 D/mm	压力 F 与 D 之间的关系	压力 F/N	压力作用保持时间/s
黑色金属	140～450	>6 6～3 <3	10 5 2.5	$F=30D^2$	30000 7500 1875	10
黑色金属	140以下	>6 6～3 <3	10 5 2.5	$F=30D^2$	30000 7500 1875	30
有色金属和合金（铜、黄铜、青铜、镁合金等）	31.8～130	>6 6～3 <3	10 5 2.5	$F=10D^2$	10000 2500 1875	30
有色金属和合金（铝、轴承合金）	8～35	>6 6～3 <3	10 5 2.5	$F=2.5D^2$	2500 625 156	60

（二）布氏硬度计

以国产HB－3000型布氏硬度计为例来介绍布氏硬度计的原理。

HB－3000型布氏硬度计的结构示意图如图2－10所示，它主要由机架、试验力产生机构、试验力加卸机构、试验力保持时间调整机构、试样支承机构和电路系统、配套、压痕测量显微镜组成。

试验力的产生是由砝码、吊挂重力经二级杠杆放大后作用于压头主轴，可改变砝码以实现不同的试验力要求。试验力的加卸是通过电动机转动使机械减速系统带动曲柄摇杆机构完成，摇杆向下摆动，杠杆随之下移，施加试验力；摇杆向上摆动，顶起杠杆承受砝码重力卸除试验力。试验力的施加速度取决于电动机的转速和机械减速系统，在硬度计上一般是确定不变的。试验力的保持时间取决于摇杆下摆结束到上摆开始的时间，是以控制电动机的正反转实现的。试样支承机构为手动螺旋机构，根据需要升降工作台。

（三）试验步骤

（1）将清洗干净后的试样安放在工作台上，选定测试位置，旋转工作台升降手轮上升工作台，使试样与压头接触，并继续上升直至手轮打滑为止。松开压头压紧螺钉，然后再拧紧，目的是使压头与主轴接触良好；

（2）根据试验要求选定试验力，加上相应的砝码，选择试验力保持时间，按动硬度计试验启动按钮，开始施加试验力，待指示灯变为绿色时，快速拧紧保持时间压紧螺钉，硬度计从此时开始为试验力保持；

（3）待电机停止后，下降工作台，取下试样；

（4）将试样压痕置于测量显微镜下，测量试样表面压痕直径。根据测量的压痕直径按式（2－6）计算或查表得硬度值。

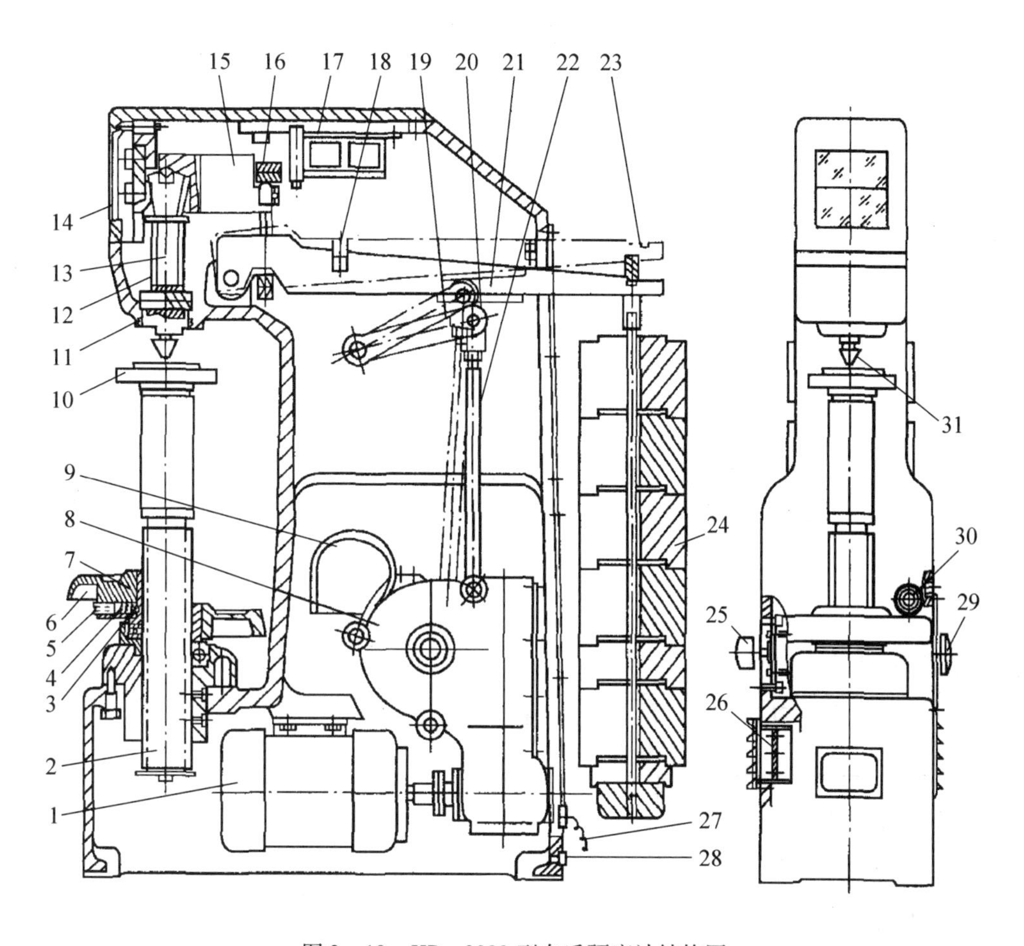

图 2－10　HB－3000 型布氏硬度计结构图

1—电动机；2—升降丝杆；3—钢球；4—弹簧；5—定位器；6—手轮；7—螺母；8—减速器；
9—换向开关；10—工作台；11—衬套；12—弹簧；13—压轴；14—加卸荷指示窗；15—小杠杆；
16—吊环；17—变压器；18—游铊；19—摇杆；20—接触板；21—大杠杆；22—连杆；23—吊架；
24—砝码；25—电源开关；26—电接板；27—导线；28—地线螺钉；29—压紧螺钉；30—启动按钮；31—压头

（四）布氏硬度值的表示方法

布氏硬度值是以试验力大小、压头球直径、试验力保持时间为条件获得的，因此在布氏硬度值的表达中必须包含这些特定的条件。

如对某试样材料进行布氏硬度试验，施加的试验力为 9.807kN（1000 ×9.807N），钢球压头直径为 10mm，试验力保持时间为 30s，测得其硬度值为 125.34，则材料的布氏硬度表达为：

$$HBS = 125HBS10/1000/30$$

在布氏硬度的表达中，试验力保持时间为 10～15s 时不标注；布氏硬度值按取舍原则修约为三位数，即硬度值大于 100 时，修约为整数，硬度值在 10～100 之间时，修约为一位小数，硬度值小于 10 时，修约为二位小数。

（五）优缺点及应用范围

布氏硬度的主要优点是只要在规程范围内应用，其数值由大到小是统一的，而且由于压痕面积较大，能较好地反映较大体积范围内的综合平均性能，数据也较稳定。

当零件表面不允许有较大压痕，试样过薄以及要求大量快速检测时，布氏硬度就不大适用。对高分子材料来说，由于卸除试验力后的弹性变形恢复通常有一个过程，使测试的压痕直径可能产生很大误差，所以布氏硬度试验只适用于硬质高分子材料。

三、洛式硬度试验

洛氏硬度试验法是由美国人 S. P. Rockwell 和 H. M. Rockwell 于 1919 年提出的，它也是目前广泛应用的硬度试验方法之一。由于其压头为金刚石制成，硬度很高，主要用于较硬材料的硬度测量。

(一)基本原理

洛氏硬度试验是目前应用最广泛的试验方法。它是将一定形状的压头(金刚石圆锥体或钢球)在初始试验力 F_0的作用下压入试样表面，保持一段时间 t_1，然后再施加主试验力 F_1，即在总试验力 $F(F_0+F_1)$作用下继续压入试样，保持一段时间 t_2，卸除主试验力。测量主试验力作用前后，只有初始试验力作用时的压痕变化量 e 以获得洛氏硬度值，如图 2－11 所示。

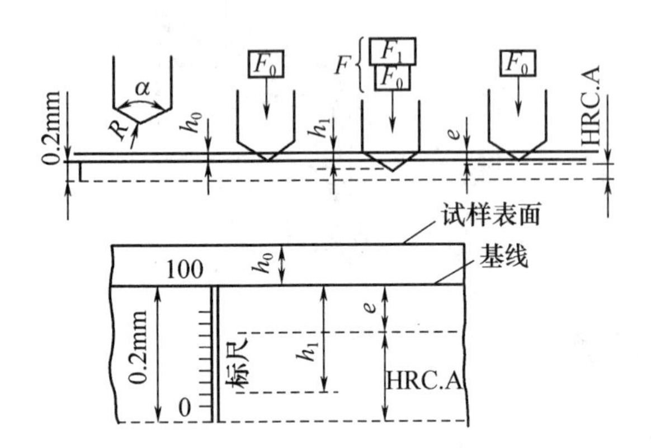

(a) 采用金刚石圆锥体压头的洛氏硬度试验原理

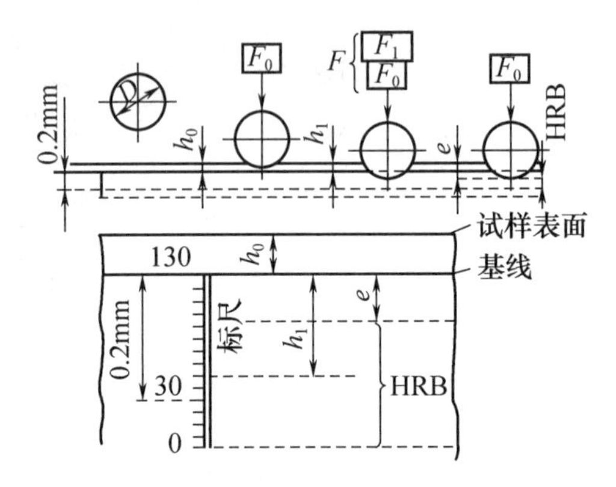

(b) 采用钢球压头的洛氏硬度试验原理

图 2－11 洛氏硬度试验原理

硬度值的计算公式为：

$$HR = K - e \tag{2-7}$$

式中 HR——洛氏硬度符号，一个洛氏硬度单位相当于特定条件下压痕深度产生 0.002mm 的变化量；

K——决定于压头类型的常量，金刚石圆锥体压头，$K=100$，钢球压头，$K=130$；

e——压痕深度变化量，单位为 0.002mm。

由式(2－7)可见，在主试验力作用下，压痕深度变化量 e 越大，硬度值越低，反之，硬度值越高。

(二)洛氏硬度试验的标尺概念

洛氏硬度试验时，初始试验力是惟一确定的，但总试验力有若干级，另外，压头有金刚石圆锥体和若干不同直径的钢球之分。对同一材料，以不同总试验力或不同压头进行试验时，得到的硬度值肯定不同。为此，洛氏硬度试验提出了标尺的概念。所谓标尺是对不同总试验力和不同压头组合进行试验的总称。各标尺的具体参数见表 2－2。

表 2-2 各标尺参数表

标尺	压头类型	初始试验力/N	总试验力/N	硬度值计算公式	应用举例
A	金刚石圆锥体	98.07	588.4	100 - e	硬质合金、渗碳钢
D			980.7		薄钢、表面淬火钢
C			1471		淬火钢、调质钢、硬铸铁
F	φ 1.588mm 钢球	98.07	588.4	130 - e	退火铜合金、薄软钢
B			980.7		软钢、铝合金、铜合金、可锻铸铁
G			1471		珠光体铁、铜、镍、锌、镍合金
H	φ 3.175mm 钢球	98.07	588.4	130 - e	退火铜合金
E			980.7		铝、镁铝合金、软钢、铸铁
K			1471		铝、锌、铅、青铜、铍青铜
P	φ 6.35mm 钢球	98.07	588.4	130 - e	铝、锌、铅、锡等较软金属
M			980.7		
L			1471		
R	φ 12.7mm 钢球	98.07	588.4	130 - e	铝、锌、铅、锡等较软金属
S			980.7		
V			1471		

因此，不同总试验力和不同压头组合进行洛氏硬度试验测得的硬度值即是对应标尺的硬度值。

（三）洛氏硬度计

HR-150 型洛氏硬度计是常见的工作硬度计。其结构示意如图 2-12 所示。它主要由机架、试验力产生机构、试验力加卸机构、试样支承机构、压痕测量机构、缓冲装置等组成。

试验力的产生由砝码、杠杆、主轴系统等实现。试验力的施加由手柄操作松开托盘，砝码在重力作用下下降，通过杠杆作用于试样，卸除试验力则顶起托盘。试验力的施加速度由缓冲器控制。试样支承机构是由手轮、丝杆等组成，转动手轮，丝杆推动试台升降到需要的位置。压痕测量装置由与主轴相连的测量杠杆将主轴位移放大，再通过齿条齿轮机构转换成指示针转动。当初始试验力作用后，转动刻度盘使指针对零，总试验力作用后，指针转动量反映压痕深度变化量，即可从刻度盘上读取洛氏硬度值。

（四）试验步骤

（1）按试验需要选取压头和砝码，调整需要的试验力施加速度；

（2）转动手轮上升工作台，使试样缓慢接触压头开始施加初始试验力。当刻度盘小指针指向红点标记，大指针指向向上，停止转动手轮，初始试验力施加结束。转动刻度盘使大指针对零；

（3）推动手柄，开始施加总试验力，待指针明显停止转动，表示总试验力施加完备。保持规定时间，扳回手柄卸除主试验力，指针回摆停止后，读取硬度值；

（4）转动手轮下降试台，取下试样。

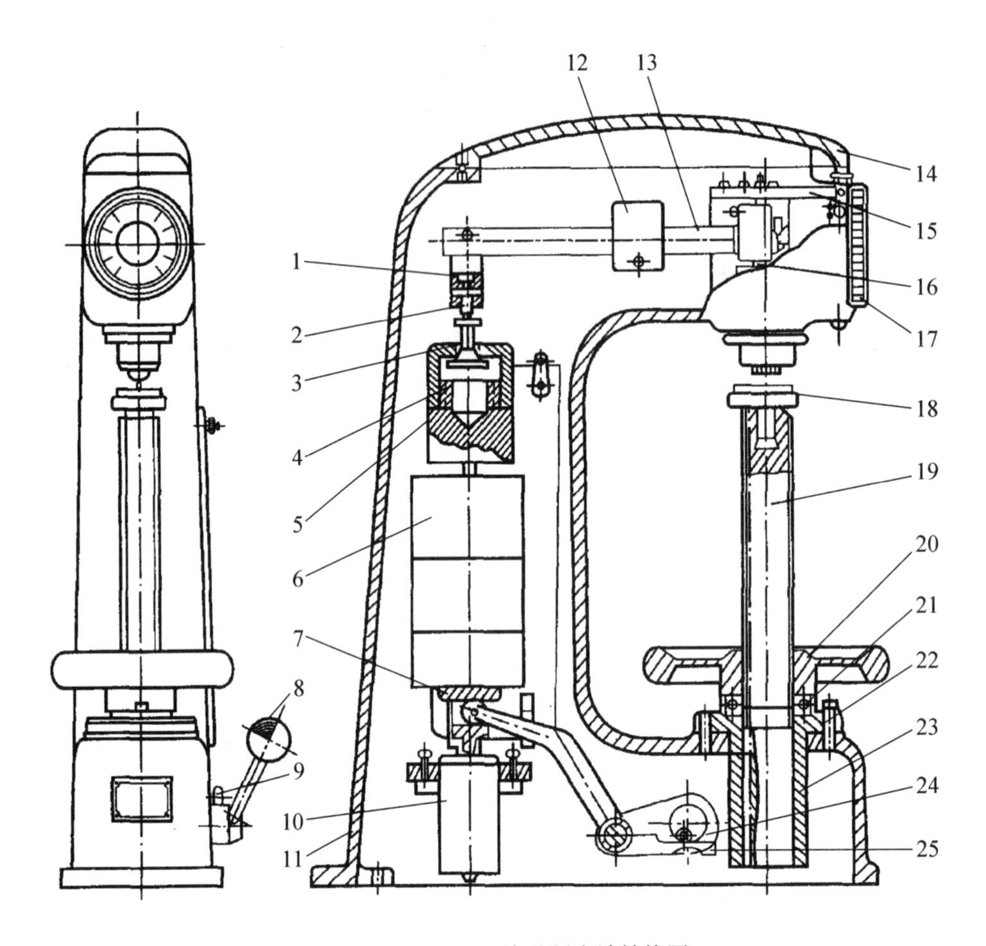

图 2-12　HR-150 洛氏硬度计结构图

1—吊环；2—连接杆；3—螺母；4—吊杆；5—吊套；6—砝码；7—托盘；8—加卸荷手柄；9—缓冲器调节阀；10—缓冲器；11—机体；12—游码；13—负荷杠杆；14—上盖；15—计量杠杆；16—主轴；17—指示百分表；18—工作台；19—升降丝杠；20—手轮；21—止推轴承；22—螺钉；23—丝杠导向座；24—定位套；25—加、卸荷杠杆

(五)洛氏硬度的表示方法

洛氏硬度值对于不同总试验力和不同压头组合进行洛氏硬度试验测得的硬度是不同的，即洛氏硬度值是对应标尺的硬度值。为了区分不同的标尺，应在硬度单位符号后写上标尺代号。

如有一洛氏硬度试验，采用的总试验力为 588.4N，压头由金刚石圆锥体压头，测得压痕深度变化量 e 为 0.063mm，则硬度为：HRA = 68.5。因为该试验力与压头组合是 A 标尺组合，压痕深度变化量 e 以 0.002mm 为单位时，由式 $HR = K - e$，$K = 100$，$e = 31.5$，所以硬度值为 68.5。故 HRA = 68.5，硬度值小数修约为 0.5HR。

同理，B 标尺硬度为 HRB；C 标尺硬度为 HRC；……。

(六)优缺点及应用范围

由于洛氏硬度试验使用了金刚石压头，所以它能检测的硬度范围上限高于布氏硬度，如 HRC 的有效范围为 20～67，相当于 HBS(HBW)230～700；压痕小，基本上不损伤零件表面；操作迅速，直接读取数据，效率很高，非常适用于大量生产中的工序控制和成品检验。

不同标尺的洛氏硬度值之间是不可比的，因为它们之间不存在相似性。

对于高分子材料，即使在室温下，它的变形量与时间相关部分通常比金属材料大得多，所以，在进行洛氏硬度试验时，应有足够的保持试验力时间。高分子材料的洛氏硬度通常采用专门的标尺，对硬度较低的材料使用 R 或 L 标尺，对硬度较高的材料使用 M 或 E 标尺。

四、维氏硬度与显微硬度试验

维氏硬度试验法是英国工程师 R. L. Smith 和 G. E. Sandland 于 1925 年提出的，维氏硬度试验法适用于 5～1000HV 硬度范围的金属、合金硬度的测量。维氏硬度试验的试验力向小的方向发展，出现了低负荷维氏、显微维氏硬度试验，其划分见表 2－3。低负荷维氏、显微维氏硬度试验主要针对细小薄的工件，且硬度较高的试样的硬度测量。

表 2－3　三种维氏硬度

试验名称	硬度符号	试验力/N	试验方法
维氏硬度试验	HV5～HV100	49.03～980.7	ISO 6507/1
低负荷维氏硬度试验	HV0.5～<HV5	1.961～<49.03	ISO 6507/2
显微维氏硬度试验	<HV0.2	<1.961	ISO 6507/3

（一）维氏硬度试验的基本原理

维氏、低负荷维氏、显微维氏硬度试验的基本原理相同，即将一个两相对夹角均为 136°的正四棱锥金刚石压头，在一定的试验力作用下垂直压入试样表面，保持一段时间后卸除试验力，通过测量正方形压痕对角线长度的平均值，以试验力与压痕锥形面面积之比值为试样的维氏硬度值，如图 2－13 所示。

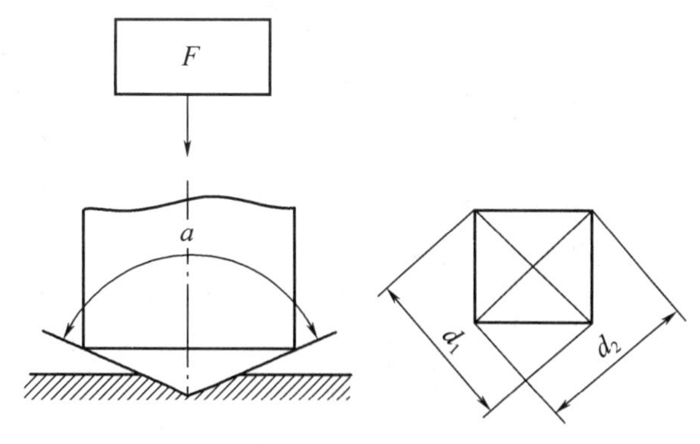

图 2－13　维氏硬度原理

硬度计算公式为：

$$HV=\frac{0.102F}{A} \quad (2-8)$$

或

$$HV=\frac{0.102\times 2F\sin\frac{\alpha}{2}}{d^2}=\frac{0.1891F}{d^2} \quad (2-9)$$

式中 HV——维氏硬度单位符号；

F——试验力，N；

A——压痕锥形面面积，mm^2；

d——压痕对角线长度平均值，mm；

α——压头相对面夹角。

（二）维氏硬度计

如图 2－14 是 HV－120 型维氏硬度计的结构示意图。硬度计由试验力产生机构，试验力变换机构、试验力加卸机构、测量显微镜、试样支承机构、转动头等组成。

试验力由砝码、吊挂、杠杆、主轴等的质量产生，通过转动试验力变换旋钮使试验力变换机构对不需要的砝码限制下降，从而改变试验力。试验力的施加与卸除是通过操作手柄控制，在缓冲器作用下缓慢施加试验力，保持一段时间后自动卸除试验力。转头上装有主轴头，测量显微镜物镜头和指示灯。卸除试验力后，下降工作台一定距离，让物镜对准压痕测量压痕对角线。

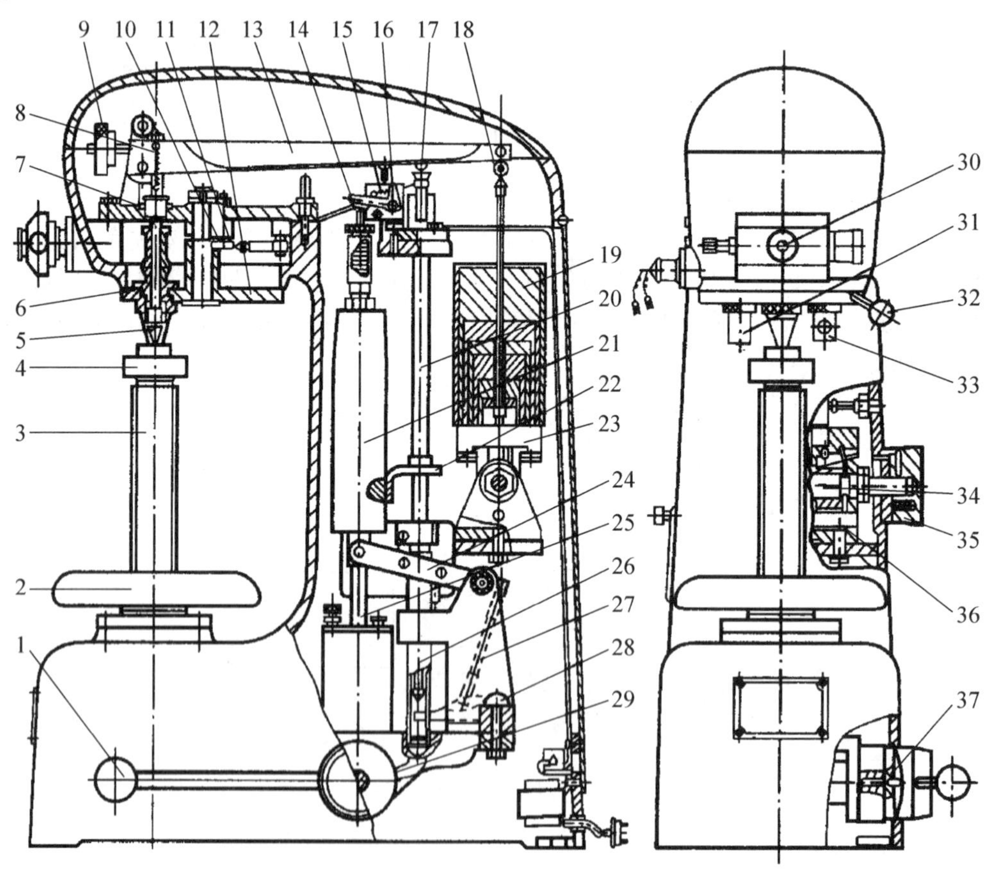

图 2－14 HV－120 型维氏硬度计结构图

1—手柄；2—手轮；3—升降丝杆；4—工作台；5—压头；6—主轴；7—压轴；8—弹簧；9—平衡铊；10—限位螺钉；11—限位杆；12—转盘；13—负荷杠杆；14—小项杆；15—弹簧；16—拨叉；17—端头螺钉；18—吊挂；19—砝码；20—顶杆；21—重铊；22—小托架；23—滑块；24—小杠杆；25—活塞杆；26—套管；27—连杆；28—上托杆；29—下托杆；30—测微目镜；31—物镜；32—转动头手柄；33—指示灯；34—螺杆；35—旋钮；36—支座；37—销子

（三）试验步骤

（1）转动手轮，升起工作台，使试样面与压头保护套接触为止（轻力转不动手轮为止）；

（2）向左平推试验力控制手柄，使试验力作用到试样上（指示灯亮），保持一段时间后自动卸除；

（3）指示灯熄灭后（表示试验力已卸除），转动手轮，使试样脱离压头（约 7mm）；

（4）向右扳动转动头手柄（转不动为止），使转台处于右极限位置（物镜对准压痕），并微微升降试台使压痕在测量显微镜目镜视场中清晰为止；

（5）读出一对对角线长度，将显微镜旋转 90°，测量压痕另一对角线长度。取两对角线长度的平均值计算硬度值。

（四）维氏硬度表示方法

维氏、低负荷维氏、显微维氏硬度的表示方式与布氏硬度的表示方式基本相同，不同点在于维氏硬度试验的压头惟一，硬度表示中不含压头参数。另外，硬度值大于 100，修约为整数；硬度值在 10～100 之间，修约为一位小数；硬度值小于 10，修约为二位小数。

如对某试样进行维氏硬度试验，试验力为 490.3N（50×9.087N），试验力保持 30s，测得压痕对角线平均长度为 0.824mm，计算硬度值为 136.54。则试样的硬度表示为 HV = 137HV50/30。

（五）常见显微硬度试验基本原理

显微硬度试验是指试验力比较小的硬度试验。在此简要介绍几种显微硬度试验。

1. 努普硬度试验

努普硬度也称努氏硬度，它于 1939 年由美国人努普（Knoop）发明的。

努普硬度试验的基本原理是采用两长棱夹角 $\alpha = 172°30'$，两短棱夹角 $\beta = 130°$ 的金刚石锥体压头，如图 2－15 所示，将压头在一定的试验力作用下压入试件，经规定的试验力保持时间后，卸除试验力，通过测量压痕长对角线长度，以试验力与压痕表面在试件平面上的投影面积之比值为努普硬度。可表示为：

$$\mathrm{HK} = \frac{0.102 \times F \cdot \cot\frac{\alpha}{2} \cdot \tan\frac{\beta}{2}}{d^2} = 1.451\frac{F}{d^2} \qquad (2-10)$$

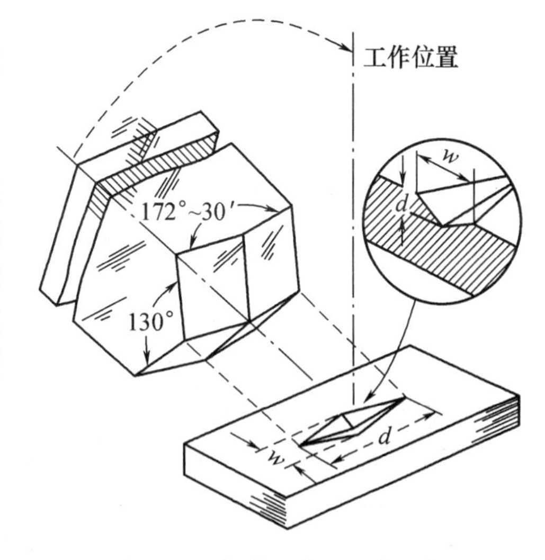

图 2－15　努普压头及压痕形状

式中　HK——努普硬度单位符号，一个努普硬度单位相当于在特定条件下为 9.807N/mm²；

F——试验力，N；

d——压痕长对角线的长度，mm。

努普硬度表达式与维氏硬度完全一致。例如，有一试件采用 0.9807N 的试验力测得努普硬度值为 500，试验力保持时间为 30s，则试件的努普硬度为 500HK0.9807/30。

努普硬度试验主要用于测定较硬、较脆的试件。因它测量的是压痕长对角线的长度，同样试验力作用下，若用正四棱角锥体做压头，其压痕对角线的长度为努普压头的 1/3。且压痕深度比努普压头的深，所以此种压头适宜于测定薄镀层的硬度，或脆性材料的硬度。

2. 三角形硬度试验

三角形硬度试验的基本原理是将轴线与锥面夹角 $\alpha=65°$ 的正三棱锥体金刚石压头，如图 2－16，在一定的试验力作用下压入试件表面，保持一段时间后卸除试验力。测量试件面上压痕三角形的高线长度，以试验力与压痕锥面面积之比为三角形硬度。可表示为：

$$HT=\frac{0.102\times3\sqrt{3}F\cdot\sin\alpha}{2d^2}=\frac{0.2041F}{d^2} \quad (2-11)$$

式中 HT——三角形硬度单位符号，一个三角形硬度单位相当于特定条件下 $9.807N/mm^2$；

F——试验力，N；

d——试件面上压痕三角形高线长度，mm。

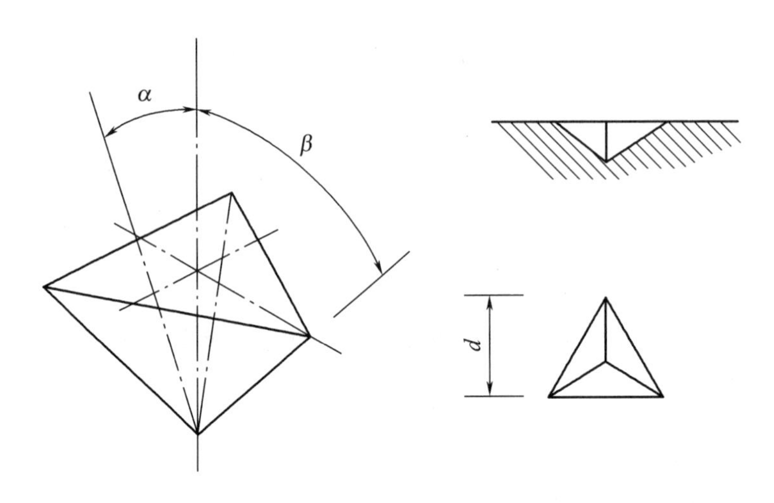

图 2－16 三角形压头及压痕形状

三角形硬度的表达式与努普硬度相同。例如，HT＝435HT0.4903/30。435 为硬度数值，0.4903 为试验力(N)，30 为保持时间(s)。

(六) 优缺点及应用范围

维氏、低负荷维氏、显微维氏硬度试验法的优点是不存在布氏硬度试验时要求试验力 F 和压头直径 D 所规定条件的约束，以及压头变形问题，也不存在洛氏硬度试验法那种硬度值无法统一的问题。不仅试验力可以任意选取，材质不论软硬，测量数据稳定可靠、准确度高。其缺点是硬度值的测定不如洛氏硬度测定简便。

维氏、低负荷维氏、显微维氏硬度试验法广泛应用于材料试验研究，在热处理工艺质量检验中，常用低试验力维氏硬度测定表面淬火时硬化层深度和化学热处理件表面硬度以及小件和薄件硬度等。

五、其他硬度试验简介

(一) 肖氏硬度试验法

肖氏硬度试验属于动态试验，是一种回跳式硬度。它是将一定质量、一定形状的金刚石冲头从固定高度 h_0 自由下落到试样表面，由于试样材料的弹性，冲头将回弹到某一高度 h，以回跳高度 h 与下落高度 h_0 的比值作为试样材料的肖氏硬度，如图 2－17 所示。肖氏硬度值 HS 可表示为：

$$HS = K\frac{h}{h_0} \tag{2-12}$$

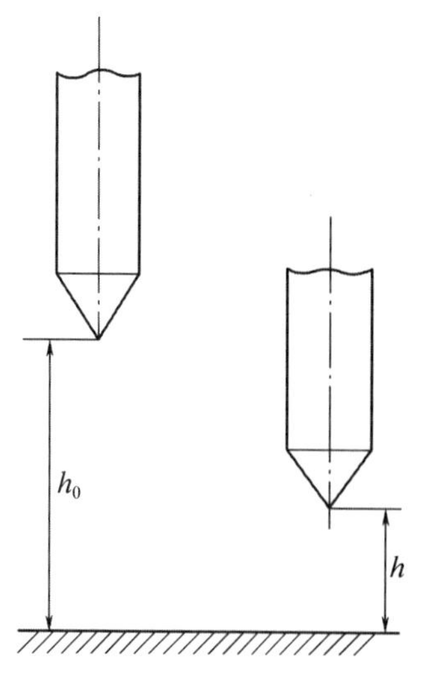

图 2－17　肖氏硬度原理图

式中　HS——肖氏硬度单位符号，采用 C 型肖氏硬度计试验为 HSC，采用 D 型肖氏硬度计试验为 HSD；

h——冲头回跳高度，mm；

h_0——冲头下落高度，mm，C 型硬度计 $h_0 = 254$mm，D 型硬度计 $h_0 = 19.0$mm；

K——引入系数，C 型硬度计试验时，$K = 10000/65$，D 型硬度计试验时，$K = 140$。

由式（2－12）可知，冲头回跳高度越高，硬度值越大。

肖氏硬度计是一种轻便手提式硬度计，便于流动性工作和巡回检测，而且操作方便、结构简单、测试效率高，特别适用于很多大型冷轧辊用大的冷硬铸铁辊、曲轴等高硬度大零件。肖氏硬度试验只能对试样面向上的试样进行硬度测量，误差因素较多，试验结果准确性较差。

（二）里氏硬度试验法

里氏硬度试验是在肖氏硬度试验的基础上发展而来的。它是将一定形状、一定质量的冲头在冲击器作用下冲击试样表面，试样材料的弹性使冲头回弹，测量冲头距离试样表面 1mm 处的冲击速度 v_0和回弹速度 v，以回弹速度 v 和冲击速度 v_0的比值作为试样材料的里氏硬度。里氏硬度值 HL 可表示为：

$$HL = 1000\frac{v}{v_0} \tag{2-13}$$

式中　HL——里氏硬度单位符号；

v_0——冲头冲击速度，m/s；

v——冲头回弹速度，m/s。

在里氏硬度试验中，冲头是在冲击器的作用下冲击试样的。冲击器的不同，使得冲头冲击试样测量的硬度也不同，因而硬度单位符号也应有区别。冲击器的作用避免了冲头只能依靠重力自由落体冲击试样，因而里氏硬度试验适用于任意方向的试样试验。

里氏硬度计结构小、重量轻、携带方便，便于现场测量，试验效率高，对工件几乎无损伤，且测量方向不限，因此适用于各种大型、重型工件和工件内壁的硬度检测。

（三）超声波硬度试验

超声波硬度试验利用超声波原理进行硬度测量，目前我国已制造出了超声波硬度计，并在硬度测量中得以应用。

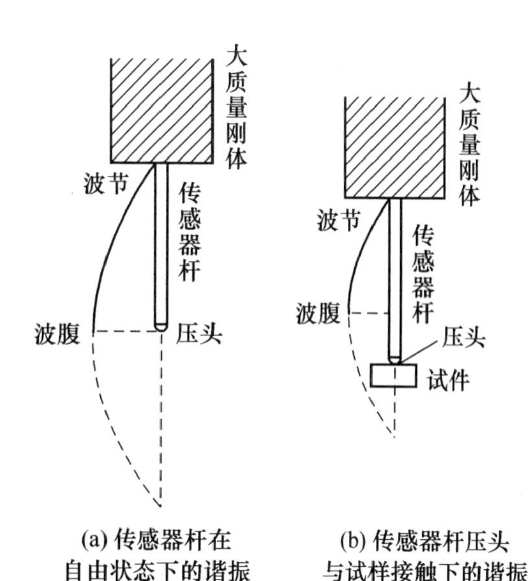

图 2－18　传感器杆的超声波振幅分布图

超声波硬度试验的原理如图 2－18 所

示。利用铁镍合金制成,具有磁致伸缩效应并装有金刚石棱锥体压头传感器杆,压头端悬空,另一端与大质量的刚体固定。在激励线圈电磁作用下,传感器杆按固有振动频率纵向振动,这个频率是传感器杆的起始频率。此时压头端振幅最大,振动波长最长,振动频率最低。当压头在恒定的试验力作用下压入试样表面,压头端受试样约束,振动幅度减弱,传感器杆的最大振幅点向杆中央移动,振动波长减小,振动频率增大。在弹性模量相同时,若试样硬度较低,在恒定的试验力作用下,压头压入试样较深,试样对压头的约束力较大,压头端振幅较小,最大振幅点越靠近传感器杆中央,波长越短,振动频率越大。若试样硬度较高,则传感器杆的振动频率更低,更靠近起始频率。因此,通过测量传感器杆的振动频率,即可测量试样材料的硬度。

传感器杆振动频率的测定是依靠装在传感器杆基部的压电晶体获得振动信号,输入激励放大器。激励放大器一方面保持传感器杆自激振动,另一方面将振动信息送往脉冲形成电路。形成重复频率是振动频率二分频的方波脉冲,经脉冲功率放大器去启动鉴频器,鉴频器将不同的振动频率转换成不同的直流电流,然后由以硬度单位刻线的微安表直接指示出硬度值。如图 2 – 19 所示。

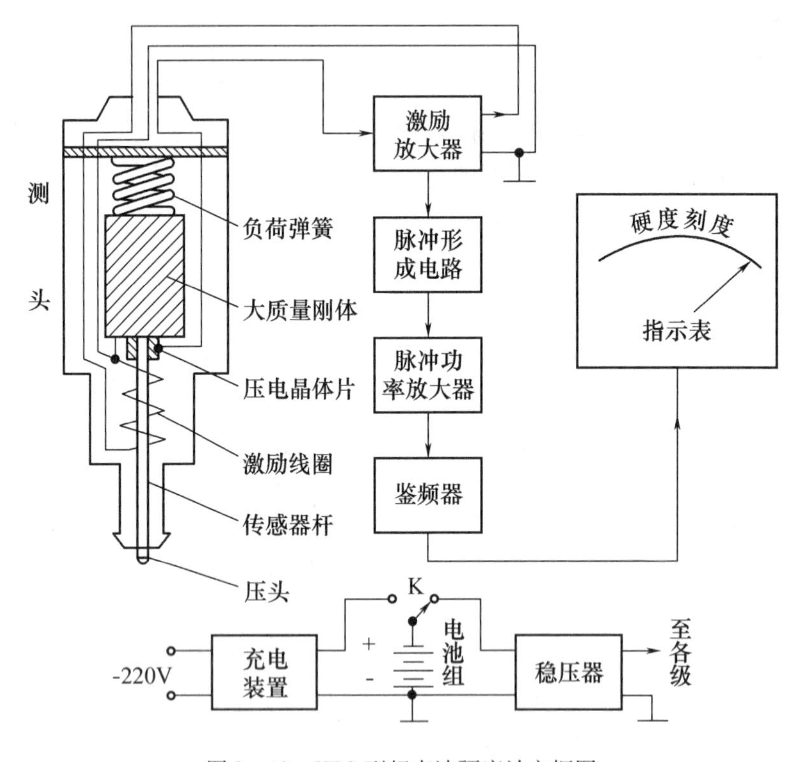

图 2 – 19　HRS 型超声波硬度计方框图

超声波硬度试验的试验力小、压痕小、对试样几乎没有损伤,适用于薄小工件、成品件的硬度测量。硬度计结构简单、体积小、重量轻、便于携带且效率高,适宜大型工件硬度测量,手动试验探头几乎可以适应试验条件。但是超声波硬度试验只能采用比较法测量试样硬度,试验前对硬度计的校准比较麻烦。

第三节　冲击性能试验

一、冲击试验的意义及分类

拉伸、压缩和硬度试验属于静载试验,用静载试验测得的力学性能指标不能反映动载条件下,尤其不能反映变形速度很大的急剧加载情况下材料的力学性能。工程中常用"冲击韧度"表示材料抵抗冲击的能力,测量材料的冲击韧度通用的方法是一次性冲击试验法。

冲击试验是把试验的材料,制成规定形状和尺寸的试样,在冲击机上一次冲断,用冲断试样所消耗的功或试样断口形貌特点,经过整理得到规定定义的冲击性能指标。冲击试验所得性能指标没有明确的物理概念,所得性能数值也不能用于对所测性能做定量评价或设计计算。但冲击试验简单方便,是最容易获得材料动态性能的试验方法。迄今已积累了大量的冲击试验数据和评价这些数据的经验,并且冲击试验对材料使用中至关重要的脆性倾向问题和材料冶金质量、内部缺陷情况极为敏感,是检查材料脆性倾向和冶金质量非常方便的方法。因此,这种试验方法在产品质量检验、产品设计和研究工作中仍然得到广泛应用。

随着断裂力学和断裂金属学的飞速发展,表明冲击试验得到的冲击值与断裂韧度有比较密切的关系,可用简单的冲击试验值来估计断裂韧度,或直接用冲击试验的方法来测量材料动态断裂韧度。带有冲击示波器和电子计算机的冲击试验机,能显示和记录冲击变形过程中弹性变形、塑性变形、裂纹萌生和裂纹扩展诸阶段的能量分配,对于测定断裂性能和研究断裂过程具有重要意义。

冲击试验主要有以下几种分类方法。

按试验材料可分为金属材料试验和非金属材料试验两大类。金属材料试验专门用于试验碳钢、合金钢、球墨铸铁、结构钢、焊接钢等金属材料的冲击韧性试验。非金属材料试验专门对塑料、电工绝缘器材、木材等非金属材料的冲击韧性试验。

按试件冲击力可分为弯曲冲击试验、拉伸冲击试验和扭转冲击试验等。弯曲冲击试验又可分为悬臂梁式冲击试验(通常称阿氏冲击试验)和简支梁式冲击试验(通常称夏比冲击试验)。

接试件冲击试验的次数可分为一次冲击试验和多次冲击试验两种。一次冲击试验较多见,多次冲击试验是对材料或构件施加小能量的多次重复试验,试样在多次冲击下可能造成局部裂纹,以后逐步扩展,使试件断裂。这种试验更接近于实际情况。

二、试样

冲击试样形状比较简单,外形尺寸为 10mm × 10mm × 55mm 或 5mm × 10mm × 55mm,在试样长度的正中开一个槽口。

根据槽口形状的不同,试样分为夏比 U 型缺口冲击试样和夏比 V 型缺口冲击试样,如图 2-20所示。试样缺口的尺寸和表面粗糙度对试验结果有显著的影响,所以缺口一般应铣削和磨销加工,以保证试样尺寸。

三、冲击试验机

冲击试验机是专门用来考核材料的韧性和脆性的一种试验设备,它是用来产生瞬态冲击

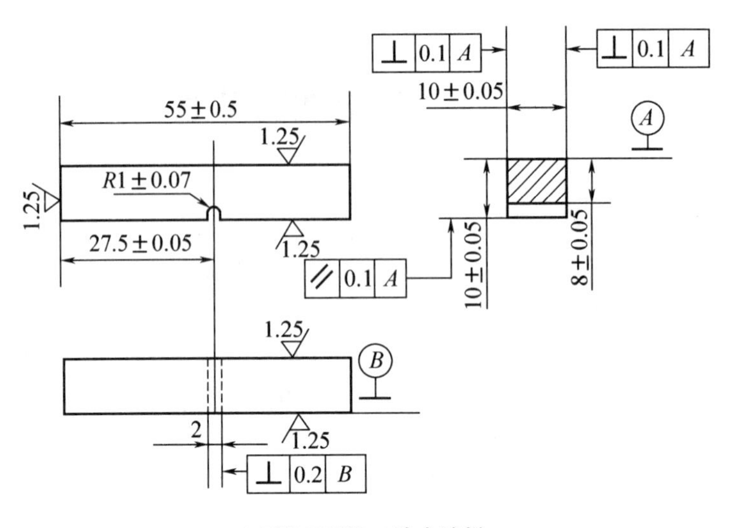

(a) 夏比U型缺口冲击试样

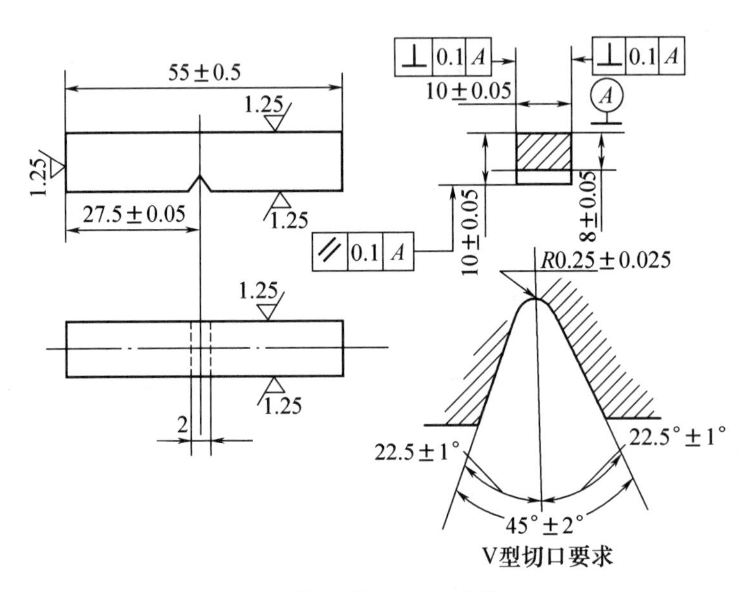

(b) 夏比V型缺口冲击试样

图 2－20　冲击试样

力的机械装置。冲击试验机可分为跌落式、摆锤式和气动式等。

图 2－21 所示为摆锤式冲击试验机的原理示意图。将具有一定质量的摆锤升向到规定的高度，使其具有一定的势能，然后释放，在摆锤下落到最低位置处将试样冲断。摆锤在冲断试样时失去的能量即为破坏试样所作的功，称为冲击吸收能量 A_K。势能与冲击吸收能量 A_K 的能量差使摆锤上升到一定的高度。所以试样被冲断所吸收的能量为：

$$A_K = M(\cos\beta - \cos\alpha) \tag{2-14}$$

式中　A_K——冲击吸收能量，J(N·m)；

M——摆常数，即摆锤质量、重力加速度和摆动半径（摆锤重心到旋转中心距离）的乘积，J(N·m)。

对于U型缺口试样和V型缺口试样，都规定了两个性能指标，即冲击吸收能量A_K和冲击韧度a_k。冲击吸收能量为试样冲断时所吸收的能量，U型缺口试样记为A_{KU}，V型缺口试样记为A_{KV}。

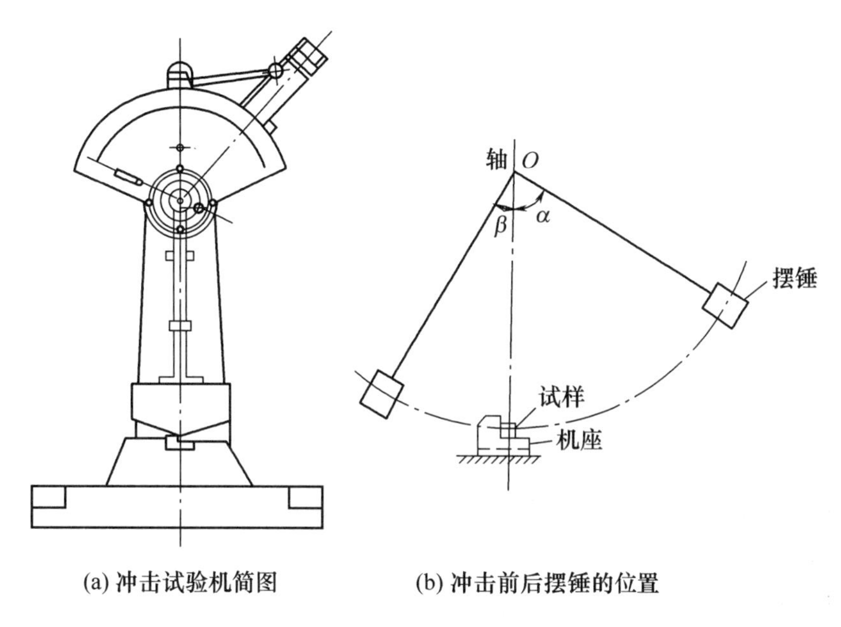

(a) 冲击试验机简图　　(b) 冲击前后摆锤的位置

图2－21　摆锤式冲击试验机原理示意图

四、试验步骤

(1)把冲击试验机摆锤扬起到冲击位置，把摆锁住，将试验机指针拨到最大能量值（主、被动指针同时拨），然后将摆锤空打一次，观察指针是否回到零位。同时检查试验机的冲击底座间距应为40mm ±0.5mm，否则应进行调整。

(2)将摆锤扬起到最大能量位置，把指针拨到最大能量指示值并把摆锁住。

(3)把尺寸和缺口符合要求的试样放在冲击支座上，使试样缺口的中心线与试验机摆锤冲击刃的中心线一致。

(4)按动松摆机构，摆锤即从最高势能位置落下并冲断试样，试样所吸收的能量即在试验机表盘上指针出来。

在高分子材料的冲击试验中，除采用简支梁方式外，还可采用悬臂梁方式的艾佐(Izod)冲击试验。试验时试样一端固定，摆锤在自由端冲击。两种冲击试验的试样可以采用无缺口试样，但大多数情况下采用缺口试样，不过应注意到不同试样形式或不同缺口加工方法的试验结果不能互相比较。

在高分子材料的冲击试验中，还应注意到试样所消耗的总能量包括两部分：一部分和金属类似，是试样变形和破坏所需的能量；另一部分是试样断裂后飞出和机座振动消耗的能量。对于金属材料试验，后者是可以忽略的，但高分子材料试验时，此飞出功有时可达总能量的50%（如聚甲基丙烯酸甲酯类塑料）。对这类吸收能较小而飞出功较大的高分子材料，冲击试验的结果须加以修正。

五、冲击试验的应用

到目前为止，冲击试验法是工程上最方便、最简单的获得材料动态强度和变形能力的方法，习惯上用冲击值来表示材料抵抗冲击力的大小。但是冲击抗力有明显的体积效应和波传导特点，与冲击力和变形速度有很大关系，而冲击试验是在特定试验加速度、特定试验尺寸和缺口形状下获得的，所以冲击试验得到的冲击值很大，并不一定是实际结构冲击抗力也大；冲击试验的韧脆转变温度并不一定是实际结构件的韧脆转变温度；另外，冲击值是一个能量概念，它包含着强度和塑性两方面的贡献；强度高塑性低的材料可以有较高的冲击值，强度差些而塑性较好的材料也可以有较高的冲击值，对于前一种情况，虽然冲击值不低，但机件在服役过程中，仍然可能有不可忽视的脆性倾向。因此，用冲击值表示冲击抗力和脆性倾向，不能用于定量计算，有很大的条件性，并且具有明显的经验性质。

尽管冲击值不能直接用于工程计算，但它们对于金属材料的组织结构、冶金缺陷比较敏感，尤其是在测定钢的缺口敏感度方面很有用。因此，冲击试验常用于材料品质、内部缺陷、工艺质量等方面的检验。

第四节　疲劳强度测试

工程结构在服役中，由于承受变动载荷而导致裂纹萌生和扩展以至断裂失效的全过程称为疲劳。机电产品中的许多构件，如转轴、齿轮、弹簧等都是在变动载荷下工作的，疲劳破坏往往是结构及其构件损坏的主要原因。统计分析显示，在机械失效总数中，疲劳失效约占80%以上。由此可见，研究材料在变动载荷中的力学响应、裂纹萌生和扩展特性，进而为工程结构部件的疲劳设计、评估构件的疲劳寿命以及寻求改善工程材料的疲劳抗力的途径都是非常重要的。

一、疲劳极限的概念与疲劳破坏的特征

（一）变动载荷（应力）及其参量描述

变动载荷（应力）是指载荷大小或大小和方向随时间按一定规律呈周期性变化或呈无规则随机变化的载荷，前者称为周期变动载荷（应力）或循环载荷（应力），后者称为随机变动载荷。当然实际机器部件承受的载荷一般更多地属于后者，但就工程材料的疲劳特性分析和评定而言，为简化讨论主要还是针对循环载荷（应力）而言的。

构件在变动载荷（应力）下工作时，载荷每重复变化一次称为一次应力循环，重复变化的次数称为循环次数，材料破坏前经历的循环次数称为疲劳寿命 N。

循环载荷的应力－时间关系如图2－22所示，其特征和描述参量为：

（1）波形：通常以正弦波为主，其他有三角波、梯形波等。

（2）最大应力 σ_{max} 和最小应力 σ_{min}。

（3）平均应力 σ_m 和应力半幅 $\sigma_a=\dfrac{\Delta\sigma}{2}$：

$$\sigma_m=\frac{\sigma_{max}+\sigma_{min}}{2} \qquad (2-15)$$

$$\sigma_a = \frac{\sigma_{max} - \sigma_{min}}{2} \tag{2-16}$$

(4)应力比 r(对称系数)

$$r = \frac{\sigma_{min}}{\sigma_{max}} \tag{2-17}$$

如果为对称循环,则 $r = -1$,如果为脉动循环,$r = 0$。

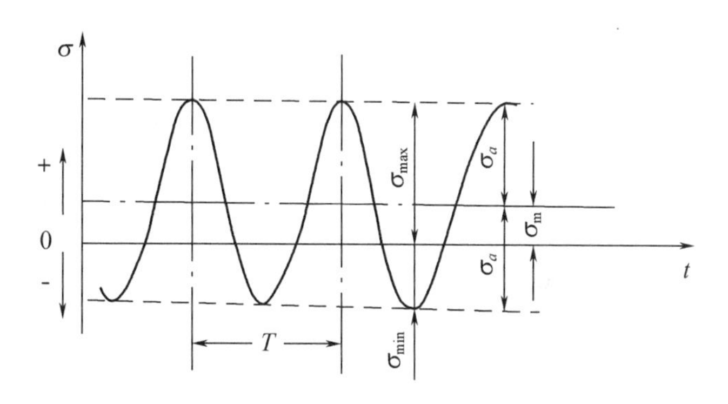

图 2-22　循环载荷的应力-时间关系图

(二)疲劳曲线与疲劳极限

表明部件或材料疲劳抗力性质最常用的方法是疲劳曲线,即所加应力 σ 与断裂前循环次数(疲劳寿命 N)之间的关系曲线,通常用 $\sigma - \lg N$ 表示,如图 2-23所示。

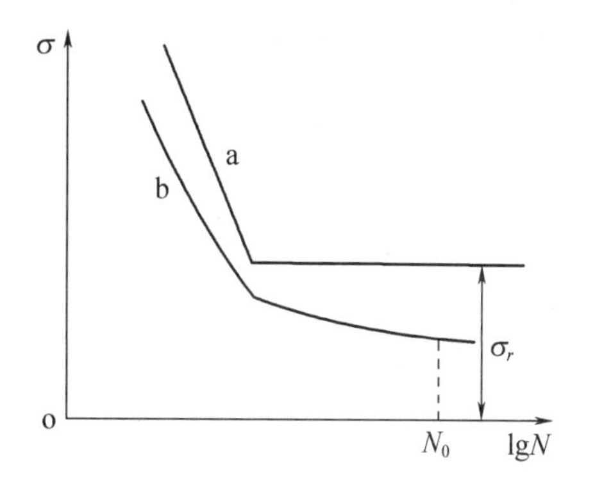

图 2-23　疲劳曲线

图 2-23 中的曲线表明,应力水平 σ 高时,疲劳寿命 N 短;应力水平 σ 低时,疲劳寿命 N 长。对于一般的碳钢材料,如果在某种对称交变应力下,经过 10^7 次循环不发生疲劳断裂,即认为不再断裂,所以一般称对应 10^7次循环的最大应力值为疲劳极限,用 σ_{-1} 表示,脚注"-1"表示对称循环,如曲线 a。如不是对称循环,则依对称系数 r 写疲劳极限 σ_r。故 10^7 为一般疲劳试验的疲劳极限基数。对高强度钢、铜、铝等有色金属,在腐蚀介质中以及大截面试样,无明确的疲劳极限,这时规定经历 N_0 为 5×10^6、5×10^7或 5×10^8 次循环而不断裂的最高应力为条件疲劳极限,如曲线 b。疲劳极限是对要求无限寿命的机件的疲劳设计重要依据。

(三)疲劳破坏的特征

疲劳破坏的全过程包括:微裂纹的萌生、宏观裂纹的形成、裂纹的稳定发展、裂纹的失稳扩展直到破坏。一般认为,导致疲劳裂纹产生的应力循环次数较少,占整个疲劳循环次数的 10% ~15% 左右,而导致裂纹扩展的应力循环次数点 75% 以上。可见,疲劳破坏过程主要是疲劳裂纹扩展的过程。

疲劳破坏具有如下特征:

(1)导致疲劳破坏的应力水平低,疲劳极限低于抗拉强度,甚至低于屈服强度,并且须经过多次应力循环,一般须经历数千次以至数百万次后才失效;

(2)疲劳断裂后,不产生明显的塑性变形,而断裂却常常是突发的,没有预兆;

(3)疲劳破坏对缺陷具有很大的敏感性,疲劳裂纹一般起源于零件高度应力集中的部分或表面缺陷处,如表面裂纹、软点、夹杂、急剧的转角过渡及刀痕等。

金属材料疲劳破坏最重要的特征表现在断口上,疲劳破坏的断口明显分成3个部分,如图2-24所示。

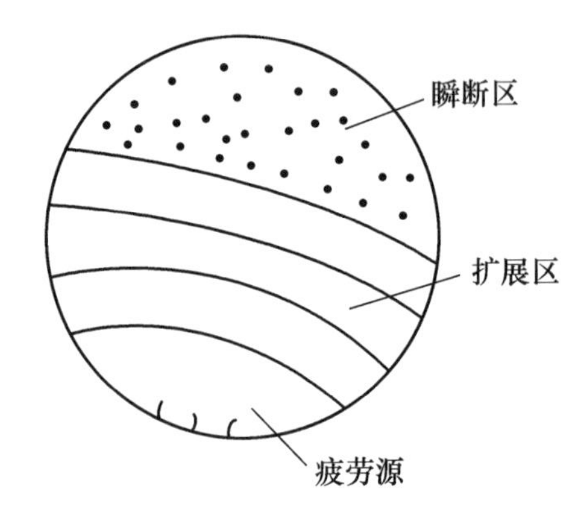

图2-24　典型疲劳断口的分区

疲劳源:裂纹萌生的地方。

扩展区:形成疲劳裂纹后,裂纹慢速扩展。裂纹的两个侧面在变动载荷作用下交替地分开与压紧,不断反复挤压摩擦,结果形成一光滑区。

疲劳断裂区:当疲劳裂纹扩展到一定程度时,剩下的面积无力承受下一次循环载荷而断裂,最后突然发生脆性断裂,形成粗糙的、颜色灰暗的颗粒状区域。

二、金属材料疲劳极限的测试

金属材料的疲劳试验是采用规定的试样,在疲劳试验机上进行的。最常用的测定疲劳极限的方法在纯弯曲变形下,测定对称循环的疲劳极限。

(一)试样

GB 4337—2008《金属材料疲劳试验　旋转弯曲方法》规定,金属旋转弯曲疲劳试验可采用圆柱形、圆锥形和漏斗形3种试样,均为圆形截面。目前较常用的是圆柱形和漏斗形试样,如图2-25所示。具体采用哪种形状试样,应根据所用试验机的加力方式和材料确定。对于屈服强度比较低的材料,例如,中、低碳钢和普通低合金结构钢,当试验应力接近或达到材料的疲劳极限时,试样将发热变形,此时如果采用圆柱形试样,由于变形过大以致试验无法进行,因此上述材料在进行旋转弯曲疲劳试验时应采用漏斗形试样。

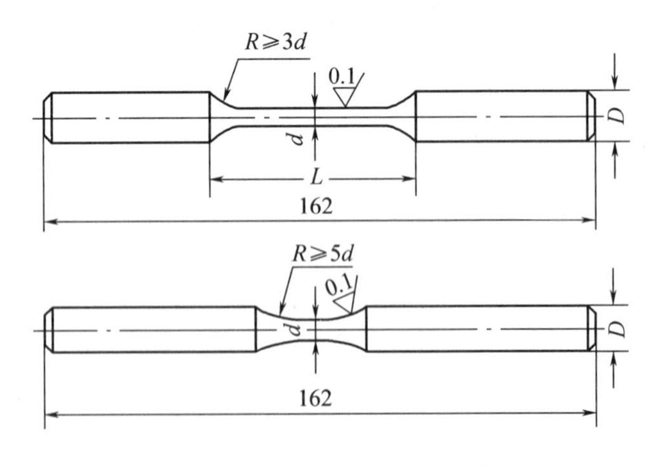

图2-25　两种形状的疲劳试样

试样的尺寸见表2-4。

表2-4　旋转弯曲疲劳试验试样尺寸表

试验部分截面直径/mm		过渡区圆弧半径 R/mm	夹持端之间距离 L/mm	夹持部分直径 D/mm
公称尺寸 d	公　差			
6.0 7.5 9.5	±0.5	≥3d	40	14

（二）疲劳试验机

疲劳试验机的种类很多，有机械传动、液压传动、电磁谐振、电液伺服等类。机械传动类中又有重力加载、曲柄连杆加载、飞轮惯性式、机械振荡等形式。

1. 旋转弯曲疲劳试验机

工程中常用旋转弯曲疲劳试验机测试材料的疲劳特性，它操作简单、使用方便，平均应力 $\sigma_m=0$，循环完全对称，即应力比 $r=-1$，并且积累的试验数据最为丰富。

图2-26所示为旋转弯曲疲劳试验机原理及外形图。试样10与左右弹簧夹头9连成一个整体的转梁，用左右两对滚动轴承四点支承在左、右主轴箱（8，11）内，电机1经软轴7带动试样在转筒内转动，加载砝码3通过吊杆4和加载杠杆16作用在左、右主轴箱上，从而使试样承受一个恒弯矩。吊重不动，试样转动，则试样截面上承受对称循环弯曲应力。当试样断裂时，加载杠杆落下触动限位开关5，电机自动停车，计数器记下循环次数 N。

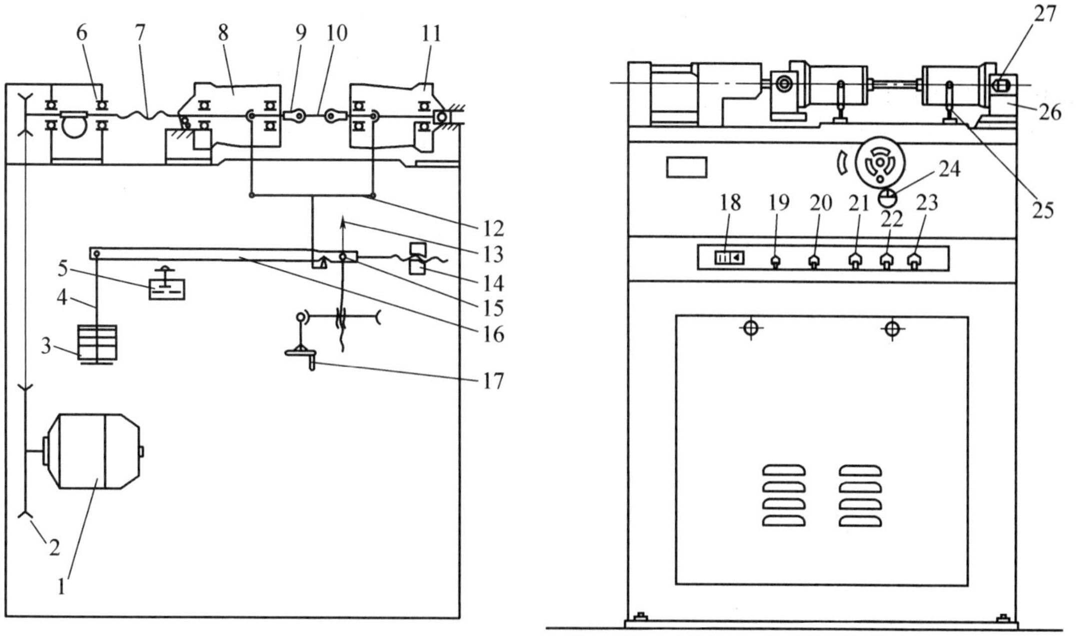

图2-26　旋转弯曲疲劳试验机原理及外形图

1—电动机；2—V带；3—砝码；4—吊杆；5—限位开关；6—计数减速器；7—软轴；8—左主轴箱；9—弹簧夹头；10—试样；11—右主轮箱；12—挂钩；13—指针；14—平衡铊；15—杠杆支点；16—加载杠杆；17—手轮；18—计数器；19—启动开关（指示灯）；20—停机开关（指示灯）；21—计数开关；22—变速开关；23—电源开关；24—水平准线；25—挂柱；26—前滑座；27—上滑块

2. 电液伺服疲劳试验机

电子计算机控制的电液伺服材料试验机是一种新型的材料试验机，其准确性、灵敏性和可靠性比其他类型的试验机都要高，可以实现载荷控制、位移控制或应变控制的任何一种方式，可以测出试样的应力－应变关系、应力－应变滞后回线随循环次数的变化，可以任意选择应力循环波形，进行复杂的程序控制加载、数据处理分析以及打印、显示和绘图。可以通过伺服阀与动作器的各种配置。加上适当的泵源，组成频率范围在0.0001～300Hz的各种系统。正是这些优点，使其在模拟实际工作情况的疲劳试验——随机疲劳试验以及断裂力学各项试验的开展有了很大推动作用。

图2－27是Instron1340系列电液伺服材料试验机原理图。给定信号Ⅰ通过伺服控制器Ⅱ将控制信号送给伺服阀1，用来控制从高压液压源Ⅲ来的高压油推动液压执行器2变成机械运动作用到试样3上，同时载荷传感器4、应变传感器5和位移传感器6又把力、应变、位移转化成电信号，其中一路反馈到伺服控制器Ⅱ中与给定信号比较，将差值信号送到伺服阀，调整液压执行器位置，不断反复此过程，最后使试样上承受的力（应变、位移）达到要求精度；而力、应变、位移的另一路信号送入读出器单元Ⅳ上，实现显示记录功能。

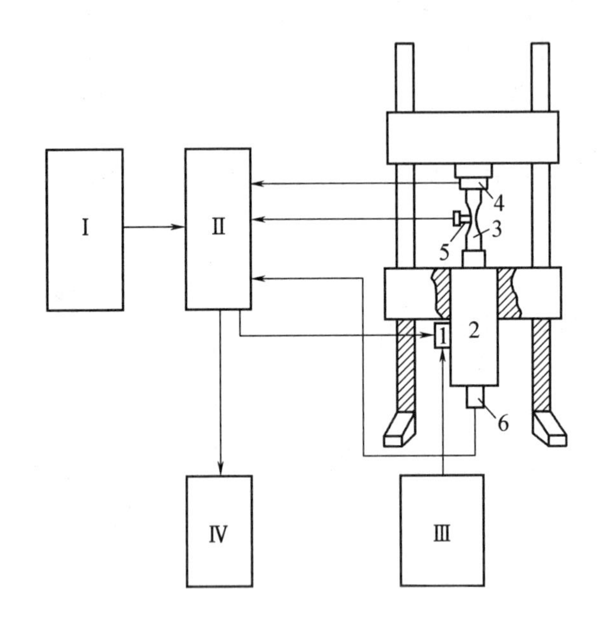

图2－27　电液伺服材料试验机原理图

Ⅰ—输入单元：函数发生器、计算机程序任意控制器、带式记录仪器、机电信号发生器；
Ⅱ—伺服控制器：载荷、冲程、应变；Ⅲ—高压、高压源；
Ⅳ—读出器：数字电压表、示波器记录仪、计算机系统。

（三）试验步骤

以旋转弯曲疲劳试验机为例介绍。

（1）安装拭抹干净的试样，用专用扳手将试样牢固夹紧；

（2）用千分表分别检查试样及左、右主轴箱的圆柱面上的径向跳动量，使之达到要求为止，然后取下千分表；

（3）添加砝码，接通电源，将计数开关拨到“启动”位置；

(4)选择试验速度,启动电机;

(5)当试验机运转正常时,转动手轮加载,直到加载杠杆处于水平为止;

(6)将计数器置零,或读取计数器示值,作为初始读数,记录起始时间。将计数器开关拨到“计数”位置,计数器开始计数,试验开始进行;

(7)当试样断裂时,加载杠杆压紧限位开关,电动机自动停车,计数器停止动作,此时记下试验应力水平及所对应的应力循环次数,关闭电源开关,取下试样并妥善保护好试样断口;

(8)当试样的循环次数到达指定寿命 N,而未断裂需要中止试验时,必须先卸载,然后方可按下停机按钮停车,并关闭电源开关,取下试样。

(四)疲劳极限和疲劳曲线的测定

1. 疲劳极限的测定

测定疲劳极限,标准推荐采用“升降法”。这种方法的步骤是取试样 13 ~ 16 根,根据已有的资料,对疲劳极限做一粗略估计,应力增量 $\Delta\sigma$ 一般选为预计疲劳极限的 3% ~5%,试验一般在 3 ~5 级应力水平下进行。第一根试样的试验应力水平略高于预计疲劳极限,如果在达到规定疲劳循环数(如 10^7)不断(用符号“○”表示)时,则下一根试样升高 $\Delta\sigma$ 进行;反之,若试样不到规定的循环数就断裂(用符号“×”表示),则下一根试样降低 $\Delta\sigma$ 进行,这样直到完成试验。

图 2 -28 是升降法实例,由 16 个点组成。在处理试验结果时,将出现第一对相反结果以前的数据均舍去,如图 2 -28 中的第 3 点和第 4 点是第一对出现相反结果的点,因此点 1 和点 2 的数据应舍去,余下的数据点均为有效试验数据。这时的疲劳极限的计算公式为:

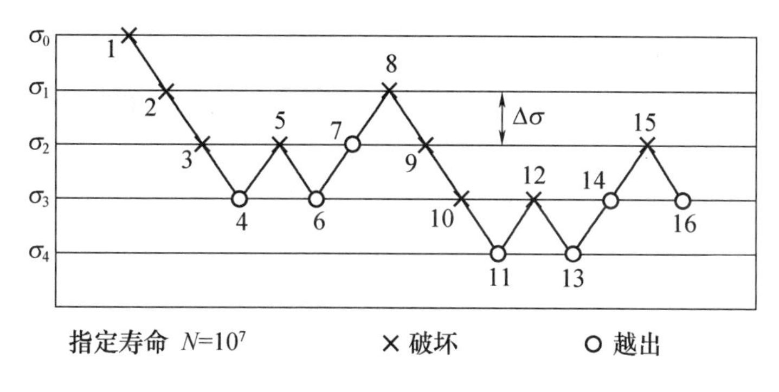

图 2 -28 升降法实例

$$\sigma_{-1} = \frac{1}{n}(V_1\sigma_1 + V_2\sigma_2 + \cdots + V_n\sigma_n) = \frac{1}{n}\sum_{i=1}^{m} V_i\sigma_i \qquad (2-18)$$

式中 n——有效试验的总次数(断与未断均计算在内);

m——试验的应力水平级数;

σ_i——第 i 级应力水平;

V_i——第 i 级应力水平下的试验次数。

对于图 2 -28 的实例,舍去了 1 点和 2 点,余下有效的试验数据为 14 点。则疲劳极限 σ_{-1} 为:

$$\sigma_{-1} = \frac{1}{14}(\sigma_1 + 5\sigma_2 + 6\sigma_3 + 2\sigma_4)$$

2. 疲劳曲线的测定

疲劳曲线的测定,标准规定至少取 4 ~5 级应力水平,用升降法测得疲劳极限作为$\sigma - N$

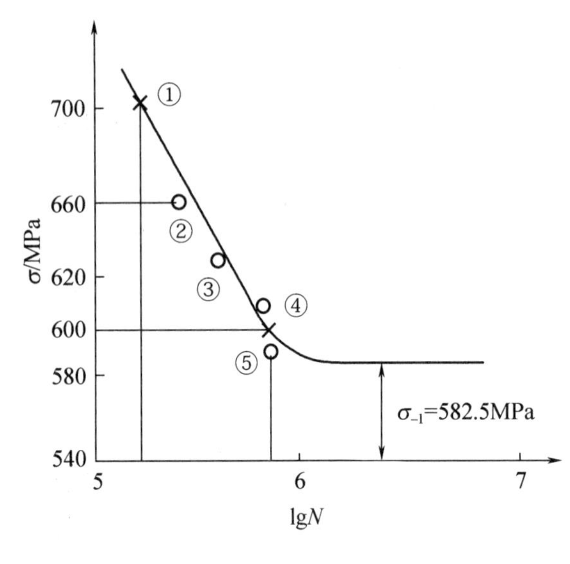

图 2－29　30CrMnSi 钢的 $\sigma-N$ 曲线

曲线的低应力水平点，其他 3 ~ 4 级较高应力水平的试验，则采用成组法，每组试样数量，取决于试验数据的分散度和所要求的置信度，通常一组需 5 根左右试样。以最大应力或对数最大应力为纵坐标，以对数疲劳寿命为横坐标，将试验数据一一标在对数或双对数坐标纸上，用直线最佳拟合，即成 $\sigma-N$ 图，如图 2－29 所示。

三、高分子材料疲劳试验的有关问题

(一) 试样

悬臂弯曲疲劳试验用的试样如图 2－30 所示，这两种试样是美国 ASTM 标准 D671－71方法中规定的，这种试样常用来对板材(如层合板)进行疲劳试验。

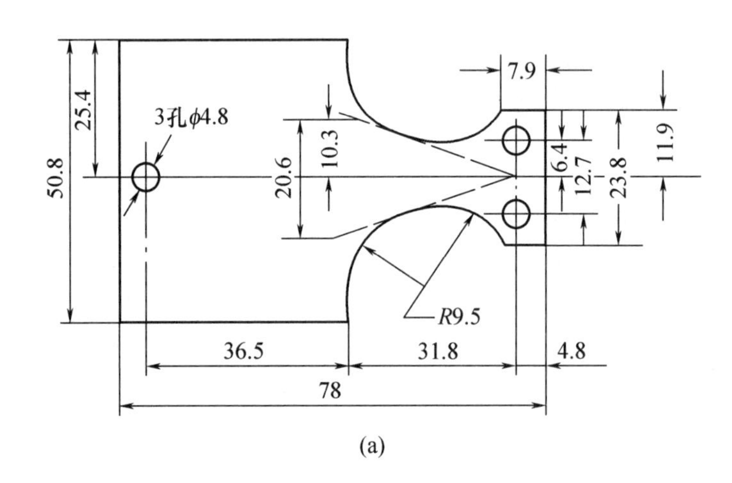

(a)

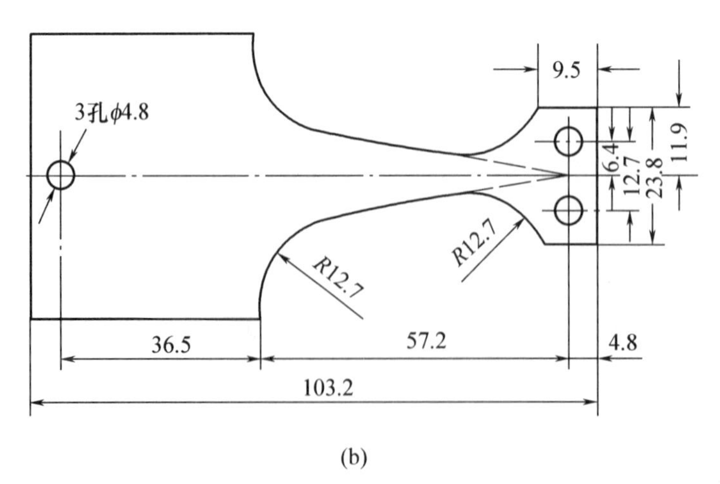

(b)

图 2－30　悬臂弯曲疲劳试样

板试样弯曲疲劳试验的示意图如图 2－31 所示。这类试验的主要问题常发生在试样的夹持上。夹紧时往往易使试样受损,因而常在夹持端发生破坏。由于两夹持处的轴线对不准而产生扭曲,也会影响试样的疲劳寿命。有时候可以在夹头中放进一些防擦伤的衬垫,但加衬垫却改变了夹头的固紧能力。

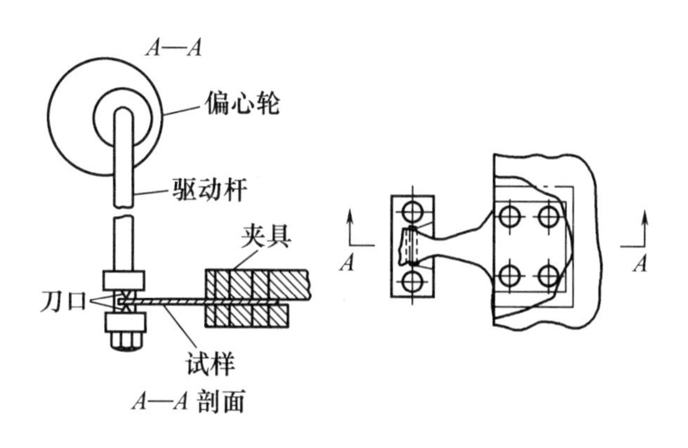

图 2－31　板试样弯曲疲劳试验示意图

轴向载荷疲劳试样与弯曲疲劳试样不同,一般采用两头宽中间(工作段)窄的试样,如图2－32所示。根据不同材料和材料的不同厚度,其具体有些差别,但 R 的尺寸一般都是 70～80mm 左右,均能保证试样在工作段内断裂。如果 R 过小或过大,则往往断在夹头内或 R 处。

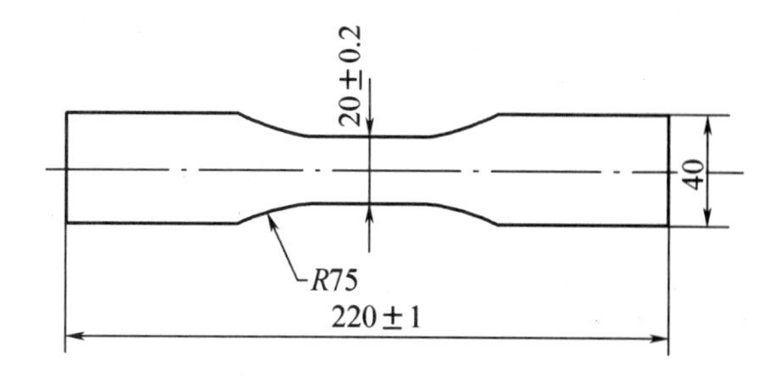

图 2－32　轴向加载疲劳试样

对于复合材料特别是高强度、高模量的碳纤维和有机纤维复合材料(层合材料),图 2－32 所示形状的试样已不适用,而宜采用长条形试样并在两端夹的部分用金属片加强,如图 2－33 所示。但是一般复合材料都很薄,在进行拉－压疲劳试验时必须配置防止纵向失稳的专用夹具。

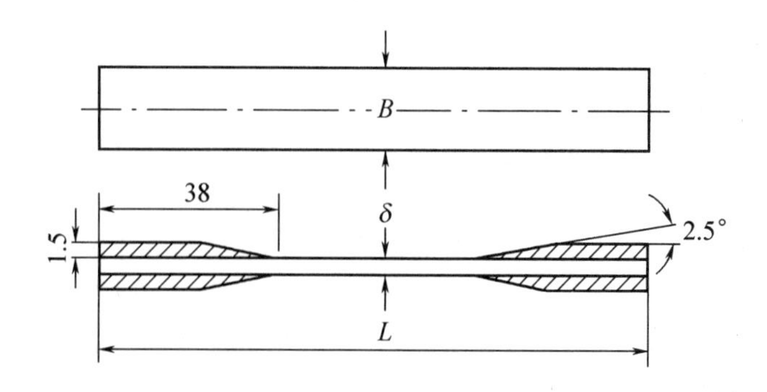

图 2－33　复合材料轴向疲劳试样

(二)几种高分子材料的疲劳特性曲线

均聚甲醛、聚碳酸酯、酚醛环氧、硬聚氯乙烯和尼龙5种高分子材料的疲劳曲线如图2－34所示。由图可以看出,不同材料的疲劳性能是不同的,应力幅度对均聚甲醛的疲劳寿命影响不大,它属于一种高强耐疲劳的高分子材料,而聚碳酸酯的疲劳寿命随着应力的增加而很快缩短。

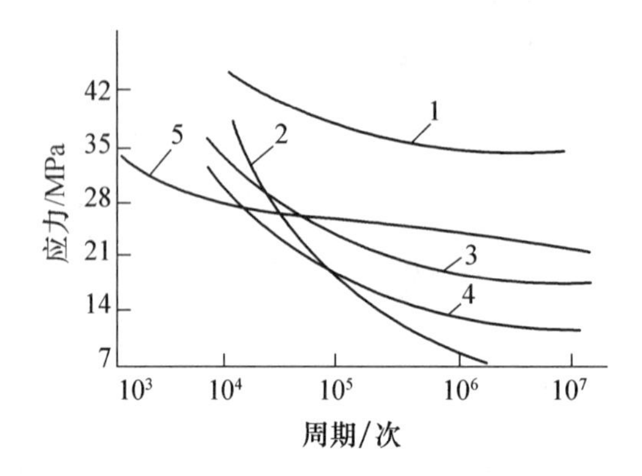

图2－34 几种高分子材料的疲劳曲线

1—均聚甲醛;2—聚碳酸酯;3—酚醛环氧;4—硬聚氯乙烯;5—尼龙

第五节 应力的测试

绝大多数的机件或构件都不是截面均匀、无变化的光滑体,而存在截面的变化,如键槽、油孔、台阶、螺纹、退刀槽等,这种截面的变化通常称为缺口。缺口的存在会引起应力集中而导致材料向脆性状态转化,从而使材料的力学性能发生变化。

机件或构件由于加工、装配和冷热变化的影响,使机件或构件内部产生不容易消失的应力—残余应力。残余应力的存在对材料性能有一定的影响,其影响有好有坏。工程中可充分利用好的方面,消除有害的方面,使材料性能做到优化。

一、应力集中的测试

(一)应力集中的概念

等截面直杆受轴向拉伸或压缩时,横截面上的应力是均匀分布的。但由于实际需要,有些零件必须有切口、切槽、油孔、螺纹、轴肩等,以致在这些部位上截面尺寸发生突然变化。实验结果和理论分析表明,在零件尺寸突然改变处的横截面上,应力并不是均匀分布的。例如,开有圆孔和带有切口的板条,如图2－35所示,当其受轴向拉伸时,在圆孔和切口附近的局部区域内,应力将剧烈增加,但在离开这一区域稍远处,应力就迅速降低而趋于均匀。这种因构件外形突然变化而引起局部应力急剧增大的现象,称为应力集中。

工程中,应用应力集中系数 α 来反映应力集中程度,即:

$$\alpha=\frac{\sigma_{max}}{\sigma_0} \tag{2-19}$$

式中，σ_{max}——应力集中处的最大应力值，MPa；

σ_0——同一截面上的平均应力值，MPa。

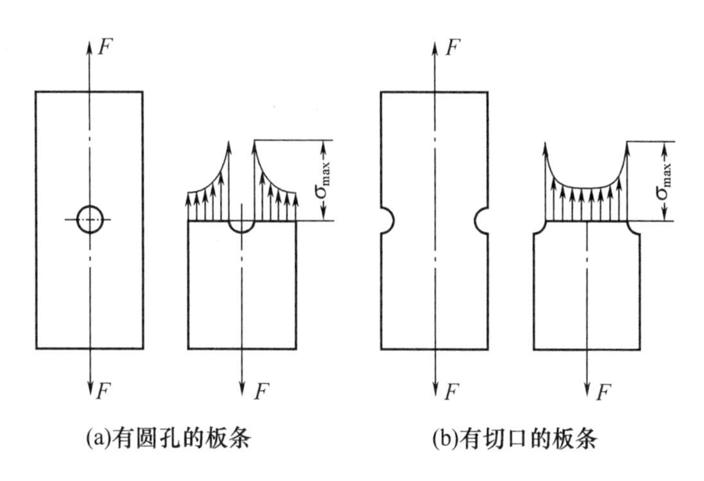

图 2－35　应力集中示意图

应力集中系数 α 是一个大于 1 的系数，反映了应力集中的程度。实验结果表明：截面尺寸改变得越急剧、角越尖、孔越小，应力集中的程度就越严重。因此，零件上应尽可能地避免带尖角的孔和槽，在阶梯轴的轴肩处要用圆弧过渡，而且在结构允许的范围内，应尽量使圆弧半径大一些。

各种材料对应力集中的敏感程度并不相同。塑性材料有屈服阶段，当局部的最大应力 σ_{max} 到达屈服极限 σ_s 时，该处材料的变形可以继续增长，而应力却不再加大。如外力继续增加，增加的力就由截面上尚未屈服的材料来承担，使截面上其他点的应力相继增大到屈服极限，这就使截面上的应力逐渐趋于平均，降低了应力不均匀程度，也限制了最大应力 σ_{max} 的数值。因此，用塑性材料制成的零件在静载作用下，可以不考虑应力集中的影响。脆性材料没有屈服阶段，当载荷增加时，应力集中处的最大应力 σ_{max} 一直领先，不断增长，首先到达强度极限 σ_b，该处将首先产生裂纹。所以对于脆性材料制成的零件，应力集中的危害性显得严重。这样，即使在静载下，也应考虑应力集中对零件承载能力的削弱。但是如灰铸铁这类材料，其内部的不均匀性和缺陷往往是产生应力集中的主要因素，而零件外形改变所引起的应力集中就可能成为次要因素，对零件的承载能力不一定造成明显的影响。

当零件受周期性变化的应力或受冲击载荷作用时，不论是塑性材料还是脆性材料，应力集中对零件的强度都有严重影响，往往是零件破坏的根源。

（二）缺陷引起的应力集中

1. 有浅槽时的应力集中

有轴向槽的轴受拉、压或弯曲时，通常不会产生应力集中，即应力集中系数 $\alpha=1$，如图 2－36(a)所示。有环状浅槽的轴受拉伸或弯曲时会产生应力集中，如图 2－36(b)，设槽底的曲率半径为 ρ，槽深为 t，应力集中系数 α 可近似地按式(2－20)计算：

$$\alpha=1+2\sqrt{\frac{t}{\rho}} \qquad (2-20)$$

当圆轴的轴向和圆周方向都有浅槽时，在扭矩作用下[图 2－36(c)]应力集中系数 α 按式

(2－21)计算：

$$\alpha = 1 \sqrt{\frac{t}{\rho}} \tag{2-21}$$

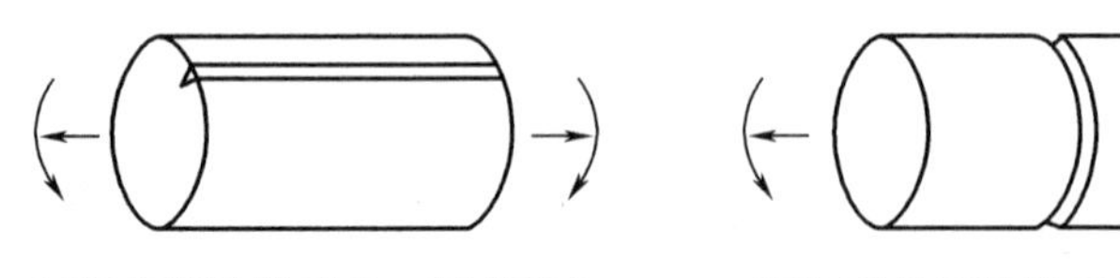

(a)轴向槽的轴受拉、压或弯曲　　(b)环状浅槽的轴受拉伸或弯曲　　(c) 轴向和圆周方向都有浅槽的轴受扭转

图 2－36　浅槽轴的应力集中

2. 无限平板上有椭圆孔时的应力集中

设无限平板上有椭圆孔，受平行于 y 轴方向的均匀拉伸时，其应力分布如图 2－37 所示。由图可以看出，从椭圆的 x 轴端部开始，y 向和 x 向的应力沿 x 坐标变化，并用矢量表示了沿椭圆孔切线方向的应力变化情况。设 ρ 为 x 轴端部的曲率半径，则孔周与 x 轴交点处的应力集中系数为：

$$\alpha = 1 + \frac{a}{b} = 1 + 2\sqrt{\frac{a}{\rho}} \tag{2-22}$$

当 $a = b$ 或 $a = \rho$ 时，椭圆孔就成为圆孔，$\alpha = 3$。

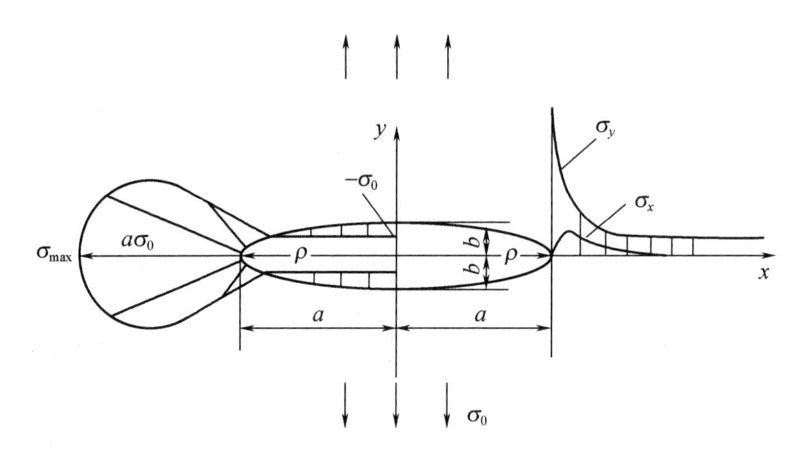

图 2－37　椭圆孔单轴拉伸的应力分布

3. 窄板上有圆孔时的应力集中

窄板上有一个圆孔时，拉伸和弯曲载荷产生的应力集中系数随孔径与窄板宽度之比的变化情况如图 2－38(a)所示。如果板上有几个圆孔(因为材料中的缺陷常常有这种现象)，各孔之间的间隔、孔径与应力集中系数的关系用图 2－38(b)描述。孔愈靠近边缘，应力集中系数愈大。图 2－38(c)描述了圆孔接近边缘程度与应力集中系数的关系。

缺陷(可简化为槽、长形椭圆孔或圆孔)在材料或构件内部的情况不易直接观测，计算公式不仅复杂而且很难准确计算，只有用实验测定。

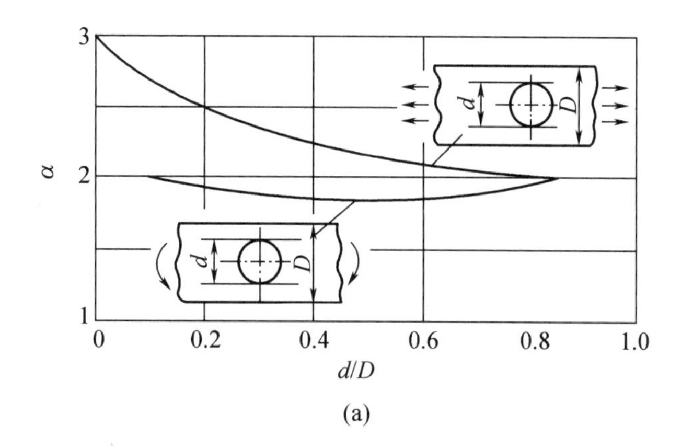

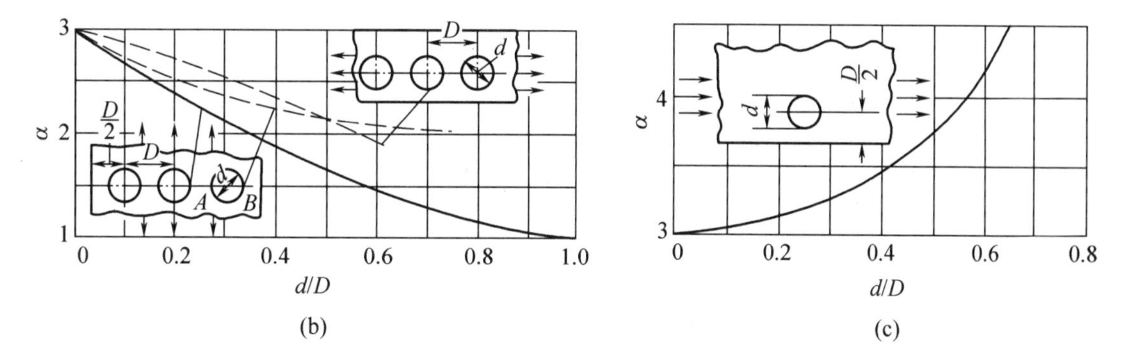

图 2－38 窄板上有圆孔时的应力集中

(三)用应变片测试应力集中的方法

在靠近孔边处依次粘贴几片应变片,测得各片应变片的应变读数后,再用数学中的外推法或内括法,可以得到最大应力值,从而能计算应力集中系数。在应力集中的附近,应力梯度都很大,所以应当选用小型的应变片。

1. 外推法

工程上常将 3～5 片应变片贴在需测量应力集中的孔或槽附近,测量后再用公式推算,其结果一般就能满足工程精度要求,而且计算方便。现以用三片应变片的测量与计算为例,说明如下。

图 2－39 是用三片应变片的测量值求一抛物线函数,用外推法求边界上的应力值。

将三片性能一致的应变片依次贴在应力集中部位的附近,三片应变片之间的距离均为 e,第一片应变片到边界的距离为 d。用 ε_1,ε_2,ε_3表示三片应变片的测量值。假设应变值按抛物线分布[图 3－39(a)],则用外推法可求出最大应变值:

$$\varepsilon_{\max}=\frac{(d+e)(d+2e)}{2e^2}\varepsilon_1-\frac{d(d+2e)}{e^2}\varepsilon_2+\frac{d(d+e)}{2e^2}\varepsilon_3 \qquad (2-23)$$

有了三点的应变测量值以及最大应变的计算值,用虎克定律(假设应变在弹性极限之内)即可计算出应力集中系数。

图 2－39(b)是借助圆孔的弹性理论函数,外推靠近孔边界的应力值。假设应变值沿一条高次曲线变化,其方程为:

$$y = A + \frac{B}{x^2} + \frac{C}{x^4} \tag{2-24}$$

式中,x 是到周边的曲率中心的距离。选择这一方程是基于通过解析法计算,可以给出类似式(2－24)的关系式。通过三个点的测量值能算出系数 A,B,C,再用外推法算出边界的最大应变值为:

$$\varepsilon_{max} = \frac{a^4(b^2-1)(c^2-1)}{(b^2-a^2)(c^2-a^2)}\varepsilon_1 + \frac{b^4(c^2-1)(a^2-1)}{(c^2-b^2)(a^2-a^2)}\varepsilon_2 + \frac{c^4(a^2-1)(b^2-1)}{(a^2-c^2)(b^2-c^2)}\varepsilon_3 \tag{2-25}$$

式中,a、b、c 是三片应变计分别到曲率中心的距离,曲单半径 R 取为 1,当应变片之间的距离相等,且 $d=e=R$ 时,有:

$$\varepsilon_{max} = 32\varepsilon_1 - \frac{729}{7}\varepsilon_2 + \frac{512}{7}\varepsilon_3 \tag{2-26}$$

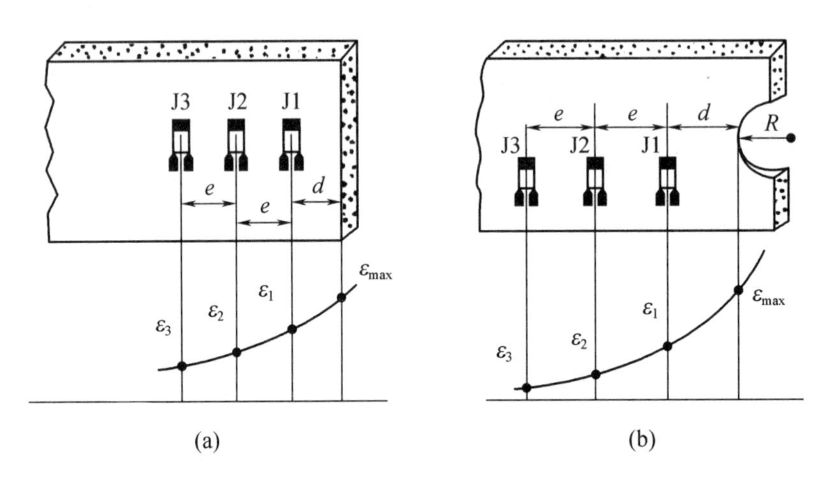

图 2－39　用三片应变计测量和用外推法计算应力集中系数

2. 内括法

用几片应变片串形排列贴在几何形状变化较大的构件上,如图 2－40 所示,通过测量可知,其中必有一片应变计显示出最大值。例如,在圆角的边缘壁上[图 2－40(a)]的三片应变片中有一片的测量值最大。设有一构件,其一侧的形状没有变化,另一侧的形状有突变(例如,开了一条槽),则形状没有变化的一侧面上,应力不是均匀分布的,如图[2－40(b)]所示。另外,由经验可知,构件折叠也会引起应力的急剧变化,如图 2－40(c)所示。

在串形粘贴的应变片中,设某一片应变片的测量应变值 ε 为最大,并知道这片应变片的位置,以各片应变片的测量值为纵坐标,各片应变中的位置为横坐标,描绘的应力分布曲线如图 2－40(d)所示。如需更精确些,可以找一内插函数,并求出真正的最大值。

通过计算可知,最大应变值 ε_{max} 以及这一峰值的位置(设离最大测量值应变计的距离为 a),可按式(2－27)计算:

$$\varepsilon_{max} = \frac{\varepsilon_0}{1 + \varepsilon_0\left(\frac{1}{\varepsilon_1} - \frac{1}{\varepsilon_a}\right)\frac{a}{4e}} \tag{2-27}$$

式中,e 为应变片之间的距离,mm。

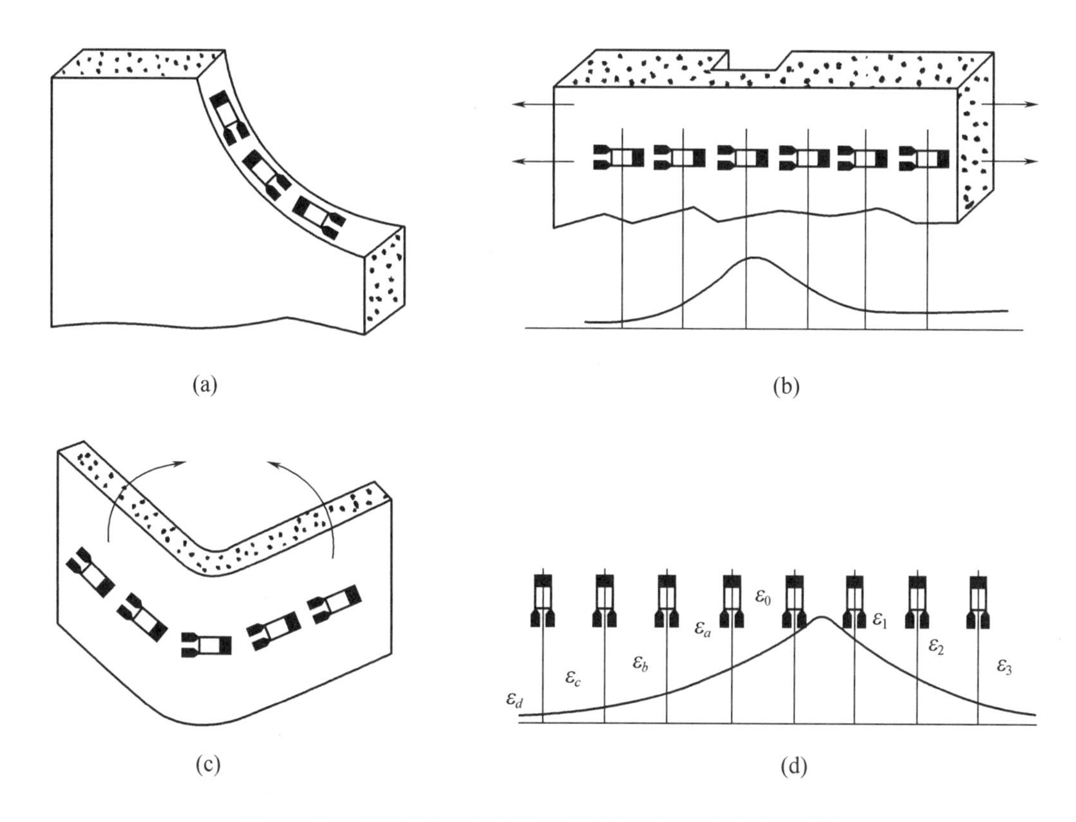

图 2－40　用多片应变片测量和用内插法计算应力集中系数

(四)光弹性测试方法

光弹性测试方法简称为光弹性法,它是测应力集中系数的最好方法之一。用光弹性法测得的一张图样相当于无限多片应变计测得的结果,下面以测量齿轮轮齿的受力情况为例,说明用光弹性法测量应力集中的概况。

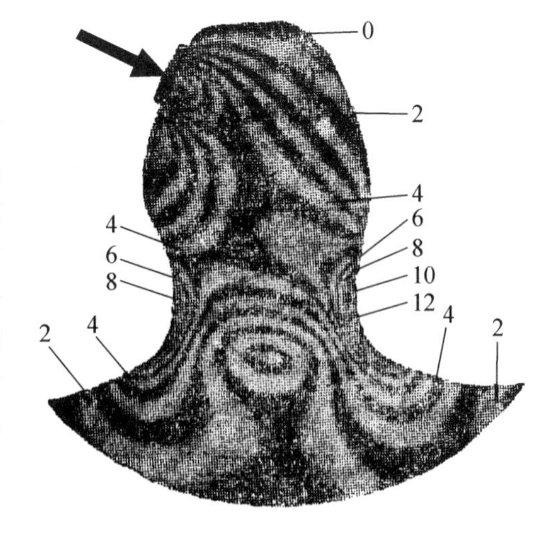

图 2－41　轮齿模型的应力光图

用有机玻璃按比例制作一轮齿模型,轮齿模型受力后,在光弹仪的单色光照射下,出现黑白相间的条纹,如图 2－41 所示。这些条纹称为等差线,条纹图称为应力光图。由于轮齿右上角处的应力为零,令不产生应力的区域的条纹为 0 级,沿着齿边缘从右到左直至根部可相继地数出条纹 2,4,…级。条纹的疏密与载荷的大小有关,亦即与模型中的应力大小和应力梯度有关。条纹越稀,应力变化越小;条纹越密,应力变化越大。所以,应力集中的部位,条纹密集,因此,对于条纹较密的地方(应力集中的部位)应予重视和注意。

二、残余应力的测试

(一)残余应力产生的原因

构件产生残余应力的原因主要是由于加工、装配和冷热的变化,可分为外在原因和内在原因两类。内在原因主要是内部组织不均匀,由于物体内各部分组织的浓度差、晶粒的位向差、相变和沉淀析出的差异以及弹性模量、导热系数和膨胀系数等的差异而引起的残余应力;外在原因一般可分为不均匀变形和热作用两种结果。不均匀(塑性)变形导致构件的残余应力主要是由于弯曲、压延、拉拔加工和过盈装配;热作用导致残余应力主要是由于物体的几何形状不对称或厚薄变化很大,加热与冷却过程中各部分的热传导有差异,冷却速度不一致。残余应力的产生还有其他原因,如化学作用也会使某种材料和构件产生较大的残余应力。

(二)残余应力对产品质量的影响

残余应力影响机电产品准确度的持久性。例如,机床导轨或丝杆等零件,如果装配后仍有较大的残余应力,则机床运行一段时间后会失去原有精度。又如,有的大锻件由于采用了不成熟的新工艺,其内部存在残余应力,这种锻件装在机器上,工作过程中,它将可能在比预计应力的下限值还小的应力下发生断裂。在裁剪钢板时,剪下的板件内的残余应力释放后会使之变形。以上几例说明残余应力对机电产品的质量有很大影响。然而,有时也可以利用残余应力改善构件的受力状态,例如,预应力钢筋混凝土构件,就是利用其混凝土部分预先承受钢筋收缩而产生的预(压)应力,以提高构件的承载能力。

(三)残余应力的测试方法

残余应力的测试方法很多,按照对于被测件是否具有破坏性而言,可分为有损测试法(机械测试法)与无损测试法(物理测试法)两类。

1. 有损测试法

有损测试法的基本原理是将待测零件进行机械加工(例如,开槽、钻孔等),使其因释放部分应力产生位移与应变,测量这些位移与应变,换算出该处原有的应力。这种方法又称为机械测试法或应力释放法。下面介绍两种最常用的方法,即开槽法和钻孔法。

(1)开槽法

将一片小型的应变片贴在构件有残余应力的部分,在应变片附近的两端各开一槽(铣削、腐蚀或电火花加工),如图 2-42 所示。在开槽之前将应变片接入应变仪并调平衡,开槽后由于残余应力的释放使两槽之间的材料变形,从应变仪的指示表上可读得应变值。根据材料力学、弹性力学的有关公式以及测得的应变值,即可求出残余应力的大小。

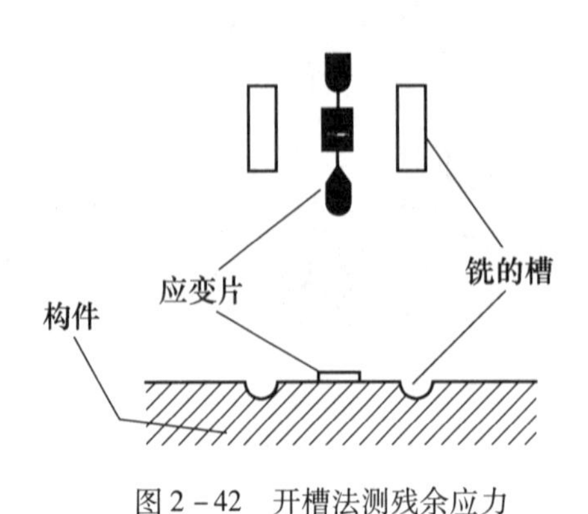

图 2-42　开槽法测残余应力

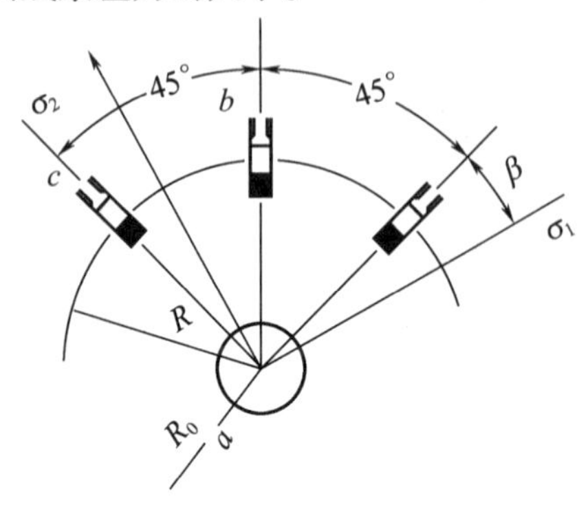

图 2-43　钻孔法测残余应力

(2)钻孔法

在构件有残余应力的部位钻一小孔,钻孔之前沿孔的径向按一定的角度贴三片应变片,将它们接入应变仪并调平衡,然后钻孔,如图2-43所示。由于残余应力的释放,测量的结果即为小孔周围的应变值。

在有残余应力的区域内钻一小孔后,小孔周围出现应变。以孔的中心为原点,以极坐标 r 和 α 描绘单轴($\sigma_2=0$)的应力状态。孔的半径取为一个单位长度,r 是离孔心的距离,根据弹性力学有:

$$\varepsilon_{\alpha}=-\sigma_1\left(\frac{1+\mu}{2E}\right)\left[-\frac{1}{r^2}+\frac{3}{r^4}\cos2\alpha-\frac{4\mu}{(1+\mu)r^2}\cos2\alpha\right] \tag{2-28}$$

$$\varepsilon_{r}=-\sigma_1\left(\frac{1+\mu}{2E}\right)\left[-\frac{1}{r^2}+\frac{3}{r^4}\cos2\alpha-\frac{4\mu}{(1+\mu)r^2}\cos2\alpha\right] \tag{2-29}$$

式中　E——为弹性模量;

μ——为泊松比。

当 r 取定值后,式(2-28)可简化为:

$$\varepsilon_r=(A+B\cos2\alpha)\sigma_1 \tag{2-30}$$

如果表面应力状态是一般的,那么 σ_1 和 σ_2 可视为主应力,以上表达式又可写成:

$$\varepsilon_r=(A+B\cos2\alpha)\sigma_1+[A+B\cos2(\alpha+90°)]\sigma_2 \tag{2-31}$$

三片应变片以 a,b,c 为顺序,相隔的角度为45°,当 $\alpha_a=\beta$,则 $\alpha_b=\beta+45°$,$\alpha_c=\beta+90°$。如果 a,c 两片正好贴在主应变方向的附近,其应变值很容易由式(2-31)求得,并可推得:

$$\sigma_1=\frac{(A+B\cos2\beta)\varepsilon_a-(A-B\cos2\beta)\varepsilon_c}{4AB\cos2\beta} \tag{2-32}$$

$$\sigma_2=\frac{(A+B\cos2\beta)\varepsilon_c-(A-B\cos2\beta)\varepsilon_a}{4AB\cos2\beta} \tag{2-33}$$

$$\tan2\beta=\frac{\varepsilon_a-2\varepsilon_b+\varepsilon_c}{\varepsilon_a-\varepsilon_c} \tag{2-34}$$

如果 a,c 两应变计贴得不在主应力附近,建议用式(2-35)和式(2-36)计算:

$$\sigma_1=\frac{(A+B\sin2\beta)\varepsilon_a-(A-B\cos2\beta)\varepsilon_c}{2AB(\sin2\beta+\cos2\beta)} \tag{2-35}$$

$$\sigma_2=\frac{(A+B\sin2\beta)\varepsilon_b-(A-B\sin2\beta)\varepsilon_a}{2AB(\sin2\beta+\cos2\beta)} \tag{2-36}$$

2. 无损测试法

无损测试法是根据材料受力后物理性质的变化来测定应力。如磁性法、X-射线法、脆性涂层法以及光学方法等。这些方法可用于测试材料的宏观残余应力和微观残余应力,一般都不破坏被测零件,因而都属于无损测试法。在进行测试前,应根据测试的对象和目的选择适当的测试方法。下面对各种测试方法做一简单介绍。

(1)磁测法

铁磁材料在磁场中磁化时,在磁化方向上将引起材料的磁致伸缩,应力作用时引起磁化曲线发生变化,且在最大和最小主应力方向所发生的变化最大。

利用上述原理制成的磁测应变仪,当其探头与被测零件表面接触时,通电后形成一个闭合磁回路。当应力作用于零件时,使磁阻发生变化,引起探头磁通发生变化,导致磁测应变仪有电流输出,只要测量输出电流,即可求得被测零件的残余应力。

(2)X－射线法

残余应力的X－射线测试方法，是利用X－射线入射到物质时衍射现象的不同而测试其残余应力。根据衍射线的移动可以测出宏观残余应力，根据衍射线宽窄变化能测出微观残余应力。

实际测量时，通常采用照像法。照像法是在与入射的X－射线相垂直的位置上放置胶片，将衍射像拍照下来，用显微光度计取下衍射线位置的相对变化，由此计算应力。

(3)脆性涂层法

钻孔前预先在需要测试残余应力的构件的局部表面涂以脆性涂料(例如，脆漆，涂层厚度约为0.5～2.0mm)，钻孔后由于应力释放将使涂层出现裂纹，以出现的涂层裂纹及其发展状况进行应力的推算。裂纹是从产生较大应变的部位逐渐产生的，其方向与拉伸主应变相垂直，由此便可定性地知道涂层下面松弛应力的分布概况。

用涂层法测试残余应力，其计算公式较复杂，常用于残余应力状态的定性分析。

(4)光弹性覆膜法

这是一种运用光学中的偏光性进行应力测试的方法。在零件的被测部位表面打磨、除污、干燥后，将厚度约1～3mm覆膜粘贴在零件的反光面上，覆膜可用常温固化的环氧树脂或压制的聚碳酸酯等光弹性材料制成。当钻孔穿透覆膜达到零件表面下一定深度时，零件表面将由于测点钻孔释放应力而引起变形，并将这种变形传递给光弹性覆膜，使其产生双折射效应。当偏振光射入光弹性覆膜后，经零件的反光面，再次通过光弹性覆膜，从而产生光程差。测量光弹性覆膜的等差线与等倾线等参数，即可推算出零件表面的主应力或主应变。

第六节　断裂韧性的测试

传统设计思想是以常规强度理论为基础的。它首先按零件的工作条件对材料的常规力学性能指标如强度极限σ_b、比例(弹性)极限$\sigma_{0.2}$、伸长率δ和冲击韧性a_k等提出一定的要求，然后根据常规强度理论进行定量计算。随着设备和结构的大型化、设计应力水平的提高、高强度和超高强度材料的使用、焊接工艺的普遍采用以及结构使用条件的严酷化(温度、介质、载荷变动和原子辐射等)，使按常规设计思想设计的合乎强度规范的设备或结构，在服役期时有可能发生低应力脆断的事故。

断裂力学认为，造成低应力脆断的主要原因是零件或结构中存在裂纹，裂纹可能是冶炼和加工过程中产生的缺陷，也可能是在零件服役过程中产生的，对具体的材料，在一定的力学条件下，这些裂纹将发展并导致零件或结构的断裂。

本节对断裂力学的基本理论做一简要概述，侧重介绍两个表示断裂韧性的力学性能指标的测试方法。

一、3种断裂的类型

在断裂力学分析中，为了研究的方便，通常把复杂的断裂形式看成是3种基本裂纹体断裂类型的组合。这3种基本类型分别是Ⅰ型(张开型)断裂、Ⅱ型(滑开型)断裂和Ⅲ型(撕开型)断裂，如图2－44所示。

在这三种基本类型中，以Ⅰ型断裂最危险也最常见，而且许多实际情况也有可能简化成Ⅰ

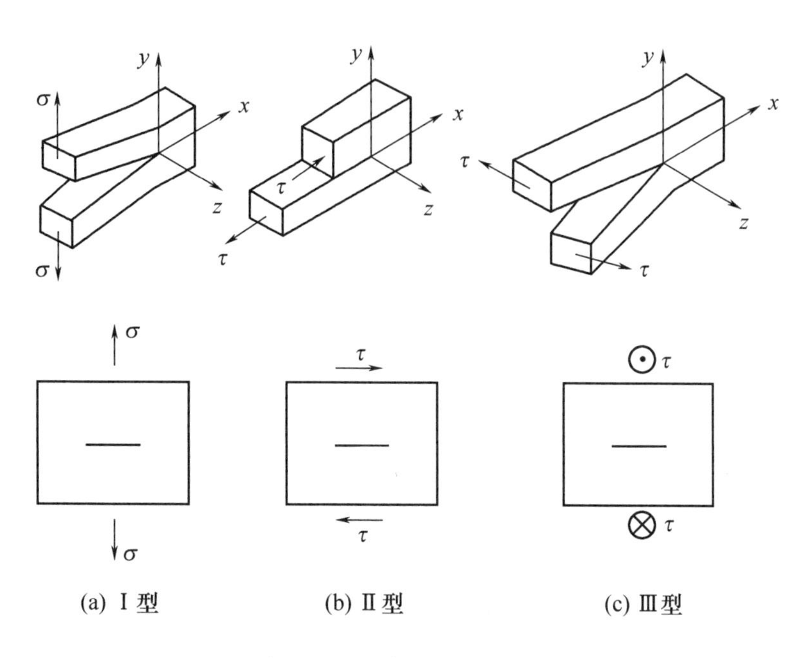

图 2－44　3 种基本的断裂形式

型断裂来处理，所以在实际问题中，对Ⅰ型断裂的研究也较深入和广泛，下面着重介绍Ⅰ型断裂。与Ⅰ型断裂有关的断裂力学参数的下脚标用“Ⅰ”表示。

二、应力强度因子 $K_Ⅰ$ 和能量释放率 $G_Ⅰ$

（一）应力强度因子 $K_Ⅰ$

对于图 2－45 所示的无限大平板，中心有长 $2a$ 的穿透裂纹，当远处受均匀拉应力。（垂直于裂纹平面）作用，即Ⅰ型加力时，由线弹性断裂力学分析可解得裂纹尖端区域（即 $r \to 0$ 的区域）的应力场（即各应力分量）为：

$$\left.\begin{aligned}\sigma_x &= \sigma\sqrt{\pi a}\left[\frac{1}{\sqrt{2\pi r}}\cos\frac{\theta}{2}\left(1-\sin\frac{\theta}{2}\sin\frac{3\theta}{2}\right)\right]\\ \sigma_y &= \sigma\sqrt{\pi a}\left[\frac{1}{\sqrt{2\pi r}}\cos\frac{\theta}{2}\left(1-\sin\frac{\theta}{2}\sin\frac{3\theta}{2}\right)\right]\\ \tau_{xy} &= \sigma\sqrt{\pi a}\left(\frac{1}{\sqrt{2\pi r}}\cos\frac{\theta}{2}-\sin\frac{\theta}{2}\cos\frac{3\theta}{2}\right)\end{aligned}\right\} \tag{2－37}$$

由式（2－37）可知，括号内的各项只与所研究点的位置坐标（r,θ）有关，而括号外的系数 $\sigma\sqrt{\pi a}$ 与位置坐标无关，仅取决于应力和裂纹尺寸。所以此系数是裂纹端部区域应力场的一个共同因子，并且决定了裂纹端部区域应力场的强度。因此，这个系数可称为应力强度因子，用 $K_Ⅰ$ 表示，即：

$$K_Ⅰ = \sigma\sqrt{\pi a} \tag{2－38}$$

将式（2－38）代入式（2－37），即有：

$$\left.\begin{aligned}\sigma_x &= \frac{K_{\mathrm{I}}}{\sqrt{2\pi r}}\cos\frac{\theta}{2}\left(1-\sin\frac{\theta}{2}\sin\frac{3\theta}{2}\right)\\ \sigma_y &= \frac{K_{\mathrm{I}}}{\sqrt{2\pi r}}\cos\frac{\theta}{2}\left(1+\sin\frac{\theta}{2}\sin\frac{3\theta}{2}\right)\\ \tau_{xy} &= \frac{K_{\mathrm{I}}}{\sqrt{2\pi r}}\cos\frac{\theta}{2}\sin\frac{\theta}{2}\cos\frac{3\theta}{2}\end{aligned}\right\} \tag{2-39}$$

由式(2－39)可以看出，随 r 减小，各应力分量的值将随之增大。当 $r\to 0$ 时，它们都急剧增大而趋于无穷大。这就表明，裂纹端部区域的应力场有奇异性。如果利用传统强度观点，则一旦材料中存在裂纹，不管外力如何小，裂纹体都是不能承受的。显然，这个结论与实际不符。这也正好表明，对裂纹体不能应用常规强度理论，即不能用裂纹尖端应力值的大小来评定裂纹体的强度，而要借助于上述表征裂纹端部的应力强度因子 K_{I}。这个概念是非常重要的。

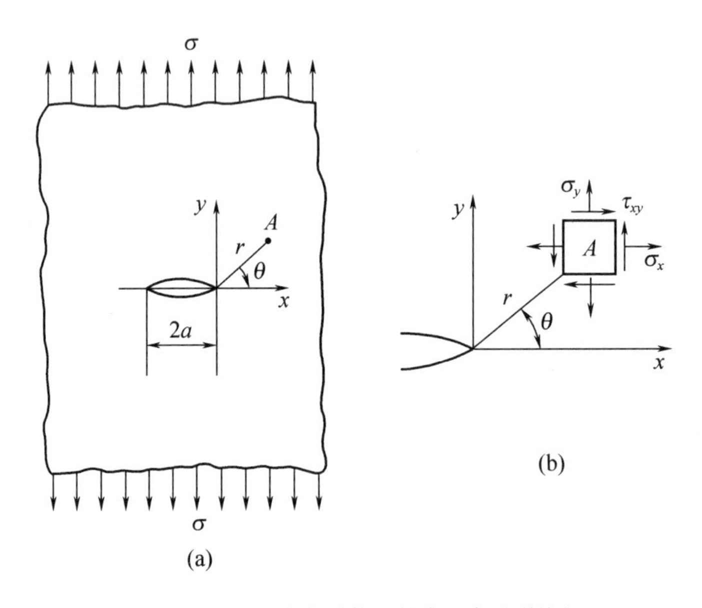

图 2－45　远处均匀受拉下的中心穿透裂纹板

(二)断裂韧性 $K_{\mathrm{I}c}$

实验表明，当裂纹体受载增大时，裂纹尖端近处的应力强度因子 K_{I}随之增大。当 K_{I}增大到某一临界值 K_c时，裂纹体发生失稳扩展。因此，将取这一临界值，并记作 $K_{\mathrm{I}c}$，则按应力强度因子建立的断裂判据是：

$$K_{\mathrm{I}} = K_{\mathrm{I}c} \tag{2-40}$$

这个公式的意义是当 K_{I}达到了材料固有的 $K_{\mathrm{I}c}$值时，裂纹就可能发生失稳扩展而破坏。所以，为保证带裂纹的构件能安全服役，其 K_{I}值必须低于 $K_{\mathrm{I}c}$。然而，应该指出，由于 $K_{\mathrm{I}c}$是 K_c的最低值，故式(2－40)的判据只是裂纹失稳扩展的必要条件，而非充分条件，即当 $K_{\mathrm{I}} < K_{\mathrm{I}c}$时，可以保证不失稳(即所谓损伤安全)。

由于 $K_{\mathrm{I}c}$是表征材料抗断裂性能的一个材料常数，所以通常叫做断裂韧性。在一定条件(温度、变形速率等)下，各种材料都有确定的 $K_{\mathrm{I}c}$值，可由试验测定。表 2－5 列出了一些常用工程材料在常温下的 K_{Ic} 值。

表 2－5　一些常用工程材料在常温下的 K_{Ic} 值

材料	热处理状态	$\sigma_{0.2}$/MPa	σ_b/MPa	K_{Ic}/MPa $\sqrt{m}$	主要用途
40 钢	860℃正火	294	549	71～72	轴类
45 钢	正火		804	101	轴类
40CrNiMoA	860℃淬油 200℃回火	1579	1942	42	
	860℃淬油 380℃回火	1383	1491	63	
	860℃淬油 430℃回火	1334	1393	90	
14MnMoNbB	920℃淬油 620℃回火	834	883	152～166	压力容器
14SiMnCrNiMoV	920℃淬油 610℃回火	834	873	83～88	高压气瓶
18MnMoNiCr	880℃3h 空冷				
	660℃8h 空冷	490		276	厚壁压力容器
30CrMnSiNi2	890℃加热 300℃等温	1390		80	起落架用钢
马氏体时效钢 18Ni		1780	1864	74.4	
Ti6A14V	920℃轧热空冷	785	912	96.7	
LC4 棒材	470℃淬火 140℃时效	592	636	33.7	
LY12	470℃淬火自然时效	283	429	55.2	机翼蒙皮
Si_3N_4		8100①		4～5	
Al_2O_3		5100①		3～5	
聚甲基丙烯酸甲酯				1.1	
聚苯乙烯		35～70		1.1	
环氧树脂				0.5	
橡胶增韧环氧				2.2	

注:①按硬度值推算的屈服应力值。

(三)能量释放率 G_I

裂纹扩展单位面积弹性系统所提供的能量称为裂纹扩展动力或能量释放率。对于Ⅰ型断裂用 G_I 表示,在临界情况下用 G_{Ic} 表示。对于Ⅱ型、Ⅲ型断裂,则分别用 G_{II},G_{III} 表示。

对于 Griffith 裂纹产生后,弹性系统释放的能量,即弹性系统提供的能量为:

$$U=-\frac{\sigma^2\pi a^2}{E}\text{(平面应力)}$$

负号表示应变能减少。因为板厚为单位尺寸,所以裂纹面积 $A=1\times2a$。由 G_I 的定义有:

$$G_I=-\frac{\partial U}{\partial A}=-\frac{\partial U}{\partial(2a)}=\frac{\sigma^2\pi a}{E} \tag{2-41}$$

由式(2－38)和式(2－41)得:

$$G_I=\begin{cases}\dfrac{K_I^2}{E}\\[2ex]\dfrac{1-\mu^2}{E}K_I^2\end{cases} \tag{2-42}$$

临界情况下,即裂纹扩展能量释放率准则是:

$$G_{\mathrm{I}} = G_{\mathrm{Ic}}$$

G_{Ic}是材料的固有性质,是断裂韧性的能量指标,表示材料阻止裂纹失稳扩展时单位面积所消耗的能量。

以上的叙述都是把材料当作线弹性体。事实上,一般材料的裂纹尖端总有一个或大或小的塑性区,因此,许多金属材料在应用上述结论时,尚需加以塑性区影响的修正。

三、K_{Ic}的测试方法

(一)试样

对于金属或非金属材料,目前被广泛采用测 K_{Ic}的标准试样有两种:一种是三点弯曲试样,另一种是紧凑拉伸试样,如图 2-46 所示。为测得有效的 K_{Ic},试样的断面应处于平面应变状态,即要求试样要有一定的厚度 B 和裂纹尺寸 a,即:

$$B \geqslant 2.5\left(\frac{K_{\mathrm{Ic}}}{\sigma_{0.2}}\right)^2, a \geqslant 2.5\left(\frac{K_{\mathrm{Ic}}}{\sigma_{0.2}}\right)^2$$

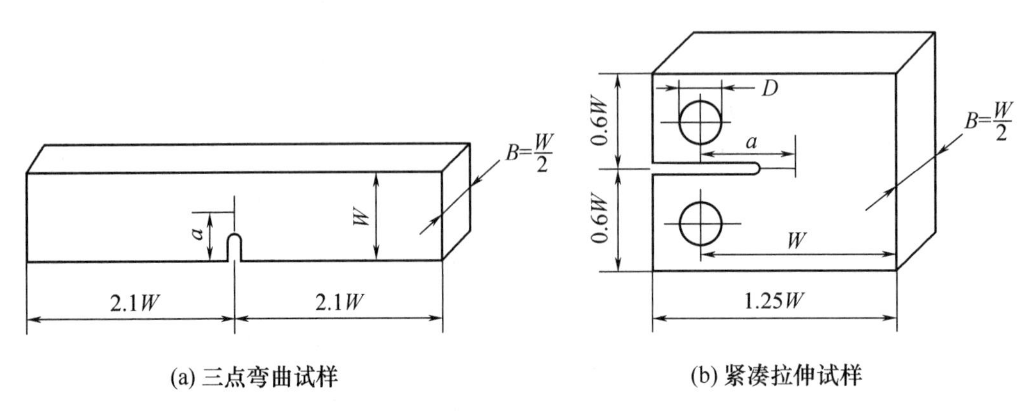

(a) 三点弯曲试样　(b) 紧凑拉伸试样

图 2-46　金属材料测应力强度因子的试样

对于高分子材料,可采用图 2-47(a)所示的钻有中心圆孔的板材为试样、图 2-47(b)和图 3-47(c)所示为单边缺口试样和双边缺口试样。

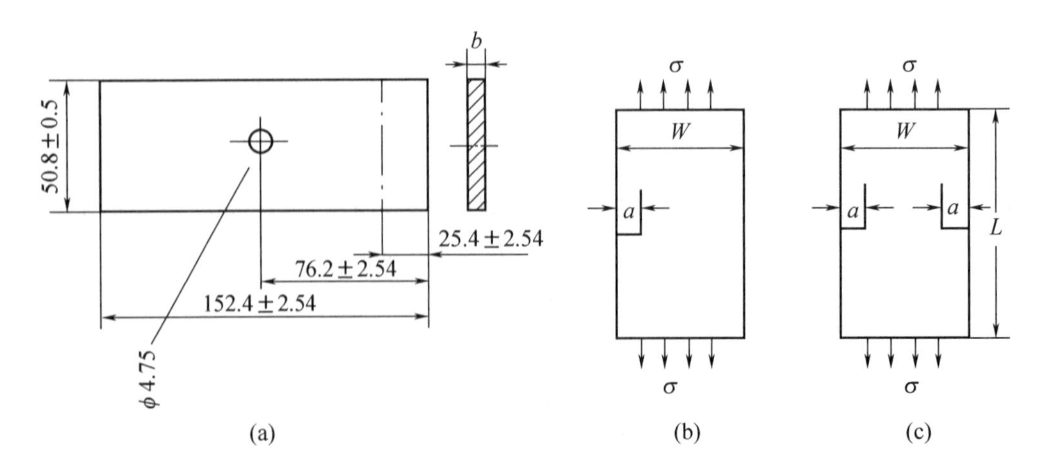

(a)　(b)　(c)

图 2-47　高分子材料测应力强度因子的试样

（二）测试方法

测试的装置如图 2－48 所示。测试时，通过载荷传感器和位移传感器以及动态电阻应变仪和函数记录仪，连续记录试验力 F 和裂纹嘴张开位移 v，从而得到 $F-v$ 曲线。由此曲线如果能定出临界试验力 F_c 以及由断口上测定的裂纹长度 a，按式（2－43）计算，就可以求得材料的断裂韧性 K_I 值。

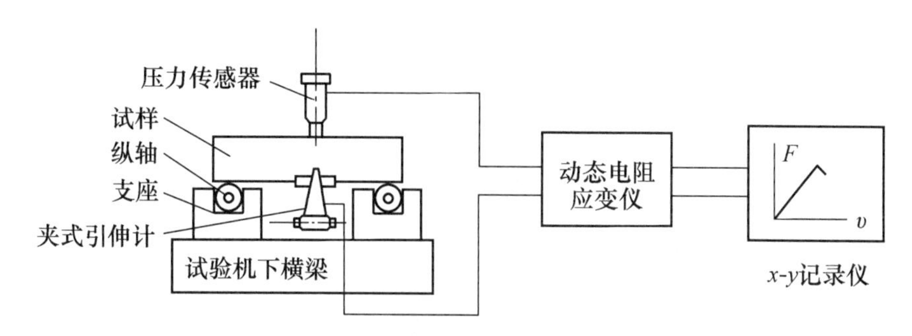

(a) 三点弯曲测试装置系统

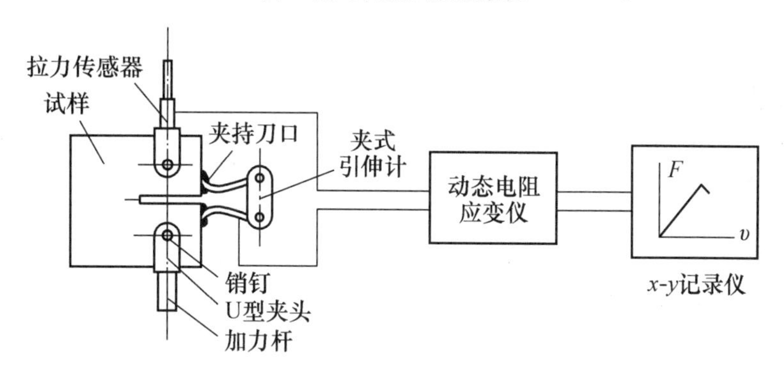

(b) 紧凑拉伸测试装置系统

图 2－48　K_{Ic} 测试装置系统

对于三点弯曲试样（$S/W=4$，$W/B=2$）：

$$K_I=\frac{FS}{BW^{3/2}}f\left(\frac{a}{W}\right)$$

$$f\left(\frac{a}{W}\right)=3\left(\frac{a}{W}\right)^{1/2}\left[1.99-\left(\frac{a}{W}\right)\left(1-\frac{a}{W}\right)\left(2.15-3.9\frac{a}{W}+2.7\frac{a^2}{W^2}\right)\right]\times\frac{1}{2\left(1+\frac{2a}{W}\right)\left(1-\frac{a}{W}\right)^{3/2}} \quad (2-43)$$

式中　F——试验力；

S——名义跨距。

对于紧凑拉伸试样：

$$K_I=\frac{F}{BW^{1/2}}f\left(\frac{a}{W}\right)$$

$$f\left(\frac{a}{W}\right)=\left(2+\frac{a}{W}\right)\left(0.886+4.64\frac{a}{W}-13.32\frac{a^2}{W^2}+14.72\frac{a^3}{W^3}-5.6\frac{a^4}{W^4}\right)\times\frac{1}{\left(1-\frac{a}{W}\right)^{3/2}} \quad (2-44)$$

(三)计算 K_{Ic}

从 $x-y$ 记录仪上得到的 $F-v$ 曲线有三种情况,如图 2-49 所示。

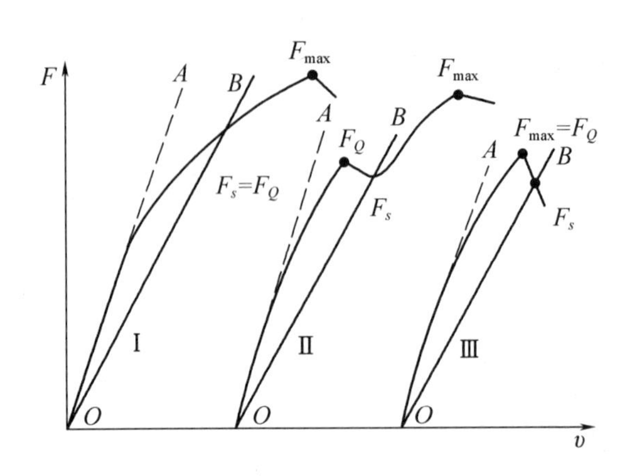

图 2-49　典型的 $F-v$ 曲线

设 F_Q为裂纹失稳扩展点。过 O 点作 $F-v$ 曲线直线部分的延长线 OA,再作一条(过 O 点)斜率比 OA 小 5% 的直线 OB,交曲线上某点 F_s。当曲线在 F_s之前的试验力 $F<F_s$,则 $F_s=F_Q$。(曲线Ⅰ)。当曲线在 F_s之前有某点的试验力大于 F_s,则在此 F_s前面的最大试验力为 F_Q(曲线Ⅱ)。曲线上在 F_s之前有最大载荷 F_{max},则 F_{max}为 F_Q(曲线Ⅲ),显然 F_{max}为裂纹失稳扩展点。

(四)K_Q的有效性

既然 F_Q是一个候选值,用 F_Q计算的 K_Q值自然也是 K_{Ic}的一个候选值,K_Q是否为有效的 K_{Ic},还要经过验算。若 $F_{max}/F_Q \leqslant 1.10$,且 $B,a \geqslant 2.5(K_Q/\sigma)^2$,则 K_Q是有效的 K_{Ic},若 $F_{max}/F_Q>1.1$,则 K_Q不是有效的 K_{Ic},这时可测材料的强度比。

三点弯曲强度比:

$$R_{sb}=\frac{6F_{max}W}{B(W-a)^2\sigma_s} \tag{2-45}$$

紧凑拉伸强度比:

$$R_{sc}=\frac{2F_{max}(2W+a)}{B(W-a)^2\sigma_s} \tag{2-46}$$

强度比不是线弹性断裂力学的参量,但可作为材料韧性的相对参量。式中的 a 应是试样断裂后测得的试样断口裂纹的平均深度。

(五)高分子材料的断裂韧性的测试问题

软质材料如交联橡胶、各种薄膜材料等,由于这些材料的柔软性质,其试样形状应与硬的固体材料不同。

要很精确地确定高分子材料的 K_{Ic}值是困难的,因为高分子材料的结晶、无定型、相对分子质量等和试验条件(如温度、加载速度、环境等)许多因素对测试结果有较明显的影响。表 2-6 列出了几种高分子材料的 G_{Ic}和 K_{Ic}的参考值。

表 2-6　几种高分子材料的 G_{Ic} 和 K_{Ic} 的参考值

材料	E/GPa	G_{Ic}/(kJ/m^3)	K_{Ic}/(MN/m$^{3/2}$)
橡胶	0.001	13	
聚乙烯	0.15	20(J_{Ic})	
聚苯乙烯	3	0.4	1.1
高冲击聚苯乙烯	2.1	15.8(J_I)	
聚甲基丙烯酸甲酯	2.5	0.5	1.1
环氧树脂	2.8	0.1	0.5
橡胶增韧环氧	2.4	2	2.2
玻璃增强热固性材料	7	7	7
玻璃	70	0.007	0.7

复习思考题

1. 拉伸试验主要测定材料的哪些指标?

2. 以金属为代表的结构材料在拉伸加载下,其力学响应通常包括哪些主要过程?一般用什么曲线来表征这种响应?在典型曲线上有哪些主要强度和变形指标?

3. 为什么压缩试验只用于脆性材料,而不用于塑性材料?

4. 硬度不是物理量,而为什么在工程中还要进行硬度测试?

5. 硬度试验分为几类,各类硬度试验的意义是什么?各种硬度试验方法得到的硬度值是否具有可比性,为什么?

6. HBS = 125HBS10/1000/30 的意义是什么?

7. 有一洛氏硬度试验,采用 A 标尺组合,测得压痕深度变化量 e 为 0.055mm,则硬度为多少?

8. 冲击试验中通常都采用缺口试样,为什么?试验的性能指标主要反映试材料的什么性能?

9. 标准金属夏比冲击试验使用两种缺口试样,它们分别测定什么性能指标,两种缺口的性能指标是否可比?

10. 什么是疲劳、疲劳寿命、疲劳极限?

11. 疲劳破坏的全过程包括哪些阶段,金属材料疲劳破坏的主要特征是什么?

12. 在图 2-28 中,σ_0 = 575.5MPa,σ_1 = 546.7MPa,σ_2 = 519.4MPa,σ_3 = 492.1MPa,σ_4 = 464.8MPa,求其疲劳极限 σ_{-1}。

13. 什么是应力集中,应力集中对构件有什么影响?

14. 简述残余应力产生的原因及残余应力对产品质量的影响?

15. 断裂形式的三种基本类型是什么?哪种断裂最危险?

16. 断裂韧性测试中主要测试哪些指标?

第三章　机械制造常见缺欠质量检验

机械制造有铸造、锻造、冲压、焊接、铆接、机加工和热处理等。若在加工时出现缺欠，则无法装配出合格的产品。工序检验，即为在制造过程中的检验。

工序检验应对产品形状、尺寸及公差、形状和位置公差、表面粗糙度、热处理要求及金相组织等进行检验，必要时进行静、动平衡试验，合格后进入装配工序。合格则可进入下一工序。不合格的应根据具体情况处理，可返修则按规定技术要求进行返修，重新进行检验；不可返修则应报废，不得进入下一工序。

第一节　铸造缺欠及检验

铸造是将液态金属浇入铸型，凝固后获得一定形状和性能的铸件的方法。在许多机器中，铸件质量占整机质量的1/3～1/2。

铸件废品率较高，受铸型、型砂、芯砂、浇注温度、金属化学成分、冷却速度、落砂清理及热处理等的影响，一般以综合废品率来表示。

一、铸造缺欠的种类及形成原因

铸造缺欠有气孔、化学性能不合格、缩孔及缩松、裂纹、铁豆、浇不足、冷隔与浇不足、砂眼、黏砂、错箱、抬箱等。缺欠影响因素多，设计和工艺、熔化、浇注、造型（芯）、配砂、落砂清理、热处理等均可引起缺欠产生。

（一）气孔

有些比较均匀地分布于整个或大部分断面上，也有些离表面1～3mm处的细小气孔，称为气孔。可用外观检查、机械加工、抛丸清理或磁力探伤的方法发现，如图3－1所示。

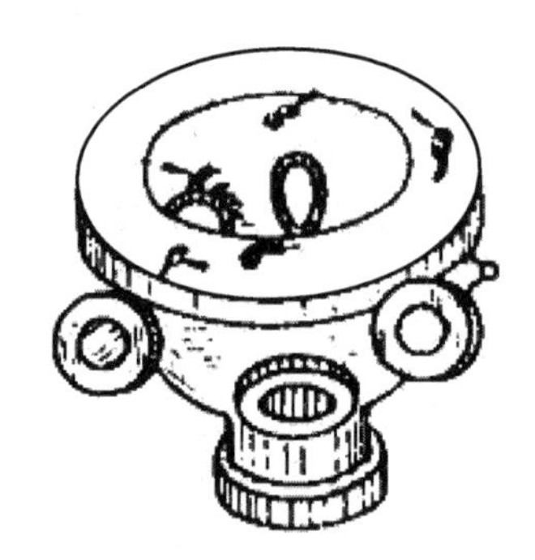

图3－1　气孔

产生原因：炉料含气量高或生锈严重；铁水包未干；含氢量高；浇注系统设计不合理；砂型（芯）透气性不好。

（二）组织及性能不合格

表现为材质太硬或太软，宏观和微观组织不符合要求。可通过断面观察、化学分析、金相试验、硬度试验来发现。

产生原因：碳当量不符合要求；铁水过热不适当；碳硅比不当。孕育处理不当；开箱时间过早；热处理不规范。

（三）缩孔

铸件内部有些许多微小缩孔（也称为缩松），或在铸件热节处产生形状不规则、表面粗糙的集中孔洞，称为缩孔，如图3－2所示。

产生原因为：含磷量偏高；浇注速度太快；材料收缩率较大；浇注温度过高。

（四）裂纹

裂纹带有暗色或黑色的氧化表面为热裂纹；而较干净或略带暗红色的氧化表面为冷裂纹，如图 3－3。可用外观检查、磁力探伤、水压试验、超声波探伤、渗透试验等发现。

产生原因：金属成分不合要求；金属中含有低熔点夹渣物；含磷量过高。

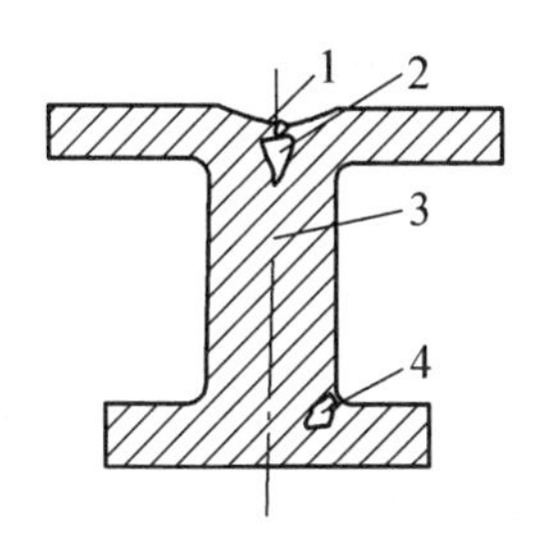

图 3－2　缩孔类缺欠

1—缩孔；2—内缩孔；3—缩松；4—气缩孔

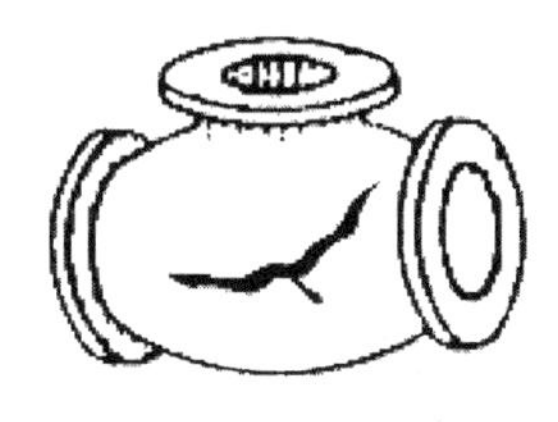

图 3－3　裂纹

图 3－4　夹渣

（五）夹渣

铸件外部或内部的孔穴中有熔渣称为夹渣，如图 3－4 所示。可用外观检查、机加工或磁力探伤等发现。

产生原因：熔渣多或铁水包中的渣未除净及浇注时未挡渣；浇注时因断流而带入的熔渣。

（六）冷隔与浇不足

铸件有未完全融合的缝隙或局部缺肉，周围呈圆形称冷隔或浇不足。用外观检查可发现。

产生原因：铁水温度太低；化学成分不符合要求；进行二次补浇。

（七）夹砂

金属之间夹有型砂称为夹砂。用外观检查和机械加工可以发现。

产生原因：原砂粒度过于集中，或水分过高；型砂退让性差；型砂中有夹杂物；煤油和重油加入量过多。

（八）过硬

铸件边缘和薄壁处出现白口组织称为过硬。用断面观察、硬度检验及机械加工发现。

产生原因：碳硅比不当；孕育处理不足。

（九）砂眼

铸件孔穴内含有砂粒称为砂眼。可用外观检查、机械加工或磁力探伤来发现。

产生原因：浇注系统不合理；模样结构不合理或砂型未修理好；湿型的干燥部分或凸出部分脱落；造型和合箱时的掉砂未清除干净。

（十）铸件变形

因铸造或热处理冷却速度不一，收缩不均匀或因模样与铸型形状发生变化等原因，造成的尺寸与图样不符的现象，称为变形。如图 3－5 所示。

铸造应力是造成铸件变形的主要原因。当铸件的残余应力以热应力为主时，铸件的厚大部分内凹，薄壁部分外凸。

（十一）黏砂

黏砂是工件黏附一层难以去掉的砂粒，增大清理工作量和机加工的困难，如图 3－6 所示。

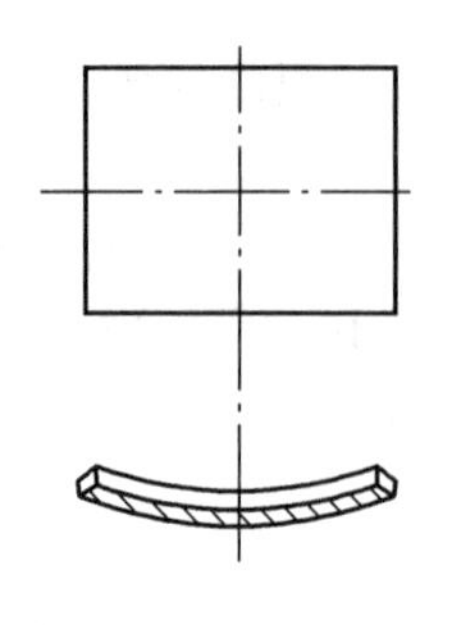
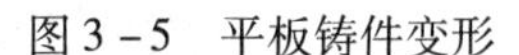

图 3－5　平板铸件变形

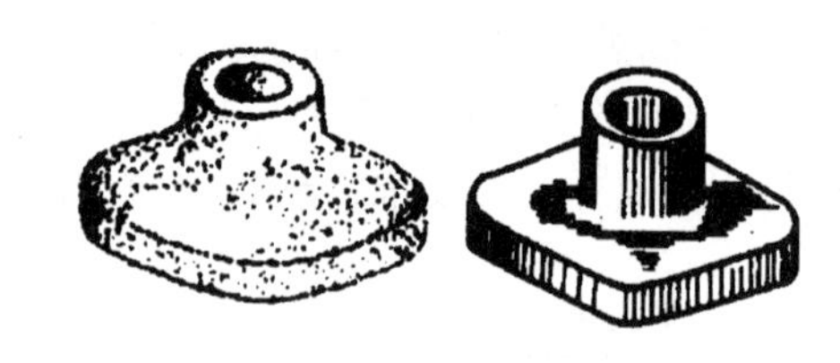

图 3－6　黏砂

二、铸造缺欠的检验方法

铸件清理后应进行铸造质量检验，常用方法是宏观法。它是通过肉眼观察（或用尖嘴锤）找出铸件的表面和皮下缺陷，如气孔、砂眼、夹渣、黏砂、缩孔、浇不足、冷隔等。内部缺陷则要通过无损探伤方可发现，如耐压试验、磁力探伤、超声波探伤等。必要时，还可进行解剖检验、力学试验和化学成分分析。

第二节　焊接缺欠及检验

焊接是用加热或加压，或加热又加压的方法，在使用或不使用填充金属的情况下，使两块金属连接在一起。经统计，机械制造中按质量比有 60% 以上的金属材料要经过焊接才能使用。

焊接质量的好坏，将影响构件使用寿命和安全。某厂生产的一台 QY40 型汽车起重机，在新疆某基地起吊重物时发生吊臂断裂，后查出该机出厂时吊臂变幅油缸支点上方加强板（设计不合理）处有纵向裂纹；使用时又违章操作，因承受交变载荷导致裂纹扩散致使吊臂折断造成重大事故。

影响因素有：母材化学成分、焊条质量、焊接方法和设备、工艺参数的选择、焊工技术水平、热处理等。

一、焊接质量检验概述

（一）焊接前检验

检查图样及工艺文件是否齐全；母材和焊接材料的检验；毛坯和装配质量的检验；焊接设备和夹具的检验；焊接参数的调整和检验；焊工操作水平考核。

（二）焊接过程检验

检查焊接设备运行是否正常；焊接参数是否稳定；母材选用是否正确。

（三）焊接后检验

焊接后检验包括：外形尺寸检验；接头质量检验；焊接结构的强度及致密性检验。焊接完毕后，应将工件和焊缝清理干净，先对焊缝进行目视检验。检查焊缝尺寸外形及表面质量，后根据产品工作图样和工艺文件的要求进行其他检验。

常用的焊接接头的检验方法有破坏性试验和非破坏性试验。

破坏性试验可分为力学性能试验、化学分析及试验、金相检验等；非破坏性试验又可分为无损探伤（含射线探伤、超声波探伤等）、外观检查、耐压试验、密封性试验。

二、焊接缺欠的种类及形成原因

焊接缺欠有裂纹、孔穴、固体夹杂、未焊透和未熔合、形状缺欠等。

（一）裂纹

裂纹分为宏观和微观裂纹，前者是肉眼能观察到的裂纹；后者只有在金相显微镜下才能看见，如图3－7。所有裂纹（铸造、锻压、焊接、冲压、机械加工、热处理均可能产生）在交变应力作用下，均会发生扩散（因裂纹两端有尖角），穿通后则使工件断裂，故裂纹为机械产品中最危险的缺欠。其检验方法有目视检验、无损探伤、金相检验等。

微观裂纹产生原因是焊缝拉应力太大，只有用金相检验发现。

宏观裂纹产生原因有：焊接材料质量不好；焊接参数选择不当；焊缝内拉应力太大；焊件结构不合理；工艺措施不全；焊缝布局不当；收弧时速度太快等。

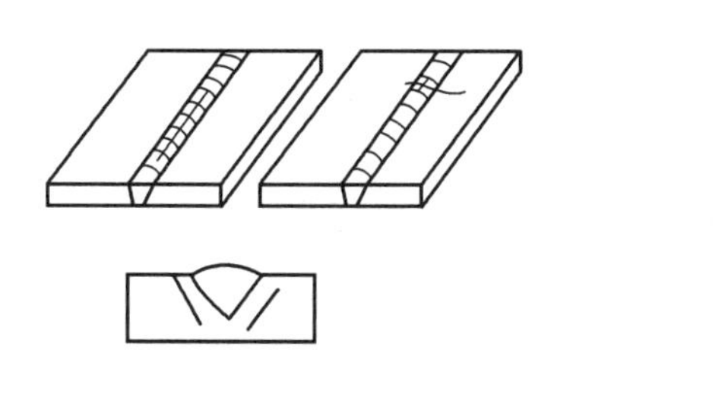

图3－7　裂纹图

3－8　气孔

（二）孔穴

孔穴包括气孔和缩孔（含宏观缩孔和微观缩孔－缩松），出现的比例较大，但不像裂纹一样会扩散（其内壁为光滑的表面）。检验方法有目视检验、金相检验和无损探伤等。

1. 气孔及产生原因

产生原因：焊件有油污、铁锈及其他氧化物；焊接区域保护不好；焊接电流过小，电弧过长，焊速太快；母材和焊条药皮未烘干；被焊材料表面潮湿。如图3－8所示。

2. 缩孔及产生原因

焊接电流过大，焊缝金属凝固太快。微观缩孔在金相显微镜下才能观察到。

（三）固体夹杂

固体夹杂主要为夹渣，如图3－9所示。检验方法有无损探伤和金相检验。

产生原因：焊接材料质量不好；电流过小，焊速太快；熔渣密度太大，阻碍熔渣上浮；多层焊接时焊渣未清除干净；熔池保护不良；工人操作水平低等。

（四）未熔合和未焊透

1. 未熔合

焊缝金属和母材之间或焊道金属之间未完全熔化结合的部分称未熔合。

产生原因：焊接电流过小；焊速太快；坡口角度或间隙太小；工人操作水平低。

2. 未焊透

接头根部未完全焊透称未焊透，如图3－10所示。产生原因与未熔合相同。

未熔合和未焊透的检验方法有金相检验、无损探伤。

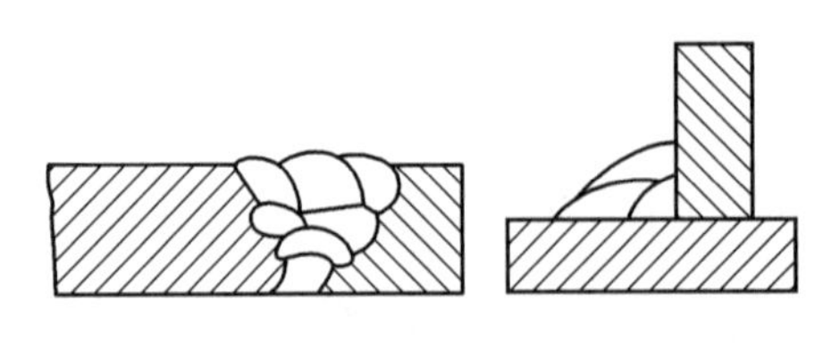

图3－9　夹渣

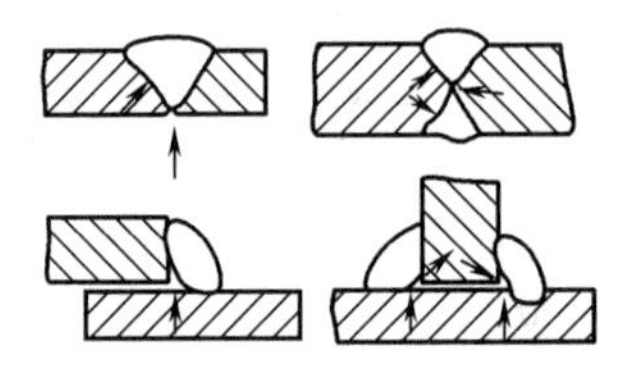

3－10　未焊透

(五)形状缺欠

包括咬边、缩沟、焊缝超高、下塌、焊缝型面不良、根部收缩、根部气孔、焊瘤、错边、角度偏差及烧穿等。检验方法有目视检验、宏观金相检验。

1. 咬边

焊趾处的沟槽称咬边,是连续或间断的,如图3－11所示。

产生原因:焊接参数选择不当;操作技术不正确;电弧吹偏;焊接零件的位置安放不正确。

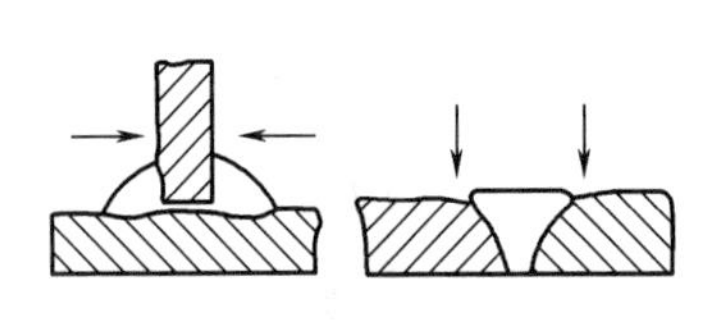

图3－11　咬边

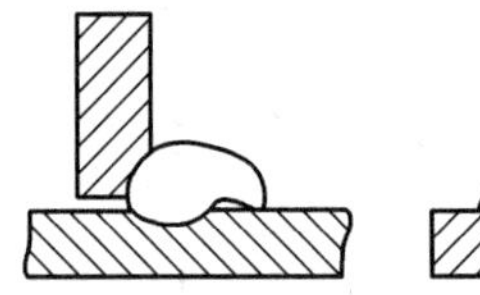

图3－12　焊瘤

2. 焊瘤

焊接时,熔化金属流淌到焊缝以外未熔化的母材上形成的金属瘤称为焊瘤,如图3－12所示。

产生原因:操作技术不佳。

3. 烧穿

焊接时,熔化金属自坡口背面流出形成穿孔,称为烧穿,如图3－13所示。

产生原因:焊件装配不当,如坡口尺寸不合要求;焊接电流太大;焊速太慢;操作技术不佳。

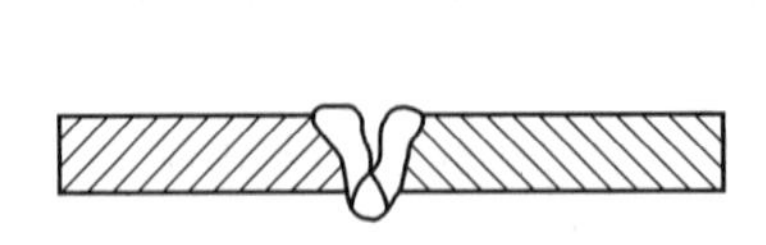

图3－13　烧穿或焊漏

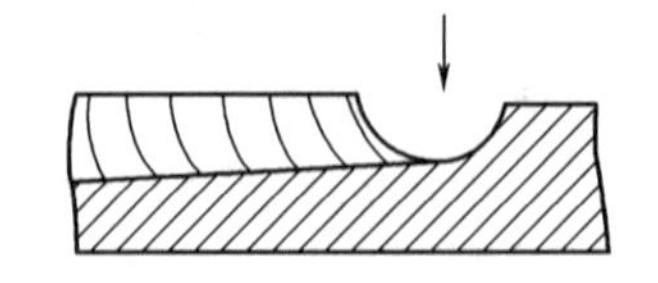

图3－14　弧坑

4. 其他形状缺欠

其他此类缺欠的产生原因大多与操作技术有关,如弧坑等。如图3－14所示。

(六)其他缺欠

除前述缺欠外,其余缺欠称其他缺欠,如电弧擦伤、飞溅。产生原因多与焊接操作技术有关,检验方法多为目视检验。

三、焊接缺欠的检验方法

（一）目视检验

目视检验以肉眼检验为主，或借助一些工具，如焊缝检验尺、样板、量块和5～10倍放大镜。可检验焊缝外部缺欠，如咬边、表面气孔和裂纹、焊瘤，也可检验焊缝和焊接件外形尺寸。不能检验内部缺欠，且和检验人员经验有关。

目视检验前接头应清理干净，无熔渣和其他覆盖物。特别指出，有些工人和检验人员认为焊缝越高越好，其实焊缝高度越大，焊接时工件吸收的热量就越大，造成热影响区受热严重，可能引起较严重的后果。

（二）耐压试验

1. 水压试验

用水将容器灌满，并堵塞所有的孔眼，使水压提高到技术要求规定的数值（工作压力的1.25～1.5倍）并保持一定时间，压力降至工作压力后对工件进行检查，若接头上发现有水滴或细水痕，则表明该焊接接头不致密。要求较低时，可用水将容器灌满，不加压力，检查是否漏水。

焊件内的空气应排尽；焊件和水泵上应同时设置校验合格的相同型号、规格的压力表；环境温度一般不应低于5℃；压力应按规定逐级上升，中间应作短暂停压，不可一次升到试验压力。

2. 气压试验

（1）肥皂水试验

将压缩空气通入密闭的工件内，在接头表面涂抹肥皂水，较小的容器可全部浸入水中。

（2）氨气试验

将含有氨气10%（体积分数）的气体通入密闭的工件内，在接头表面处贴上一条比焊缝略宽的硝酸汞溶液试纸（或浸泡上述溶液的医用绷带）。若试纸呈黑色斑点，则表明该接头处不致密。注意应将工件表面清洗干净。

（3）煤油试验

在接头一面涂上渗透性强的煤油，另一面涂抹白垩或粉笔粉。若白垩或粉笔粉上有油斑，则接头有穿通的缺欠，但无法检查未穿通的裂纹及工件内部的缺欠。

（三）化学分析检验

国际焊接学会规定，钢铁的碳当量为：

$$C_E = \mathrm{C} + \mathrm{Mn}/6 + (\mathrm{Ni} + \mathrm{Cu})/15 + (\mathrm{Cr} + \mathrm{Mo} + \mathrm{V})/5 \qquad (3-1)$$

$C_E < 0.4\%$ 的钢，其淬硬性和冷裂倾向小，焊接性能良好，在一般焊接条件下均可得到较好的质量。$0.4\% \leqslant C_E < 0.6\%$ 时其淬硬和冷裂倾向大，焊接性差，应采用较严格的工艺措施。当 $C_E \geqslant 0.6\%$ 时，性能就更差，必须采用相当严格的工艺措施及探伤方法。

钢材进厂时，应根据其《材质证明书》初步判断其焊接性能的好坏，重要工件必须进行化学分析，分析出碳、锰、镍等的质量分数，代入式（3－1）计算碳当量的大小，即可确定其焊接性能的好坏。

化学分析包括焊接材料和焊缝金属化学成分分析；焊缝金属中氢、氧、氮含量的测定；焊缝和焊接接头的腐蚀试验等。

1. 化学成分分析

从焊缝金属或焊接材料中钻取供化学分析用的试样，应无氧化和油污沾染。在焊件上取样时，应从堆焊层或焊缝金属内钻取，一般用直径6mm左右的钻头钻取。其数量视所分析的化学元素多少而定，一般常规分析需50～60g。碳和硫通常采用燃烧法测定，使样品完全燃烧后，测出所产生的二氧化碳和二氧化硫，通过计算即可。

2. 接头晶间腐蚀试验

晶间腐蚀试验是将不锈钢试件放在强酸性溶液中煮沸规定时间或将试样进行电解腐蚀，然后进行检查。检查项目较多，主要有金相组织检验（晶间形态、凹坑形态）、腐蚀率（试验前后试样重量之比）。

（四）力学性能试验

1. 对试样的要求

试样可从专门置备的接头或工件上取样。用气割取样时，其边缘加工余量按试样厚度而定，应能除掉热影响区。试样热处理应在精加工前进行，试样尺寸应符合公差要求，无弯曲现象。试验温度一般为10～30℃。

2. 特点及应用

（1）拉伸试验

可以测定焊缝或焊接接头的强度和塑性。观察塑性变形的不均匀程度，说明焊缝金属的偏析和组织不均匀性，接头区域的性能差别和焊接缺欠。

（2）弯曲试验

可以检测接头的塑性及其差别，可暴露焊接缺欠，考核熔合线的结合质量。

（3）冲击试验

可检测焊缝金属和焊接接头的冲击韧性及缺口敏感性。

（4）硬度试验

可测定焊缝的硬度，比较焊接接头各区域的性能偏析、区域性偏析和近缝区的淬硬倾向。

（5）疲劳试验

用来测定焊缝金属和接头承受交变载荷时的强度。

（五）无损探伤试验（NDT）

无损探伤试验有射线、超声波、磁粉、渗透及涡流五种常用方式。以不破坏工件使用性能为前提，运用物理、化学、材料科学及工程学理论，对材料、零部件和产品进行有效的检验，以评价产品的完整性、连续性及安全可靠性。

1. 射线探伤（RT）

射线有X射线和γ射线，其波长分别为$1 \sim 10^{-4}$nm及$10^{-1} \sim 10^{-4}$nm。

X射线管是一个具有阴阳两极的真空管，阴极为钨丝，阳极为金属制成的靶。在阴阳两极之间加有很高的直流电压（管电压），阴极加热时放出大量电子，电子在高压电场中被加速，从阴极飞向阳极，以很大速度撞击在金属靶上，失去所具有的动能，其中大多数转换为热能，极少数（约1%）转换为X射线。如图3－15所示。

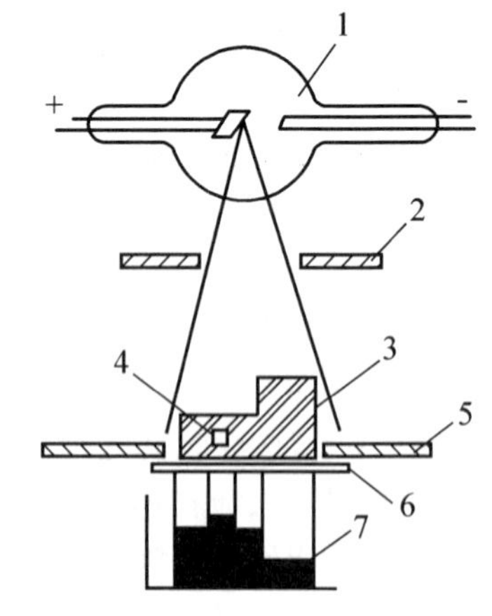

图3－15 射线探伤原理图

1—X射线机；2—光栅；3—工件；4—缺欠；5—铅板；6—标记；7—底片

γ射线是放射性同位素经过衰变后，激发态向稳定态过渡的过程中，从原子核内发出的。主要的放射源有^{60}Co和^{192}Ir等。

射线探伤应选择一定的透照工艺，使射线源、工件、胶片、像质计（用来检查和定量评价射线底片影像的工具，由一定直径的钢丝组成，相当于地图的比例尺）等处于合适的位置，并进行适量曝光。曝光的胶片按照规定程序通过显影、停显、定影、水洗、烘干，在观片灯下进行评片，可判别内部的缺欠。

射线探伤时，若人体吸收的射线太多，会造成影响直至死亡。故必须严格按标准对检测人员进行体检和防护，且检测人员不得违章作业和从事本工种的第二职业。

GB/T 3323《金属熔化焊焊接头射线照相》将焊缝质量划分为Ⅰ，Ⅱ，Ⅲ，Ⅳ四个等级，Ⅰ级最好，Ⅳ级最差。在检验记录中应注明以下内容。

产品情况：工程和试件名称、规格尺寸、材质、设计制造规范、探伤比例部位、执行标准、验收合格级别。

透照工艺条件：射线种类、胶片型号、透照布置、有效透照长度、曝光参数、显影条件。

底片评定结果：底片编号、像质情况。

缺欠情况（性质、尺寸、数量、位置）、焊缝级别、返修情况、最终结论。

评片人签字、日期及照相位置布片图。

2. 超声波探伤（UT）

超声波探伤和射线探伤相比，对人体无影响，适用于各种条件，可直接观察缺欠的情况；和计算机连接后，可实现即时成像和数据处理。

（1）超声波的种类和产生

振动频率高于20kHz的机械振动波称超声波。其波长很短，可用于无损探伤、机械加工、焊接以及在医学上进行诊断、消毒等。探伤常用的频率一般在0.5～10MHz之间，对金属材料的检验，一般为1～5MHz。

超声波具有如下的特性：方向性很好，可定向发射；其能量很高，这是因其频率远高于声波，而能量与频率平方成正比；能在界面上产生反射、折射和波型转换，正因如此，方可利用超声波发现工件内部缺欠；在大多数介质中传播时，能量损失小，传播距离大，穿透能力强，在一些金属中可达数米，是其他探伤方法无法相比的。

（2）超声波的产生和探头

探伤仪、探头、试块是超声波探伤的重要设备。超声波探伤仪是超声波探伤的主体设备，作用是产生电振荡并加于探头上，激励探头发射超声波，将探头送回的电信号进行放大，按一定方式显示，从而得到工件内部有无缺欠及其位置和大小等信息。

某些晶体，在一定方向受到外力作用时，内部产生极化现象，晶体的某两个表面上产生符号相反的电荷；当外力去除后，电荷随之消失。这种现象称为正压电效应。反之，在产生电荷堆积的两个表面上施加一电场时，晶体将产生机械振动或机械应力。这种现象称为逆压电效应。

在超声波探伤仪中，利用逆压电效应使探头产生机械振动，当频率达到20kHz时，就产生超声波而进入工件内部。反射回来的超声波与探头作用后，按正压电效应，会产生电信号，进入示波器而形成图像，从而实现探伤。

（3）超声波探伤原理和方法

按探伤仪的缺欠显示方式可分为A，B，C型探伤仪，如图3－16所示。其工作原理如下。

A型探伤仪：是一种波型显示，探伤仪荧光屏的横坐标代表声波的传播时间（或距离），纵

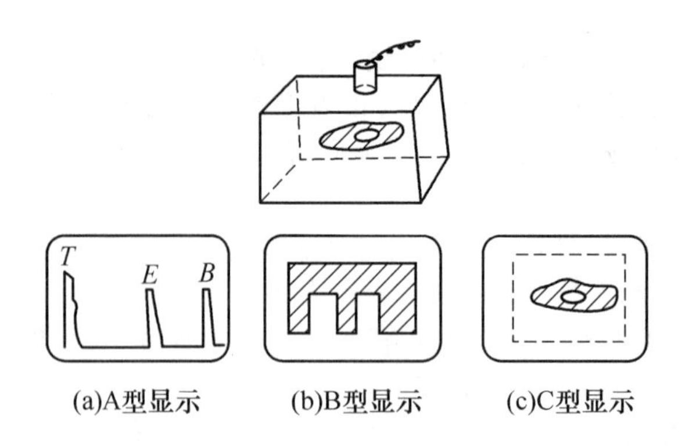

图 3－16　A 型、B 型和 C 型探伤仪

坐标代表反射波的幅度。由反射波的位置可以确定缺欠位置，由反射波的幅度可以估算缺欠大小。

B 型探伤仪：是一种图像显示，探伤仪荧光屏的横坐标是靠机械扫描来代表探头的扫查轨迹，纵坐标是靠电子扫描来代表声波的传播时间（或距离），因而可直观地显示出工件任一截面上缺欠的分布及其深度。

C 型探伤仪：也是一种图像显示，探伤仪荧光屏的纵、横坐标都是靠机械扫描来代表探头在工作表面的位置。探头接收信号幅度以光点辉度来表示，当探头在工作表面上移动时，荧光屏上便显示内部缺欠的平面图像，但不能显示缺欠的深度。

超声波探伤方法按原理可分为脉冲反射法、穿透法和共振法。

脉冲反射法是探头发射脉冲波到工件内，根据反射波的情况来检测工件缺欠的方法。包含了缺欠回波法、底波高度法和多次底波法。

缺欠回波法的原理为：当工件完好时，超声波可以传播到底面，探伤图形只有表示发射脉冲 T 及底面回波 B 两个信号；若有缺欠，在探伤图形中，在底面回波前有缺欠波 F 存在。根据缺欠波 F 到始波 T 的距离可测定缺欠到工件表面的距离，根据缺欠波的高度可判断缺欠的大小，如图 3－17 所示。

底波高度法的原理为：当工件材质和厚度不变时，底面回波高度应是基本不变的；若工件有缺欠，底面回波高度会下降或消失。但该方法检出缺欠定位定量不便，一般不独立使用。如图 3－18 所示。

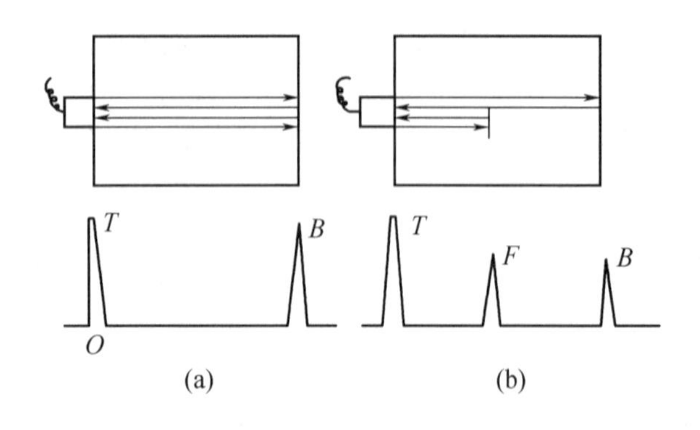

图 3－17　缺欠回波法

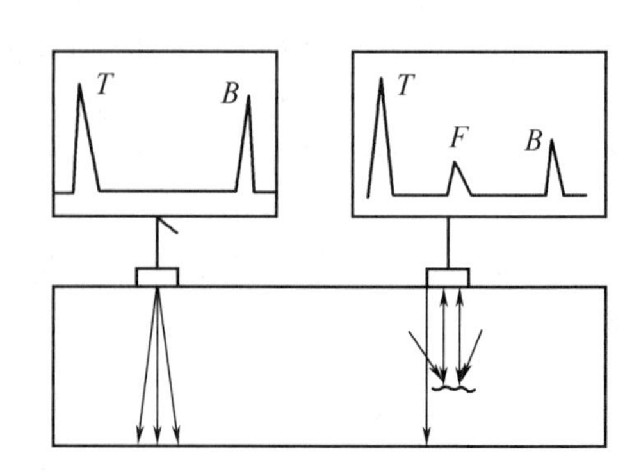

图 3－18　底波高度法

穿透法是依据脉冲波或连续波穿透工件后的能量变化来判断缺欠情况。常用两个探头，一个作发射用，另一个作接收用。图 3 - 19(a)为无缺欠时的波形，图 3 - 19(b)为有缺欠时的波形。

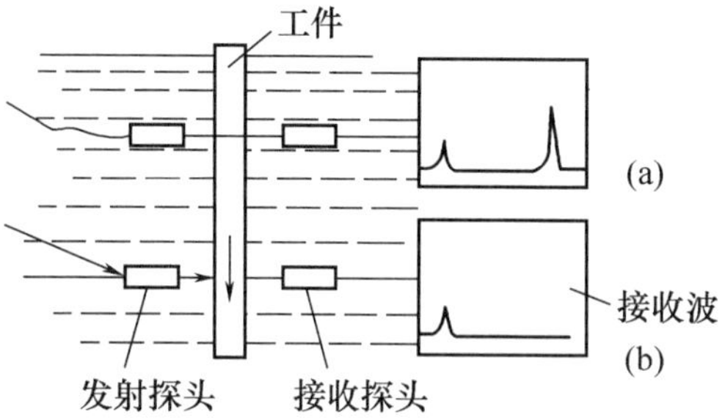

图 3 - 19　穿透法

共振法的原理为：当工件内有缺欠或工件厚度发生变化时，将改变工件的共振频率，故可判断工件厚度及缺欠的存在。多用于工件测厚。

(4)铸件超声波探伤特点

铸件进行超声波探伤时，特点为组织不均匀、不致密和晶粒粗大，透声性差；声耦合差，探头磨损严重；干扰杂波多。探伤前应对工件进行打磨，并选用黏度大的耦合剂。

(5)锻件超声波探伤特点

轴类锻件主要是拔长，故大多数缺欠与轴线平行，应以纵波直探头从径向探测为好，辅以直探头轴向探测和斜探头周向及轴向探测。盘类零件用直探头在端面探测最好，最好对工件进行打磨。

(6)焊接件超声波探伤

对焊缝探伤时，应采用下列扫查方式。

①锯齿形扫查

探头沿锯齿形路线进行扫查，探头要作10°～15°转动，且每次前进的距离不得超过晶片尺寸。如图 3 - 20 所示。

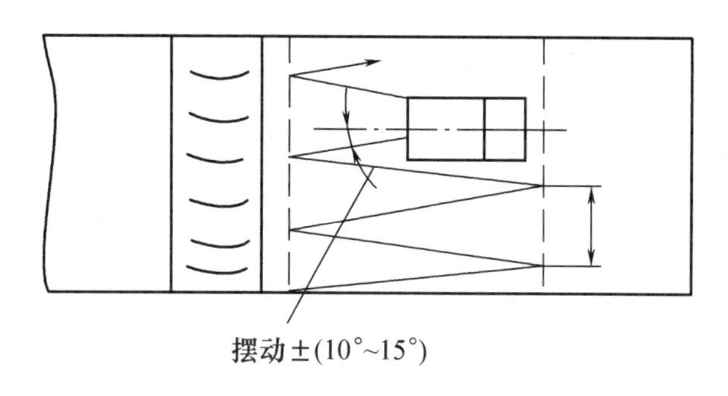

图 3 - 20　锯齿形扫查

②左右扫查与前后扫查

用锯齿形扫查发现缺欠后，可用左右扫查来确定缺欠沿焊缝方向的长度，用前后扫查来确定焊缝的水平距离或深度。如图3 - 21 所示。

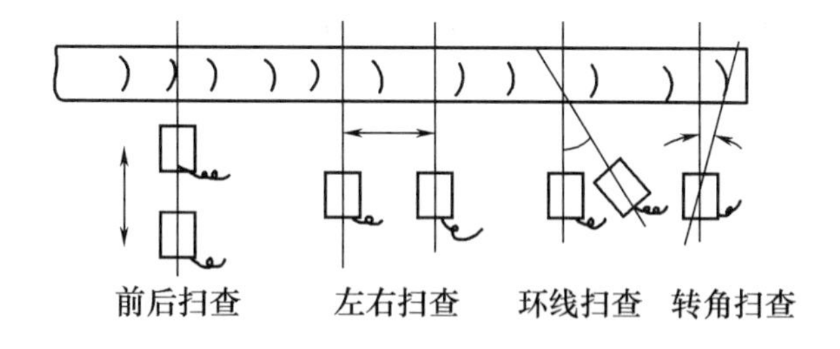

图 3 - 21　四种基本扫查方式

③转角扫查

利用它可以推断缺欠的方向。

④环绕扫查

可推断缺欠形状。环绕扫查时，回波高度几乎不变，则可推断为点状缺欠。

⑤平行扫查或斜平行扫查

为检查焊缝或热影响区的横向缺欠,磨平的焊缝可将斜探头直接放在焊缝上作平行移动;有加强层的焊缝可在其两侧,探头与焊缝成一定夹角(10° ~45°)作平行或斜平行移动。如图 3 - 22 所示。

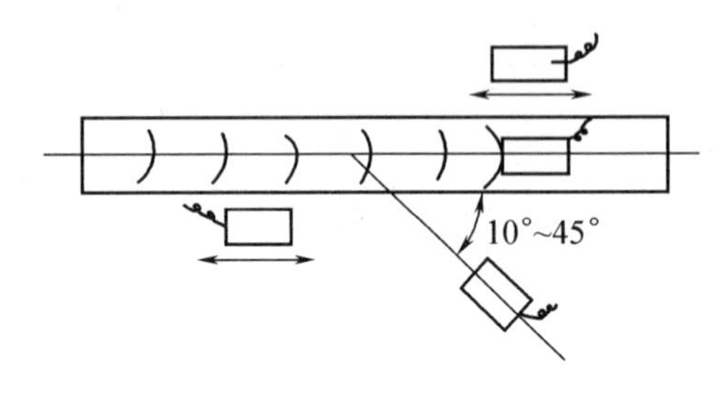

图 3 - 22　平行扫查或斜平行扫查

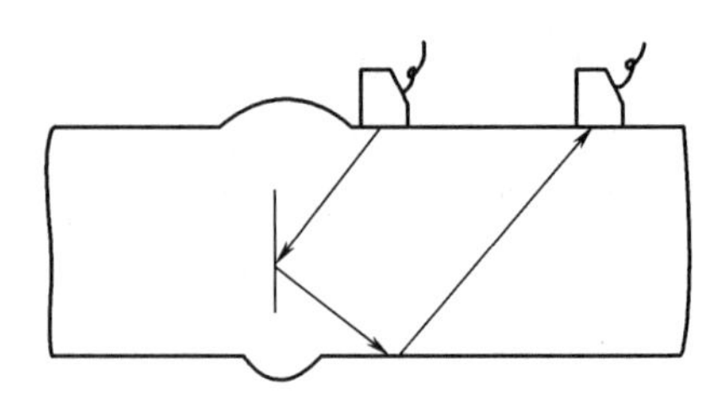

图 3 - 23　串列式扫查

⑥串列式扫查

在厚板焊缝探伤中,与探伤面垂直的内部未焊透、未熔合等缺欠,采用串列式扫查才能发现缺欠。如图 3 - 23 所示。

(7)超声波测厚仪的使用

超声波测厚具有体积小、重量轻、速度快、精度高、携带使用方便等优点。测量前要先校准仪器的下限和线性。

首先要求根据工件厚度和精度要求选择探头。工件较薄时宜选用双晶探头或带延迟块探头,工件较厚时可采用单晶探头。

测厚与探伤一样,要求工件表面光洁平整和使用耦合剂。测厚时探头应平整,压力适当。每个测试部位尽量在垂直的方向上各测试一次。

3. 红外线检验

在光谱中波长在 0. 76 ~400μm 的光称为红外线。A,B 两块金属板焊接后,可用红外线测温的方法进行探伤。均匀加热工件一个平面,并测量另一表面的温度分布,可判断焊接是否良好。A 面均匀加热而升高温度时,热量就向 B 面传去,B 面温度随之升高。若交界面均匀接触,则 B 表面的热量分布均匀一致。若交界面有焊接缺欠,热流在这里受到阻碍,B 板外表面相应部分就出现温度异常。可用于金属、陶瓷、塑料、橡胶等的裂纹、孔洞、异物、气泡、截面变形等缺欠。如图 3 - 24 所示。

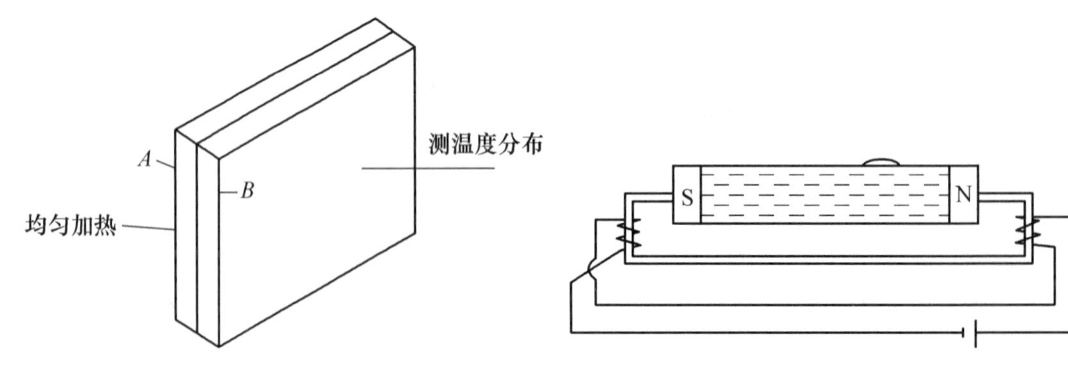

图 3 - 24　红外无损探伤示意图　　图 3 - 25　磁力探伤

4. 磁力探伤(MT)

将工件放在电磁铁的正负极之间,使磁力线通过工件;在被测表面浇上悬浮油液;若工件有缺欠,则该处磁阻很大,此处出现不规则磁力线;根据磁粉所形成的与缺欠形状相同的图案,即可判断出缺欠的形状和大小。如图3－25所示。

5. 渗透探伤(PT)

渗透探伤的工作原理是:零件表面被涂含有荧光染料或着色染料的渗透液后,在毛细管作用下,经过一段时间的渗透,渗透液可以渗进表面开口缺欠中;经去除零件表面多余的渗透液和干燥后;再在零件表面施涂吸附介质——显像剂;显像剂将吸引缺欠中的渗透液,即渗透液回渗到显像剂中;在一定的光源(黑光或白光),缺欠处渗透液痕迹被显示(黄绿色荧光或红色),从而测定出缺欠的形状及分布状态。

渗透探伤可以检查金属、非金属工件或材料的表面开口缺欠,如裂纹、气孔、冷隔等缺欠。可以检查磁性及非磁性材料;可检查黑色金属、有色金属和非金属材料。且不受结构限制,可检查焊接件、铸件、锻压件和机械加工件。但不适用于检查表面是吸收性的零件或材料及抛丸或喷砂处理的工件。

缺欠容积越大,它容纳的渗透液就越多,留在缺欠中输送给显像剂形成显示的渗透液就越多,缺欠显示越明显。显像剂显示的缺欠图像尺寸比缺欠的实际图像尺寸要大。

探伤时要求表面无锈蚀、氧化皮、焊渣、飞溅、油脂、镀层、灰尘等杂物,故应进行表面准备和预清洗,清除工件表面所有污染。清除方法有机械方法、化学方法和溶剂去除法等。

渗透液施加方法应根据工件大小、形状、数量和检查部位来选择。渗透方法有喷涂、刷涂、浇涂、浸涂等。应使工件被检测部位完全被渗透液覆盖,并在整个渗透时间内保持润湿状态。渗透温度一般控制在15～50℃范围内。但预热的时间和温度不应对零件产生有害的影响。

去除时,要求从零件上去除所有的渗透液,又不能将已渗入缺欠的渗透液清洗出来。水洗型渗透液直接用水去除,后乳化型渗透液先乳化再用水去除,溶剂去除型渗透液用有机溶剂擦除。

使用溶剂去除法渗透探伤时,不必进行专门的干燥处理,应自然干燥。用水清洗的零件,采用干粉或非水基湿式显像时,在显像前必须进行干燥处理;若采用水基湿式显像,水洗后直接显像,然后进行干燥处理。干燥的方法有干净布擦干、压缩空气吹干、热风吹干等方法。一般干燥时被检面的温度不大于50℃,干燥时间不超过5～10min。

显像的过程是用显像剂将缺欠处的渗透液吸附至零件表面,产生清晰可见的缺欠图像。显像时间决定于显像剂种类、缺欠大小和被检工件温度。有干式显像和湿式显像两种。

6. 涡流探伤(ET)

探伤原理是电涡流效应:一个通有交变电流的线圈,线圈周围会产生一个交变的磁场。当金属导体置于该磁场内时,在导体内会产生一个电涡流。此电涡流具有“趋肤效应”,即在导体的表面处电流大,内部电流小;正对线圈中心处电流大,远离中心处电流小。电涡流也会产生一个交变磁场,引起线圈的电感量、阻抗和品质因数的变化。

电涡流传感器可进行多种参数的检测,其最大的特点是可对物体表面为金属导体的多种物理量实现非接触测量。可测量振动、位移、厚度、转速、温度、硬度和进行无损探伤,也可用于电镀层厚度的检测。

(六)金相试验

金相试验的目的为:一是为常规检查,判别或确定金属材料的质量和生产工艺是否完善,进行产品质量检验时,主要是为了发现其内部缺欠及产生原因;二是用于研究微观组织与性能的关系及组织形成的规律,为发展新材料和新工艺提供依据。在焊接时,可分析焊缝及热影响区的组织及性能的变化规律。其次是在电镀时可用于镀层厚度的仲裁检验。

金属材料具有不同的机械性能,虽是同一成分的金属材料,若其加工和热处理不同,机械性能也各异。大多数金属的组成相、数量、大小、形态及分布等需借助于金相显微镜才能观察到,材料内部的微观图像称为显微组织。

进行金相组织检验前,应了解其化学成分、热处理和其他热加工情况及冷作硬化情况,有关资料及试样的硬度等。金相组织检验有宏观和微观金相组织检验两种,前者一般采用放大镜进行检验,而后者采用金相显微镜。

1. 金相组织与力学性能

(1)钢铁材料组织与力学性能

钢铁材料在常温下常见的组织有铁素体、渗碳体、珠光体、马氏体、贝氏体及奥氏体等。

铁素体(F)为碳溶解在 $\alpha-Fe$ 中形成的固溶体。性能与纯铁相似,有良好的塑性和韧性,强度和硬度较低。低碳钢在正火、退火及热轧状态时,铁素体呈白亮色的多边形晶粒,为等轴状。铁素体出现在碳含量不大于0.77%时。

渗碳体(Fe_3C)为铁与碳形成的化合物。其硬度很高,布氏硬度值约800HBS左右,渗碳体不仅硬而且脆,塑性和脆性几乎为零,强度低,在机械工业中无使用价值。是碳钢的主要强化相,其形态、大小、分布和数量对钢的性能影响很大。钢铁的强度和硬度随碳含量的增加而升高,塑性和韧性下降,就是因为碳含量增加后,渗碳体含量也增加的原因。

珠光体(P)是铁素体和渗碳体组成的机械混合物。其强度较高,是钢的主要组织之一。珠光体是由层片状的铁素体和渗碳体相间而成,在金相显微镜下观察呈现黑色条纹相间排列的片层状组织。钢中碳含量为0.77%时全部为珠光体。

马氏体(M)是碳在 $\alpha-Fe$ 中的过饱和固溶体。钢在淬火时得到马氏体。马氏体具有很高的硬度、脆性很大,塑性几乎为零,容易开裂。

贝氏体(B)是过冷奥氏体在中温区(约250~450℃)转变产生的过饱和的铁素体和渗碳体混合物。其形成温度不同,则组织不同,机械性能各不相同。

奥氏体(A)一般为高温下的组织,在常温下不多见。某些淬火后的碳钢组织中会出现残余奥氏体,某些不锈钢中因加入合金元素而在常温下出现奥氏体。奥氏体为碳溶解在 $\gamma-Fe$ 中形成的固溶体。其性能与纯铁相似,具有良好的塑性和韧性,但强度和硬度较低。是铁碳合金中具有塑性和韧性的基本组织。

(2)铸铁的组织及力学性能

铸铁有灰铸铁、球墨铸铁、可锻铸铁及蠕墨铸铁等。其石墨在金属基体中的分布分别为片状、球状和蠕虫状。

灰铸铁在结晶过程中,石墨化程度比较充分,断口为暗灰色。其组织特点是具有片状石墨,对金属基体产生切割作用,故强度较低。如图3-26所示。

球墨铸铁因在浇注前加入合金元素进行孕育处理,故其石墨形状为球状。其组织在一般铸态或正火后的工件中,铁素体分布于石墨周围呈牛眼状分布,对金属基体无切割作用。如图3-27所示。

图3－26　灰铸铁金相组织

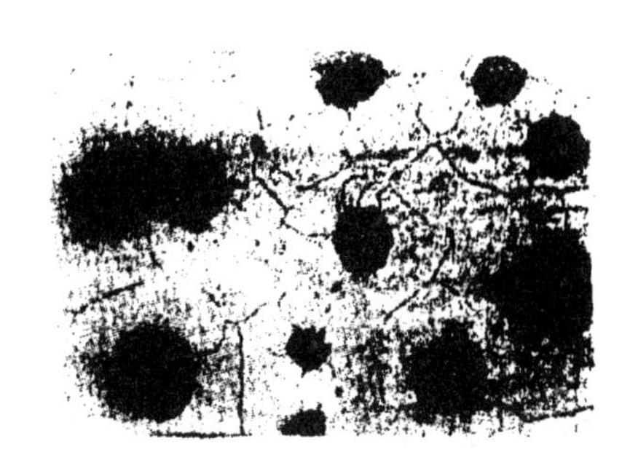

图3－27　球墨铸铁金相组织

2. 常用设备

常用仪器有砂轮机、砂纸盘、蜡盘、抛光机、镶嵌机、金相显微镜等。

3. 检验方法

(1)试样的切取

从被检材料或零件上取样，有缺欠的工件必须具有代表性。一般高约15～20mm，检验面是边长或直径为10～25mm的方形或圆形。切取时一般用薄片砂轮机，也可用锯、车、刨和氧割，但应防止试样受热而引起金相组织变化。

(2)试样的镶嵌

试样可直接磨光、抛光、浸蚀等操作。若尺寸过小时，应将其镶嵌后再进行其他操作。常用的有机械镶嵌法、热压法和冷镶法。

(3)试样的的磨制

磨制是为试样的抛光做准备，可分为粗磨和细磨。

粗磨是指在砂轮机上用砂轮打平。操作人员应站在砂轮的侧方，不得站在正前方，以免出现安全事故；磨制时用力应均匀，不可冲击砂轮。这是因为砂轮的旋转速度很高，故其线速度也很高，若砂轮破裂则会沿切线方向飞出，而造成事故。

细磨用于消除检验面的较粗、深的磨痕，为抛光做准备。用金相砂纸细磨。

(4)试样的抛光

抛光的目的是消除细磨后磨面上均匀而细微的磨痕，使其成为光亮无磨痕的镜面。可分为机械抛光、电解抛光和化学抛光等。

机械抛光一般使用抛光机，在潮湿干净的抛光织物上，将经水选的颗粒直径为0.3～1μm之间的氧化铝粉或氧化镁粉，洒在抛光盘上，使粉浆布满抛光盘。用手把试样捏稳，磨面压在抛光盘上，均匀施力，到规定要求为止。

(5)试样组织的显示

试样的浸蚀是将抛光面上的扰乱层除掉，显现真实的金相显微组织。因这些组织对光线产生不同的反射和吸收效果，可在显微镜下把它们清楚地分辨开。常用的有物理和化学两类。

化学浸蚀法：常用的浸蚀剂有2%～5%硝酸酒精溶液，浸蚀时间为1min到几min，浸蚀速度随溶液浓度增加而增加。一般为把试样抛光面放入浸蚀剂中听其自然腐蚀，到一定程度取出，用水或用酒精冲洗，并立即冲干。

第三节　锻压缺欠及检验

锻造是对坯料加热后锻打或锻压,产生塑性变形而得到所需制件的方法。锻造后具有良好的纤维组织方向,故机械性能好、承载能力提高。往往重要工件毛坯均应通过锻造获得。

冲压是利用冲模使材料产生分离或变形的加工方法,通常是在常温下进行,故也称为冷冲压。当材料的塑性不足、厚度太大或冲压的变形系数大(易产生冷作硬化)时,可对坯料进行加温。可制成形状复杂、强度高、重量轻的薄壁工件。

一、锻造检验项目及缺欠的种类

(一)锻造检验项目

锻造检验有:毛坯检验、加热检验、锻造时检验、冷却检验、热处理检验、清理检验等。

1. 毛坯检验

应检查毛坯材料合格证,验对牌号、炉批号、规格、状态等。

2. 加热检验

应检查炉膛是否干净;检查炉温;检查加热毛坯的件数及在炉中的位置是否符合规定要求;检查毛坯的加热温度及时间。

3. 锻造时检验

应查对工艺文件是否齐全;检查工具、模具是否有合格证;检查工具、模具的预热及模具的安装情况;检查操作方法;检查始锻、终锻温度;检查锻造成品的尺寸形状和表面温度;检查锻件的批次号、标记是否正确。

4. 冷却检验

应检查冷却的方法;检查冷却后锻件的质量。

5. 热处理检验

应检查锻件的装、出炉情况;检查热处理温度及保温时间;检查锻件的冷却方法;检查锻件的硬度;检查锻件的外观质量;检查锻件的热处理印记。

6. 清理的检验

应检查清理后的表面质量;检查锻件的数量。

(二)锻造缺欠种类及产生原因

锻造缺欠可能由原材料、下料、加热、锻造及清理等方面的原因引起。常见的有白点、非金属夹杂物、切斜、过热、过烧、加热开裂、氧化、脱碳、镦裂、裂纹、欠压、错移、轴线弯曲、淬裂、机械损伤等。见表3-1。

表3-1　锻造缺欠种类及产生原因

锻造缺欠种类	特　征	产生原因
白口	白口为沿锻件纵向断面上出现的表面光滑的银白色斑点,常见于合金钢中	钢水中氢含量大,降低了钢的强度和塑性,并造成应力集中

续表

锻造缺欠种类	特　征	产生原因
过热	严重过热的钢锻件，其断面为粗大晶粒的闪光脆性断口	加热温度过高，或在规定锻造与热处理温度范围内停留时间太长
过烧	严重过烧的毛坯，锻造时容易击碎	炉温过高或毛坯在高温区加热时间太长
氧化	严重加热氧化的毛坯或零件，其表面形成橘皮状的细小气泡，或生成易熔化的氧化铁，最终形成坚硬的氧化皮	
脱碳	毛坯或工件表面的碳被部分或全部烧掉而造成贫碳区	与钢的成分、炉气成分、炉温和保温时间有关
裂纹		有在轧制时已出现的裂纹；下料时出现的裂纹；加热速度过快造成的裂纹；锻造时出现的裂纹；锻后冷却速度过快引起的裂纹；淬火温度过高造成的裂纹
轴线弯曲	锻件的轴线与某平面的几何位置有误差，主要发生在锻造细长和复杂的锻件时。测量时，将工件放在检验平板上滚动检验，或用V型块将工件两端支起并缓慢转动，用划针或百分表进行检验	出模时操作不注意；切边受力不均匀；锻件收缩不一致；热处理操作不当
机械损伤		锻件经过清理，因机械碰撞或操作不当，造成锻件变形

二、锻造缺欠检验方法

检验方法有表面质量检验、几何形状和尺寸检验、内部缺欠检验、机械性能检验等。

（一）表面质量检验

表面质量检验可分为视觉检验、磁力检验、荧光检验。

1. 视觉检验

凭肉眼细心观察锻件表面有无折缝、裂纹、压伤、斑点、表面过烧等缺欠。

2. 磁力（粉）检验

可发现肉眼不能检查到的表层缺欠，如细微裂纹、孔洞、夹杂等，只适用于铁磁性材料，且工件表面应平整光滑。离表面过深的缺欠，无法进行检验，应尽可能使磁场方向与裂纹方向垂直。

3. 荧光检验

矿物具有渗透到裂纹中的能力，借助于显示剂的作用，在紫外线的照射下，在锻件的缺欠处会发出清晰的荧光。适用于非铁磁性物质（如不锈钢及铜铝合金）的表面缺欠检验，特别适用于有色金属与小型件的检验。

(二)形状和尺寸检验

锻件在几何形状和尺寸方面常见的缺欠有:锻件错移、高度与直径超差、壁厚超差、挠度超差、形位公差超差等。首件应全面划线检查,以检查锻件尺寸是否符合图样设计要求。

1. 锻件错移

若安装模具有误,则会出现工件错移缺欠。错移量大者可用目测检验;若不易发现,可将工件下半部固定,上半部进行划线检验,或用专用样板检验;圆柱形锻件有横向错移时,可用游标卡尺测量分模线的直径误差,可算出错移量的大小。如图 3-28 所示。

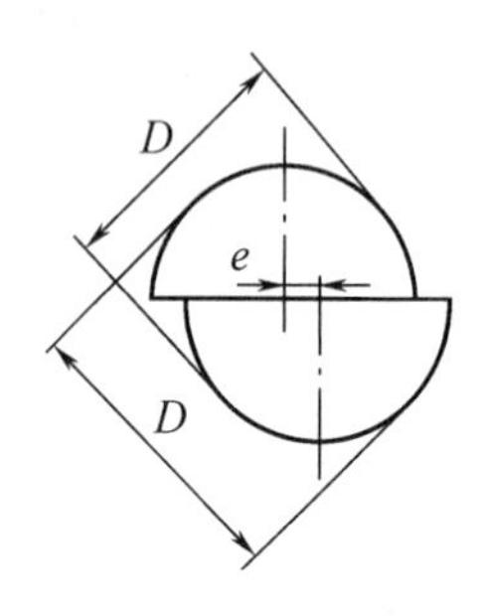

图 3-28　错移的测量

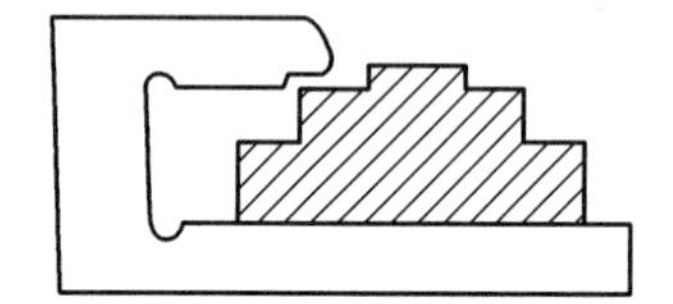
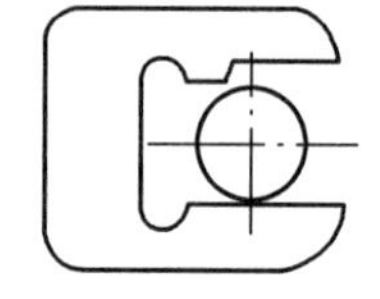

图 3-29　用极限量规检验

2. 高度与直径超差

小批量时,一般用卡钳或游标卡尺测量;批量大时,用极限量规进行检验。如图 3-29 所示。

3. 壁厚超差

通常用卡钳或游标卡尺测量;大批量时,可采用带有扇形刻度的外卡钳或专用量具进行测量,如图 3-30 所示。

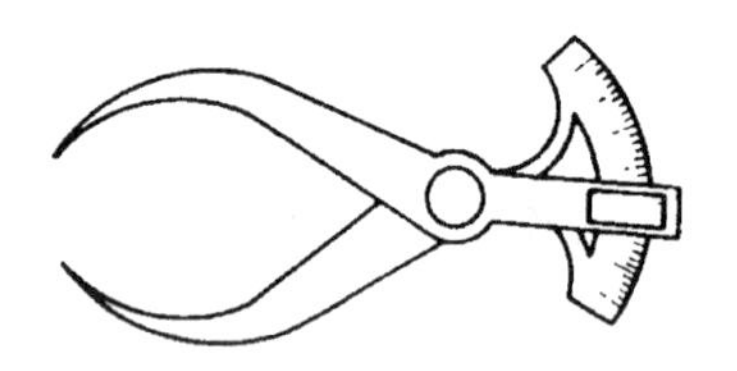

图 3-30　带刻度的外卡钳

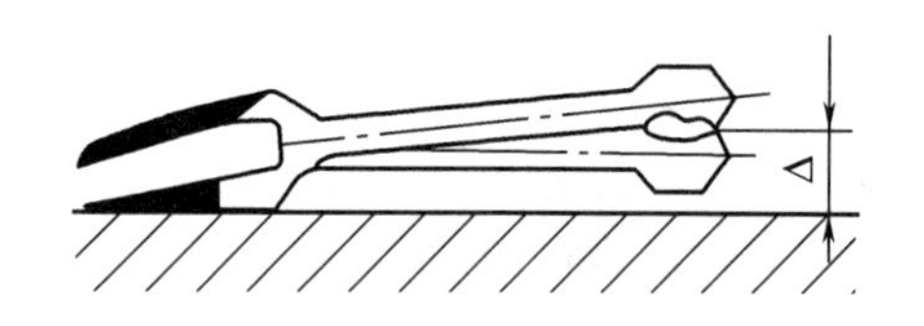

图 3-31　挠度的测量

4. 挠度超差

全长上(或在一定范围内)为等截面轴类锻件,可将锻件放在检验平板上,旋转工件,观察轴线的变形,用量具可测出轴线的最大挠度。如图 3-31 所示。

也可模拟轴线(用 V 型块或顶尖),使工件旋转,并用百分表观察锻件旋转时的表面摆动,可测出最大挠度值。如图 3-32 所示。

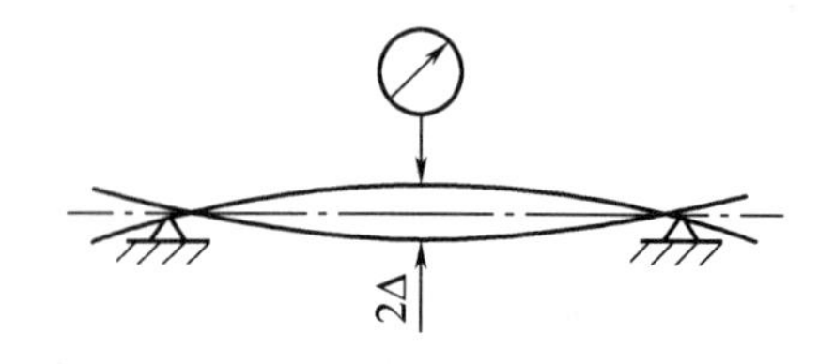

图 3-32　挠度的检测

5. 形位公差超差

一般采用模拟法进行检测。

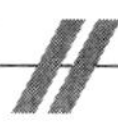

（三）内部缺欠检验

检验方法有超声波检验、低倍检验和金相检验。低倍检验又可分为酸蚀检验、断口检验、硫印检验。

1. 酸蚀检验

裂纹、夹渣、枝晶等缺欠，可用酸蚀法检验其纵向或横向断口。常用的酸蚀剂为1∶1的工业浓盐酸水溶液，浸蚀时间为10～30min，浸蚀剂温度为65～80℃最好。

2. 断口检验

对于过热、过烧、白口、分层等缺欠，可采用断口检验。

3. 硫印检验

发现原材料含硫量过大或偏析时，才进行此项检验。

（四）机械性能检验

检验方法有硬度试验、拉伸试验、冲击试验。试验时，试样的切取方向应按要求决定，当图样无要求时，可在纵向、横向或切向上任选取样。

三、冲压的特点及冲压缺欠的种类

（一）冲压的特点

冲压可分为分离和变形工序。分离工序是使材料按一定的轮廓线使其分离或部分分离，达到设计要求。变形工序是对材料施加外力，使其发生塑性变形而达到一定的形状和尺寸。

（二）冲压缺欠的种类

1. 冲裁件缺欠和预防措施

冲裁件缺欠和预防措施见表3－2所示。

表3－2　冲裁件缺欠和预防措施

序号	缺欠情况	原因分析	防止措施
1	工件上部形成齿形毛刺	模具间隙过小	调整模具间隙；修磨工作部分刃口
2	工件有较厚拉断毛刺，断面有明显斜角、粗糙、裂纹和凹坑	模具间隙过大	
3	工件一边有显著带斜度的毛刺	模具中心线不重合	
4	工件有凹形圆弧面	凹模口部有反锥度；顶杆件和工件接触面过小	修磨凹模洞口内形；更换顶件装置
5	落料外形与冲孔内形轴线位置偏移	挡料位置不正确；落料凸模上导头尺寸过小或无导头	修正挡料钉；更换导头和侧刃；对于多孔冲裁件应采用两个导头
6	工件上小孔孔口破裂及工件有严重变形	导头尺寸大于冲孔孔径尺寸	修正导头尺寸
7	工件校正后超差	采用下出件漏孔模冲裁时，工件产生不平整，校正后工件尺寸胀大	缩小模具工作部分成形尺寸或采用上出件弹顶模具冲裁

2. 弯曲件的缺欠和预防措施

弯曲件的缺欠和预防措施见表3－3。

表3－3　弯曲件的缺欠和预防措施

序号	缺欠情况	原因分析	防止措施
1	弯曲高度尺寸不稳定	高度尺寸太小;凹模圆角不对称	高度尺寸不能小于最小极限;修正凹模圆角
2	弯曲角外侧有裂纹	内弯曲半径太小;材料纤维组织方向与弯曲线平行;毛坯的毛刺一面向外;金属塑性差	加大凸模圆角半径;改变排样方法;毛刺放在弯曲件内侧;采用较软的材料或采用退火工艺
3	工件外表面有压痕;工件表面挤压料变薄	模具间隙过小;凹模圆角半径太小	增大凹模圆角半径;调整间隙
4	U型工件底部产生弯曲度	凹模内无顶料装置	增加顶料装置或校正工序
5	不能保证位置精度	展开料尺寸计算不正确;材料回弹;定位不可靠	修正展开料尺寸;减小回弹;定位可靠

3. 拉深件的缺欠和预防措施

检验主要有尺寸检验和外观检验两部分,当拉深系数大时可进行硬度检验(拉深时会产生冷作硬化)。外观检验包括裂纹、起皱和外表质量。拉深件的缺欠和预防措施见表3－4。

表3－4　拉深件的缺欠和预防措施

序号	缺欠情况	原因分析	防止措施
1	凸缘部起皱	凸缘部压边力太小,失去稳定形成皱纹;板料尺寸公差太大(如采用热轧板)	增加压边力;改用冷轧板,使其尺寸公差减小
2	锥形、球形等工件侧壁纵向起皱或横向波纹	压边力过小,凹模圆角半径过大或润滑过多	增大压边力;减小凹模圆角;合理润滑
3	裂纹或破裂,发生在凹模圆角处或角部凸模圆角处	材料塑性差;压边力太大或不均匀;模具圆角半径太小;模具表面有质量问题;工艺不合理	更换材料;调整压边力和模具圆角半径;修光模具表面;改进工艺
4	工件边缘高低尺寸不一致,赶出允许范围	毛坯定位不合理;材料厚度不均;模具间隙不均;凹模圆角半径过小	调整毛坯定位;更换材料;调整模具间隙;修正凹模圆角

四、冲压缺欠的检验方法

冲压件一般因其精度不高，壁厚较小，且均为批量或小批量生产，其缺欠往往用肉眼可以观察。在车间条件下，常采用目视检验法和用光滑极限量规检验，有时也采用无损探伤法进行检验。冲压缺欠的检验常用的量具有：游标卡尺、卷尺、钢板尺、光滑极限量规等。

复习思考题

1. 常见的铸造缺欠有哪些？
2. 用什么方法进行检查？
3. 超声波探伤的原理是什么？
4. 射线检测的原理是什么？常用的焊接检验有哪些？
5. 为什么说裂纹是机械产品最危险的缺欠？
6. 冲压件的检验方法有哪些？
7. 机械加工件的检验方法有哪些？
8. 入厂检验的方法有哪些？

第四章　涂镀层及包装检验

机械电器产品在生产过程、保管及用户使用期间，均要和各种环境产生密切接触。故金属会和介质的某些成分产生化学反应，造成腐蚀。为使产品能正常工作，应进行适当的防护；在腐蚀性介质中工作时，则应提出更高的要求。

在运输和保管过程中，应对包装方法提出要求，使产品不受到非正常的损坏。

在产品标准中，应有对包装的要求及检验项目和方法；在图样或产品标准中，应有对涂镀层的要求和检验方法。合格试验时，应有涂镀层及包装检验的内容。

第一节　涂层检验

涂于物体表面能形成具有保护、装饰或特殊功能（如绝缘、防腐、标志等的固态涂膜）的液体或固体材料，称为涂料（传统称为“油漆”）。从化学组分来看，涂料可分有机和无机涂料两类。涂料可在被涂物上形成牢固附着的连续涂膜，使之免受各种腐蚀介质（大气中的湿气、氧、工业大气、酸、碱、盐、有机溶剂等）的侵蚀，也能使涂漆物体表面免受机械损伤和日晒雨淋带来的腐蚀，延长使用寿命。故在机械电器、家具、建筑、石油化工管道、军事伪装等方面应用广泛。

在经过表面处理的机械零部件上，先应进行表面处理，涂上防锈漆，然后再涂涂层。

涂装质量直接影响产品质量及经济价值。要保证涂装质量，一要涂料本身质量好，二要涂装方法恰当及涂装工艺合理。要评定质量的优劣，要有准确的检测仪器和可靠的检测方法，对涂装作业的每一重要环节进行检测，以得到设计要求。

一、涂装的基本知识

钢铁除锈的方法有：手工除锈（用砂纸、刮刀、钢丝刷等）、机械除锈（用风动刷、电砂轮等）、喷射除锈（以高速砂石或铁丸冲击工件表面）、火焰除锈、化学除锈等。去除油污的方法有：有机溶剂（汽油、煤油等）除油、化学（烧碱水等）除油等。

要充分发挥涂料的防护性和装饰性，涂装前应做好工件的表面处理，使其达到平整光洁，无锈蚀、焊渣、酸碱、水分、油渍及尘土等污物。备好合适的涂料，选择合适的涂装方法，严格按照涂装操作规程进行涂装。常用的涂装方法有：刷涂、揩涂、浸涂、淋涂、滚涂、空气喷涂、无空气喷涂、静电喷涂、电泳涂装等。

刷涂是人工用刷子蘸漆刷涂工件表面的方法，具有操作方便、工具简单、节省涂料、不受场地和工件形状大小限制的特点。浸涂是用悬挂的吊钩将工件浸没在盛漆的槽中，工件取出后，让多余的漆自行滴落到漆槽中或用机械方法把余漆甩落的方法，具有省工省料、生产率高、设备与操作简单、可采用机械化或自动化连续生产的特点，适用于单一品种的大批量生产。用压缩空气气流，将涂料从喷枪嘴中喷出并成雾状，均匀涂覆于工件表面的涂装法称为空气喷涂法

（简称喷涂），具有省工省时、效率高、质量好、适应性强的特点。静电喷涂为使雾化的涂料微粒在直流高压电场中带负电荷，在静电场的作用下定向地流向带正电荷的工件表面，被中和沉积成一层均匀、附着牢固涂膜的涂装方法。

二、涂装质量检测概述

涂装质量检测包括：涂装前的检验；涂料的检验；涂装过程的检验和涂装后的检验。

涂装前应对工件表面进行处理，表面处理质量是决定涂膜寿命的关键因素。

涂料的检验主要有物理形态、涂料组成和贮存稳定性等的检测。

涂装过程的检验有：涂装作业性、涂装用漆量、涂刷性、流平性、干燥时间和打磨性。

涂装后的检验是涂膜物理机械性能（外观、颜色、光泽、硬度、弹性、冲击强度和附着力）和特殊性能（装饰性、耐候性、防湿热、防霉、防盐雾、耐热性、电绝缘性）。物理机械性能必须进行检测，特殊性能要求可由供需双方商定。

三、涂料产品及涂装的检测

（一）液态涂料的物理性能检验

1. 外观和透明度

对清漆、清油外观和透明度的检测，即是否含有机械杂质和呈现的浑浊程度。

外观的测定方法为：将待测涂料装入干燥洁净的比色管中，在(25 ±1)℃下于暗箱的透射光下观察是否含有机械杂质。

透明度将待测涂料置于干燥洁净的比色管中，在一定条件下与一系列不同浑浊程度的标准液进行比较，涂料的透明程度可直接用标准液的等级来表示。

2. 颜色

清漆、清油的检测为，将试样与铁钴比色计进行比较，以号表示。色漆的颜色检测，通常为将固化的涂膜与标准色板比较而确定。

3. 黏度和细度

理论上，黏度是流体内部阻碍其相对流动的一种特性。在测试过程中，一般采用比较简单的方法进行检测。低黏度色漆的测定方法为：在(25 ±1)℃下，用100ml的涂料，从直径为4mm孔径中流出的时间，用秒表示。

细度是检查色漆中颜料颗粒大小或分散的程度。

（二）涂料涂装性能的检验

1. 遮盖力

将色漆均匀地涂刷在1m^2物体表面上，使其底色（具有一定尺寸、黑白相间的格）不再显露的最小用漆量称为遮盖力。检测方法为：将色漆搅拌均匀，涂刷于100mm×200mm的黑白格玻璃板上，在散射光或规定的光源设备内目测至看不见黑白格为止，称其用漆量，进行计算，单位为g/m^2。

2. 涂刷性和流平性

测定涂料在使用涂刷时，便利与否的性能，与涂料的性质、黏度和溶剂的性质有关，根据涂漆面的外观及涂漆情况评定。

涂料形成平整涂膜的能力称为流平性。检测方法为将涂料喷涂或刷涂于表面平整的马口铁上，观察涂漆表面达到均匀、光滑或刷痕消失所需的时间。

3. 干燥时间和打磨性

涂膜在规定的干燥条件下,表面形成薄膜的时间,称表干时间。其全部形成固体涂膜的时间,称实际干燥时间(实干时间)。

将涂膜达到同一平滑度时打磨的难易程度称为打磨性。其检测方法为采用打磨测定仪,经一定次数打磨后,以涂膜的表面现象评定。

(三)涂膜物理机械性能的检测方法

1. 光泽

光泽是指物体表面受光照射时,光线朝一个方向反射的性能。涂膜光泽的测定通常采用固定角度的光电光泽仪。涂膜光泽在70%以上为高光泽;30% ~70%为半光;光泽在10%以下为无光。

2. 涂膜颜色及外观

用观察涂膜颜色及外观,与标准色板、标准样品进行比较而评定结果。无明显差异的为合格。色漆库存较久时,会出现其颜色与标准不符,原因为沉淀或产生化学反应。

3. 硬度和柔韧性

干燥涂膜被更坚硬的物体穿入时所表现的阻力,称为硬度。其测定方法一般采用摆杆硬度。测定时,将被测试板涂膜朝上,放在水平工作台上,然后将摆杆慢慢降落到试板上。记录摆幅从6°到3°,或12°到4°的时间(以“s”计),与在玻璃板上,同样振幅中摆动衰减的时间相比,其比值表示涂膜的硬度。

柔韧性是指涂膜经过一定的弯曲后是否容易脆裂的技术指标,也称弯曲性。其测定方法为:将涂漆马口铁板,在一定直径的轴上绕其弯曲,弯曲必须在2 ~3s内完成,用4倍放大镜观察涂膜,无裂纹为通过。轴的直径越小,柔韧性越好。

4. 冲击强度

涂膜抵抗外来冲击的能力称冲击强度,与涂膜的附着力、延伸率和静态硬度有关。此项指标对于机械产品相当重要。检测方法为:以一定质量的重锤,从一定高度落在规定厚度的涂膜上,用不引起涂膜破坏的最大质量与高度的积来表示,单位为N·m。

5. 附着力

涂膜与涂物表面相互黏结的能力称附着力,是涂膜检测最重要的指标之一。通常采用间接的检测方法检测,一般有综合测定和剥落测定。详见后述划格试验。

6. 耐磨性

涂膜耐磨损能力称为耐磨性。与涂膜的硬度、附着力有密切关系。

可采用漆膜耐磨仪检测:在一定负载下,经一定的磨转次数后,用涂膜的失重表示,单位为克(g)。

也可采用落砂试验:将一定规格的金刚砂粒,在一定高度落下时,将涂膜破坏时所需砂粒的质量的大小评定其耐磨性。

(四)特殊性能检测方法

1. 耐水性

涂膜抵抗水解的性能称为耐水性,对涂膜的保护性能有决定性的作用。耐水性差时涂膜可能失去保护作用。常用于经常接触水的机械或其零件。

2. 耐热性、耐寒性和耐温变性

涂膜对热的稳定性称为耐热性,以温度和时间表示。若耐热性不好,就极易变软、发黏、起泡、破裂、剥落等。常用于工作温度高的零部件。

涂膜受冷冻作用时的稳定性称耐寒性。常用于低温工作的零部件。

涂膜在温度急剧变化作用下的稳定性称为耐温变性。当使用或运输过程温差太大时，应进行检测。否则，涂膜将发生脆裂和脱落。

3. 耐光性和耐候性

涂膜对光（主要是紫外光）作用的稳定性称为涂料的耐光性。

暴露于大气中的涂膜，常经受阳光、风、雪、雨、温度变化和腐蚀性气体（如二氧化硫、二氧化碳）等因素的影响，涂膜对这些自然侵蚀的抵抗能力称为耐候性，也称曝晒性能或天然老化性能。通常用所达到的月数（或天数）为表示单位。

耐候性检查方法：试样固定在45°角的倾斜面上，朝南方进行室外曝晒，检查观察涂膜在多少时间发生失光、变色、粉化、裂纹、起泡、脱落等现象。

4. 防锈性和耐化学腐蚀性

防止金属生锈的能力称为防锈性。是判断防锈漆质量的重要指标。

一般包括耐酸碱、耐溶剂、耐油脂、耐化学药品等性能的能力，也是防腐蚀涂料质量的主要技术指标。

5. 耐湿热性和耐盐雾性

涂膜对湿热条件的抵抗能力称为耐湿热性。其测试方法为：相对湿度在95%以上，温度为47℃，试验时间为21d，以涂膜损坏的级别来表示。

涂膜抵抗含盐水蒸气的能力称为耐盐雾性，以级别表示。试验方法是模拟海洋大气的含盐水雾对涂膜进行腐蚀，经21d的试验，检查其抵抗能力。

除此之外，还有防霉性、绝缘性、防污性、耐高温性等指标，可根据产品使用环境及运输条件进行合理选用。

四、漆膜的划格试验

在GB/T 9286—1998《色漆和清漆　漆膜的划格试验》中规定了划格试验的方法和要求：适用于硬质底材（钢）和软质底材（木材、塑料）上的涂料，不适用于涂膜厚度大于250μm的涂层和有纹理的涂层；主要用于实验室，也适用于现场试验。可以检验漆的质量，也可检验涂膜的质量。在机械质检中应用较广。

（一）试验仪器

试验时，试验仪器有切割刀具、导向和刀刃间隔装置、软毛刷、透明的压敏胶粘带[宽25mm，黏着力(10 ± 1)N/25mm或商定]和目视放大镜（放大倍数为2～3倍）。

试验时，应确保刀具有规定的形状和刀刃情况良好。单刃刀具应优先选用，适用于硬质或软底材上各种涂料；不适用于厚涂层（>120μm）或坚硬涂层，或施涂在软底材上的各种涂层。单刃刀具的刀刃为20°～30°或其他尺寸。如图4－1。

六个切割刃的多刃刀具，刀刃间隔为1mm或2mm。如图4－2。刀具可手工操作，或安装在马达驱动的仪器上，操作程序由有关双方商定。采用单刃工具时，需要一系列导向和刀刃间隔装置。

（二）试样

试样应平整且无变形，其尺寸应能允许试验在三个不同位置上进行，此三个位置的相互间距和与试样边缘间距均不小于5mm。

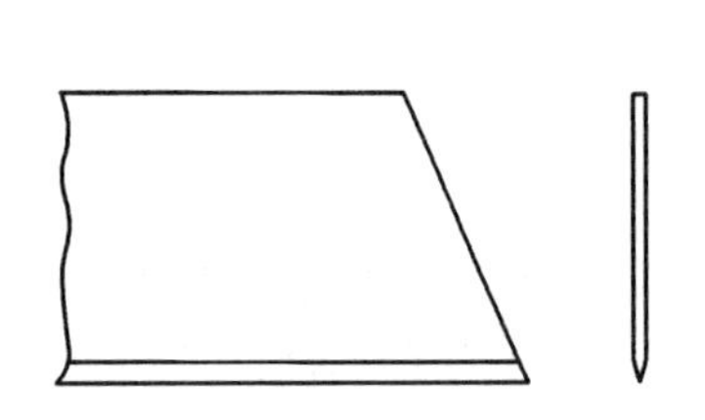

图4-1 单刃刀具

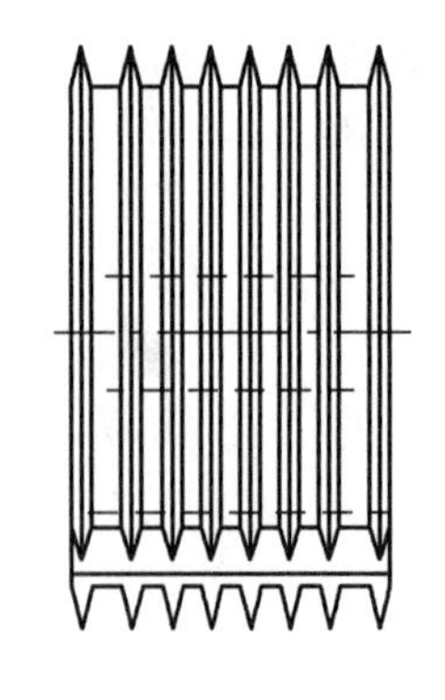

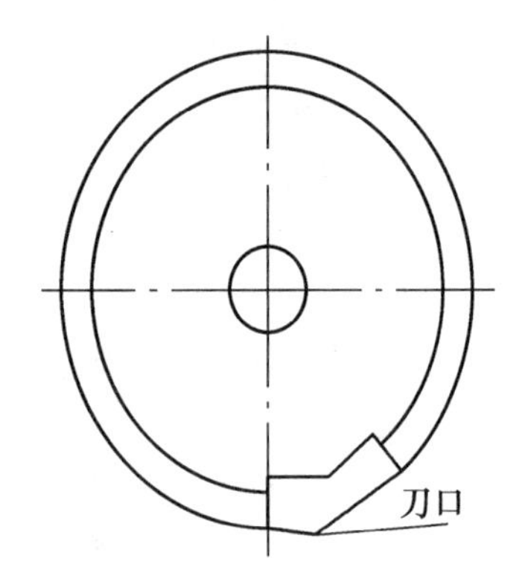

4-2 多刃刀具

试样为较软材料时，最小厚度应为10mm；为硬材料时，最小厚度应为0.25mm。试样应按GB/T 1727—1992《漆膜一般制备法》制备。

（三）操作步骤

在试样上至少进行三个不同位置的试验。若结果不一致，差值超过一个单位等级，在三个以上不同位置重复试验；或另用样板，并记下所有的试验结果。

试验前，试样在GB/T 9278—2008《涂料试样状态调节和试验的温湿度》规定条件下至少放16h，以保证涂料的干燥。标准规定：所需资料最好经有关双方商定，可部分或全部来自与试件有关的标准或其他文件；底材材料和表面处理；涂装方法，包括在多层涂层体系的情况下涂层的干燥条件和时间；涂层的干燥及放置的条件和时间；试验前，试样的调节时间（即使事先在该样板上已完成的其他试验）。

切割图形每个方向的切割数应是6。对间距的要求：各方向切割间距应相等，并取决于涂层厚度和底材的类型。见表4-1。

表4-1 切割间距的要求

涂膜厚度/μm	材料类型	切割间距/mm
0~60	硬底材	1
0~60	软底材	2
61~120	硬或软底材	2
121~250	硬或软底材	3

试验前应检查切割刀刃，通过磨刃或更换使刀片保持良好的状态。切割时，使刀垂直于试样表面并均匀施力，切割出适宜间距的平行线；重复上述操作，再作出与原切割线成90°角相交的线，形成网格图形。

软底材不施加胶粘带，而硬底材应施加。剪下长约75mm的胶粘带，中心点放在网格上方，方向与一组切割线平行，用手指把胶粘带在网格区上方部位压平，胶粘带长度至少超过网格20mm。

为确保胶粘带与涂层接触良好，用手指尖用力蹭胶粘带。应透过胶粘带看到的涂层颜色。在贴上胶粘带5min内，拿住胶粘带悬空的一端，并在尽可能接近60°的角度，在0.5~1s内平稳地撕离胶粘带,如图 4 - 3 所示。

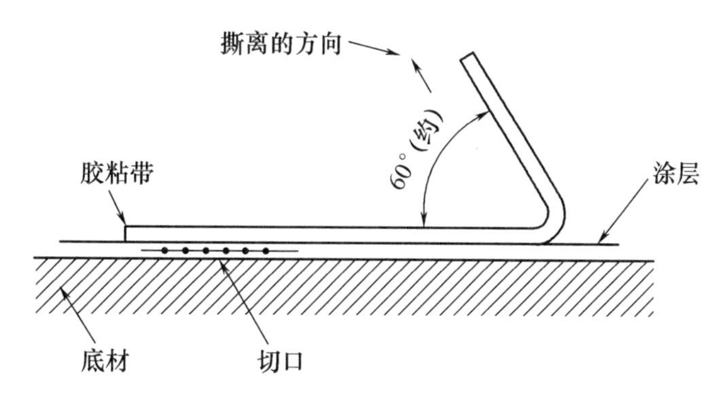

图 4 - 3 撕离胶粘带的方法

(四)试验结论

软底材在用刷扫后立即检查;硬底材在撕离胶粘带后立即检查。用正常或校正后的视力,或经双方商定,用放大镜仔细检查切割区。检查时,转动样板使试验面的观察和照明不局限在一个方向。可以类似方法检查胶粘带。按表 4 - 2 的规定进行分级。

表 4 - 2 划格试验检验结论

分级	说 明
0	切割边缘完全平滑,无一格脱落
1	切口交叉处有少许脱落,但交叉切割面积受影响不能大于 5%
2	切口交叉处和/或沿切口边缘有涂层脱落,受影响面积明显大于 5% ,但不大于 15%
3	涂层沿切割边缘部分或全部以大碎片脱落,和/或在格子不同部位上部分或全部剥落,受影响面积明显大于 15% ,但不大于 35% 。
4	涂层沿切割边缘大碎片剥落,一些方格部分或全部出现脱落。受影响面积明显大于 35% ,但不能明显大于 65%
5	剥落的程度超过 4 级

可进行分级或通过(合格)评判。对一般要求,前三级是满意的。评定通过时也采用前三级,后三级评为不通过。有多层涂层时,应报告界面间出现的脱落。

试验报告至少应包括下列内容:识别试件所有的细节;参照使用的标准编号;所用方法和仪器;实验结果,包括每次测定的结果及其平均值;与规定的测试步骤的任何差异;试验时发现的任何异常现象;试验日期。如果需要,实验报告还可包括下列信息:底材的详细情况(材料、厚度及预处理);用来涂敷底材的方法,是单一涂层还是多涂层体系;涂层干燥/固化(包括烘烤)的时间和条件,如需要,在报告中还可记录厚度测量前进行的任何陈化情况;相关表面区域、测试区域及每个测试区域进行测量的次数;平均漆膜厚度及其标准偏差、局部漆膜厚度的最小值和最大值。

可以按 GB/T 13452.2—2008《色漆和清漆 漆膜厚度的测定》的方法测量干涂层的厚度,以“μm”计。

第二节　镀层检验

金属电沉积是在外电流的作用下，电解质溶液中的金属离子迁移到阴极表面，发生还原反应并形成新相的过程。电镀是指电解质溶液为水溶液时的电沉积。

电镀有单金属电镀（可镀铬、铁、锡、铅、锌等）和复合电镀。镀锡用于电子元件的软钎焊、机械工业减摩、可磨密封、精密螺纹防松及氮化件防渗处理；镀铅用于滑动轴承的减摩组合镀层；镀锌用于汽车、轻工、仪表、机电、农机、五金、国防等行业构件的防护；镀铁常用于机械零件的修复。

一、镀层的特点

电镀得到的金属镀层，结晶细致、化学纯度高、结合力好。电镀目的为：防止腐蚀；装饰；提高表面硬度和耐磨性能；提高导电性能；提高导磁性能；提高光的反射性能；防止局部渗碳渗氮；修复尺寸等。

对镀层的要求是：与金属基体结合牢固，附着力好；镀层完整，结晶细致紧密，孔隙率小；具有良好的物理化学及机械性能；具有符合标准规定的厚度，且镀层厚度均匀。

二、镀层检验项目

镀层检验项目有：外观检验、厚度检验、结合力检验、耐腐蚀性检验、孔隙率检查、硬度检验等。

（一）外观检验

外观检验是最基本、最常用的检验，应检查颜色处理层是否均匀一致，有无不允许的缺欠，常用目测检验。外观不合格时，无需进行其他项目的检验。

一般每个零件的外观都应检验。批量大时按规定抽样，或按一定百分比抽取。在抽验的零件中，若3%不合格时应全部检验。

外观检查一般用肉眼在日光下或照度为100～200lx的灯光下进行（相当于距离750mm处的一支40W日光灯），可用放大4～5倍的放大镜进行检验。

检验内容为：外表应致密平滑均匀；允许有不明显的水迹，不均匀的颜色；不影响使用时，厚度允许大于规定；不允许有下列缺欠存在：有未镀到的地方、针孔、麻点、起泡、烧焦、镀层呈树枝状海绵状、未洗净的盐类等痕迹，零件尺寸和形状的改变，超过技术要求规定的允许误差范围。

外观检验可将工件分为合格的、有疵病的和废品。有疵病的又可分为需要退除不合格镀层重新电镀的和不需要去掉镀层补充加工的工件。有些疵病并不影响工件的使用性能。

镀件废品包括：过腐蚀的；有机械损坏的；用机械方法破坏其尺寸才能消除孔隙的铸件、焊接件；因短路过热被烧坏的零件；不允许去掉不合格镀层的工件。

（二）镀层厚度检验

镀层厚度是衡量镀层质量的重要指标，影响可靠性和使用寿命。常用物理法和化学法两类检验方法进行。化学法有：电量法（库仑法）、溶解法等；物理法有：质量法、磁性法、金相测厚法等。

1. 溶解法

工作原理：用适当的溶液浸泡工件，以除去镀层或基体物质。然后用称重法或化学分析法测定镀层质量和表面积，根据质量、密度和工件面积的关系，计算镀层的平均厚度。

适用于质量不超过200g的工件的镀层平均厚度，其精确度为±10%。当基体和镀层含有同一金属时，误差较大，不易测准。

2. 金相测厚法

工作原理为：用金相显微镜检查试样横断面，以测量镀层和化学保护层的局部厚度和平均厚度。其精确度高，重现性好，可作为镀层厚度测定的仲裁方法，一般不用于生产检验。适用于测量厚度在2μm以上的镀层和化学保护层。

使用仪器为经过校准的带有测微目镜的金相显微镜。应在工件主要表面之一处或几处切取试样，且应在易出现疵病处切割。同一位置，每次测量至少3次，计算平均值；若需测定平均厚度，则应在试样全长上测5点，取算术平均值。

3. 计时流液法

在一定速度的细流状试液的作用下，使试样的局部镀层溶解。镀层厚度可根据试样上局部镀层溶解完毕时所消耗时间来计算，如图4－4。

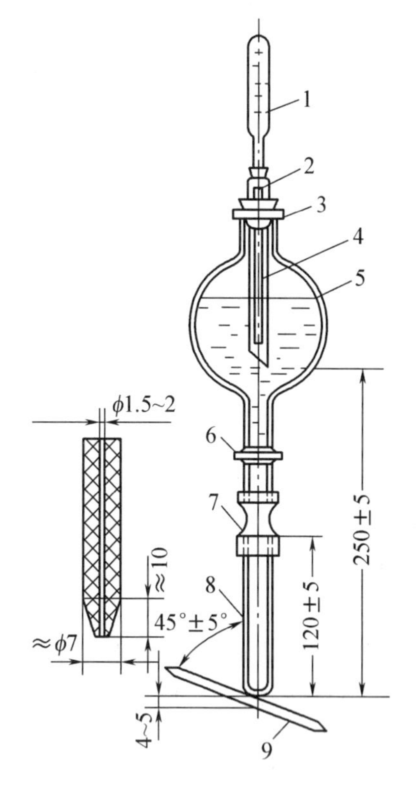

图4－4 计时液流法测厚

1—温度计；2，6—活塞；3—橡皮塞；4—玻璃管；5—分液漏斗；7—橡皮管；8—毛细管；9—试样

还可采用涡流测厚仪、磁性测厚仪、电磁式测厚仪、β射线反向散射法、X射线荧光法等检测，分别适用于铁基的非磁性镀层化学保护层和油漆层的检验。

磁性法的原理：以探头对磁性基体磁通量或互感电流为基准，利用表面的非磁性镀层（或化学保护层）的厚度不同，对探头磁通量和互感电流的线性变化值来测定镀层厚度。

涡流法的原理是：一个带有高频线圈的探头来产生高频磁场，使位于探头下方的工件内产生涡流。镀层的厚度可以直接读出。

（三）结合力检验

结合力是镀层与基体金属（或中间镀层）的结合强度，即单位表面积的镀层从基体金属上剥离所需的力。结合力不良使镀层剥落，其防护性和功能性失效。结合力不合格，则无需进行其他检验。试验方法有弯曲法、加热法、锉磨试验法等。镀层结合力是指镀层与基体金属或中间镀层的结合强度，即单位表面积的镀层从基体金属或中间镀层上剥离所需要的力。镀层结合力不好，多数原因是镀前处理不良所致。此外，镀液成分和工艺规范不当或基体金属与镀层金属的热膨胀系数悬殊，均对镀层结合力有明显影响。

GB/T 270—2005《金属基体上的金属覆盖层　电沉积和化学沉积层　附着强度试验方法评述》规定了测试方法。评定镀层与基体金属结合力的方法很多，但大多为定性方法，定量测试方法由于诸多困难，仅在试验研究中应用。通常用于车间检验的定性测量方法，是以镀层金属和基体金属的物理—力学性能的不同为基础，即当试样经受不均匀变形、热应力或外力的直接作用后，检查镀层是否有结合不良现象。具体方法可根据镀种和镀件选定。

1. 定性检测方法

(1)弯曲试验

弯曲试验是在外力作用下使试样弯曲或拐折，由于镀层与基体金属(或中间镀层)受力程度不同，两者间产生分力，当该分力大于其结合强度时，镀层即从基体(或中间镀层)上剥落。任何剥离、碎裂、片状剥落的迹象均认为是结合力不好。此法适用于薄型零件、线材、弹簧等产品的镀层结合力试验。弯曲试验通常有以下几种。

①将试样沿一直径等于试样厚度的轴，反复弯曲 180°，直至试样断裂，然后放大四倍检查弯曲部分，镀层不起皮、不脱落为合格。

②将试样固定在台钳中，反复弯曲试样，直至基体断裂，镀层不起皮、不脱落，或放大四倍检查，镀层与基体不分离均为合格。

③直径为 1mm 以下的线材，将其绕在直径为线材直径 3 倍的轴上；直径为 1mm 以上的线材，绕在直径与线材相同的金属轴上，均绕成 10 ~ 15 个紧密靠近的线圈，镀层不起皮、不脱落为合格。

(2)锉刀、划痕试验

锉刀法是将镀件夹在台钳上，用一种粗齿扁锉锉其锯断面，锉动的方向是从基体金属向镀层，锉刀与镀层表面大约成 45°角。结合力好的镀层，试验中不应出现剥离。此法不适用于很薄的镀层以及锌、镉之类的软镀层。划痕试验是用一刃口磨成 30°锐角的硬质划刀，划两条相距为 2mm 的平行线。划线时，应施以足够的压力，使划刀一次就能划破镀层达到基体金属。如果两条划线之间的镀层有任何部分脱离基体金属，则认为结合力不好。本试验的另一划法是：划边长为 1mm 的正方形格子，观察格子内的镀层是否从基体上剥落。

(3)热震试验

将受检试样在一定温度下进行加热，然后骤然冷却，便可以测定许多镀层的结合力，这是基于镀层金属与基体金属(或中间镀层)的热膨胀系数不同而发生变形差异。将试样放在炉中加热至表 4 - 3 中所规定的温度，温度误差 ±10℃，时间一般为 0.5h ~ 1h，然后放入室温水中骤冷，检查镀层是否起泡、脱落。

表 4 - 3　热震试验的温度

基体金属	镀层金属	
	铬、镍、镍 + 铬、铜和锡镍	锡
钢	300℃	150℃
锌合金	150℃	150℃
铜及铜合金	250℃	150℃
铝及铝合金	220℃	150℃

镀锌、镉层的加热试验温度为(190 ± 10)℃。

必须注意：易氧化的金属应在惰性气氛或还原气氛中加热。若带有焊缝的镀件做热震试验，其焊料熔点低于上述规定的温度时，允许相应降低加热温度，但在评定结果中应予以说明。

只有当镀层与金属基体的膨胀系数有明显的差别时，采用此方法才比较有效。

(4)胶带牵引试验

胶带牵引试验是使用压敏胶带(透明胶带或有特定粘接层的胶带)，在一个稳定的力牵引下检查镀层是否从基体金属表面上剥离。胶带检验主要用于不适合用其他会破坏底材或使底材变形才能测试镀层结合力的场合，如塑料表面或印制版表面镀层的结合力测量。

(5)摩擦抛光试验

对于相当薄的镀层可以使用该方法。其基本原理是当镀件的局部面积被摩擦抛光时，既有摩擦力的作用，也有热量的产生，可能造成镀层的表面硬化和发热。对于薄镀层，在此条件下附着强度不良的区域，覆盖层就会起泡而与基体分离。

操作方法：若镀件的形状及尺寸允许，在面积小于6cm^2的镀覆面上，以一根直径为6cm、顶端加工成平滑半球形的钢条作抛光工具，摩擦15s，所施加的压力应在每一行程中足以擦光镀层，但不削去镀层。如结合力不好，镀层会起泡，继续摩擦，泡会不断增大至破裂，直至镀层从基体上剥离。也可将试件放在一个内部装有直径为3mm钢球的滚筒或震动抛光机内，并以肥皂水溶液作润滑剂进行摩擦抛光试验。当覆盖层的附着强度非常差时会起泡。

但是，本实验方法不适用于较厚的镀层。

(6)喷丸试验

基本原理是借助重力或压缩空气流使铁丸或钢丸落在试样的表面上，由于锤击作用使镀层变形，加果镀层与基体结合力不好，镀层将会起泡。

试验方法之一是用一个长150mm、内径19mm的管子作为铁丸或钢丸(直径约为0.75mm)的储存器，并连接一个喷嘴，向该装置内通入压力为0.07MPa～0.21MPa的压缩空气，喷嘴与试样之间的距离为3mm～12mm。另一种方法是采用一种用于钢件喷丸的标准气动装置，用来评价钢铁基体上厚度为100μm～600μm银覆盖层的附着强度。

喷丸设备用普通压缩空气钢丸喷射器。钢丸平均直径为ϕ0.4mm及硬度不小于HV350的圆形钢丸，通过筛选确定尺寸大小，并且要符合表4—4给出的要求。每周至少要对钢丸的尺寸检查一次，其方法是从喷嘴中取出100g钢丸进行筛选。喷丸前，所有试样应在(190±5)℃条件下保温2h以消除应力。保护所有不需喷丸的表面。

表4-4　钢丸尺寸大小的筛选

筛孔/mm	丸的控制率/%
0.707	≤10
0.420	≥85
0.354	≥97

用非破坏性的方法(例如磁性方法)，测量镀银层的厚度。凡是镀银层厚度小于100μm或大于600μm以及最大和最小厚度之差大于125μm的试样均应舍去。标出可喷丸试样的最大厚度，并将它们分组摆放，各组间的最大厚度差是125μm或更小。

对镀银表面喷丸时，所需最小喷射强度与测得的镀层最大厚度的关系如图4-5所示。

处理每组试样前，必须在标准试样上试验调整喷丸强度。其方法是用厚度为1.6mm的碳钢片加工成标准试样：长(76±0.2)mm，宽(19±0.1)mm，厚(1.30±0.02)mm，其硬度范围是HV400～HV500。

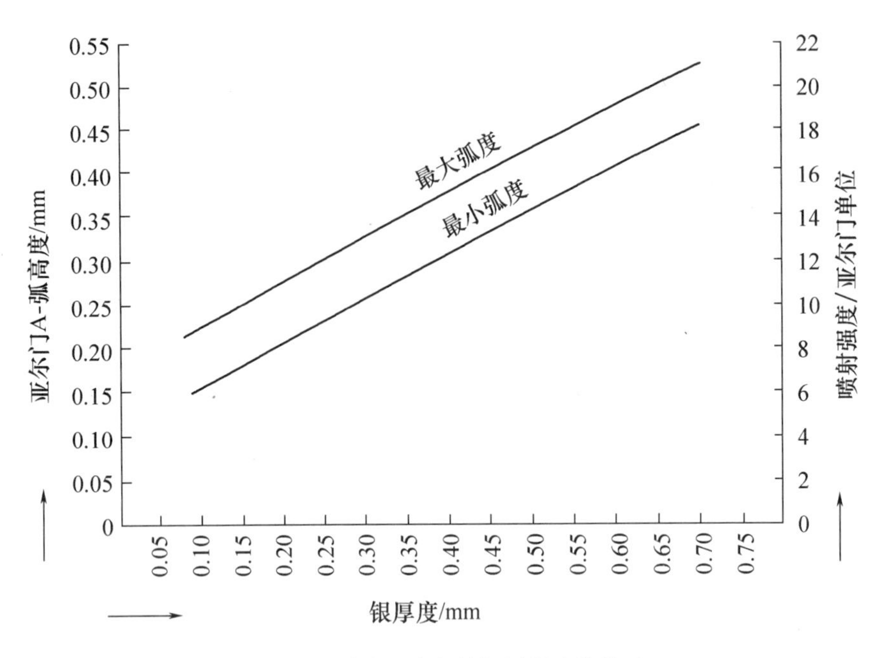

图 4－5　喷丸强度与镀银层厚度的关系

如图 4－6 所示，将试样紧固在夹具中，对暴露面喷丸。喷丸后将试样从夹具中取出，用一深度规测量喷丸表面的曲率。测量时，试样以四个直径为 5mm 的球支撑，形成一个 32mm × 16mm 的矩形。在试片上，沿着与试片的中心位置对称的一直线上，在 32mm 的长度内，以深度规测量试样中心的弧高度。弧高度值的测量精度为 25μm。按上述规定测量时，其弧高度不应超过 38μm。弧高度不合要求时。可调整喷丸条件，以便得到图 4－1 要求的弧高度。如果银镀层结合力不良，将延伸或变形，并且会起泡。

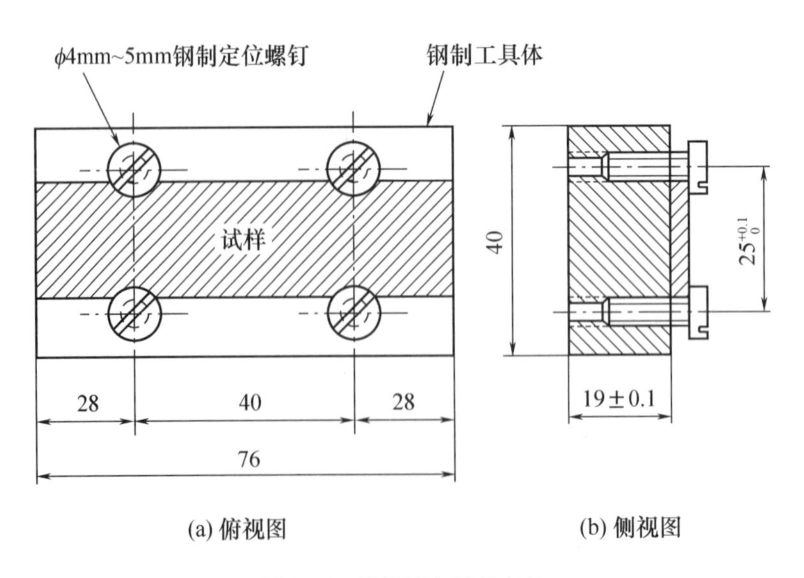

图 4－6　试样喷丸时的夹具

(7)拉伸剥离试验

①焊接拉伸剥离试验。将一根 75mm × 10mm × 0.5mm的镀锡低碳钢或镀锡黄铜试片,在距一端 10mm 处弯成直角,将较短一边的平面焊到试样镀层表面上,对长边施加一垂直于焊接面的拉力。如果覆盖层的附着强度小于焊接点的强度,覆盖层将与基体分离;若覆盖层的附着强度大于焊接点的强度,则在焊接处或在覆盖层内部发生断裂。试验方法如图 4-7 所示。

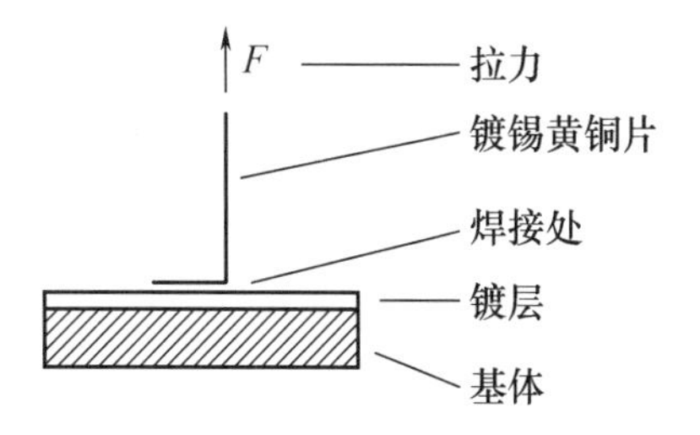

图 4-7　焊接拉伸剥离试验

该方法的缺点:在焊接过程中焊点的温度可能会改变镀层的附着强度。因此可以用有足够抗拉强度的固化合成树脂胶黏剂,代替焊接进行剥离试验。

本试验适用于检验厚度小于 125μm 的镀层。

②粘胶带拉伸剥离试验。将一种纤维粘胶带(粘胶带的附着强度值大约是每 25mm 的宽度为 8N)粘附在镀层上,用一定质量的橡皮滚筒在上面滚压,以除去粘接面内的空气泡。间隔 10s 后,用垂直于镀层的拉力使胶带剥离,若镀层无剥离现象说明结合强度好。

本试验适用于检验印制电路板中导体和触点上镀层的附着强度,试验面积至少应有 $30mm^2$。

(8)磨、锯、凿子试验

磨、锯、凿子试验是将带有镀层的试样或零件分别用磨削、钢锯或者凿子进行机械冲击,观察镀层是否出现与基体脱落、起皮等现象。

磨是用一砂轮,磨削镀件的边缘,磨削的方向是从基体至覆盖层,如果附着强度差,覆盖层会从基体上剁离。也可以用钢锯代替砂轮,但要注意对钢锯所施加的力的方向,应力图使覆盖层与基体分离。磨、锯试验对镍和铬这些较硬的金属镀层特别有效。凿子试验适用于厚的覆盖层(大于 125μm)。方法之一是将一锐利的凿子,置于镀层突出部位的背面,并给予一猛烈的锤击。如果结合强度好,即使镀层可能破裂或凿穿,镀层也不与基体分离。另一种方法是与“锯子试验”结合进行的。试验时,先垂直于覆盖层锯下一块试样,如果附着强度不好,覆盖层会剥落;如果断口处覆盖层无剥落现象,则用一锐利的凿子在断口边缘尽量撬起镀层,若镀层能够剥下相当一段,则表明镀层的附着强度差。每次试验前,凿子刃口应磨锋利。对于较薄的覆盖层可以用刀子代替凿子进行试验,并且可以用一个锤子轻轻敲击。凿子试验对于锌、镉等软金属覆盖层不太适用。

(9)缠绕试验

试验是将试样(通常为带状或线状镀件)沿一心缠绕,试验的每一部分都能标准化,包括试验带的长度和宽度、弯曲速率、弯曲动作的均匀性及缠绕试样所用圆棒的直径。试验中出现任何剥离、碎裂、片状剥落的迹象均认为是镀层附着强度不好。

试样弯曲时,覆盖层可以在试样的里侧,也可以在试样的外侧。一般只需检查试样的外侧,就可以判断镀层的覆盖强度如何。但是在有些情况下,检查试样的里侧有可能使判断更全面。

(10)深引试验

深引试验常常用来检验薄板金属镀件的附着强度,常用的方法是“埃里克森杯突试验”和“罗曼诺夫凸缘帽试验”。是用某种冲头把覆盖层和基体金属冲压成杯状和凸缘帽状。在埃里克森杯突试验中，采用了一种适当的液压装置，将一直径为 20mm 球形冲头，以 0.2mm/s ~ 6mm/s 的速度压入试样中至要求的深度，附着强度差的覆盖层只要经过几毫米的变形就会起皮或脱落。当附着强度好时，即使冲头穿透基体金属，覆盖层也不会起皮。

罗曼诺夫凸缘帽试验装置由普通压力试验机组成，并配有一套用来冲压凸缘帽的可调式模具。凸缘直径为63.5mm，帽的直径为38mm，帽的深度可在0mm ~ 12.7mm 之间调整。一般将试样试验到帽破裂时为止。深引后的未损伤部分将表明深引如何影响覆盖层的结构。

在所有情况下，都必须谨慎的处理试验结果，因为试验过程涉及覆盖层和基体金属两者的延展性。这些方法特别适用于较硬的镀层（如镀镍和镀铬）。

（11）阴极试验

把已经镀覆的试件放在溶液中作阴极，阴极上只有氢析出。通电时由于析出的氢气通过某些覆盖层扩散，并且在覆盖层和基体金属之间任何不连续的部位积累，所产生的压力将会使覆盖层起泡。试验是将试样放在 90℃ 的 5% 的氢氧化钠（$\rho = 1.054 g/mL$）溶液中，通过电流密度为 $10A/dm^2$ 的电流处理 2min，在附着强度差的地方会形成许多小泡。如果经过处理 15min 镀层仍未起泡，可以认为附着强度好。也可以用 5%（质量分数）的硫酸溶液在 60% 下，以 $10A/dm^2$ 的电流密度进行电解处理，附着强度差的镀层就会在 5min ~ 15min 内起泡。

本方法只限于用在使阴极上析出氢气能渗透的覆盖层。如镍或镍 + 铬覆盖层附着强度差时，用此试验方法比较有效，而对铅、镉、锌、锡或铜等覆盖层不太适用。

（12）拉力试验

使电镀试样在拉力试验机上承受张应力直至断裂，观察断口处镀层与基体的结合情况，必要时可用小刀剥离检查。试样的规格、尺寸和其他要求按照力学性能试验中拉力试验的试棒设计，拉力试棒应在和制件完全相同的条件下电镀后再进行结合强度试验，最好使拉力试棒的材料和热处理工艺等与镀件相同。此试验适用于镀层较厚的镀件。

2. 镀层结合强度定量检测方法

（1）胶黏剂拉伸剥离试验

试验方法原理如图 4 - 8 所示。准备两个与镀件基体相同的圆柱形试件，试件的直径 30mm 左右，长 100mm 左右，试件一端的端面一定要磨光滑平整。取其一个试件，圆柱面用绝缘漆绝缘，在光滑平整的端面电镀。镀好后用粘接强度好的环氧树脂胶黏剂与另一试件的平滑端面粘接，待胶黏剂固化好后，放在拉力试验机上进行拉伸试验。直至两个试件分开，如果是在胶黏剂与镀层处分开，说明镀层的结合强度大于胶黏剂的抗拉强度，如果在镀层和基体处分开，记录拉力值 F，镀层的结合强度可按下式计算。

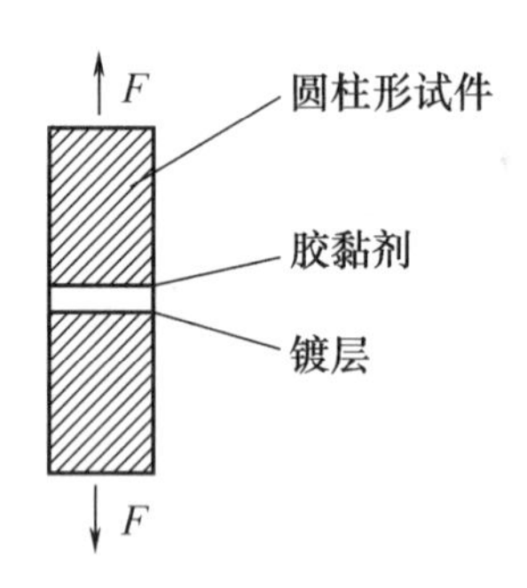

图 4 - 8　胶黏剂拉伸剥离试验

$$P = \frac{F}{S}$$

式中　P——镀层结合强度，N/mm^2；

F——镀层与基体剥离所需要的力，N；

S——镀层与基体结合的面积，mm^2。

（2）塑料基体电镀层剥离试验

一般取试样为 75mm × 100mm 的塑料板，并镀上厚度为（40 ± 4）μm 的酸性铜层。用锋利的刀子切割铜镀层至基体成25mm宽的铜条，并小心地从试样任一端剥起铜层约15mm长，然后用夹具将剥离的铜层端头夹牢，用垂直于表面90°±5°的力进行剥离如图4－9所示。

剥离速度为25mm/min，且不间断地记录剥离力，直到铜镀层与塑料分离为止。剥离强度可按下式计算。

$$F_r = 10\frac{F_p}{h}$$

式中　F_r——剥离强度，N/cm²

F_p——剥离力，N；

h——切割铜层宽度，mm。

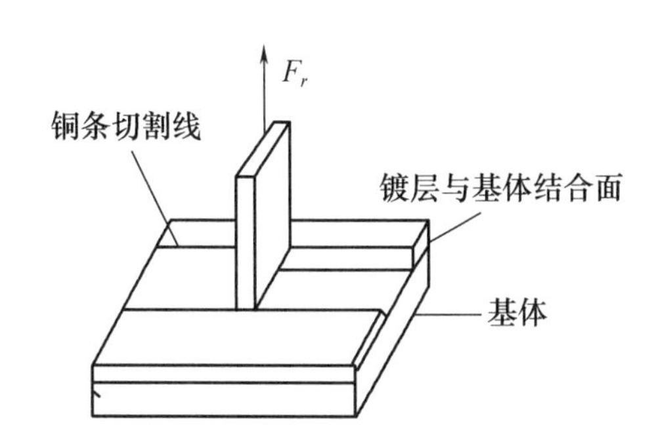

图4－9　测定塑料基体上镀层的剥离强度

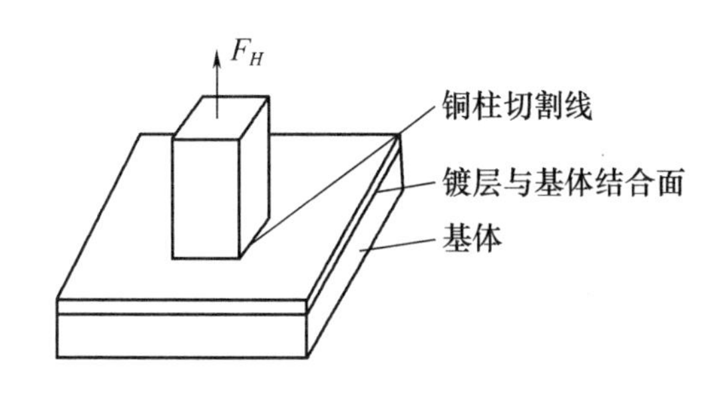

图4－10　测定塑料基体镀层拉脱强度

（3）塑料基体电镀层拉力试验

取截面积为1cm²的铜柱（或铝柱）和预制的酸性镀铜试样（镀层厚度为30μm～40μm）进行黏合如图4－10所示。在室温下加压固化24h，然后用刀子除去铜柱周围的胶黏剂，并切断四周镀层（切至塑料基体）待用。

然后将试样装在拉力机上，用垂直于镀件表面的力进行拉脱试验，直到铜层与塑料基体分离，记下拉力值即可求得塑料镀层的拉脱强度 F_H。几个试样的拉脱强度的平均值作为测定结果。

拉脱强度与剥离强度之间的关系按下式计算。

$$F_H = 5.5F_r/\delta^{\frac{2}{3}}$$

式中　F_H——拉脱强度；N/cm²；

F_r——剥离强度；N/cm²；

δ——被剥离金属层的厚度，cm。

3. 镀层强度试验方法的选择

上述不同的试验方法适用于检查不同种类金属覆盖层的附着强度，其中，大多数试验对覆盖层及试样都有破坏作用，而某些试验仅破坏覆盖层。即使试验表明覆盖层附着强度好，也不破坏试样，但仍然不能认为试样未受损伤。例如，摩擦抛光试验可能使试样变形，热震试验可能使试样的金相组织发生不能容许的变化。表4－5各种覆盖层金属所适合的附着强度试验方法。

表 4－5　各种覆盖层金属所适合的附着强度试验方法

附着强度试验方法	覆盖层金属									
	镉	铬	钢	镍	镍/铬	银	锡	锡—镍合金	锌	金
摩擦抛光	√		√	√	√	√	√	√	√	√
钢球摩擦抛光	√	√	√	√	√	√	√	√	√	√
拉伸剥离			√	√		√		√		
剥离(粘胶带)	√		√	√		√	√	√	√	√
锉刀法			√	√	√		√			
凿子法		√		√	√	√		√		
划线、划格法	√		√	√	√	√	√		√	√
弯曲、缠绕法		√	√	√	√			√		
磨、锯法		√		√	√			√		
拉力法	√		√	√	√	√		√	√	
热震法		√	√	√	√		√	√		
深引(杯突法)	√	√	√	√	√		√	√		
深引(凸缘帽)法		√	√	√	√	√		√		
喷丸法				√		√				
阴极处理法		√		√	√					
刷光法	√		√			√	√			√

注:标有"√"符号的表示覆盖层所使用的试验方法

(1)弯曲试验法

将试样沿一直径等于其厚度的轴,反复弯曲 180°,直至基体金属断裂,镀层不应起皮、脱落,或将试样沿一直径等于其厚度的轴,弯曲 180°,然后放大 4 倍检查弯曲部分,镀层不应起皮、脱落。

也可将试件夹在台钳中,反复弯曲试样,直至基体断裂,镀层不应起皮、脱落;或用放大 4 倍放大镜检查,镀层与基体之间不允许分离。

适用于薄形工件、线材、弹簧等产品。

(2)锉磨试验法

用锉刀或磨轮自基体向镀层进行锉磨,使两者界面上产生分力,当该力大于结合强度时,镀层脱落。适用于不易弯曲、绕缠,或使用中经受磨损的工件。

试验方法:在经一定时间的锉磨后,以镀层不起皮、不脱落为合格。

(3)冲击试验法

试验方法:用钝器对镀层作冲击,使试样局部表面受到变形、震动、冲击、局部发热和材料疲劳等作用。当作用力大于结合强度时,镀层便会从基体上脱落。适用于在使用过程中受冲击、震动的工件。

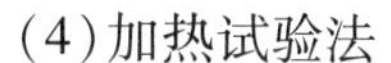

(4)加热试验法

试样在一定温度下加热,因镀层和基体金属热膨胀系数的不同而发生变形差异,电镀时渗入基体的气体在受热后逸出,当镀层与基体的作用力大于其结合强度时,镀层剥落。适用于使用环境受热或温差变化大的工件。

(四)耐腐蚀性检验

耐腐蚀性反映镀层保护基体和抵抗环境侵蚀能力的好坏,将影响工件的使用寿命。耐腐蚀性检验包括:环境试验、大气暴露试验、人工加速腐蚀试验和盐雾试验等。

1. 使用环境试验

将工件在实际使用环境的工作过程中进行观察和评定镀层的耐蚀性。

2. 大气暴露试验

把试件放置在暴露场内的试样架上,进行天然大气条件下的腐蚀试验,定期观察及测定其腐蚀过程和腐蚀速度,并进行记录,确定其防护寿命,称(室内或室外)大气暴露试验。试验结果通常作为确定镀层厚度的依据,一般用于型式试验。试验场的条件应尽可能与产品的使用条件相符。

试验时,应将试验的主要部位向上,并朝向正南方;试件应有不易消失的编号;试验前,应记录试样编号、厚度、外观、光泽等项目;开始3个月检查应频繁;拿试样时只能拿其边缘。

检测内容有:镀层和基体金属腐蚀产物的颜色和形状;腐蚀点;光泽;开裂。以上指标均可定性分析和定量分析。

按评定结果确定镀层腐蚀等级,一般分为5级,如表4-6所示。

表4-6　镀层腐蚀等级

等级	特　征
1	镀层表面无变化或仅光泽微暗
2	镀层出现腐蚀点或膜状氧化物,或光泽暗淡,但无基体金属腐蚀点
3	出现基体金属腐蚀点,但少于总面积的10%
4	基体金属腐蚀点面积小于总面积的30%,或镀层开裂程度达到同样程度
5	基体金属腐蚀点面积超过总面积的30%,或镀层开裂面积达到同样程度。达到5级时,已严重腐蚀,可终止试验

镀层在大气暴露试验中的定量评定,主要用称重方法,测量单位时间内镀层的腐蚀失重,求出腐蚀速度,从而说明镀层的变化规律。试验前需称量试样的质量,经一定时间的暴露试验后取下试样,在一定的腐蚀溶液中退除腐蚀产物,然后干燥称重进行计算。

3. 人工加速和模拟腐蚀试验

人工加速腐蚀试验是为了快速鉴定镀层的质量。腐蚀条件应能保证镀层的腐蚀特征和大气条件下的腐蚀过程相仿。

(五)镀层孔隙率检验

从镀层表面直至基体金属的大小孔道称为孔隙。所有阴极镀层只有在镀层无孔隙时才有防腐作用,故此指标极其重要。常用检测方法有涂膏法、贴滤纸法和浸渍法。

(六)硬度检验

镀层硬度是指镀层对外力所引起的局部表面形变的抵抗能力。决定于镀层金属的结晶组织,最终取决于电镀工艺条件:溶液温度、电流密度、溶液组分、pH 值及添加剂种类与浓度。常用的测量方法为显微维氏硬度、努普显微硬度等。

还有其他性能指标,如光泽度、整平性、可焊性、结构及供需双方商定的指标。

三、镀层的检验示例

在 GB/T 13912—2002《金属覆盖层　钢铁制件热浸镀锌层　技术要求和试验方法》中,规定了钢铁制件热浸镀锌层技术要求和试验方法。

(一)一般要求

需方应向供方提供必要资料为本标准的标准号;需方有特殊要求时,应提供下列资料:对热浸镀锌会产生影响的基体金属的化学成分和性能;主要表面的标定;用样品或其他方法说明产品要求的表面光滑程度;是否有特殊预处理要求;抽样方法;热浸镀锌后是否还要进行后处理或涂装等。抽样的方法见表 4－7。

表 4－7　按批的大小确定样本大小

检查批的制件数量/个	样本所需制件的最小数量/个
1～3	全部
4～500	3
501～1200	5
1201～3200	8
3201～10000	13
>10000	20

除非订货时需方提出其他要求,验收检查应在产品离开镀锌厂家之前进行。

(二)镀层要求

外观要求:目测检查工件,主要表面应平滑,无滴瘤、粗糙和锌刺,无起皮,无漏镀,无残留的溶剂渣,在有可能影响工件的使用或耐腐蚀性能的部位不应有锌瘤和锌灰。

只要镀层的厚度大于规定值,工件表面允许存在发暗或浅灰色的色彩不均匀区域。在潮湿条件下储存的镀锌工件,表面允许有白锈存在。标准中规定了厚度试验的抽样和试验方法。

(三)验收准则

按要求选取若干基本测量面,按规定方法进行试验,所测的厚度应符合标准的要求。有争议时,或供方许可切割制件做称量法试验,否则都应采用非破坏性试验。钢材厚度不同时,则每一厚度范围的制件都应视为单独的处理批次,镀层厚度应分别达到要求。若样本厚度不符合要求,则应在该批制件中双倍取样。若较大的样本通过试验则视该批制件合格;若通不过,则不符合要求的制件应报废,或经需方允许重镀。

(四)试验方法

1. 外观试验

采用校正视力在正常的阅读环境下目测检查。

2. 镀层厚度试验

试验条件在制件尺寸允许的情况下,厚度测量不应在离边缘少于 10mm 的区域、火焰切割面或边角进行。

基本测量面的数量、位置及尺寸应根据制件形状和大小确定。见标准原文 GB/T 13912—2002《金属覆盖层　钢铁制件热浸镀锌层　技术要求和试验方法》。

厚度测量有称量法、磁性法、金相显微镜法和阳极溶解库仑法。其特点为:称量法是仲裁方法,按 GB/T 13825—2008《金属覆盖层　黑色金属材料热镀锌层　单位面积质量　称量法》进行;磁性法是非破坏性试验,按 GB/T 4956—2003《磁性基本上非磁性覆盖层　覆盖层厚度测量　磁测法》进行;金相法是破坏性试验且仅代表某一点,不适用于大件或贵重件的常规检查,但可观察某点的金相,按 GB/T 6462—2005《金属和氧化物覆盖层　厚度测量　显微镜法》进行;阳极溶解库仑法是破坏性试验,按 GB/T 4955—2005《金属覆盖层　覆盖层厚度测量　阳极溶解库仑法》进行。一般采用非破坏试验方法;产生争议时,则采用称量法仲裁。

3. 附着力试验

只要附着力能满足制件在使用和一般操作条件下的要求,通常不需要测试结合力。

若需方有特殊要求,可由供需双方商定附着力的试验方法。试验应在主要表面和使用过程中对附着力有要求的表面上进行。

4. 合格证书

根据要求,供方应提供符合本标准要求的合格证书。

第三节　包装检验

包装检验的目的:防止在运输过程中,因野蛮装卸、降雨、环境潮湿等使产品损坏、绝缘电阻下降甚至引起漏电、表面生锈等现象。产品有的采用裸包装,但大多数应采用各种包装。

包装检验的内容有:防水包装、防锈包装、防潮包装检验,大型运输包装件检验。其标准为:GB/T 4857.9—2008《包装　运输包装件　喷淋试验方法》GB/T 4857.12—1992《包装运输包装件　浸水试验方法》,GB/T 4879—1999《防锈包装》、GB/T 5048—1999《防潮包装》、GB/T 5398—1999《大型运输包装件试验方法》、GB/T 7350—1999《防水包装》等。

一、防水包装试验

防水包装是为了防止机械电子产品在流通过程中因雨水侵入而影响产品质量所采取的保护措施,其他产品也可参照使用。

(一)防水包装等级

防水包装等级的选择应根据产品的性质、流通环境和可能遇到的水侵害等因素来确定。详见表 4 - 8。

表 4 - 8　防水包装等级及试验方法

类别	级别	要　求
A 类	1 级包装	按 GB/T 4857.12 做浸水试验,试验时间 60min
	2 级包装	按 GB/T 4857.12 做浸水试验,试验时间 30min
	3 级包装	按 GB/T 4857.12 做浸水试验,试验时间 5min

续表

类别	级别	要　求
B类	1级包装	按GB/T 4857.9做喷淋试验，试验时间120min
	2级包装	按GB/T 4857.9做喷淋试验，试验时间60min
	3级包装	按GB/T4857.9做喷淋试验，试验时间5min

防水包装选择原则：在储运中环境恶劣，可能遭到水害，并沉入水面以下一定时间，可选A类1级；在储运中环境恶劣，可能遭到水害，短时间沉入水面以下，可选A类2级；在储运中包装件的底部或局部可能短时间浸泡在水中，可选A类3级包装。要注意，级别的选择是根据包装件可能沉入水面的时间长短来确定的。

进行防水包装检验时，应根据可遇年降雨量及最大降雨强度来选择。台湾玉山年平均降雨量3000mm，是我国降雨量极大值；新疆托克逊年平均降雨量15mm，为我国降雨量极小值。南方要求高于北方，东方高于西方，沿海高于内地。

包装件在储运中基本露天存放，可选B类1级包装；在储运中部分时间露天存放，可选B类2级包装；在储运中可能短时间遇雨，可选B类3级包装。

(二)技术要求

应保证产品出厂一年内，不因包装不善因渗水而影响正常使用；防水包装一般用在外包装或内包装上；容器在装填产品后应封缄严密；包装箱的通风孔，应有防雨措施。

包装箱材料应具有良好的防水性能、有一定的强度、防老化、防污染、防虫咬、防疫病等性能。

(三)试验方法和要求

A类包装应按GB/T 4857.12—1992进行试验，B类应按GB/T 4857.9—2008试验。试验完毕后，外包装容器应无明显变形。箱面标志应牢固、清晰。

包装件的防水密封程度，应达到下列要求之一：包装件无渗水，漏水现象(用于要求高的产品)；包装件无明显渗水现象(用于要求较高的产品)；外包装无明显漏水现象，内包装上不应出现水渍。

二、防潮包装试验

防潮包装是为了保护机械电子产品在流通中不受潮湿大气侵害所采取的保护措施。

(一)防潮包装等级

包装等级应根据产品性质、流通环境、储运时间、包装容器等因素确定。详见表4-9。

表4-9　防潮包装等级

级别	要　求		
	防潮期限	温湿度条件	产品性质
1级包装	1~2年	温度大于30℃，相对湿度大于90%	对湿度敏感，易生锈长霉和变质的产品，以及贵重、精密的产品

续表

级别	要求		
	防潮期限	温湿度条件	产品性质
2 级包装	0.5～1 年	温度在 20～30℃之间,相对湿度在 70%～90%之间	对湿度轻度敏感的产品、较重、较精密的产品
3 级包装	0.5 年内	温度小于 20℃,相对湿度小于 70%	对湿度不敏感的产品

(二)技术要求

湿度是空气中含水量的大小,有绝对湿度和相对湿度。和降雨量一样,湿度和地理位置也有很大关系,南方高于北方,东方高于西方,夏季高于冬季。应根据地理位置和运输要求来选择防潮等级。

对防潮包装的要求:应确定防潮包装等级,并按等级进行包装;产品在包装前应是干燥和清洁的;产品有尖突部时,应采取措施,以防损坏包装;防止产品在运输中发生移动,支撑和固定应尽量放在防潮阻隔层的外部;在进行防潮包装时还有其他防护要求,应按其他包装标准的规定采取相应的措施;在防潮包装的有效期内,包装容器内空气相对湿度不得超过 60%(25℃)。

包装材料应符合标准的要求,如材料的透水蒸气性、透湿度等。所用材料应是干燥的,缓冲和衬垫材料应不吸湿的或吸湿性小。干燥剂分别装入布袋或纸袋中,放在包装容器最合适的一个或多个位置上。

(三)试验方法和要求

封口热合强度应大于 30N/5cm,试验方法见 GJB145A—93《防护包装规范》进行。

软包装的防潮包装件的密封性能试验按 GB/T 15171—1994《软包装件密封性能试验方法》进行,不得有针孔、裂口及封口开封等缺欠。

防潮包装性能试验按 GJB145A—93《防护包装规范》中的周期暴露试验进行。试后包装件内的空气相对湿度不超过 60%(25℃)。

三、防锈包装试验

防锈包装是为了防止产品金属在流通过程中发生化学变化引起锈蚀而影响质量所采用的保护措施。

防锈方法有:间接和直接防锈。间接防锈为不直接对产品的金属进行防锈处理的方法;直接防锈为将防锈物质直接涂覆在产品金属表面的方法。

影响产品锈蚀的因素很多,如钢铁中其他化学元素的含量、空气的腐蚀性组分如酸、碱、盐的影响(大海边 500m 内的大气具有较强腐蚀性)、手上的汗水等均可能引起工件腐蚀。

1. 防锈包装等级

防锈等级应根据产品的抗锈蚀能力、流通环境、包装容器的结构、包装材料的一般性能来确定。详见表 4－10。

表 4-10 防锈包装等级

级别	防锈期限	要 求
1 级包装	3~5 年内	水蒸气很难透入，透入的微量水蒸气被干燥剂吸收。经防锈包装的清洗、干燥后，产品表面完全无油污、水痕
2 级包装	2~3 年内	仅少量水蒸气可透入。经防锈包装的清洗、干燥后，产品表面完全无油污、汗迹和水痕
3 级包装	2 年内	有部分水蒸气可透入。经防锈包装的清洗、干燥后，产品表面无污物及油痕

2. 技术要求

应确保在期限内产品不产生锈蚀；防锈包装操作过程应连续，若中断时应采取暂时性的防锈处理；包装时应防止汗水等有机污染物对产品造成影响；应在接近室温时进行防锈处理。包装操作应在清洁、干燥、温差变化小的环境中进行。

间接防锈可采用下列材料：干燥剂或气相缓蚀剂；直接防锈可采用防锈油、防锈脂、防锈纸、防锈剂等。包装材料应符合标准的要求。

3. 包装方法

包装方法应根据下列条件确定：产品的特征与表面加工的程度；运输与贮存的期限；运输与贮存的环境条件、包装件所承受的载荷程度；防锈包装等级。

4. 试验要求

防锈包装试验按 GB/T 4879—1999《防锈包装》试验方法进行。周期暴露试验完成后，启封检查内装产品和所选材料有无锈蚀、老化、破裂或其他异常变化。

四、大型运输包装件试验

产品外形尺寸较大时，应视为大型运输包装件。大型运输包装件试验时，应在标准中规定的试验方法中，选择一些试验内容；而非全部项目，以降低成本。

(一)试验原理

试验采用环境模拟方式，重现包装件在流通时因跌落、堆码、起吊等引起的危害。方法为用起重机等对包装件实际起吊，观察包装是否有损坏。

(二)试验设备

可采用起重机等设备，应保证工作正常，操作灵敏。起升用钢丝绳应经常检查，能保证不会在试验时断裂。

(三)试验方法

主要有跌落试验、堆码试验和起吊试验。跌落试验可分为面跌落试验、棱跌落试验和角跌落试验。

1. 跌落试验

面跌落试验为将样品按预定状态放在规定的冲击台面上，用起重机将其提到预定高度，使其自由落下产生冲击。如图 4-11 所示。

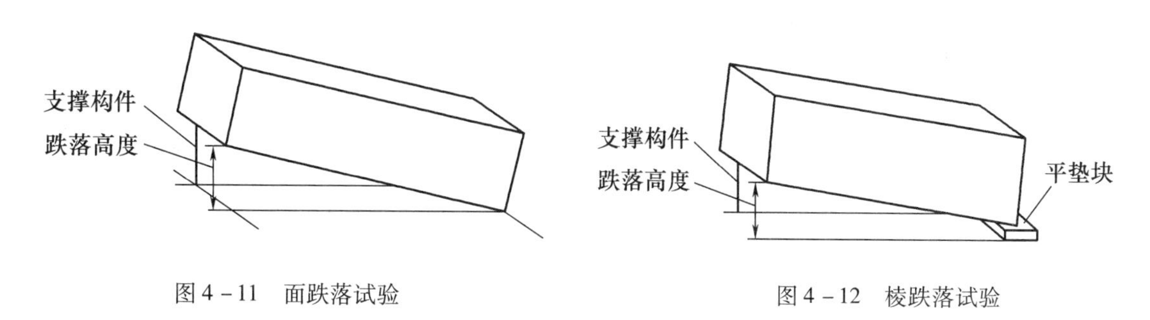

图 4－11　面跌落试验　　　　图 4－12　棱跌落试验

棱跌落试验为将样品按规定状态放在冲击台面上，提起一端至垫木或其他支撑物上，再提起另一端至规定高度后，使样品自由落下。垫木和样品长度方向垂直，跌落时两端面间无支撑，在提起另一端准备跌落试验时，不应使样品在垫起处产生滑动。如图 4－12 所示。

角跌落试验为样品一端垫起，将高 100～250mm 的垫块放在已被垫起一端的一角下面，再将该角相对的底角提起到预定高度，使样品自由落下产生冲击。如图 4－13 所示。

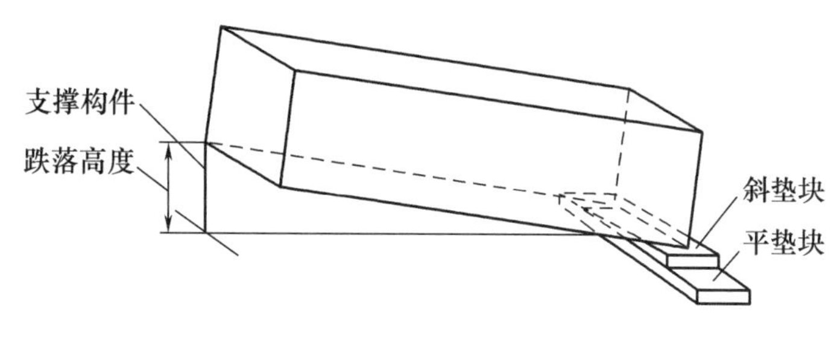

图 4－13　角跌落试验

2. 堆码试验

目的是考核包装件顶、侧面承载能力，分为顶面承载试验和侧面承载试验。

顶面承载试验是：将底面尺寸为 250mm×250mm 的重物放置在样品顶部，施加预定的均布载荷，载荷误差应不大于预定值的 2%，重物位置应在顶面的侧边和端边以内。

3. 起吊试验

用起重机对样品进行起吊，当包装件质量不大于 10t 时，起升速度为 18m/min；质量大于 10t 时，起升速度为 9m/min。可用传感器或传统测量方法对起升速度进行检测。

将钢丝绳置于样品底面的预定起吊位置（此位置应明确标示在包装上）。钢丝绳与样品顶面之间的夹角为 45°～50°。用起吊装置以上述速度提升至一定高度后（约 1.0～1.5m），以紧急起升和制动的方式反复上升、下降和左右（旋转）5min，再以上述速度下降至地面。此项试验应重复 3～5 次。

4. 倾翻试验与滚动试验

分别按 GB/T 4857.14—1999《包装　运输包装件　倾翻试验方法》和 GB/T 4857.6—1992《包装　运输包装件　滚动试验方法》。

5. 喷淋试验

按 GB/T 4857.9—2008《包装　运输包装件基本试验　第 9 部分：喷淋试验法》进行试验。

（四）试验报告内容

试验报告应包括下列内容：内装物的名称、尺寸、数量、性能等，若内装模拟物时应加以说明;样品的数量;包装容器的名称、尺寸、结构和材料规格;附件、缓冲衬垫、支撑物、封口、捆扎状态及其他措施;样品与内装物的质量;预处理时的温度、相对湿度和时间;试验场地的温度和相对湿度;试验所用设备、仪器类型;试验样品的预定状态(如跌落高度、重物质量等);试验样品、试验顺序与试验次数;记录试验结果,并提出分析报告;说明试验方法与本标准的差异;试验日期、试验人员签字、试验单位盖章等。

复习思考题

1. 常用的涂装方法有哪些?
2. 液态涂料的物理性能检验有哪几项?
3. 涂料涂装性能的检验有哪几项?
4. 涂膜物理机械性能的检测项目有哪些? 如何检测?
5. 涂膜特殊性能检测方有哪些项目?
6. 如何进行漆膜划格试验?
7. 镀层检验包括哪些项目? 每一项目如何检验?
8. 包装检验的内容有哪些内容?
9. 如何进行包装防水、防潮、跌落试验?

第五章　产品质量感官检验

感官检验是由人体各种感觉器官(眼、耳、舌、鼻、手等)对产品进行检查并评价产品的感官特性,例如:色、香、味、外观、手感等。这是一种传统的,应用普遍的产品评价方法。图5-1是感官检验流程图。被评价产品首先对人产生刺激作用,然后通过人的感觉器官传入人的大脑,经大脑的分析判断后再成为知觉,最后通过感官量,如语言或文字表达出检验结果。

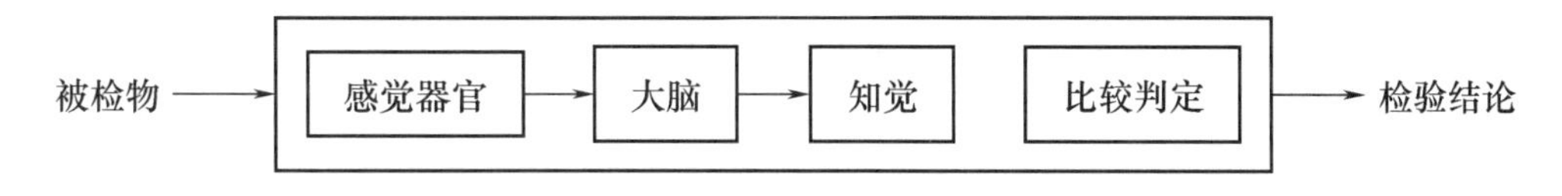

图5-1　感官检验流程图

感官检验适用的领域十分广泛。机械零件的缺陷、电镀产品的颜色或光滑度、轿车的乘座舒适性、彩色电视机的图像清晰度、组合音响的音质、笔的书写流利性、纺织品的手感、啤酒的口感、食品的风味等,几乎各行各业均在不同程度地应用感官检验。

现代感官检验方法是运用心理学、生理学、统计学和计算机等先进手段的一种综合技术,收集和分析感官评价数据,优化检验环境,将不易确定的产品感官指标客观化、定量化,从而使感官评价结果更具可靠性和可比性。

第一节　感官检验的类型和特点

一、感官检验的主要类型

根据检验对象和人感受刺激的方式不同,感官检验分为:嗜好型和分析型。

(一)嗜好型感官检验

通过感官检验来了解或反映人们对产品的喜好程度的检验,称之为嗜好型检验。例如,某公司欲收集一种新配料食品的市场反映,可把该食品交给消费者品尝。又如,电风扇厂向广大消费者调查喜欢某产品中的哪种型式和颜色。嗜好因人而异,各有所好,难以制定统一的标准。

(二)分析型感官检验

通过人的感觉器官来分析和判断产品的质量特性的检验,称之为分析型感官检验。例如,在火车运行的间隙,检验员用手触摸轮轴的端部,通过手的感觉,判断轴承的大致工作温度;用小锤敲击车厢下的弹簧等,听声音判断是否有破裂损坏;对照表面粗糙度样块判断产品表面粗糙度等级等,均属分析型感官检验。分析型感官检验有的采用标准样品作为比较和判断的基准,但判断的准确性与检验员的实践经验相关。

二、感官检验的主要特点

感官检验与产品质量的其他检验方法相比较,有下列主要特点。

(一)感官检验简便、快捷、费用低廉

感官检验仅靠人自身的感觉器官或借助简单的辅助工具,无需花费较大的投资购买仪器设备。虽然有些用感官检验的质量特性也可以用仪器测定,但不如感官检验迅速、简便。例如,机械零件表面镀层的缺陷或锈蚀,用目力观察比用仪器测定简单方便。

(二)感官检验具有较强的适用性和灵活性

随着科学技术的发展,越来越多的感官特性可以用新开发出的仪器来测定,但有时其结论不一定比感官判断正确。如食品的色、香、味,乐器的音质等,目前仍然依靠感官检验。此外,感官检验不受时间和环境条件的限制,不需要很多的辅助条件。

(三)嗜好型感官检验很难用仪器取代

嗜好型感官检验是对人们嗜好程度的调查,目前尚无仪器设备可以测定。实施嗜好型检验,可进行消费者爱好试验或敏感性试验。试验是建立在"消费者是对的"这一前提的,这包括以下三方面含义。

(1)就消费者能感受到并表示乐于接受的产品的质量,就认定消费者是对的。对于这类产品,制造者应采取措施使消费者满意。

(2)对消费者不能感受的某种质量特性,消费者也是对的。制造者没有必要增加开支来增加这一消费者无法感受到的质量特性。

(3)对于某一质量特性,消费者只在一定程度上有敏感,而超过这种程度就不敏感,那么制造者应采取措施使这一质量特性达到这种程度,而不必超越之。

(四)影响感官检验结果的因素

感官检验与人的因素即年龄、性别、受教育状况、业务范围以及社会责任感等有关。此外,检验者的疲劳程度和精神状态也影响感官检验的结果。

第二节 感官检验基础

一、感官检验基本术语

1. 感官特性

由感觉器官感知的产品特性,如耳朵听到电机的声音,眼睛看到产品外形的协调性,舌头尝到食品的味道,手感觉到纺织品的柔软性等。

2. 评价员

指参加感官分析的人员,分为"评价员"、"优选评价员"或"专家评价员"。"评价员"可以是尚不完全符合选择标准或未经过培训的"准评价员",或者是已经参加过一些感官检验的人员(初级评价员)。"优选评价员"是经过挑选和参加过特定感官检验培训的评价员。"专家评价员"是指那些经过挑选并参加过多种感官分析方法培训以及在评价工作中感觉敏锐的评价员。

3. 敏感性

感觉器官感受、识别或区别一种或多种刺激的能力。

4. 感官疲劳

因检验工作频繁劳累而感官敏感性降低。

5. 成对比较检验

为了在某些规定的特性基础上进行比较，提供成对样品进行比较并按照给定标准确定差异的一种差别检验方法。

6. 差别检验

差别检验是对比较的产品总体感官差异或特定感官性质差异进行评价和分析，用于确定两种产品之间是否存在感官差别。

7. 三点检验

同时提供 3 个已编码的样品，其中有 2 个是相同的，要求评价员挑出不同的单个样品的一种差别检验。

8. 二—三点检验

首先提供参比样，接着提供 2 个样品，其中一个与参比样相同，要求评价员识别出此样品的一种差别检验。

9. “五中取二”检验

5 个已编码的样品，其中有 2 个是一种类型，3 种是另一个类型。要求评价员将样品分成两组的一种差别检验。

10. “A”或“非 A”检验

在评价员学会识别样品“A”，将一系列可能是“A”或“非 A”的样品提供给他们，要求评价员指出每一个样品是“A”还是“非 A”的一种差别检验。

11. 简单描述检验

获得样品整体特征中单个特性的定性描述的检验。这些指标构成了样品的完整特性。

12. 独立评价

在没有直接比较的情况下，评价某种感官刺激。

13. 比较评价

对同时出现的样品进行比较。

二、感官检验的一般要求

为了有效地实施感官检验，保证检验结果的准确可靠，就必须优化感官检验的内部条件和外部条件。所谓内部条件，是指检验员（或评价员）自身的条件。所谓外部条件，是指检验工作的物理条件，包括温度、湿度、噪声、振动等环境因素和被检样品的抽取及制备。

（一）评价员的基本要求

感官检验员可分为实验室感官分析评价员和消费者偏爱检验评价员。前者需要专门的选择与培训，后者要求有代表性。

1. 评价员的基本要求

（1）身体健康，感觉器官不能有缺陷。

（2）各评价员之间及评价员本人要有一致的和正常的敏感性。

（3）有从事感官检验的热情和事业心。

（4）具有被检产品的专业知识并对所检验的产品无偏见。

（5）个人卫生条件好。

2. 评价员的选择与培训

在感官检验中，人是起主导作用的因素。评价员的选择与培训必须与实际检验目的紧密结合。在挑选时，应考察候选人的固有感觉能力和判断能力。例如，在颜色分级判别中，色盲和色无知者的固有感觉能力为零。人们的固有感觉能力差异可通过测检其视觉、味觉、手感敏锐性等来发现。对具备固有感觉能力者，为适应检验工作的需要，还需进行必要的培训。

在对评价员进行资格甄别时，一般测试以下内容。

(1)敏感性——察觉出所要研究的刺激能力。例如，从汽车发动机的声音判断其工作状态。

(2)一致性——在重复测验中再现原有结果的能力。例如，将同 1 瓶白酒分装 3 杯，依次给同一评价员品尝，是否能判断这 3 杯酒同属一种白酒。

3. 评价员的数量

评价员的数量视检验要求的准确性、检验方法和评价员水平等因素而定，一般地，要求评价的准确性高、评价方法功效差，或评价员的水平低，则需要的评价员数量就较多。GB/T 10220—2012《感官分析　方法学　总论》、GB/T 17321—2012《感官分析方法　二－三点检验》、GB/T 12310—2012《感官分析方法　成对比较检验》、GB/T 12311—2012《感官分析方法　三点检验》、GB/T 16291. 1—2012《感官分析　选拔、培训与管理评价员一般导则　第 1 部分：优选评价员》、GB/T 16291. 2—2010《感官分析　选拔、培训和管理评价员一般导则　第 2 部分：专家评价员》、GB/T 12315—2008《感官分析　方法学　排序法》等。

不同检验方法对评价员的要求、应用以及检验步骤、结果解释均做出了规定。

(二)检验的工作环境

感官检验应在专门的检验室内进行，给评价员提供一个不受干扰的工作环境。检验室应与样品制备室分开。保持一定的温度和湿度。避免无关的气味污染检验环境。限制音响，特别是尽量避免使评价员分心的谈话和其他干扰。检验室空间不宜太小。应控制光的强度的色调。例如，GB/T 18797—2012 规定出口茶叶感官审评室应配备温度计、湿度计，空调机、去湿及通风装置，使室内温度得以控制。因此，一般设在地势干燥，北向空旷，周围无公害污染的发静场所。室内要求干燥、整洁、空气新鲜、无异味、室温保持 15～27℃左右，室内相对湿度不高于 70%，严禁与办公室混用。评茶室的面积依评茶人数和日常工作量而定，但最小不得小于 $15m^2$。

实践证明，检验员在较好的条件下工作，可减少无关变量的影响，减少样品数量、提高检验的效率和准确性。

(三)被检样品的抽取与制备

1. 抽取原则

必须使被抽检的样品具有代表性，以保证抽样结果的合理性。一般应按有关抽样标准抽样，如按 GB/T 2828. 1—2012 和 GB/T 2829—2002 进行计数抽样。在无标准的情况下，由有关各方面协商决定。例如，QJ 452—88 规定锌镀层外观检查，当批量大于 90 件时，应按 GB/T 2828. 1—2012 的一般检查水平、合格质量水平 1. 5% 做一次抽样。对于关键件、重要件、大型件及批量小于 90 件的一般件，就要 100% 地检查外观，剔除不合格品。

抽样方案确定后，按随机性原则取样，如简单随机抽样、分层抽样、整群抽样等。

2. 样品制备

样品的制备方法与该产品正常生产完全一致。例如，正常产品外表采用刷漆的，检验样品就不应该喷漆。正常产品的电镀工艺为先铜后铬，检验样品不允许先铜再镀镍，最后镀铬的工艺等。

样品制备好以后，应采用多位数编码，并随机地分发给评价员，以免因样品分发次序的不同而影响评价员的判断。

为防止产生感官疲劳，一次评价样品的数目不宜过多，具体数目取决于检验的性质及样品的类型。评价样品时还要有一定的时间间隔，应根据具体情况选择适宜的检验时间，一般选择下午3点钟以后，因这时评价员的敏感性较高，较易做出判断。

同时，要求取样和制样的专用工具或容器必须清洁、干燥、无锈、无气味。

三、感官检验标准体系

感官检验标准可分为以下两类。

(1)基础性、通用性标准：包括术语标准、方法标准、评价员的培训标准和一般条件标准等。

(2)与某类某产品直接相关的感官分析标准：例如，出口茶叶品质感官审评方法、啤酒的感官评价方法等，规定其具体产品感官特性的具体评价方法。

我国感官分析标准化工作，由国家质检总局与农业部共同主管。

第三节　感官检验方法及其应用

感官检验不仅适用于产品的质量检验，还可用于产品的质量控制、市场调查、新产品的研制等方面。根据不同的产品和不同的感官质量特性，选择相应的检验方法，是提高感官检验准确性和可靠性的重要保证。

一、感官检验方法的分类与选择

常用的感官检验方法可分为以下三类。

(一)差别检验

区别两种和多种同类产品之间是否存在显著的差异，这些差别可能来自原材料、加工方法、贮运等环节。根据差别检验在实施过程中的不同特点，又可分为成对比较检验、三点检验、二－三点检验、五中取二检验和“A”或“非A”检验5种方法，见表5－1差别检验方法及应用。

表5－1　差别检验方法及应用

方法	做法	特点	应用	评价员
成对比较检验	以确定的随机的顺序向评价员提供一对或多对样品(其中一个样品可作为参照物)，要求评价员回答：两个样品中哪一个更“……”或两个样品中更喜欢哪一个？	简单且不易产生感官疲劳；当检验样品增多时要求比较样品的数量很大，甚至无法一一比较	确定2种样品之间是否存在某种差别，方向如何；确定2种样品中更偏爱那一种；培训和选择评价员	7个以上专家；或20个以上优选评价员；或30个初级评价员

续表

方法	做法	特点	应用	评价员
三点检验	同时向评价员提供一组3个已编码的样品,其中2个是完全相同的,要求评价员挑出其中单个的样品	评价大量样品时,经济性能差;评价风味强烈的样品时,比成对比较检验更易受感官疲劳的影响;很难保证2个样品检验效果完全一样	由于鉴别样品间的细微差别;当能参加检验的评价员数量不多时;培训或选择评价员或检查评价员的能力	6个以上专家;或15个以上优选评价员或25个以上初级评价员
二-三检验	首先向评价员提供一个被识别了的对照样品,接着提供已编码的2个样品,其中之一与对照样品相同,要求评价员识别出这一样品	对于有厚味的样品检验效果不如成对比较检验	用于确定备件样品与对照样品之间是否存在感官差别,尤其适用于评价员很熟悉的对照样品的情况	20个以上的初级评价员
五中取二检验	向评价员提供一组5个已编码的样品,其中2个是一种类型,另外3个是另一种类型,要求评价员将样品按类型分成两组	确定差别比其他检验方法经济性好;比三点检验更易受感官疲劳和记忆力的影响	当仅可以找到少量的(如10个)优选评价员时。多用于视觉、听觉和触觉检验	10个以上优选评价员
"A"与非"A"检验	首先向评价员反复提供样品"A"直到评价员可以识别它为止。然后每次随机提供一个可能是"A"或非"A"的样品,要求评价员辨别	一次评价的样品过多时,易产生感官疲劳	特别适用于评价具有不同外观或厚味的样品。尤其适合无法取得完全相同的样品的差别检验。也适用于敏感性检验	7个以上专家;或20个以上优选评价员;或30个初级评价员

(二)标度和类别检验

用于估计差别的顺序和大小,或者样品应归属的类别或等级。在已确定存在差异的前提下,进一步描述差异的程度。检验方法又可分为排序、分类、评估、评分和比较5种类型。其中评分法、排序法和比较法广泛应用于机电产品和日用工业品的外观检验。

1. 评分法

对受检产品,评价员根据自己对产品特性的感觉,给每一个产品相应的质量分数,称为感官检验的评分法。评分法可用于评价一种或多种质量指标。

用评分法检验产品时,可采取直接评定和记分方法。若直接记分有困难时,可采用如图5-2所示的比例尺办法。

一般地,评分法所需要的评价员数中,至少要有1个以上专家,或5个以上优选评价员或20个以上初级评价员。

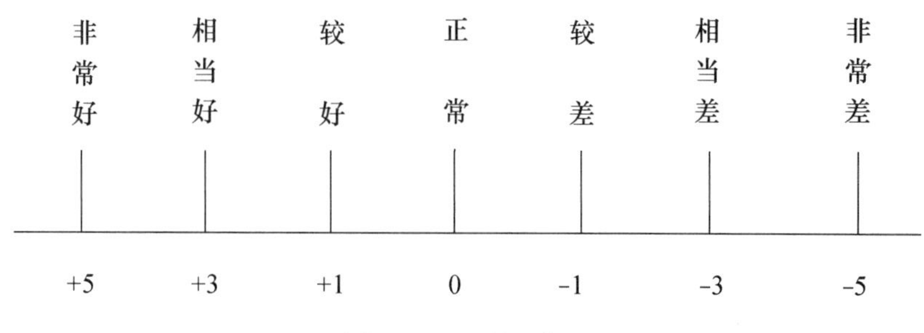

图 5－2　比例尺办法

2. 排序法

将产品按其质量的优劣排列顺序的方法称为感官检验排序法。

排序法用于精确评价之前,筛选被检样品,或选购产品以及确定偏爱的顺序。检验前,评价员应对评价指标和准则有一致的理解。检验中,每个评价员根据抽签,按编码检验样品,依质量优劣给出一个初步的产品顺序,然后重新检验样品,并调整顺序。

采用排序法所需要的评价员数,或为 2 个以上的专家,或 5 个以上优选评价员或 10 个以上初级评价员。若由消费者检验,则需要 100 名以上的评价员。

3. 比较法

将受检样品与标准样品比较,确定出被检样品的优劣,合格或不合格。例如,考察彩色电视机画面的清晰度,将被检电视机与"标准"电视机调至同一频道,且对比度、亮度、色彩等调至同一水平,这时,评价员通过观看画面,便可确定其清晰度的优劣。

(三)分析或描述性检验

用于识别存在于某样品中的特殊感官指标。对一个或多个样品,同时定性和定量地表示一个或多个感官指标时所采用的检验方法。描述性检验可分为简单描述和定量描述两种。

1. 简单描述检验

这种检验适用于一个或多个样品,识别和描述某一特殊样品或许多样品的特殊指标。当有多个样品时,样品的分发顺序可能对检验结果产生某种影响。因此,使用不同的样品顺序,重复检验,可估计出其影响的大小。简单描述检验一般需要 5 个以上的专家。

2. 定量描述检验

对被检样品的各种特性预先进行一组试验,以便确定其重要的感官特性,然后由评价员判断试样中是否存在各种可疑的质量特性及其优劣。这类检验用于新产品研制、确定产品间差别或质量控制,提供与仪器检验数据相对比的感官数据等。实施这种方法需 5 个以上经过特殊培训的优选评价员。

二、工业品外观质量检验

产品的外观质量是感官质量的一个重要方面。外观质量一般是指产品的造型、色调、光泽、图案等凭视觉观测的质量要素。显然,所有碰伤、擦伤、压痕、划痕、锈迹、发霉、气泡、针孔、麻点、表面裂纹、起层、折皱等缺陷都将对产品的外观质量产生影响。此外,不少外观性产品质量要素还直接对产品性能、寿命等方面造成影响。如表面光洁的产品的防锈能力较强,摩擦系数较小,耐磨性较好,能耗较低。

产品外观质量的评价具有一定的主观性,为了尽可能做出客观的判断,在工业品质量检验中,常采用以下检验法。

(一)标准样品组法

预先分别选定合格与不合格的样品作为标准样品,其中不合格样品分别有严重程度不同的各种缺陷。

标准样品可由许多检验员(评价员)反复观察,并统计观察结果。在分析统计结果后,能知道哪些缺陷类别规定不当;哪些检验员对标准理解不深;哪些检验员缺乏所需要的训练和辨别能力等。

(二)照片观察法

通过摄影,用照片表示出合格的外观和允许的疵病极限,还可用各种不允许缺陷的典型照片作为对比检验。

(三)疵病放大法

使用放大镜或投影仪,将产品表面放大后,寻找被观察表面的疵病,以便较准确地判断疵病性质及其严重程度。

(四)消失距离法

到产品使用现场,考察新产品的使用条件,观察产品的使用状况。然后模拟产品的实际使用条件,规定相应的时间、观察距离和角度可作为检验时的观察条件,如规定某产品的外观缺陷,只要在3s内,距离1m的地方看不见,就判为合格品,否则就是不合格品。此方法比按各种外观缺陷类型,各种严重程度逐项制定标准,逐项进行检验要方便且适用得多。

例:零(部)件镀锌层外观质量检验

1.外观质量要求

镀锌层外观质量包括颜色、均匀性、允许缺陷和不允许缺陷4个方面。

(1)颜色

如:镀锌层应为略带米黄的浅灰色。镀锌层经出光后为有一定光泽略带浅蓝的银白色。镀锌层经磷酸盐处理后,应为浅灰色到银灰色。

(2)均匀性

镀锌层为结晶细致、均匀、连续的表面。

(3)允许缺陷

如:轻微的水迹。零件非重要表面上轻微的夹具印。在同一零件上有颜色和光泽的微小差异等。

(4)不允许缺陷

如:镀层起泡、剥落、烧焦、结瘤和麻点。树枝状、海绵状和条纹状镀层。零件基体金属过腐蚀、碰伤和变形。未洗净的盐迹等。

2.外观检验抽样

对于重要件、关键件、大型件和批量小于90件的普通件,应100%地检验外观,剔除不合格品。对于批量大于90件的普通件,应采取抽样检验,一般取样水平Ⅱ,合格质量水平1.5%,按规定的正常检查一次抽样方案进行检查。当发现不合格批时,允许将该批100%地检查,剔除不合格品,重新提交检查。

3.外观检查方法与质量评价

外观检验以目视法为主,必要时,可用3~5倍放大镜检查,检查时,采用天然散射光或无反射光的白色透射光,光照度不低于300lx,零件与人眼的距离为250mm。

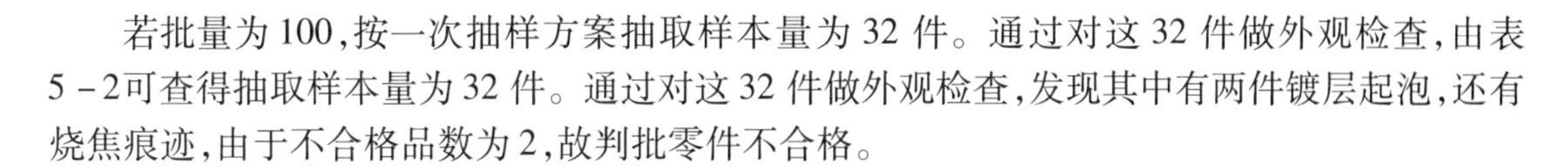

若批量为100，按一次抽样方案抽取样本量为32件。通过对这32件做外观检查，由表5－2可查得抽取样本量为32件。通过对这32件做外观检查，发现其中有两件镀层起泡，还有烧焦痕迹，由于不合格品数为2，故判批零件不合格。

三、差别检验的结果分析

差别检验方法是用来确定两种受检样品A和B之间是否存在着可由感官觉察的差别或是否偏爱其中某一个。

差别检验结果的分析主要运用二项分布的参数假设检验。

（一）成对比较检验

这种分析仅适用于由从A中取出的一个样品与从B中取出的一个样品组成的成对样品AB或BA（不是AA或BB）的检验。

原假设H_0：两种样品的无显著性差别，因而无法根据样品的特性或偏爱程度区别两种样品，每个评价员对两个样品差别判断的概率是相等的，即$p_A = p_B = 1/2$。

双侧检验的备择假设H_1，两种样品有显著差别，因而可区别两种样品。亦即，每个评价员做出样品A比样品B的特性强度大或B比A的特性强度大（或被偏爱）判断的概率是不等的，$p_A \neq p_B$（$p_A < p_B$，$p_A > p_B$）。

表5－2为二项分布显著性表。若对某一种样品（如A或B样品）表示偏爱的人数大于表中第二列的数值，则在$\alpha = 5\%$的显著水平上拒绝原假设，接受备择假设。从而得出结论：两种样品之间有显著性差别。若对样品A投票的人数多，则说明样品A的某种指标强度大于样品B的同种指标强度（或被明显偏爱）。

表5－2　二项分布显著性表

平价员数/人	成对比较检验（双边）/人	三点检验/人	二－三点检验和比较检验（单边）/人	五中取二检验/人
5		4	5	3
6	6	5	6	3
7	7	5	7	3
8	8	6	7	3
9	9	6	8	4
10	9	7	9	4
11	10	7	9	4
12	10	8	10	4
13	11	8	10	4
14	12	9	11	4
15	12	9	12	5
16	13	9	12	5
17	13	10	13	5
18	14	10	13	5
19	15	11	14	5

续表

平价员数/人	成对比较检验(双边)/人	三点检验/人	二-三点检验和比较检验(单边)/人	五中取二检验/人
20	15	11	15	5
21	16	12	15	6
22	17	12	16	6
23	17	12	16	6
24	18	13	17	6
25	18	13	18	6
26	19	14	18	6
27	20	14	19	6
28	20	14	19	7
29	21	15	20	7
30	21	15	20	7

例:在一项有20个评价员参加的检验中,14人偏爱A,6人偏爱B。将偏爱A样品的人数与表5-2中评价员数为20的第二列数比较,由于观测值14小于表中值15,故原假设在5%的显著性水平上不被拒绝,且不可能得出这两种产品有哪一个更被偏爱的结论。

单侧检验的备择假设:样品A的特性强度或被偏爱明显优于样品B,其判断概率 $p_A > 1/2$。

若选择样品A的数值大于表5-2中第四列的数值,则在5%的显著水平上拒绝原假设而接受备择假设。

(二)三点检验

原假设:不可能根据特性强度区别两种样品。在这种情况下正确区别单个样品的概率为 $p = 1/3$。

备择假设:可以根据样品的特性强度区别这两种样品。此时,正确识别出单个样品的概率为 $p > 1/3$。

该检验是单侧的。若正确回答的数值不小于表5-2中第三列的相应数,则以5%的显著性水平拒绝原假设而接受备择假设。

(三)二-三点检验

原假设:不可能区别这两种样品。识别出与对照样品同类的概率为 $p = 1/2$。

备择假设:根据样品的特性强度区分两种样品。识别出与对照样品相同的样品的概率为 $p > 1/2$。查表5-2可得出是否拒绝原假设的结论。

(四)五中取二检验

原假设:不可能区别这两种样品。正确地将两种样品分开的概率为 $p = 1/10$。

备择假设:可根据样品的特性强度区分这两种产品,正确区别两种样品的概率为 $p > 1/10$。

该检验是单侧的,若正确回答的数值大于或等于表5-2中第五列相应数值,则以5%的显著水平拒绝原假设而接受备择假设。

复习思考题

1. 解释概念:感官特性;评价员;敏感性;成对比较检验;差别检验;三点检验;二-三点检验;“五中取二”检验;“A”或“非 A”检验。

2. 简单描述检验;独立评价;比较评价。

3. 进行感官检验时的基本要求以及环境要求是什么?

4. 如何制备感官检验试样?

5. 感官检验的具体方法有哪些? 其特点是什么? 如何应用?

第六章　产品的环境试验

第一节　环境试验目的及试验程序

一、环境试验的目的

环境试验是将产品暴露到自然或人工环境中,对其在贮存、运输和使用条件下的适应性做出评价。

环境试验的理想方法是把产品放在实际工作环境中进行考核。但是,这种方法周期太长。为了缩短试验周期,尽快取得检验结果,在搞清楚环境对产品影响规律的基础上,往往采用强化或加速的人工模拟环境试验方法。

二、环境试验的程序

环境试验一般按以下程序进行:预处理→初始检测→条件试验→恢复→最后检测。

在条件试验和恢复期间,可能需要做中间检测。

在对同一试验样品依次进行两种及两种以上项目的试验时,应注意合理试验顺序,这对试验结果有很大影响。

制定产品或材料的环境试验程序的一般原则是:

(1)对于已知贮存、运输和使用条件的产品,在制定试验程序时,应充分考虑实际上可能遇到的主要环境因素的出现顺序。

(2)前面试验项目的试验结果对后面试验的影响。例如,先做高温试验,然后做机械试验,再做湿热试验等。这样在高温试验时产生结构上的破坏就会扩大机械试验的效应,而高温和机械试验所产生的结构上的破坏,也会给湿热试验带来影响。

(3)长期效应的试验项目,如腐蚀、长霉、湿热试验等,其试验时间长,耗费长,应放在最后进行。若前面的试验结果已足以判断样品损坏或失效,便可省去后面的试验项目。

第二节　高低温试验

产品的高、低温试验是为了确定产品在高、低温环境中贮存、运输或使用时的适应性。高温和低温试验方法分类如图6－1所示。

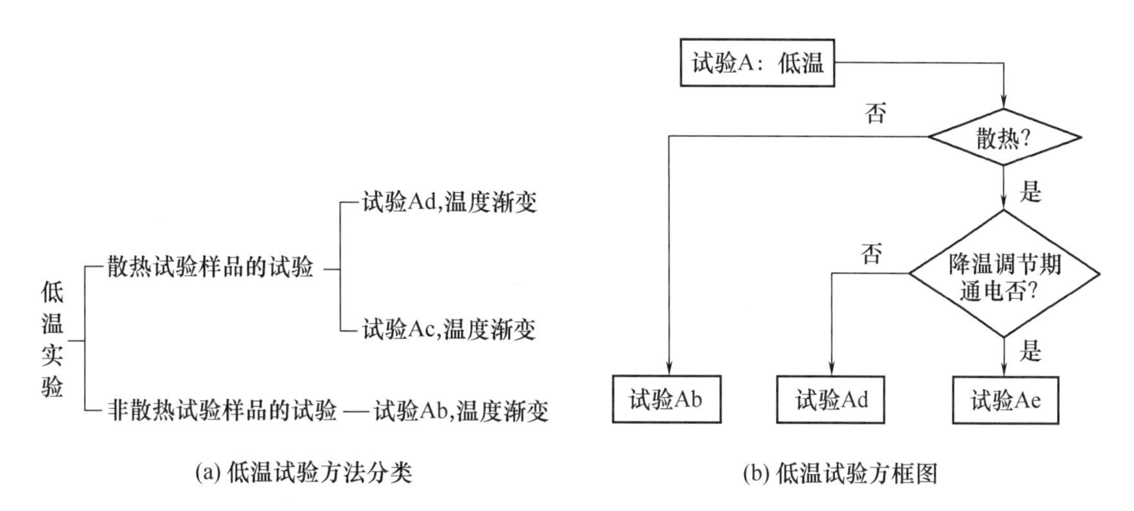

(a) 低温试验方法分类　　(b) 低温试验方框图

试验 Ab:用来进行非散热样品的低温试验,试验样品在低温条件下放置足够长的时间以达到温度稳定;

试验 Ad:用来进行散热样品的低温试验,试验样品在低温条件下放置足够长的时间以达到温度稳定;

试验 Ae:用来进行散热样品的低温试验,试验样品在低温条件下放置足够长的时间以达到温度稳定,并且要求试验样品在整个过程中通电。

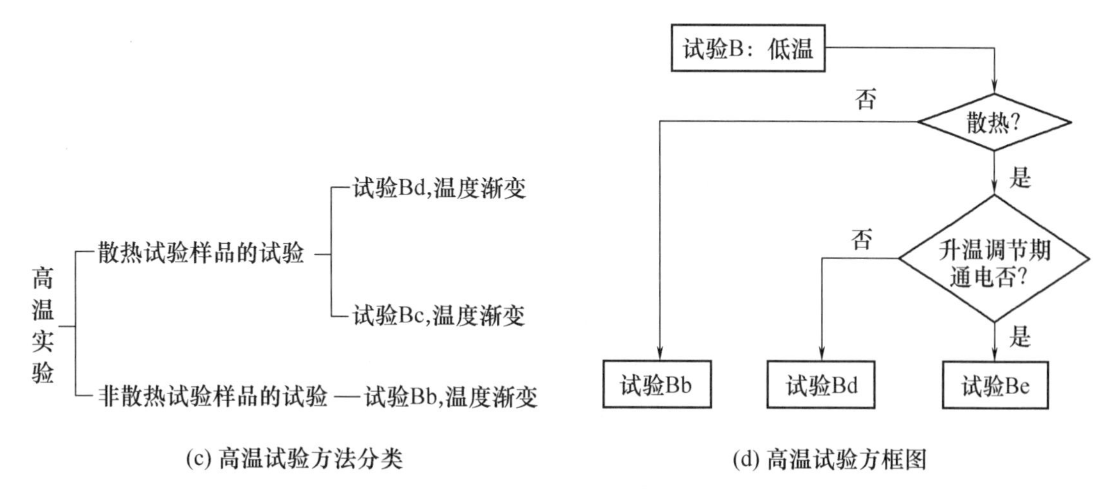

(c) 高温试验方法分类　　(d) 高温试验方框图

试验 Bb:用来进行非散热样品的高温试验,试验样品在低温条件下放置足够长的时间以达到温度稳定;

试验 Bd:用来进行散热样品的高温试验,试验样品在低温条件下放置足够长的时间以达到温度稳定;

试验 Be:用来进行散热样品的高温试验,试验样品在低温条件下放置足够长的时间以达到温度稳定,并且要求试验样品在整个过程中通电。

图 6－1　高温和低温试验方法分类

一、试验方法的对比分析

(一)非散热样品及散热样品

在自然空气条件上进行试验,试验样品温度达到稳定后,表面最热点的温度仍高于周围大气温度 5℃以上的称之为散热试验样品。等于或低于 5℃以下的为非散热试验样品。所有非工作性的贮存、运输试验,均为非散热试验。在工作状态下试验时,当试验样品温度达到稳定后，凡温升小于5℃的亦称为非散热试验。如电风扇在进行型式试验后，若易触及的外表面温升不高于20℃，就是散热试验。

（二）温度渐变试验

将样品先放入温度为室温的试验箱中，然后将箱内温度逐渐升到或降至试验所规定温度的试验，称为温度渐变试验。

一般来讲，若已知温度突变对试验样品不产生其他有害影响时，为节省试验时间，应采用温度突变试验，否则采用温度渐变试验。

二、试验设备及试验参数

（一）试验设备

高温试验一般是将产品置于恒温箱或恒温室内进行试验。介质的温度用温度计在不同位置测定，取其算术平均值。但要求箱内温度尽可能均匀，通过热空气流动加热产品，不应使试验样品靠近热源。为减少辐射影响，试验箱的壁温不应高于环境温度的3%。

低温试验一般在低温箱（室）内进行，其温度一般靠人工制冷的方法获得。在低温箱的有效工作空间内，用强迫空气循环来保持低温条件的均匀性。

（二）试验参数

按地区和使用场合不同，GB/T 2423.1—2008《电工电子产品环境试验　第2部分：试验方法　试验A：低温》和GB/T 2423.2—2008《电工电子产品环境试验　第2部分：试验方法　试验B：高温》分别规定了不同温度等级的优先数值。

低温环境温度：-65℃，-55℃，-50℃，-40℃，-33℃，-25℃，-20℃，-10℃，-5℃，+5℃。

高温环境温度：+200℃，+175℃，+155℃，+125℃，+100℃，+85℃，+70℃，+60℃，+55℃，+45℃，+40℃，+35℃，+30℃。

温度的允许偏差范围均为±2℃。

在试验样品温度达到稳定后，高、低温条件试验的持续时间根据需要从下列数据中选取：2，16，72，96h。

三、高、低温试验后产品应达到的基本要求

经高温试验后的产品质量，一般都是按产品技术条件或技术协定中规定的要求检验。例如，高温环境对机电产品性能的影响，表现在导电材料的电阻变大，导致电流的变化，对有精度要求的电机，还会影响精度。因此，在高温试验后，应在试验箱内测定绝缘电阻，其值不低于5MΩ，同时还要测试电机的其他性能。一般情况下，产品经温度试验后，若能满足下列基本要求，便认为产品符合高低温要求。

（1）产品表面无损伤、变形等缺陷。若是涂镀表面，应没有镀层剥落、起泡或变色等现象。

（2）对于塑料零件，其表面无裂纹、起泡和变形等现象。

（3）橡胶制品无老化、黏结、软化和开裂等现象。

（4）产品零件焊接部位无流淌现象。

（5）产品性能数据及结构功能符合技术条件的要求，不应出现妨碍产品正常工作的任何其他缺陷。

第三节　湿热试验

产品湿热试验的目的在于确定产品在湿热环境下（有凝露或无凝露）的适应能力。试验后，判别质量的主要指标一般是检查电气性能和机械性能，也可以检查试验样品的腐蚀情况。尤其是用于沿海地区的产品，在含盐的水分或大气侵蚀下，使产品的金属零件受到电化学腐蚀，严重影响产品的机械电气性能，因此，需要检查产品对含盐水分或大气腐蚀的抵抗能力。

一、湿热环境条件

产品在贮存、运输和使用中，可能遇到湿热环境条件，从而影响产品质量。湿热是指湿度大，温度高。在某些环境，如化工厂、冶金厂、电镀厂、造纸厂和洗衣房等，温度有可能长期高达45℃以上，同时相对湿度也很高。另外，有一些密闭的场所，如车辆、轮船货舱中，由于通风不良，使内部的湿气排不出来，有时还受太阳直接照射，造成高温高湿的环境。为检验湿热条件对产品质量的影响，可以在实际现场进行，也可以用人工模拟的方法，创造类似条件进行试验。

湿热环境试验室采用的加湿方式有多种，它们的加湿原理、工艺流程、设备组成、设计方法等均大不相同，在进行湿热环境试验室加湿系统的设计之前，首先要根据实际的具体情况、配套设备情况来确定加湿方式；选择合理的加湿方式有助于降低能量消耗和运行费用，提高控制精度以及提高使用维护的可靠性。

（一）选定加湿方式的主要原则

在进行设计湿热试验室加湿方式之前，可按如下原则来确定试验系统的加湿方式：

（1）适应具体湿热环境试验的特点，满足各项湿热试验技术指标；

（2）充分发挥各种加湿方式的特点，为以后发展、改进应留有余地；

（3）整个试验室的加湿系统具有良好的调节性能，能适应各种湿热试验环境对加湿调节量的要求；

（4）尽可能减少投资、能量消耗和运行费用；

（5）可靠性高，使用操作方便，故障排除、维护保养简单；

（6）方案有很好的可行性，各种设备应立足于可从国内市场销售的部门购得；

（7）能综合利用试验设备，便于试验，易于操作。

（二）加湿方式

迄今为止，在试验设备中，广为采用的加湿方式有表面蒸发加湿、喷雾加湿、蒸汽加湿 3 种方式。此 3 种方式各有利弊，要根据具体的情况和配套设备情况来进行实际的设计。

1. 表面蒸发加湿

表面蒸发加湿，从分子运动论的观点来看，就是水分子离开水面变成水蒸气分子的过程。早期的湿热试验设备就是采用这种加湿方式来加湿的，俗称“水盆加湿法”。典型结构如图 6－2所示。由于水蒸发要受到水自身温度高低、水表面积的大小、水表面上水蒸气分子密度的大小（即水蒸气分压力的高低）等因素的影响；虽然水在任何温度下都能蒸发，但是也应考虑上述因素的影响。

表面蒸发加湿的特点：

（1）设备结构简单，易于实现；

(2)使用时没有运转机构,无噪声,工作可靠;

(3)加湿过程一般较为缓慢,当以自然对流为主时,被加湿空间的湿度均匀比较差。

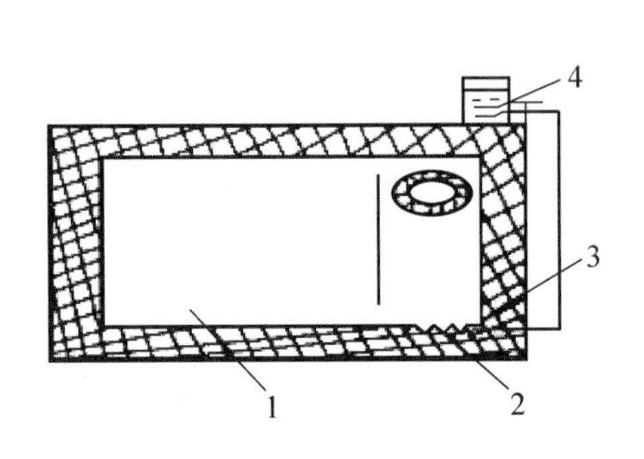

图6－2　表面蒸发加湿结构简图

1—工作箱;2—电热器;

3—水位调节器;4—储水管

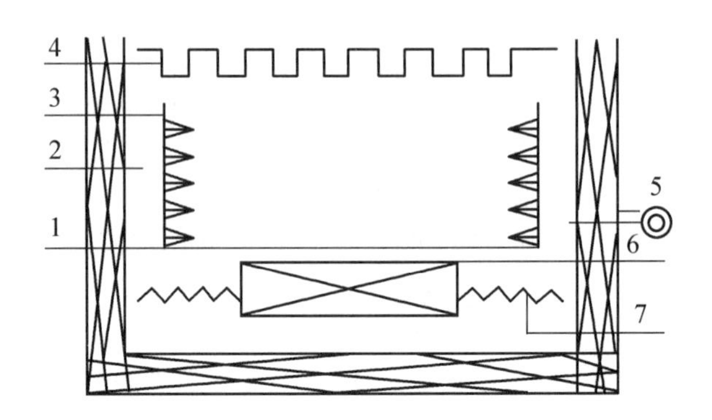

图6－3　表面蒸发加湿结构简图

1—水泵;2—调节通道;3—喷嘴;4—加热器;

5—通风机;6—冷却器;7—加热器图

2. 喷雾加湿

喷雾加湿是在空气调节通道里喷不同温度的水来实现空气的加热、冷却、加湿和除湿的多种空气处理过程。在加湿过程中,湿空气和嘴喷出来的细小水滴相遇时,便和水滴表面发生热、湿交换,这时根据水温的不同既可能发生热交换,也可能发生热、湿交换。典型的喷雾加湿系统如图6－3所示。当空气水滴相遇,就将小水滴边界层的饱和空气带走,补充的新空气则继续达到饱和,饱和空气层不断与流过的空气混合,而发生状态变化。因此,可将空气与水滴的热、湿交换过程看作两种状态空气的混合过程。在理想条件下,全部空气都能达到,而且具有水的温度。也就是说,空气的最终温度等于水的温度;与空气接触的水温不同,空气的状态变化过程也不同。

喷雾加湿的特点:

(1)可以实现多种空气状态的变化过程;

(2)加湿能力较大,快速加湿容易造成湿度过冲;

(3)由于使用强制性气流循环,湿度均匀性比较好;

(4)在使用中,对所用的水质量有一定的要求,电阻率不超过500Ω·m;

(5)由于使用转动机构,在长期连续工作的情况下,要考虑备用系统。

3. 蒸汽加湿

蒸汽加湿就是将低压蒸汽直接注入调节通道,从而提高工作空间的湿度。因蒸汽产生的方式不同,可分为:工业蒸汽加湿、电热加湿器加湿和电极加湿器加湿3种。工业蒸汽加湿通常用在有工业蒸汽的地方,有废气再利用的性质,应用比较少。而电热加湿器加湿和电极加湿器加湿相比电热加湿器加湿使用的比较广。

电热加湿器也就是平常所说的电热小锅炉,它是采用管状电热元件通电,使水受热沸腾,产生蒸汽;电热加湿分开、闭式两种,开式电热加湿器是与大气直接相通的非紧密容器。开式电热加湿器由于容器内常有一定量的水,从接到加湿指令到蒸汽出来有一段时间,这就加大了湿度的波动度。闭式电热加湿器是大气相通的密闭容器,蒸汽压力高于大气压力,通常保持0.1～0.3kgf/cm^{2}的低压蒸汽。在开启调节后即可迅速加湿蒸汽,消除开式电热加湿中的滞后时间,但是结构复杂一些。

电极加湿器是利用水电阻加热水产生水蒸气。电极加湿器常用不锈钢作为火线电极,容器内壳接地。通电后,电流从水中通过,水被加热产生蒸汽,加湿功率可随水位高低而变,水位越高,功率越大。调节水位就调节加湿量。

电极加湿器有如下特点:体积小,加湿量大;所使用的水质无严格的要求,不至于因缺少水分而损坏设备。

二、湿热试验设备

产品的湿热试验可在湿热试验箱(室)中进行。湿热箱产生湿热条件的方法如上面介绍的方式。GB/T 10586—2006 规定了两类湿热试验方法,即Ⅰ类(恒定)湿热试验方法和Ⅱ类(交变)湿热方法。

湿热试验设备的试验箱工作室对温度测试点的要求是:将试验箱工作室分成 3 个水平测试面,简称上、中、下层,上层与工作室的顶面的距离是工作高度的 1/10,中层通过工作室几何中心,下层在最低层样品架上方 10mm 处。工作室容积小于 $2m^3$时共测 9 个点,分别为上、下 4 个角,中间在几何中心;当工作室容积大于 $2m^3$时共测 15 个点,分别为上、中、下 4 个角和它们的几何中心;当工作室容积于 $50m^3$时测试点数量可以适当增加。

(一)Ⅰ类(恒定)湿热试验箱

按试验室工作容积的大小,确定温湿度测量点,安装温湿度测量传感器;根据各类试验要求按标准规定测量湿度测量点的风速或全部风速。要求试验温度按照升温速率不超过 1℃/min,缓慢升到 40℃。在 2h 内,相对湿度达到 $93\%^{+2}_{-3}$,在工作空间中心点的温湿度达到规定值并稳定 2h。

(二)Ⅱ类(交变)湿热试验箱

按照湿热温度测试点的要求,安装温湿传感器;与按测温湿度测试的位置相同的位置测试风速;使工作空间的温度达到 25℃ ±3℃,相对湿度保持在 45% ~75% 之间;在 1h 内,使工作空间的相对湿度不低于 95%。使工作空间的温湿度按 GB/T 2423. 4—2008 给定的程序,按"升温—高温高湿—降温—低温高湿"四个阶段连续变化,并按照如下要求进行测试:

(1)升温阶段,至少每 1min 测量中心点的温湿度一次;

(2)在进入高温高湿阶段后,每 1min 测量所有温湿度点的值 1 次,在 30min 内共测 30 次,在高温高湿阶段结束,即降温开始前 30min 内再测 30 次;

(3)自降温阶段开始,至少每 1min 测量中心点的温湿度 1 次,直到全部测量点的温度达到 25℃ ±3℃,相对湿度不低于 95%,即进入低温高湿阶段为止。

(4)在低温高湿阶段,每 1min 测量所有温湿度点的值 1 次,共 30 次。

当对体积较大的产品进行湿热试验时,可在湿热室进行,湿热室一般是非标准设备,依靠调温调湿机控制温度和湿度。

三、湿热试验方法的选择和试验程序

产品湿热试验的具体方法视产品不同而异,一般有以下两种。

(一)恒定湿热试验

在整个试验期间,温湿度条件保持恒定,试验时间一般为 4 ~56d。当产品使用不考虑表面"凝露"和"呼吸"作用时,可采用恒定湿热试验法。

(二)交变湿热试验

交变湿热试验是一种加速试验。利用产品随湿度、温度改变而产生的呼吸作用改变其内部的湿度。交变湿热试验规定在一个周期中(一般为24h),试验样品依次进行升温、高温、降温、低温4个阶段构成一个试验循环,并按技术要求进行若干个循环的试验。若因试件结构关系,以凝露为主要受潮机理,或由于空气交流的“呼吸”作用,产品必须采用交变湿热方法试验。

湿热试验的等级,由温度、湿度和周期3个因素所决定。但不同的产品有着不同的要求。如电熨斗的湿热试验周期为48h。电风扇的试验周期为4d。

一般的湿热试验程序为:初始检测→预热(40℃)→加湿→测量→恢复→测量。

四、湿热试验后的检测要求

产品经湿热试验后,应检查外观、电气和机械性能,尤其应测量一些对湿度敏感的参数。一般有以下几项:

(1)产品的工作性能;

(2)产品的电气部件绝缘性能;

(3)涂层表面有无剥落或起泡现象;

(4)非金属材料有无明显的泛白、膨胀、起泡、脱落以及麻坑等现象;

(5)金属材料表面有无锈蚀痕迹。

复习思考题

1. 什么叫环境试验?为什么要进行环境试验?
2. 简述环境试验的通用程序。
3. 分别简述高低温试验、湿热试验、方法和分类及其应用。

第七章　产品的几何性能检测

几何性能是产品最重要的质量特性之一，产品的几何性能检测就是根据产品标准图样、尺寸要求，通过测量，将产品的几何参数与规定要求进行比较，做出判定的过程。

第一节　产品的长度检测

一、常用长度计量仪器与测量方法

（一）百分表

百分表是一种通用指示表类量仪。测量时，测杆向上或向下移动，通过机械传动带动小齿轮转动，从而使与小齿轮固接的指针偏转，达到测量目的。百分表的传动机构可以将测杆的微小位移进行放大，给读数带来方便。

（二）电感类量仪

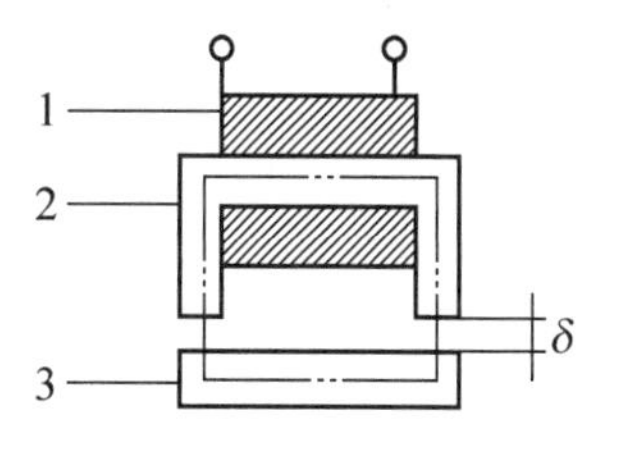

图 7－1　电感类量仪的原理
1—线圈；2—铁心；3—衔铁

电感类量仪是一种建立在电磁感应基础上，利用线圈的自感或互感变化原理来实现几何量测量的量仪。一般是测头检测到被测物体的位移，通过测杆带动衔铁产生移动，从而使线圈的电感或互感系数发生变化，电感或互感信号再通过引线接入测量电路进行测量。图7－1所示为气隙型电感量仪，通过改变空气隙的厚度、空气隙的面积，可以使线圈的电感发生变化，从而实现对工件尺寸的测量。

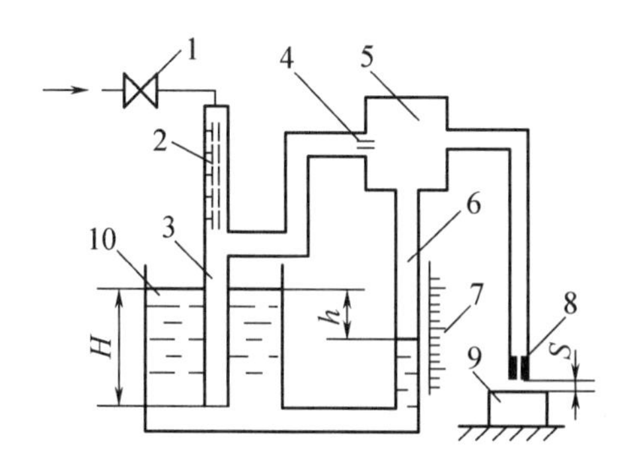

图 7－2　低压水柱式气动量仪
1—开关；2—节流喷嘴；3—稳压管；4—主喷嘴；5—气室；6—玻璃管；7—刻度尺；8—测量喷嘴；9—工件；10—液体水

（三）气动量仪

气动量仪是利用压缩空气的流量特性，把被测的尺寸变化量转化为空气压力、流量和流速等物理参数的变化来实现测量。气动量仪具有高准确度、高效率、适用范围广等特点，适合用于车间现场检验、大批量检验等场合。

1. 压力式气动量仪

图 7－2 所示为低压水柱式气动量仪工作原理图，工作气流经开关 1、节流喷嘴 2 进入稳压管 3，管内稳定气体的工作压力相当于 H 高水柱。稳压管上部稳压气流由主喷嘴 4 进入气室 5，从测量喷嘴 8 和被测工件 9 的测量间隙 S 流入大气。

当被测工件尺寸发生变化，测量间隙 S 的大小随之发生变化，从而引起气室内压力变化，变化大小通过液面高度差 h 的变化表示出来。

2. 流量式气动量仪

图 7－3 为浮标式气动量仪的结构图，压缩空气经过滤器 1、节门 2 和稳压器 3 后，由下端进入锥形玻璃管 4，然后从玻璃管上端流出，最后经测量喷嘴 9 和被测工件 10 之间的环形间隙流入大气。当被测尺寸变化时，浮标上、下的压差发生变化，使浮标的平衡位置产生变动，其变动量可以由刻度尺读出。

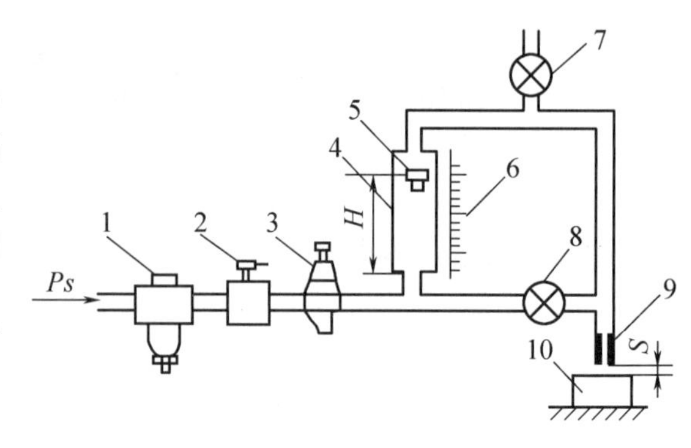

图 7－3　浮标式气动量仪

1—过滤器；2—节门；3—稳压器；4—锥形玻璃管；5—浮标；6—刻度尺；7、8—阀门；9—喷嘴；10—被测工件

（四）工具显微镜

工具显微镜是应用坐标测量原理，通过显微镜瞄准进行测量的光学仪器，可以对长度、角度、螺纹参数等几何量进行测量。

1. 影像法

影像法测量原理是将被测轮廓投影到视场内，利用米字线分划板对轮廓投影长度进行测量。

测量轴径时使用在母线上的压点法，即将米字线中心压在轮廓母线上的一点，然后横向移动工作台，使米字中心压到另一边的轮廓母线上，两次读数之差为被测直径。

2. 测量刀法

测量刀法测量轴径时，将测量刀刃与轴径母线密合接触，直刃测量刀上距刃口 0.3mm 处有一条平行于刃口的细刻线，用这条细刻线与目镜中米字中心线平行的第一条虚线压线对准，代替对工件影像的瞄准，如图 7－4 所示。

3. 使用灵敏杠杆测量孔径

光学灵敏杠杆的工作原理如图 7－5 所示，照明光源 1 照亮刻有 3 对双刻线的分划板 2，射至反射镜 4 后，再经物镜 5 成像在米字线分划板上。反射镜与测杆 3 连接在一起，当它随测杆绕其中心点摆动时，3 对双刻线在目镜分划板上的像也随之左右移动。当测杆的中心线与显微镜光轴重合时，双刻线的像对称地跨在米字线分划板的中央竖线上，若测头中心偏离光轴，则双刻线的像将随之偏离视场中心。

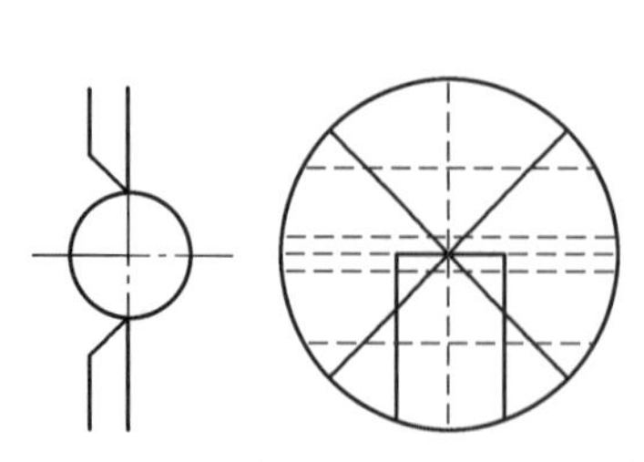

图 7－4　轴切法测量

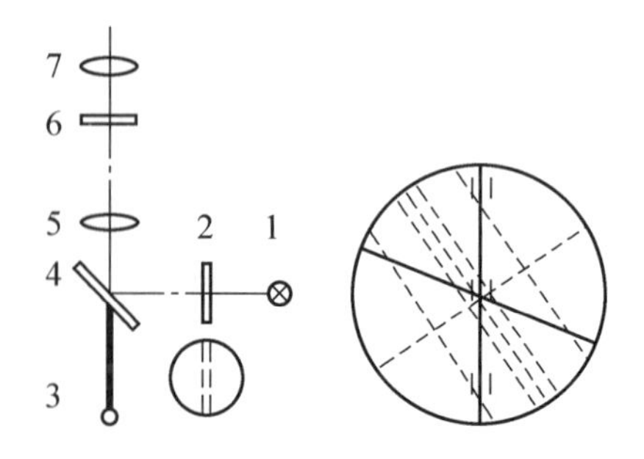

图 7－5　光学灵敏杠杆工作原理

1—光源；2—分划板；3—测杆；4—分划板；5—透镜；6—米字线分划板；7—目镜

测量时，将测杆深入被测孔内，与孔的一侧接触，横向移动，找到最大直径的返回点处，从目镜中使双刻线组对称跨在米字线分划板的中央竖线上，此时进行第一次读数 n_1；通过同样步骤，使测头与工件的另一侧接触，进行第二次读数 n_2。被测孔径为：

$$D = |n_1 - n_2| + d \tag{7-1}$$

式中，d 为测头直径。

（五）光栅类量仪

随着对测量的精确度和自动化程度要求越来越高，光栅在测量中应用越来越广泛。

1. 莫尔条纹的形成及特点

光栅可以分为长光栅和圆光栅。长光栅可以看作具有均匀刻线的条形玻璃，刻线与光栅运动方向垂直，相邻刻线的距离称为栅距 P。将两块栅距相同的长光栅迭放在一起，并使两块光栅的线纹相交一个很小的角度，即可得到如图 7-6 所示莫尔条纹。

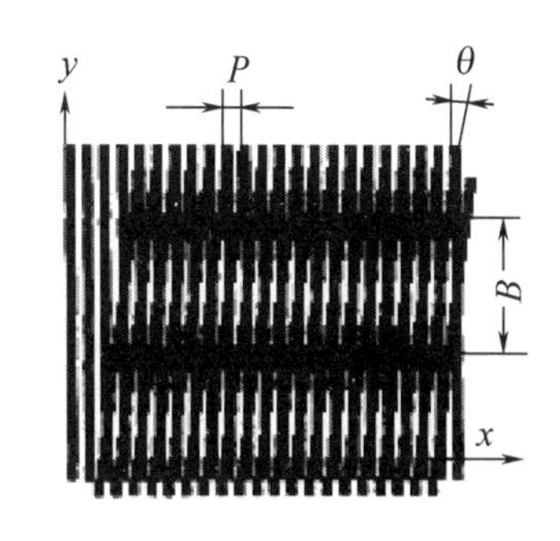

图 7-6　莫尔条纹

P—栅距；B—条纹间距

莫尔条纹具有以下特点：

（1）莫尔条纹的移动量和位移方向与光栅栅线的移动量和位移方向具有严格对应关系。如图 7-6，两光栅尺在 x 方向相对移动时，莫尔条纹在 y 方向产生相应移动。当光栅相对移动一个栅距时，莫尔条纹移动一个条纹间距。当光栅沿相反方向移动时，莫尔条纹的移动方向也相反。

（2）莫尔条纹间距对光栅栅距具有放大作用。由图 7-6，光栅栅距 P、莫尔条纹间距 B 和两光栅线纹间的夹角 θ 之间的关系为：

$$\tan\theta = \frac{P}{B}$$

当夹角 θ 很小时，则：

$$B \approx \frac{P}{\theta} \tag{7-2}$$

可以看到，即使光栅栅距 P 较小，但通过调整夹角 θ，可得到较大的莫尔条纹宽度 B，这就是莫尔条纹起到的放大作用。

（3）莫尔条纹对光栅局部误差可以起到消差作用。莫尔条纹由大量栅线共同形成，即使个别栅线出现栅距等误差，对莫尔条纹的位置与形状的影响非常微小，因而莫尔条纹具有一定的消差作用。

2. 光栅测量系统

典型光栅测量系统的组成如图 7-7 所示，光源发出的光经透镜形成平行光，穿过标尺光栅和指示光栅后形成莫尔条纹，在指示光栅后安装有 4 个相距 $B/4$ 的光电元件。当标尺光栅相对于指示光栅移动时，形成的莫尔条纹产生亮暗交替变化，光电元件获得依次有相位差 90°的 4 个正弦信号，再经过放大、整形、辨向等电路，送入可逆计数器计数。

（六）三坐标测量机

随着数控加工等高效加工方法的发展，三坐标测量机作为一种高效、精密的几何量测量手段，在工业中得到广泛应用。

三坐标测量机是由 3 个相互垂直的运动轴 X, Y, Z 建立起一个直角坐标系，测头在这个坐

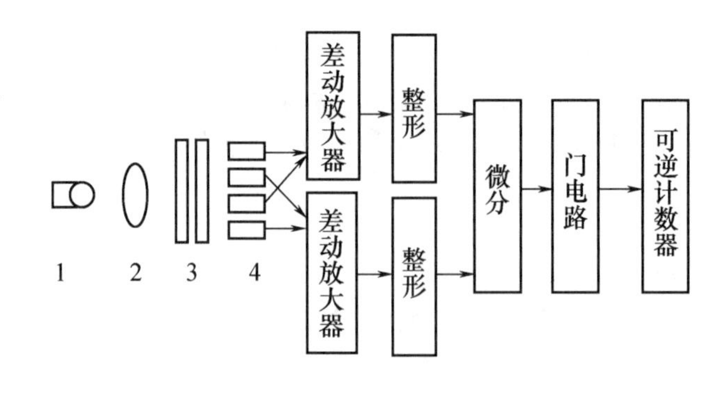

图 7－7　光栅测量系统

1—光源;2—透镜;3—光栅;4—光电元件

标系中进行运动,三坐标机的位移检测系统可以给出测头在坐标系中的精确位置。测量时,把被测零件放在工作台上,测头与零件表面接触,会产生一个开关信号传给计算机,当测头的开关信号传给计算机时,计算机会记录下此瞬间位置,计算机就可以得到被测几何型面上测点的坐标值。将这些数据送入计算机,进行数据处理,可以计算出被测工件的几何尺寸和形位误差。

二、量规与光滑工件尺寸的检验

对于光滑工件尺寸的检验,应按照 GB/T 3177—2009《产品几何技术规范(GPS)　光滑工件尺寸的检验》和 GB/T 1957—2006《光滑极限量规　技术条件》国家标准进行检验。

(一)光滑工件尺寸的检验

1. 验收极限的确定

验收极限是检验工件尺寸时判断合格与否的尺寸界限,验收时只能接受位于上、下验收极限之间的工件。验收极限可以按以下两种方式之一确定。

(1)验收极限从规定的最大实体尺寸和最小实体尺寸向工件公差带内移动一个安全裕度 A 来确定,即

孔尺寸的验收极限:

上验收极限 = 最小实体尺寸 − 安全裕度

下验收极限 = 最大实体尺寸 + 安全裕度

轴尺寸的验收极限:

上验收极限 = 最大实体尺寸 − 安全裕度

下验收极限 = 最小实体尺寸 + 安全裕度

A 值在表 7－1 中给出。

表 7－1　安全裕度及计量器具不确定度允许值　　单位:mm

工件公差		安全裕度 A	计量器具不确定度允许值 u_1
大于	至		
0.009	0.018	0.001	0.0009
0.018	0.032	0.002	0.0018

续表

工件公差		安全裕度 A	计量器具不确定度允许值 u_1
大于	至		
0.032	0.058	0.003	0.0027
0.058	0.100	0.006	0.0054
0.100	0.180	0.010	0.009
0.180	0.320	0.018	0.016
0.320	0.580	0.032	0.029
0.580	1.000	0.060	0.054
1.000	1.800	0.100	0.090
1.800	3.200	0.180	0.160

常用计量量具千分尺和游标卡尺的不确定度见表7－2。

表7－2　千分尺和游标卡尺的不确定度　　单位:mm

<table>
<tr><th colspan="2" rowspan="2">尺寸范围</th><th colspan="4">计量器具类型</th></tr>
<tr><th>分度值0.01的外径千分尺</th><th>分度值0.01的内径千分尺</th><th>分度值0.02的游标卡尺</th><th>分度值0.05的游标卡尺</th></tr>
<tr><th>大于</th><th>至</th><th colspan="4">不　确　定　度</th></tr>
<tr><td>0</td><td>50</td><td>0.004</td><td rowspan="3">0.008</td><td rowspan="6">0.020</td><td rowspan="4">0.050</td></tr>
<tr><td>50</td><td>100</td><td>0.005</td></tr>
<tr><td>100</td><td>150</td><td>0.006</td></tr>
<tr><td>150</td><td>200</td><td>0.007</td><td rowspan="3">0.013</td></tr>
<tr><td>200</td><td>250</td><td>0.008</td><td rowspan="8">0.100</td></tr>
<tr><td>250</td><td>300</td><td>0.009</td></tr>
<tr><td>300</td><td>350</td><td>0.010</td><td rowspan="3">0.020</td><td rowspan="7"></td></tr>
<tr><td>350</td><td>400</td><td>0.011</td></tr>
<tr><td>400</td><td>450</td><td>0.012</td></tr>
<tr><td>450</td><td>500</td><td>0.013</td><td>0.025</td></tr>
<tr><td>500</td><td>600</td><td rowspan="3"></td><td rowspan="3">0.030</td></tr>
<tr><td>600</td><td>700</td></tr>
<tr><td>700</td><td>1000</td><td>0.150</td></tr>
</table>

(2)验收极限等于规定的最大极限尺寸和最小极限尺寸。

2. 长度计量仪器的选择

标准规定按计量器具不确定度允许值 u_1 来选择计量器具。选择时,应使所选用的计量器具的不确定度 u'_1 等于或小于计量器具不确定度允许值 u_1。为了充分发挥力量器具的潜力,同时考虑经济性,标准规定,计量器具不确定度允许值 $u_1=0.9A$。

(二)光滑极限量规检验工件

1. 概述

量规是一种无刻度量具,它通过控制工件的极限尺寸来检验工件尺寸合格与否,检验工件的最大实体尺寸的量规称通规,检验工件的最小实体尺寸的量规称止规,工件合格的标志是通规能顺利地通过被检工件,止规不能通过被检工件。

量规按用途可以分为工作量规、验收量规、校对量规 3 种。工作量规是在零件的制造过程中,加工者检验用的量规;验收量规是检验部门或用户代表在验收产品时使用的量规;校对量规是轴用工作量规在制造和使用过程中的检验量规。

2. 量规尺寸规定

工作量规公差带如图 7－8,公差带全部偏置于被检工件的公差带内,通端的制造公差带对称于 Z 值。工作量规的尺寸公差 T 和通端尺寸公差带中心到工件最大实体尺寸的距离 Z 在国家标准内做了规定,见表 7－3。验收量规应使用与工作量规相同型式,且已磨损较多的通规。

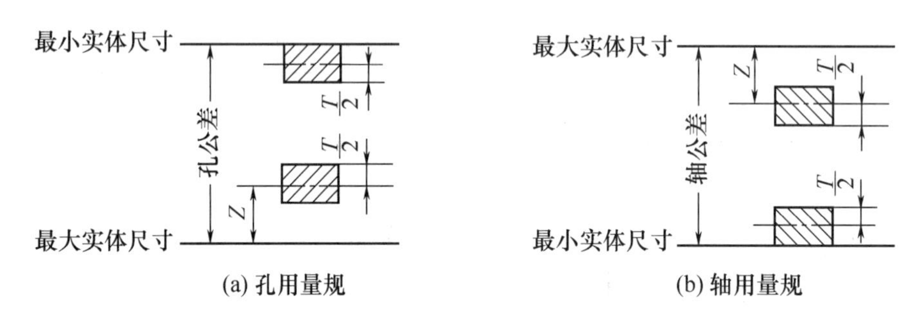

图 7－8　量规公差带

T—工作量规尺寸公差;Z—通端尺寸公差带中心到工件最大实体尺寸的距离

表 7－3　工作量规的尺寸公差 T 和通端尺寸公差带的中心到最大实体尺寸之间距离 Z 值(摘录)

工件基本尺寸 D/mm	IT6	T	Z	IT7	T	Z	IT8	T	Z	IT9	T	Z
至 3	6	1	1	10	1.2	1.6	14	1.6	2	25	2	3
大于 3 至 6	8	1.2	1.4	12	1.4	2	18	2	2.6	30	2.4	4
大于 6 至 10	9	1.4	1.6	15	1.8	2.4	22	2.4	3.2	36	2.8	5
大于 10 至 18	11	1.6	2	18	2	2.8	27	2.8	4	43	3.4	6
大于 18 至 30	13	2	2.4	21	2.4	3.4	33	3.4	5	52	4	7
大于 30 至 50	16	2.4	2.8	25	3	4	39	4	6	62	5	8
大于 50 至 80	19	2.8	3.4	30	3.6	4.6	46	4.6	7	74	6	9
大于 80 至 120	22	3.2	3.8	35	4.2	5.4	54	5.4	8	87	7	10
大于 120 至 180	25	3.8	4.4	40	4.8	6	63	6	9	100	8	12
大于 180 至 250	29	4.4	5	46	5.4	7	72	7	10	115	9	14

续表

工件基本尺寸 D/mm	IT6	T	Z	IT7	T	Z	IT8	T	Z	IT9	T	Z
大于250至315	32	4.8	5.6	52	6	8	81	8	11	130	10	16
大于315至400	36	5.4	6.2	57	7	9	89	9	12	140	11	18
大于400至500	40	6	7	63	8	10	97	10	14	155	12	20

3. 量规的结构型式

根据极限尺寸判断原则，用于控制工件作用尺寸的是通端量规，它的测量面应具有与被检孔或轴相应的完整表面，且长度等于配合长度. 用于控制工件实际尺寸的是止端量规，它的测量面应为点状。

第二节　形位误差的检测

一、形位误差及其评定

（一）形位误差及其分类

1. 形位误差的概念

机械零件的几何特征是由点、线、面组成的，这些点、线、面就称为几何要素。形位误差就是实际几何要素对理想几何要素的变动量。

2. 形位误差的分类

形位误差分为形状误差和位置误差。形状误差包括：直线度误差、平面度误差、圆度误差、圆柱度误差、线轮廓度误差、面轮廓度误差；位置误差包括：平行度误差、垂直度误差、倾斜度误差、同轴度误差、对称度误差、位置度误差、圆跳动误差和全跳动误差。位置误差又可以分为定向误差、定位误差和跳动误差。

（二）形位误差的检测

在GB/T 1958—2004《产品几何量技术规范（GPS）形状和位置公差检测规定》国家标准中，把检测方法归纳为5种检测原则，并根据各检测原则拟定了多种检测方案。

1. 与理想要素比较原则

将被测实际要素与其理想要素比较，得到形位误差值，量值可以由直接法或间接法获得。

2. 测量坐标值原则

测量被测实际要素的坐标值，经数据处理获得形位误差值。

3. 测量特征参数原则

测量被测实际要素的具有代表性的参数，获得形位误差值。

4. 测量跳动原则

被测实际要素绕基准轴线的回转过程中，沿给定方向上测量其对某参考点或线的变动量。

5. 控制实效边界原则

检验被测实际要素是否超过实效边界。

（三）形位误差的评定

1. 形状误差的评定

国家标准规定，在评定形状误差时，理想要素的位置应符合最小条件。最小条件是指实际被测要素对其理想要素的最大变动量应为最小。

按最小条件评定形状误差时，形状误差值用最小包容区域的宽度或直径来表示，最小包容区域指包容实际要素时，具有最小宽度或最小直径的包容区域，如图 7－9 中 f。

各误差项目最小区域的形状分别和各自的公差带形状一致，宽度（或直径）由被测实际要素决定。

2. 位置误差的评定

在评定位置误差时，对于定向误差，定向误差值用定向最小包容区域的宽度或直径表示。定向最小区域是指按理想要素的方向来包容被测实际要素时，具有最小宽度或最小直径的包容区域，如图 7－10 所示。对于定位误差，定位误差值用定位最小包容区域的宽度或直径表示。定位最小区域是指按理想要素定位来包容被测实际要素时，具有最小宽度或最小直径的包容区域。

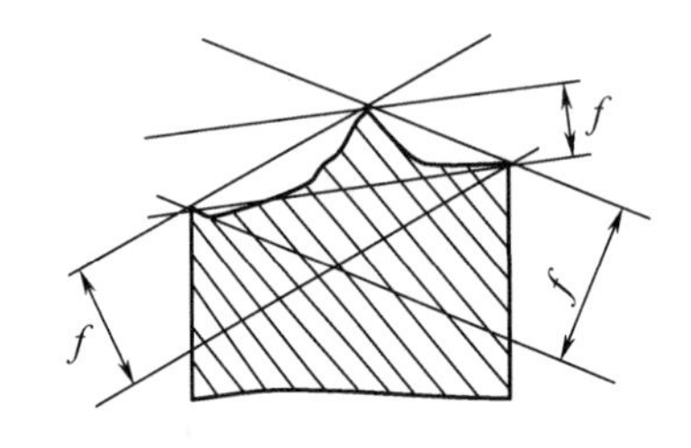

图 7－9　最小包容区域

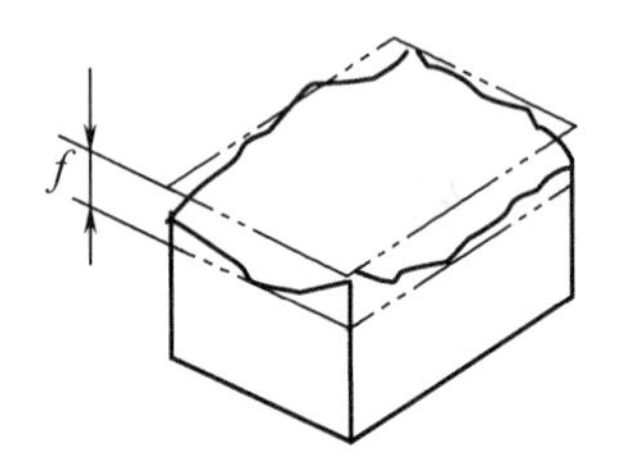

图 7－10　定向最小包容区域

各误差项目定向（或定位）最小区域的形状分别和各自的公差带形状一致，宽度（或直径）由被测实际要素决定。

二、形状误差检测

（一）直线度误差的检测

1. 直接法

直接法是直接测量被测线上各点的坐标值，或直接评定直线度误差的测量方法。常用的方法有指示器法、干涉法、光轴法等。

2. 间接法

间接法是测量被测线上各点的相对坐标值，经数据处理，获得对同一基准的坐标值的测量方法。其中典型方法是水平仪法。

（1）框式水平仪工作原理

水平仪是一种测角仪器，它主要工作部分是水准管，如图 7－11 所示。刻线间距 S 与水准管倾斜的角度 θ（rad）成以下关系：

$$S = R\theta \tag{7-3}$$

（2）水平仪法测量直线度

将水平仪固定在桥板上，依次移动桥板，使相邻两次桥板首尾相接，见图 7－12。依次记录示值，并将其转换为高度坐标值。

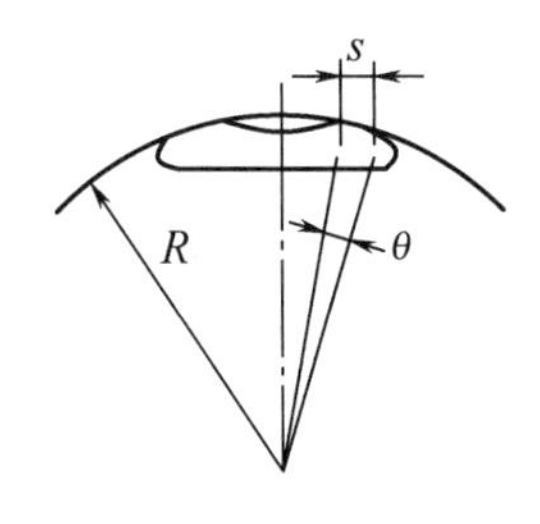

图 7-11　水准管

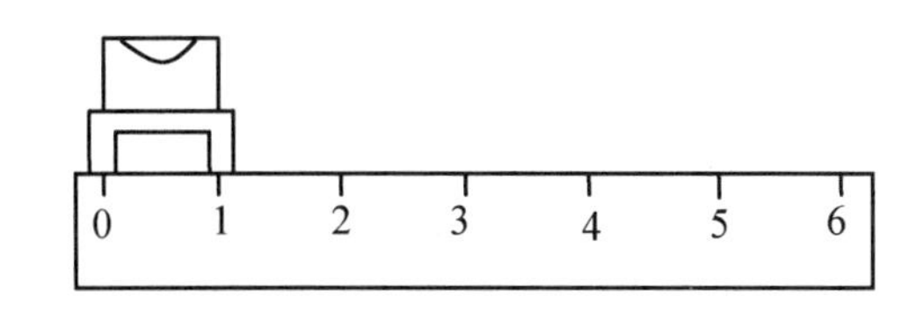

图 7-12　使用水平仪测量直线度

按式(7-4)计算高度坐标值：

$$
\begin{aligned}
a_i &= L\tan\alpha_i \\
y_i &= y_{i-1} + a_i = \sum_{k=1}^{i} a_k \\
y_0 &= 0
\end{aligned}
\qquad (7-4)
$$

式中　L——桥板跨距；

α——各测量段的倾角。

(3)直线度误差的评定

①最小包容区域法

最小区域法是用与公差带形状一致，且包容实际直线在内的最小包容区域的宽度(或直径)来表示误差的方法。

对于给定平面内的直线的直线度评定，应按照“相间原则”判断最小包容区域，其内容为：由两平行直线包容实际线时，与实际线成高、低相间接触。(1)高—低—高相间：上包容线 L_1 与实际轮廓线的两个最高点 G_1 和 G_2 相切，平行于 L_1 的下包容线与实际轮廓线的最低点 D_3 相切，D_3 在 L_1 上的投影位于 G_1 和 G_2 之间。(2)低—高—低相间原则：下包容线 L_2 与实际轮廓线的两个最低点 D_1 和 D_2 相切，平行于 L_2 的上包容线与实际轮廓线的最高点 G_3 相切，G_3 在 L_2 上的投影位于 D_1 和 D_2 之间，如图 7-13 所示。

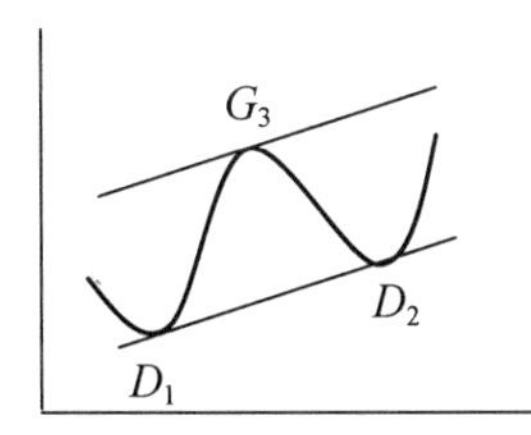

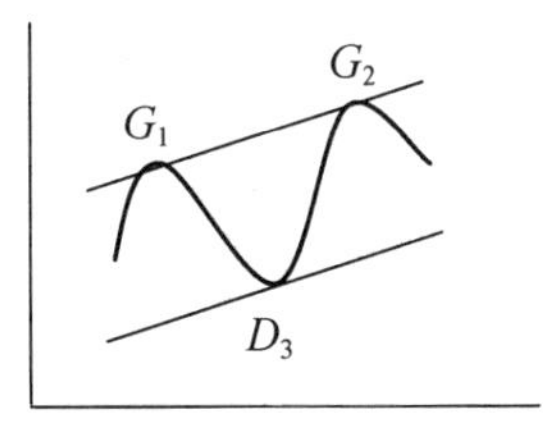

图 7-13　相间原则

②最小二乘法

最小二乘法是以测得直线的最小二乘中线作为评定基线的方法。即用最小二乘法对 n 个测量点的坐标值拟合直线，计算各点相对拟合直线的偏差，得到最大正值偏差、最大负值偏差，两者绝对值之和即为所求直线度误差。

③两端连线法

两端连线法是以测得直线的两端连线作为评定基线的方法。即连接首尾两点得两端直线，计算其余各点到两端连线的偏差，求得最大正值偏差和最大负值偏差值，两者绝对值之和即为所求直线度误差。

最小二乘法和两端连线法属于近似算法，不符合最小条件。

(4)数据处理方法

①作图法

第一步：将各测点坐标描在直角坐标图上，连接各点，绘出测得直线形状。

第二步：做测得直线的外接多边形，此多边形应为凸多边形或任一内角小于180°。

第三步：沿 y 轴方向量取该多边形的最大距离 f，即为直线度误差。

〔例7－1〕 被测直线各点坐标值见表7－4，用作图法求直线度误差。

表7－4 被测直线各点坐标值

测点序号	0	1	2	3	4	5	6
坐标值/μm	0	+6	+27	+18	+15	+6	+18

解：

作测得直线图形的外接多边形，见图7－14，其为凸多边形。沿 y 方向量取该多边形的最大距离 f($f=24.6\mu m$)。

②计算法

用计算法按最小包容区域法求解直线度误差，通常按下述步骤进行：

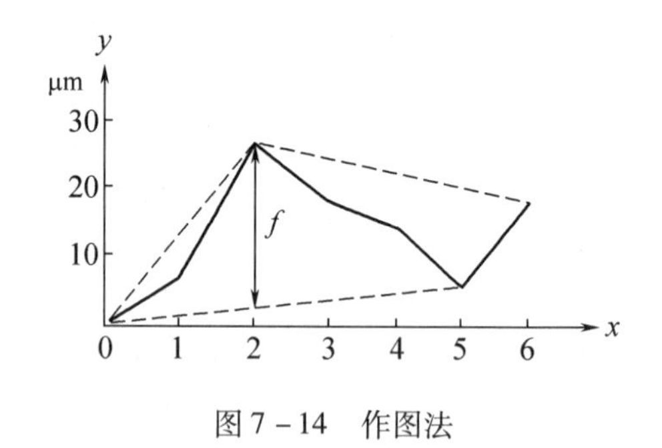

图7－14 作图法

第一步：根据各测点的坐标值，确定某一直线的直线方程的系数 k；

第二步：将各测点的坐标 y_i 按式 $y_i'=y_i-y_0-kx$ 进行变换，其中：y_i' 为各点变换后的纵坐标，y_i 为各点变换后的纵坐标，x_i 为各点变换前的横坐标，y_0 为起始点的纵坐标；

第三步：计算各 y_i' 的最大、最小值之差 $f=y'_{max}-y'_{min}$；

第四步：按一定优化方法改变 k 值，求出 f'，比较 f' 与 f，再令较小值为 f；

第五步：重复第三、四步计算，直至 f 为最小，即为直线度误差。

(二)平面度的检测

1. 平面度误差的检测

平面度测量方法与直线度测量相似，也有直接法、间接法等测量方法。

平面度测量时需选择合理的布点方式，常用的布点方式有网格布点、米字线布点、环形布点。图7－15所示为一种网格布点方式，其测量顺序为：(1) $A\rightarrow B\rightarrow C$；(2) $A\rightarrow D$；(3) $P_1\rightarrow P'_1\cdots P_{n-1}\rightarrow P'_{n-1}$。

2. 平面度误差的评定方法

(1)最小区域法

对于平面度评定，构成最小包容区域的是包容实际表面且距离为最小的两平行平面，两平行平面之间的宽度表示平面度误差值。

由两平行平面包容实际平面时，最小包容区域应按照以下原则进行判断：(1)三角形原则：两包容面之一通过实际面最高点(或最低点)，另一包容面通过实际面的3个最低点(或最高点)，而最高点(或最低点)的投影落在3个最低点(或最高点)组成的三角形内(或某一边线上)。(2)交叉原则：上包容面通过实际面上两等值最高点，下包容面通过实际面上两等值最低点，两最高点连线与两最低点连线相交。(3)直线原则：包容面之一通过实际面上最高点(或最低点)，另一包容面通过实际面上两等值最低点(或最高点)，而最高点(或最低点)的投影落在两个最低点(或最高点)组成的连线上。如图7－16所示。

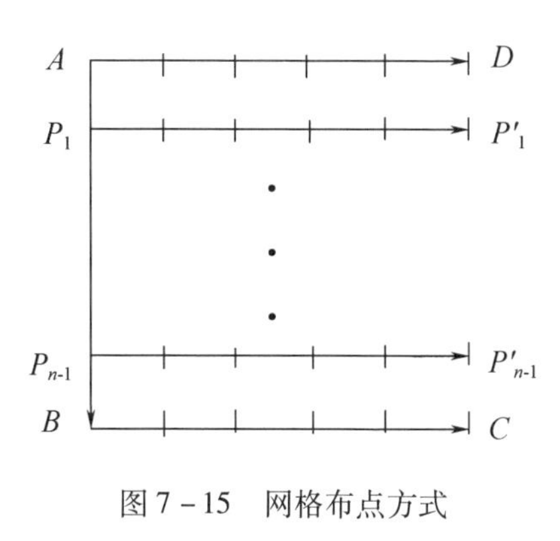

图7－15　网格布点方式

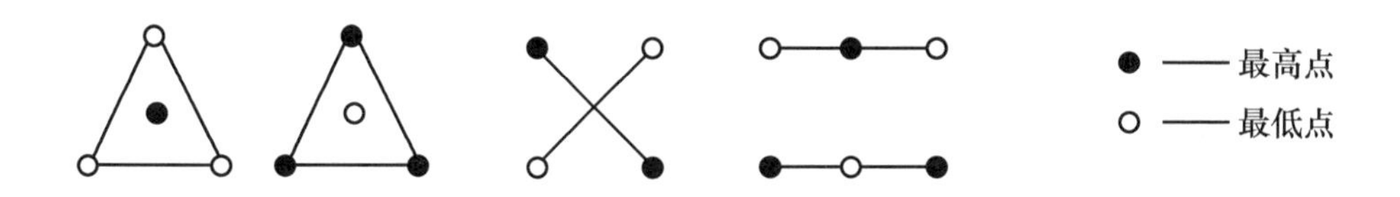

图7－16　平面度最小包容区域判别原则

(2)对角线法

对角线法指通过实际表面上一条对角线且平行于另一条对角线的理想平面作为评定基准面的评定方法。

(3)三点法

三点法指通过实际表面上相距较远的3个点的理想平面作为评定基准面的评定方法。

3. 平面度误差的数据处理方法

旋转变换法简单易行，是评定平面度误差的常用方法。其步骤如下。

(1)分析被测表面特征，判断可能符合的最小包容区域判别准则，将可能的高(或低)极点旋转变换成等值，同时变换其余各点的坐标。

作旋转变换时，确定旋转轴后按式(7－5)确定单位旋转量k：

$$k = \frac{|Z_A - Z_B|}{L_A + L_B} \tag{7-5}$$

式中　Z_A, Z_B——欲使等高的两点A, B的坐标值；

L_A, L_B——A, B两点到旋转轴的距离(或间距格数)。

各点新坐标值Z'_i按式(7－6)确定

$$Z'_i = Z_i \pm k \times L_i \tag{7-6}$$

式中：Z_i——各点的原坐标值；

L_i——各点到旋转轴的距离(或间距格数)。

(2)判断是否符合最小包容区域判别准则，如果符合判别准则，此时可以求出最大值与最小值之差，即平面度误差；如果不符合判别准则，应重复上述步骤，直到符合判别准则为止。

〔例7－2〕　被测表面上各点坐标值如图7－17所示，按旋转变换法评定平面度误差。

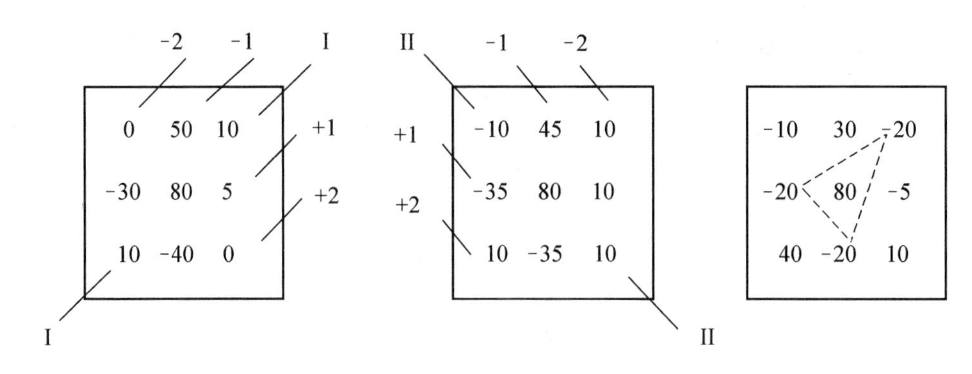

图 7－17　例 7－2(旋转变换法)

解:

分析被测表面特征,可以看出被测表面中心点最高,因此建立转轴和旋转的目的是设法寻找 3 个等值最低点以满足三角形原则。

取Ⅰ－Ⅰ为旋转轴,单位旋转量:

$$k = \frac{-30-(-40)}{1+1} = 5\mu m$$

再以Ⅱ－Ⅱ为旋转轴进行旋转。两次旋转后已满足三角形原则,则平面度误差 $f = +80 - (-20) = 100\mu m$。

(三)圆度误差检测

1. 圆度仪法

(1)圆度仪检测方法

圆度仪是测量半径变化来确定圆度误差的量仪,可以分为传感器旋转式和工作台旋转式两种。传感器旋转式圆度仪是放置在工作台上的被测零件固定不动,将传感器安装在精密回转主轴上,随主轴旋转,传感器测头在空间的运动轨迹为理想圆。被测实际轮廓与该理想圆比较,其半径变动量由传感器测出,经电路处理,由记录器绘出被侧实际轮廓图形,或由计算器算出圆度误差值。

(2)圆度误差的评定

根据被测轮廓的记录图评定圆度误差的方法有以下 4 种。

①最小区域法

用两个同心圆包容实际被测轮廓,至少有 4 个实测点内外相间地位于两个包容圆的圆周上,如图 7－18 所示,此两同心圆的半径差为圆度误差值。

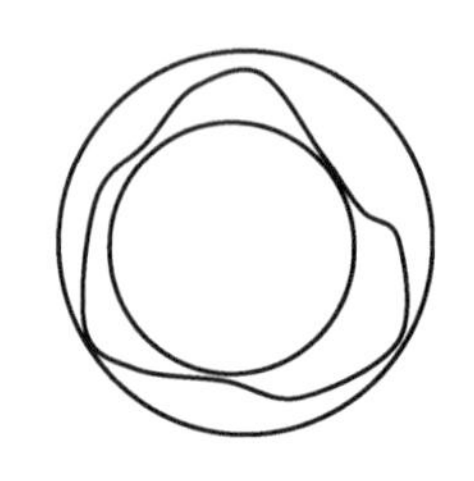

图 7－18　最小区域圆

②最小外接圆法

作实际轮廓最小外接圆,再以该圆圆心为圆心作实际轮廓的内切圆,此两圆的半径差为圆度误差值。

③最大内切圆法

作包容实际轮廓最大内切圆,再以该圆圆心为圆心作实际轮廓的外接圆,此两圆的半径差为圆度误差值。

④最小二乘圆

以最小二乘圆圆心为圆心作实际轮廓的内、外包容圆，此两圆的半径差为圆度误差值。

2. 两点、三点法

两点法是在直径上对置的一个固定测量支承和一个可在测量方向上移动的测头之间所进行的测量，三点法是在两个固定测量支承和一个可在测量方向上移动的测头之间所进行的测量。如图 7－19 所示。

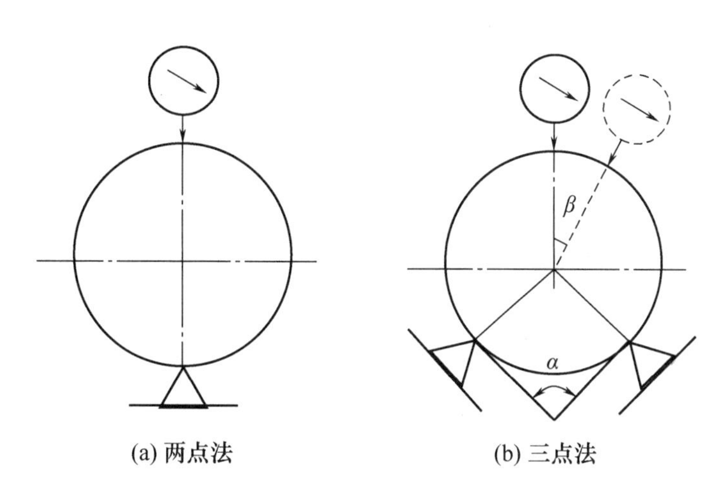

图 7－19　两点、三点法

两点、三点法测量时，被测件回转一周，读取指示器读数最大值与最小值之差 Δ，按式(7－7)修正后得到圆度误差值 f：

$$f = \frac{\Delta}{F} \tag{7-7}$$

式中，F 为反映系数，与被测零件棱边数、固定支承夹角 α，测量角 β 等参数有关。

三、位置误差的检测

(一) 平行度误差的检测

图 7－20 所示为一种面对面的平行度的检测方案，带指示器的测量架在基准实际表面上移动，并测量整个被测表面。取指示器的最大与最小读数之差作为该零件平行度误差。

图 7－21 所示为一种面对面的平行度的检测方案，将被测零件放置在平板上，在整个被测表面上按规定测量线进行测量，取指示器的最大与最小读数之差作为该零件平行度误差。

图 7－22 所示为一种面对面的平行度的检测方案，使用水平仪分别在基准表面和被测表面上等跨距分段测量，根据基准表面的误差曲线确定基准的方位，用定向最小包容区域的宽度作为平行度误差值。

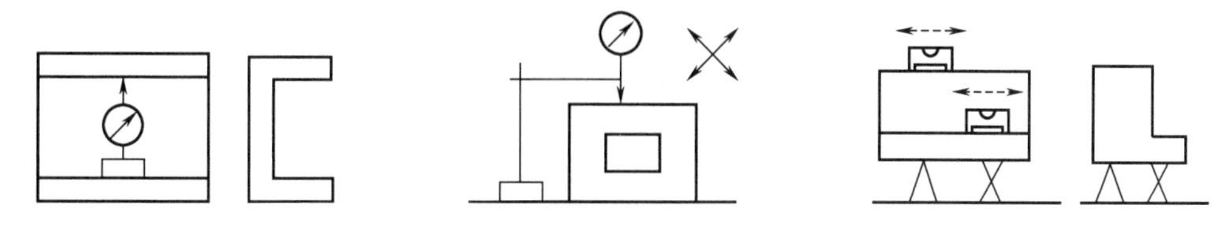

图 7－20　平行度的检测方案 1　图 7－21　平行度的检测方案 2　图 7－22　平行度的检测方案 3

(二)垂直度误差的检测

图7－23所示为一种面对面的垂直度的检测方案,将被测零件基准面固定在直角座上,调整靠近基准的被测表面读数差为最小,再读取被测表面各点读数,取指示器的最大读数差作为该零件垂直度误差。

图7－24所示为一种线对面的垂直度的检测方案,将被测零件放置在平板上,在相互垂直的两个方向上进行测量。在距离为 L_2 的两个位置测量被测轮廓要素与直角座距离 M_1, M_2 和轴径 d_1, d_2,该测量方向上的垂直度误差为:

$$f = \left| (M_1 - M_2) + \frac{d_1 - d_2}{2} \right| \frac{L_1}{L_2} \tag{7-8}$$

取两个测量方向上较大误差值作为该零件垂直度误差。

图7－25所示为一种线对线的垂直度的检测方案,基准轴线和被测轴线分别由心轴模拟,调整基准心轴处于水平位置,水平仪靠在两心轴素线上,分别读数 A_1 和 A_2,垂直度误差值为:

$$f = |(A_1 - A_2)| CL \tag{7-9}$$

式中 C——水平仪刻度值;

L——被测孔轴线长度。

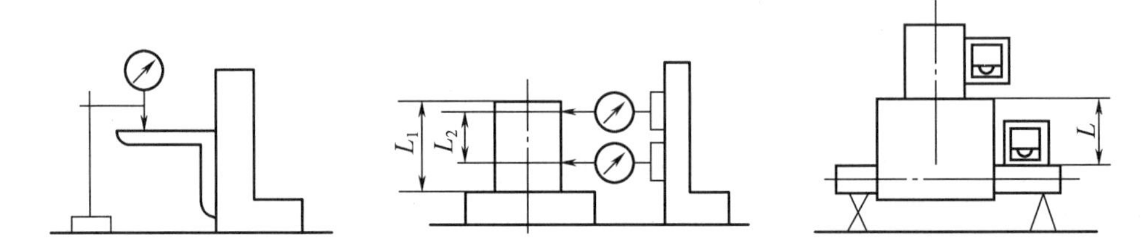

图7－23 垂直度的检测方案1 图7－24 垂直度的检测方案2 图7－25 垂直度的检测方案3

(三)同轴度误差的检测

图7－26所示为一种同轴度的检测方案,使用准直望远镜进行测量,首先将目标靶置于基准孔内并找正位置,调整准直望远镜,使望远镜分划板十字线中心与目标靶十字线中心重合,再将目标靶放入被测孔内,通过测微器分别测出分划板十字线中心与目标靶十字线中心在水平方向和垂直方向的偏差 f_x 和 f_y。则同轴度误差为:

$$f = 2\sqrt{f_x^2 + f_y^2} \tag{7-10}$$

图7－27所示为一种同轴度的检测方案,使用圆度仪进行测量,首先调整被测零件,使其基准轴线与仪器主轴的回转轴线同轴,然后在被测零件的基准要素和被测要素上测量若干截面并记录轮廓图形,根据图形按定义求出该零件同轴度误差。

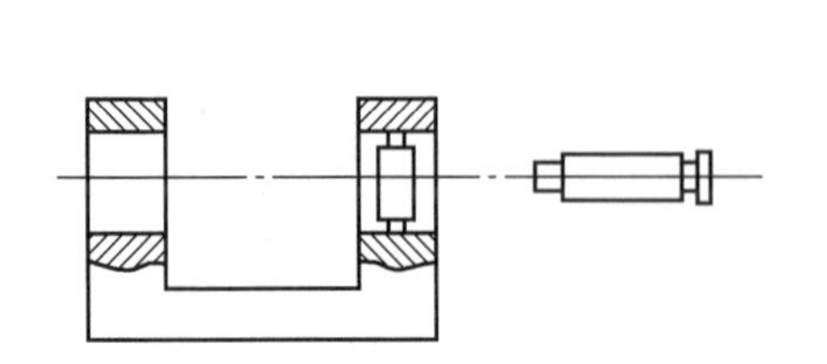

图7－26 同轴度的检测方案1

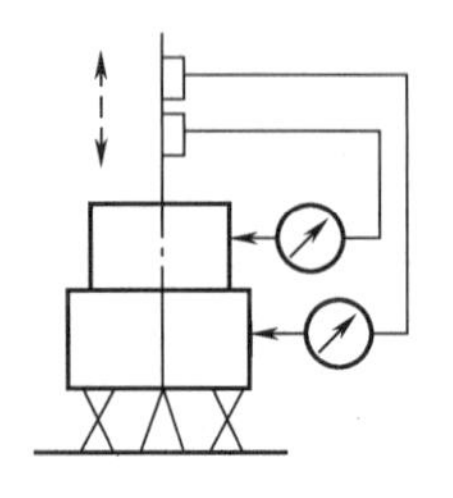

图7－27 同轴度的检测方案2

（四）跳动的检测

跳动的检测可以分为圆跳动检测和全跳动检测。

1. 圆跳动误差

圆跳动误差是被测要素绕基准轴线作无轴向移动的回转一轴，由位置固定的指示表在给定方向上测得的最大与最小读数差，所谓给定方向，对圆柱面指的是径向，对端面指的是轴向，对圆锥面指的是法向。根据给定方向不同，圆跳动可以分为径向圆跳动，端面圆跳动和斜向圆跳动。

径向圆跳动可以按图 7－28 所示进行测量。测量时，工件放在两顶尖上，工件回转一周，指示表最大差值为该截面上的径向跳动。测量若干截面，取各截面上测得的最大值为该工件径向圆跳动。

测量端面圆跳动时体现基准的方法与测量径向圆跳动的方法相同，可以使用 V 形块、顶尖、心轴等。一般测量若干不同直径位置的跳动，取其中最大值作为该工件的端面圆跳动误差值。如图 7－29 所示。

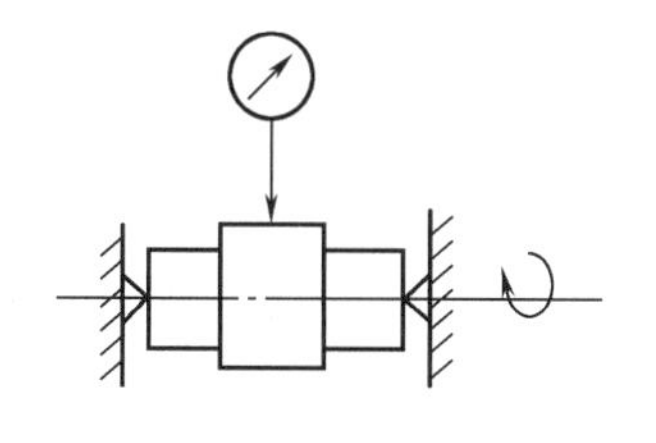

图 7－28　径向圆跳动

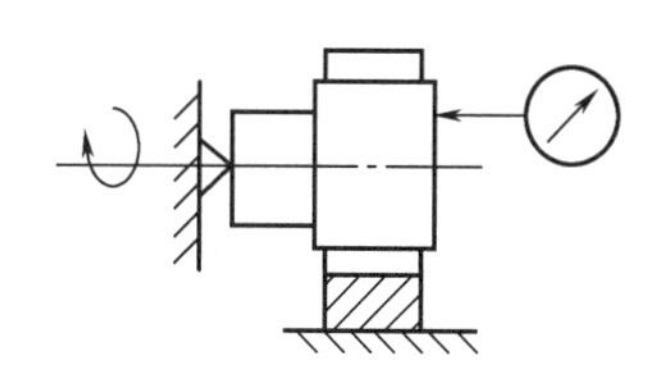

图 7－29　端面圆跳动

2. 全跳动误差

全跳动误差是被测要素绕基准轴线作无轴向移动连续回转时，指示表沿理想素线连续移动，在给定方向上测得的最大与最小读数差。根据给定方向不同，全跳动可以分为径向全跳动和端面全跳动。

第三节　产品的角度检测

一、圆周封闭原则

圆周封闭原则指在圆周分度器件（或方箱等工件）具有所有分度角（或内角）之和等于360°，即角度误差之和等于零的自然封闭特性，利用这一特性，在没有更高精度的基准器件的情况下，采用“自检法”也能达到较高精度测量的目的。

以测量方形角铁零件为例，将被测零件放置在平板上，以被测角的一个面作为定位面，使用自准直仪对准被测角另一面，依次读得读数值 e_1, e_2, e_3, e_4，设各被测角的误差值：

$$\Delta\varphi_i = \Delta A + e_i \qquad (i = 1,2,3,4)$$

对等式两边求和，得：

$$\sum_{i=1}^{4} \Delta\varphi_i = 4\Delta A + \sum_{i=1}^{4} e_i$$

由圆周封闭原则可知，$\sum_{i=1}^{4}\Delta\varphi_i=0$，得：

$$\Delta A=-\frac{1}{4}\sum_{i=1}^{4}e_i \qquad (7-11)$$

因而4个角的实际偏差都可以求出。

二、常用角度测量器具及方法

(一)比较法

比较法一般用于生产车间的零件检验。检验时，使用角度样板或角度量块与被测零件进行比较，观察被测零件与样板之间的光隙来判断工件是否合格。

1. 角度极限样板

可以按照零件的公差值制作角度极限样板，如图7-30所示，令通端的公称值等于被测角的极大值$\alpha+\delta$；止端的公称值等于被测角的极小值$\alpha-\delta$。在检验时，合格的角度在样板通端外侧和止端内侧出现光隙。

2. 直角尺

直角尺一般用来检验工件的直角和垂直度，用直角尺测量角度主要根据角尺工作面与被测工件之间的光隙大小进行判断。如图7-31所示，光隙出现在尺根部，说明被检角度大于90°，光隙出现在尺的上端，说明被检角度小于90°。光隙的大小可以用目力估计或用塞尺测量。

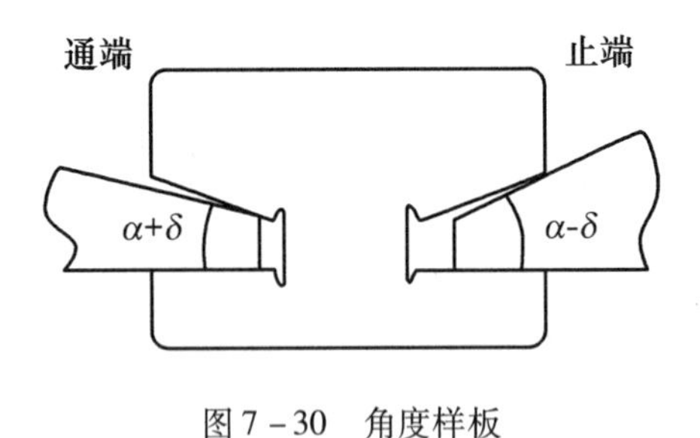

图7-30 角度样板

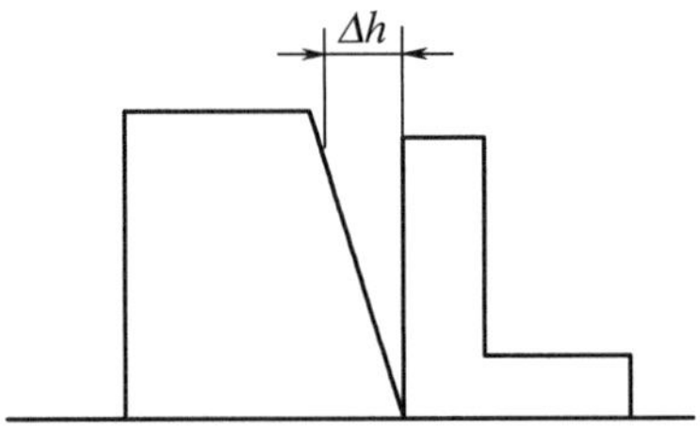

Δh

图7-31 直角尺

(二)万能角度尺测量角度

万能角度尺是一种常用的游标角度量具，通过对构件的不同组合，可用于测量0°~360°以内的任何角度。

1. 万能角度尺的组成

万能角度尺的组成如图7-32所示，游标尺2固定在扇形板6上，通过啮合传动可以与主尺3作相对转动，此时由游标尺与主尺的游标刻度可以得到相应读数值。直角尺1可以通过卡块与扇形板固定，直尺4可以通过卡块与直角尺(或其他部件)固定，作为测量面与基尺7形成不同的测量范围。

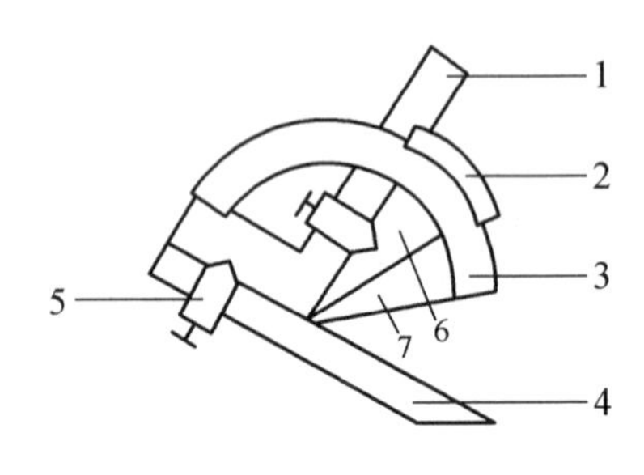

图7-32 万能角度尺
1—直角尺；2—游标尺；3—主尺；4—直尺；5—卡块；6—扇形板；7—基尺

2. 万能角度尺的测量方法

(1)独立使用主尺与扇形板，在基尺与扇形板测量面之间可以测量 230°～320°以内的角度。

(2)装上直尺与直角尺，在基尺与直尺测量面之间可以测量 0°～50°以内的角度。

(3)取下直尺，在基尺与直角尺测量面之间可以测量 140°～230°以内的角度。

(4)取下直角尺，换上直尺，在基尺与直尺测量面之间可以测量 50°～140°以内的角度。

(三)正弦尺法

正弦尺是根据三角形的正弦关系设计制造的一种测量装置，见图 7－33，常用于测量内、外锥体工件的锥角及外锥体的大、小端直径，也可用于测量角度块的角度值。

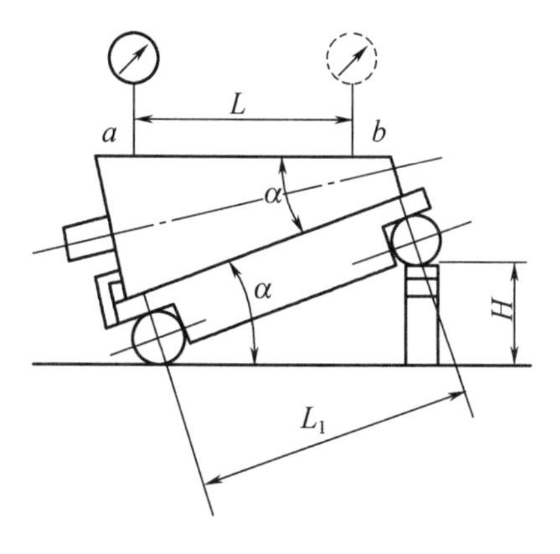

图 7－33　正弦尺测量原理

首先通过量块组使正弦规复现出被测角的公称值 α，量块组的尺寸 H 可按式(7－12)计算：

$$H = L_1 \sin \alpha \qquad (7-12)$$

式中，L_1 为正弦尺两标准圆柱中心距。

由指示表读出 a，b 两点的读数差值 $h_2 - h_1$，按式(7－13)计算被测角与其公称角的偏差 $\Delta\alpha$。

$$\Delta\alpha = \frac{h_2 - h_1}{L} \times 2 \times 10^5 \qquad (7-13)$$

(四)钢球、圆柱法

用直径尺寸精确确定的钢球和圆柱，可以实现角度的间接测量。

图 7－34(a)所示为用圆柱测燕尾角 α，将两直径相等的圆柱与燕尾底部接触，测量尺寸 M_1，再将两圆柱分别放到尺寸为 h 的两等高量块上，测量尺寸 M_2，燕尾角 α 为：

$$\alpha = \arctan \frac{2h}{M_2 - M_1} \qquad (7-14)$$

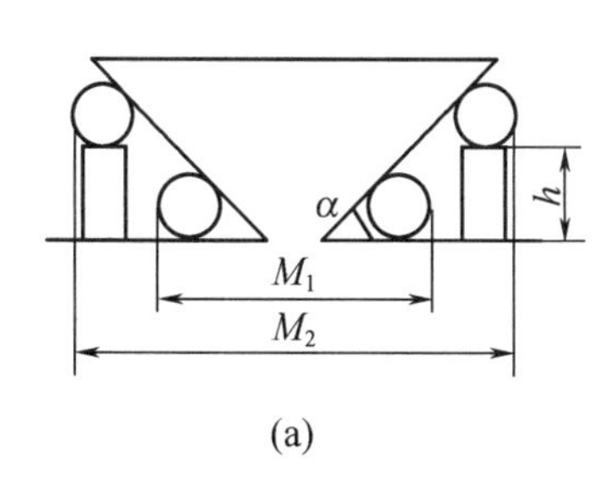

(a)

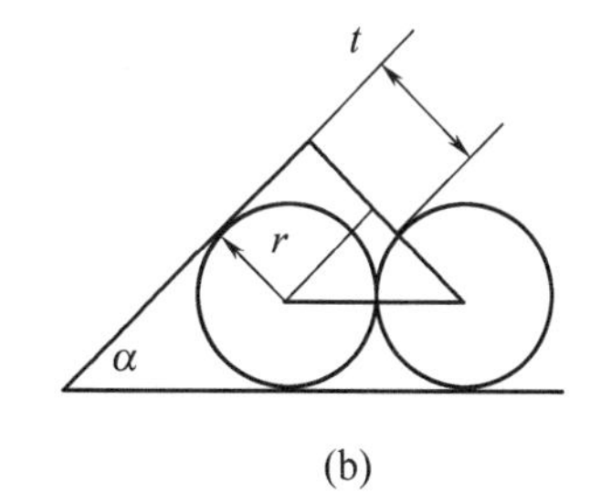

(b)

图 7－34　钢球圆柱法测量角度

图 7－34(b)所示为用圆柱法测内角，将两直径相等的圆柱如图放置，测量尺寸 t，则：

$$\alpha = \arcsin \frac{t}{2r} \qquad (7-15)$$

式中，r 为圆柱半径。

第四节　产品的粗糙度检测

表面粗糙度指工件表面上具有较小间距和峰谷所组成的微观几何形状特性。表面粗糙度对零件的配合性能、疲劳强度、耐磨性、耐腐蚀性等有直接影响。正确检测和评定工件的表面粗糙度，是机械产品质量检验工作的一项重要内容。

一、基本概念

（一）测量的一般规定

1. 测量方向

对于切削加工表面，应该在垂直于加工纹理的方向测量。如果不能明确确定加工纹理方向，应通过在几个不同方向的测量结果确定。

2. 取样长度

用于判别具有表面粗糙度特征的一段基准线长度称为取样长度，合理选择取样长度可以限制表面形状误差和波度对表面粗糙度评定的影响。

3. 评定长度

评定轮廓所必须的一段长度，为一个或连续的几个取样长度之和。

（二）表面粗糙度评定基准线

轮廓的最小二乘中线是评定表面粗糙度参数的基准线，它是指在取样长度内，使轮廓线上各点的轮廓偏距 y_i 平方和为最小的线，即 $\int_0^l y_i^2\mathrm{d}x$ 为最小。

为计算方便，规定可用算术平均中线来代替最小二乘中线，此中线在取样长度内将表面轮廓分成上下两部分，上下部分所包含的轮廓面积相等。

（三）表面粗糙度评定参数

按照国家表面粗糙度测量标准 GB/T 1031—2009 的要求，表面粗糙度参数一般分为高度参数：轮廓算术平均偏差 R_a 和轮廓最大高度 R_z；附加参数为轮廓单元的平均宽度参数 R_{sm}、轮廓支承长度率 $R_{mr(c)}$ 。

1. 轮廓算术平均偏差 R_a

轮廓算术平均偏差 R_a 是在取样长度内轮廓偏距绝对值的算术平均值如图 7－35 所示，可用式（7－16）表示：

$$R_a = \frac{1}{l}\int_0^l |y_i| \mathrm{d}x \qquad (7-16)$$

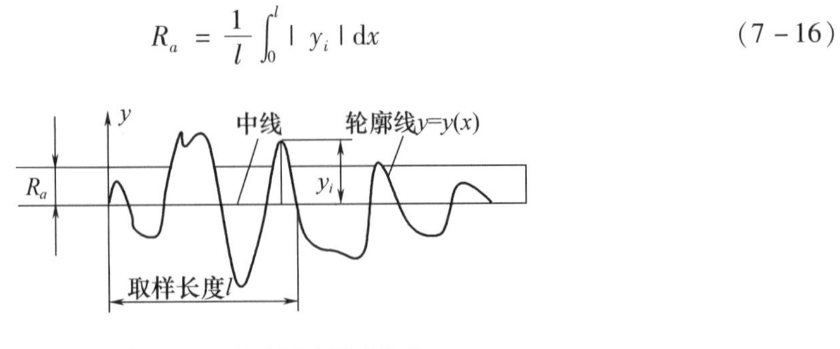

图 7－35　轮廓算术平均偏差

2. 轮廓最大高度 R_z

R_z 指在取样长度内轮廓峰顶线和轮廓谷底线之间的距离（见图 7－36）：

$$R_z = Z_{pmax} + Z_{vmax} \tag{7-17}$$

式中，Z_{pmax}，Z_{vmax} 同样都取正值。

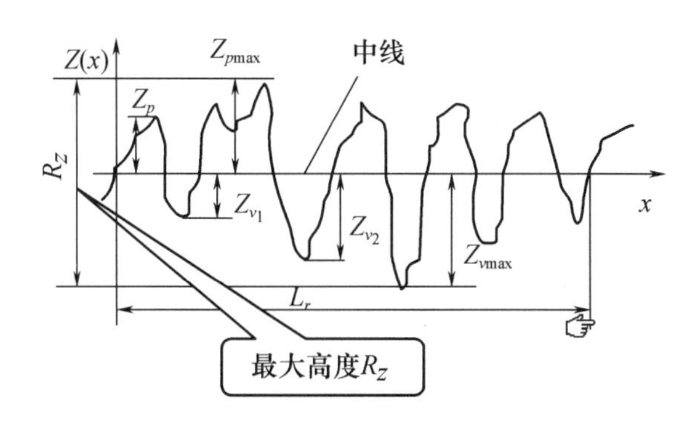

图 7－36　轮廓最大高度高度

3. 轮廓单元的平均宽度参数 R_{sm}

R_{sm} 指在取样长度内轮廓微观不平度的间距的平均值（见图 7－37），即：

$$R_{sm} = \frac{1}{m}\sum_{i=1}^{m} X_{si} \tag{7-18}$$

式中，X_{si} 为轮廓微观不平度的间距，是指含有一个轮廓峰和相邻的一个轮廓谷的一段中线长度。

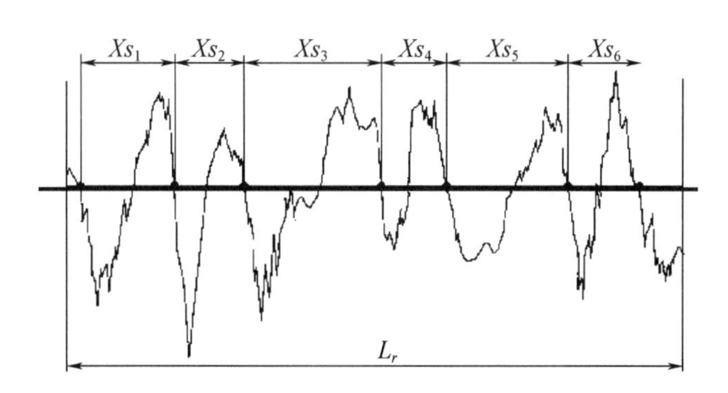

图 7－37　轮廓单元的宽度与轮廓单元的平均宽度

4. 轮廓支承长度率 $R_{mr(c)}$

在取样长度内轮廓支承长度 $R_{mr(c)}$ 与取样长度 l 之比（见图 7－38），即：

$$R_{mr(c)} = \frac{\sum_{1}^{n} b_i}{l_n} \tag{7-19}$$

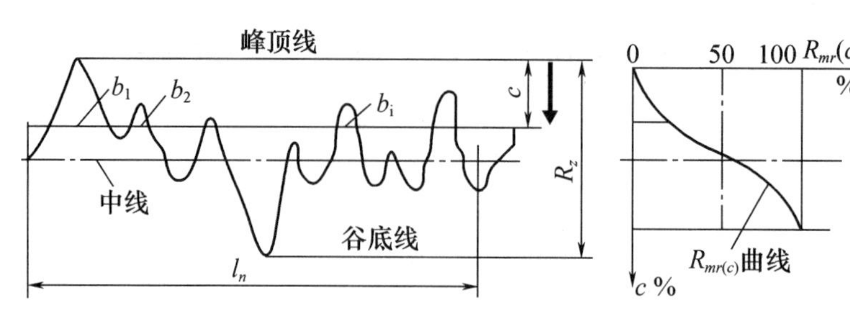

图 7-38　轮廓支承长度

二、表面粗糙度的测量方法

(一)比较法

比较法是通过检验者的视觉和触觉,对被检表面与粗糙度样块直接进行比较来确定粗糙度的方法。为了提高准确度,所使用的粗糙度标准样块的材质、表面形状以及加工的纹理方向应尽量和被测件相似或相同。

比较法简便、迅速,适用于在车间使用。其缺点是判断可靠性取决于检查人员的实践经验,无法给出准确的数值。

(二)光切法

光切法是用平行光带投射到被测表面,光带与表面轮廓相交的曲线影像即反映了被测表面的微观几何轮廓,对曲线影像进行测量、计算即可以获得粗糙度参数。

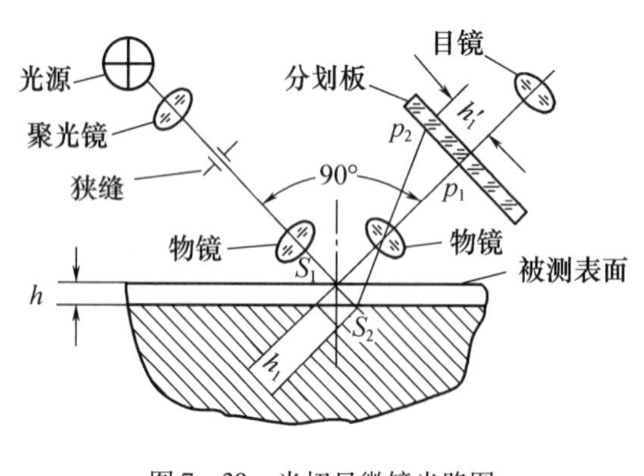

图 7-39　光切显微镜光路图

光切法原理如图 7-39 所示,光源发出的光经光阑后形成狭长带状光束,以 45°倾角投射到被测表面上。被测不平表面被亮带照射后,表面的波峰在 S_1 点发生反射,波谷在 S_2 点产生反射,通过观测显微镜的物镜组,它们各自成像在分划板的 p_1 和 p_2 点,通过目镜的分划板与测微器测出 p_1 点至 p_2 点之间的距离 h'_1。

被测表面峰谷高度 h 与视野中峰谷高度 h'_1 的关系:

$$h = \frac{h'_1}{V}\cos 45^{\circ} \qquad (7-20)$$

式中,V 为物镜的实际放大倍数。

(三)干涉法

干涉法是利用光波干涉原理将被测表面的微观几何形状转换为一组等厚干涉条纹,对放大的干涉条纹进行测量,得到粗糙度参数。

用干涉法测量表面粗糙度的是干涉显微镜。双光束干涉显微镜工作原理如图 7-40 所示,分光镜 M 将光源 L 发出的光束分为两束,通过物镜 O_1 和 O_2,一束射向参考面 R,另一束射至被测工件表面 T,由 R 和 T 反射回来的两束相干光汇合产生干涉,在目镜分划板可以见到干涉图形,如图 7-41 所示。使用测微目镜可以测出条纹间距 b 和弯曲量 a,则被测表面的表面

粗糙度 h 为：

$$h = \frac{a}{b} \times \frac{\lambda}{2} \tag{7-21}$$

式中　b——相邻干涉条纹的间隔，对应着等于光波一个波长 λ 的光程差；

a——弯曲量。

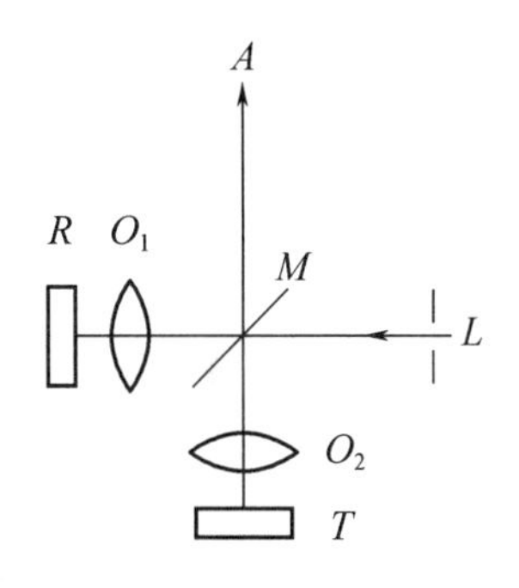

图 7－40　双光束干涉显微镜工作原理

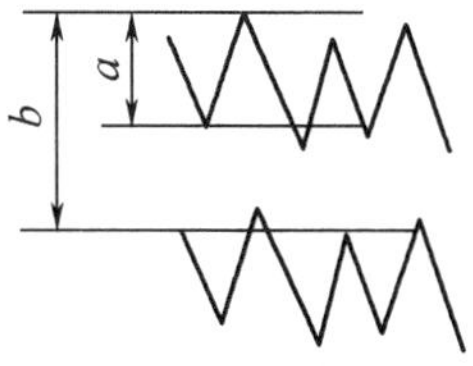

图 7－41　干涉图形

(四) 触针法

触针法是最常用的表面粗糙度测量方法，它是利用金刚石触针在被测表面上匀速滑动时，表面粗糙不平使触针在被测轮廓表面的垂直方向上产生位移，传感器把此位移转换成电信号，经电路处理后，输出表面粗糙度评定参数或在记录仪上绘出实际轮廓的放大图形。

(五) 印模法

对于一些零件的内表面不便使用仪器进行测量，可以用印模法进行间接测量。使用石蜡等塑性材料做成印模，贴合在被测表面上，取下的印模上便留有被测表面的轮廓形状，对印模表面进行粗糙度测量，可以得到被测表面粗糙度。

第五节　传动件误差检测

一、圆柱齿轮的检测

(一) 圆柱齿轮的误差项目

圆柱齿轮的误差项目包括：(1) 影响运动准确性的误差项目：切向综合误差（$\Delta F_i'$）、齿距累积误差（ΔF_P）、齿圈径向跳动（ΔF_r）、径向综合误差（$\Delta F_i''$）、公法线长度变动（ΔF_W）；(2) 影响传动平稳性的误差项目：一齿切向综合误差（$\Delta f_i'$）、一齿径向综合误差（$\Delta f_i''$）、齿形误差（Δf_f）、基节偏差（Δf_{pb}）、齿距（周节）偏差（Δf_{pt}）；(3) 影响载荷分布均匀性的误差项目：齿向误差（ΔF_β）、接触线误差（ΔF_b）、轴向齿距偏差（ΔF_{px}）。

(二) 齿轮的检验组

按齿轮各项误差对传动性能的影响，标准将齿轮的公差项目分为Ⅰ，Ⅱ，Ⅲ 3 个公差组，每个公差组分为若干检验组，根据齿轮的功能要求和生产规模，在各公差组内选定检验组来检验齿轮的精度。一般须选择 4 个检验组，即在第Ⅰ，Ⅱ，Ⅲ公差组中各选一个检验组，再选一个检验组考核侧隙的大小。

第一公差组的检验组：①$\Delta F_i'$；②ΔF_P；③$\Delta f_i''$；④ΔF_W；⑤ΔF_r；

第二公差组的检验组：①$\Delta f_i'$；②$\Delta f_i''$；③Δf_{pt}；④Δf_f；⑤Δf_{pb}；

第三公差组的检验组：①ΔF_β。

（三）齿轮的单项测量

1. 齿形误差的测量

齿形误差可以在齿轮测量中心上测量。

齿形误差的测量运动由测头沿齿轮基圆切线方向的直线运动和齿轮绕其中心的旋转运动组成，当直线运动位移 ΔT 与旋转角度 $\Delta\theta$ 满足：

$$\Delta T = r_b \Delta\theta \tag{7-22}$$

时，测头相对于齿轮的运动为一条渐开线。式中 r_b 为基圆半径。在测量前将测头调整到齿轮的基圆切线上，并与被测齿轮的齿面相接触，然后，计算机根据式（7-22）控制齿轮绕 θ 轴转动，测头沿 T 轴移动，就可形成齿形误差的测量运动。

2. 齿距的测量

齿距误差包括齿距偏差（Δf_{pt}）和齿距累积误差（ΔF_P），其测量方法有绝对测量方法和相对测量方法。

（1）齿距的绝对测量

齿距的绝对测量是利用分度装置和定位装置直接测量格齿的实际位置相对理论位置的偏离量。被测齿轮与分度装置同轴转动，测头定位于被测齿轮的分度圆附近。测量时，转动分度装置，每次转过一个公称齿距角，在指示器上读出齿距误差。

（2）齿距的相对测量

齿距的相对测量是以任意 k 个齿的实际齿距为基准齿距，将被测齿轮其他 k 个齿的齿距与基准齿距比较，获得相对齿距偏差，再根据圆周封闭原理，确定齿距偏差。

逐齿相对测量就是选定任一实际齿距 P_0 作为基准齿距，将其他各齿的实际齿距 P_i 与基准齿距比较，获得相对齿距偏差 Δ_i，若基准齿距的偏差为 Δ_0，根据圆周封闭原理有：

$$\Delta_0 = -\sum_{i=1}^{z} \Delta_i / z$$

则各齿距的齿距偏差：

$$\Delta f_{pti} = \Delta_i + \Delta_0$$

齿距累积误差：

$$\Delta F_{Pi} = \sum_{1}^{i} \Delta f_{pti} \tag{7-23}$$

（四）齿轮整体误差的测量

1. 单面啮合综合测量

单面啮合综合测量，是将被测齿轮在公称中心距状态下与理想精确的测量齿轮单面啮合，测量实际转角对理论转角的误差。

实现单面啮合综合测量的仪器称为“单啮仪”，其工作原理如图 7-42 所示。在啮合过程中，当被测齿轮有误差时，将引起被测齿轮的转角误差，此转角误差经圆光栅、比相器转变为两电讯号的相位差，然后输入记录器，得到记录曲线。

在普通单面啮合测量中，被测齿轮与测量齿轮啮合的重合度 $\varepsilon > 1$，传动过程中有时会有两对齿轮参与啮合，记录曲线只能反映两对齿轮中的误差较大值。为了能获得被测齿轮各轮齿全部啮合过程的误差,可以采用间齿测量法。

间齿测量是指将基准蜗杆上不参与啮合的齿面磨薄,使测量时的重合度 $\varepsilon < 1$。当被测齿轮齿数为奇数时,选用双头蜗杆,此时应将其中一条螺旋槽的两侧齿形减薄;齿数为偶数时,选用三头蜗杆,此时应将其中两头减薄。由于被磨薄的齿面不参与啮合过程,对于奇数齿齿轮,在第一转内只能测出奇数齿,被测齿轮连续转两圈,才能测完全部齿轮;对于偶数齿齿轮,被测齿轮连续转三圈,才能测完全部齿轮。

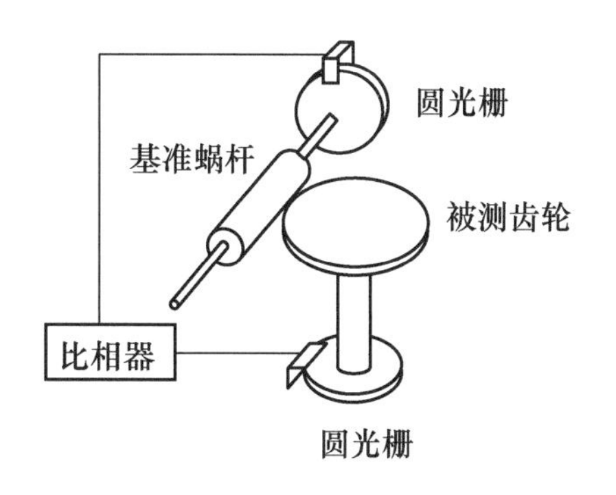

图 7-42 单啮仪工作原理

2. 双面啮合综合测量

双面啮合综合测量,是指将被测齿轮与理想精确的测量齿轮在双面啮合状态下进行传动,测量中心距的变动。

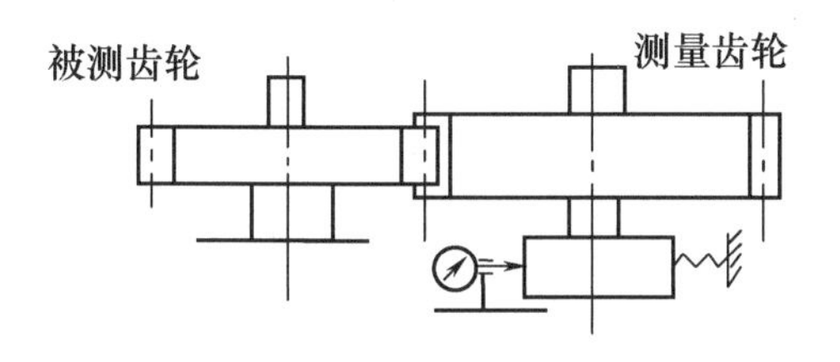

图 7-43 双啮仪工作原理

实现双面啮合综合测量的仪器称为双啮仪,其工作原理如图 7-43 所示。被测齿轮安装在固定滑座上,测量齿轮安装在浮动滑座上,并因弹簧的作用使两齿轮实现无缝隙的双面啮合。旋转被测齿轮,此时由于齿圈偏心、齿形误差、基节偏差等误差的存在,将使测量齿轮及浮动滑座左右移动,从而使中心距产生变动。

二、螺纹检测

(一)螺纹的主要几何参数

1. 中径(D_2 或 d_2)

中径为某假想圆柱的直径,该圆柱的母线通过牙型上沟槽和凸起宽度相等的地方。在旋合长度内,恰好包容实际螺纹的一个假想的理想螺纹的中径称为作用中径。

2. 螺距(P)与导程(L)

螺距指相邻两牙在中径线上对应两点间的轴向距离。

3. 牙型角(α)与牙型半角($\alpha/2$)

牙型角指通过螺纹轴线剖面内的螺纹牙型上相邻两牙侧间的夹角。

(二)螺纹的检测

螺纹的中径、螺距和牙型半角等基本参数可以采用单项测量,也可以采用综合测量。单项测量是用测量器具分别检测中径、螺距和牙型半角的误差并判定产品合格性;综合测量是使用螺纹量规检查螺纹的作用中径,综合检测中径、螺距和牙型半角的误差的合格性。产品螺纹则多用综合测量,工具螺纹多用单项测量。

1. 螺纹中径的测量

测量螺纹中径可以使用螺纹千分尺、工具显微镜进行测量,还可以用量针法进行间接测量,其中三针法应用最广。

三针法即根据被测螺纹的螺距选取 3 根直径相等,高精度的量针,沿螺旋线方向放在工件对侧位置上的 3 个螺纹牙槽中,如图 7-44 所示,量针直径 d_0 按式(7-24)计算:

$$d_0 = \frac{P}{2\cos\frac{\alpha}{2}} \tag{7-24}$$

式中　P——螺纹中径；

α——牙型角。

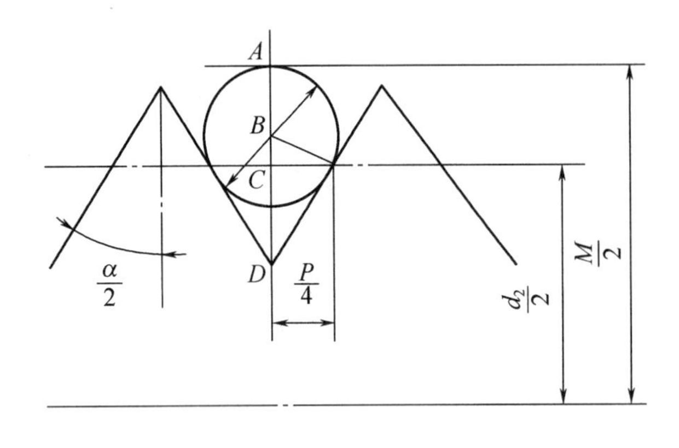

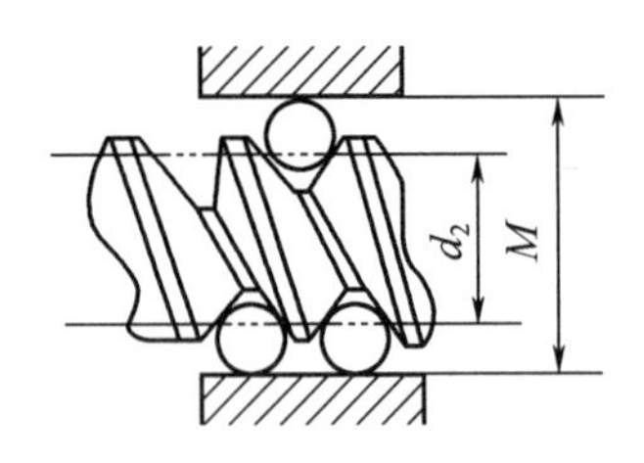

图 7-44　三针量法

然后用接触式量仪测出三针外母线之间的跨距 M，由图 7-44 可知：

$$\frac{d_2}{2} = \frac{M}{2} - AC = \frac{M}{2} - (AD - CD)$$

$$AD = AB + BD = \frac{d_0}{2} + \frac{d_0}{2\sin\frac{\alpha}{2}} = \frac{d_0}{2}\left(1 + \frac{1}{\sin\frac{\alpha}{2}}\right)$$

$$CD = \frac{P}{4}\cot\frac{\alpha}{2}$$

即被测螺纹的中径 d_2 为：

$$d_2 = M - d_0\left(1 + \frac{1}{\sin\frac{\alpha}{2}}\right) + \frac{P}{2}\cot\frac{\alpha}{2} \tag{7-25}$$

式中，M 为母线之间的跨距。

2. 螺距和牙型半角的测量

螺距和牙型半角的精密测量主要在工具显微镜上进行。

如图 7-45 所示，测量螺距时用米字线的中央虚线与牙型影像边缘相压，记录第一个纵向读数。保持横向位置不变，纵向移动工作台使中央虚线与相邻牙型牙侧影像边缘相压，记录第二个纵向读数。两次读数之差为被测螺距。为消除螺纹轴线在水平面内的倾斜造成的测量误差，可在牙型左右两侧各测一次，取算术平均值作为测量结果。

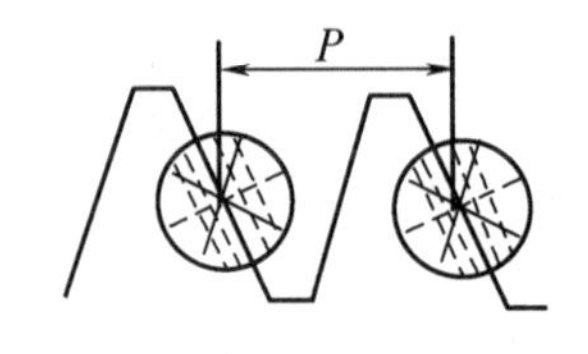

图 7-45　螺距测量

测量牙型半角时，应采用对线法，使米字线的中央虚线与牙廓影像边缘保持一条均匀光缝，在测角目镜中读出半角值。同样，为消除安装误差，可测出另一侧半角值，取平均值作为测量结果。

复习思考题

1. 阿贝原则的内容是什么？为何要遵守阿贝原则？
2. 简述百分表、电感类量仪、气动量仪的工作原理。
3. 利用工具显微镜，使用影像法测量工件尺寸的步骤是什么？
4. 莫尔条纹有何特点？
5. 试分析三坐标测量机与其他测量手段相比有何优点？
6. 工件在图样上的标注为 $\phi250h12(^{0}_{-0.46})$，确定验收极限并选用计量器具。
7. 什么是最小条件？为何采用最小条件？
8. 用分度值为0.01/1000 的水平仪测量1 800mm 长导轨的直线度，选用的桥板跨距为 $L=300mm$，测量各段时水平仪的读数见下表，用最小包容法求直线度误差。

测段序号	0	1	2	3	4	5	6
读数/格	0	3	6	-3	-1	-3	4

9. 被测表面上各点的原始数据如下图所示，使用最小包容区域法求平面度误差。

0	50	7
-30	80	5
12	-40	10

10. 圆度误差测量有哪些常用方法？并做简要说明。
11. 跳动测量与其他形位误差测量项目有什么区别与联系？
12. 何谓“圆周封闭原则”？它为角度测量可以带来什么方便？
13. 万能角度尺如何能够测量 $0°\sim360°$ 以内的任何角度？
14. 正弦原理在实际角度测量中有什么优缺点？
15. 表面粗糙度的常用评定参数有哪些？
16. 简述光切法测量表面粗糙度的测量原理。
17. 简述三针法测量螺纹中径的测量原理。

第八章　机床精度检验及性能测试

随着科学技术和国民经济的发展,机械制造业在国民经济成分中已占有愈来愈重要的地位。由此对金属切削机床的质量提出愈来愈高的要求,近几年来对金属切削机床检验项目和内容日趋广泛和深入。检验方法和手段也日益完善,要求更为严格。机床检验的主要目的,是检验所制造出的或修理过的机床是否符合所规定的技术要求,并检验各机构和部件协调动作的正确性和准确性,以及机床的工作能力。

根据国家标准《金属切削机床　通用技术条件》(GB/T 9061—2006)关于机床检验项目和要求,本章主要介绍机床几何精度检验、机床主轴回转运动精度检验、机床传动精度检验、机床定位精度试验、机床爬行试验和机床噪声试验。

第一节　机床几何精度检验

机床各主要部件的尺寸、形状、相互位置和相对运动的精确程度,是衡量机床质量的基本指标。在机床生产中,要逐台进行整机的几何精度检验,以确保机床产品的质量。首先检验了机床的几何精度并合格以后,才能进行机床的其他性能检验。所以,机床几何精度检验既是保证零件精度的重要措施,又是机床性能试验的基础,更是机床工业质量管理中的一个十分重要的环节。

世界各工业发达国家为了保证机床生产的质量,逐渐形成了一些机床检验标准。我国机床工业在《金属切削机床　通用技术条件》(GB/T 9061—2006)基础上,制定了各类机床的精度标准。本节将扼要阐述机床几何精度检验内容和检验技术。

一、导轨的直线度的检验

(一)用水平仪进行导轨直线度

用水平仪进行导轨直线度的检验时,若将水平仪放置在平行于导轨纵向专用桥板上,移动桥板逐点检验,并重复测量,取同一点读数的平均值。将测量读数进行处理,并画出曲线,连接曲线的端点,误差为曲线各点坐标值的最大代数差。测量时每次移动距离为测量长度的1/10,但不得小于100mm、或大于500mm,一般取200mm左右。

例如,使用$\frac{0 \cdot 02}{1000}$精度的水平仪放在$L_1 = 200$mm长的桥板上,测量3条1m长的导轨,其水平仪读数列于表8－1。按表中的数据,可以作出如图8－1所示的误差曲线。从图中可以看出,导轨Ⅰ表面呈中凹形状,其最大误差位于距离起点的400mm处,直线度误差为$\delta_1 = 0.008$mm。导轨Ⅱ表面呈中凸形状,其最大误差位于距离起点的600mm处,直线度误差为$\delta_2 = 0.011$mm。导轨Ⅲ的表面呈凹凸不平形状,其直线度误差为600mm处、800mm处相对于两端点连线的坐标值的一个最大正值和一个最大的负值的绝对值之和,即$f = |\delta_6| + |\delta_5| = 0.009$mm。

表 8－1　1000mm 导轨直线度测量数据

水平仪安置位置		水平仪读数值 n/格	L_1段的升差与落差 δ_i/mm	累计升差与落差 $\sum\delta_i$/mm	直线度误差 f/mm
Ⅰ	0～200	0	0	0	0.008
	200～400	0	0	0	
	400～600	+1.5	+0.006	+0.006	
	600～800	+1.5	+0.006	+0.012	
	800～1000	+2	+0.008	+0.020	
Ⅱ	0～200	0	0	0	0.11
	200～400	+0.5	+0.002	+0.002	
	400～600	+1.0	+0.004	+0.006	
	600～800	-1.5	-0.006	0	
	800～1000	-2.0	-0.008	-0.008	
Ⅲ	0～200	0	0	0	0.009
	200～400	+0.5	+0.002	+0.002	
	400～600	+1.0	+0.004	+0.006	
	600～800	-2.5	-0.010	-0.004	
	800～1000	+0.5	+0.002	-0.002	

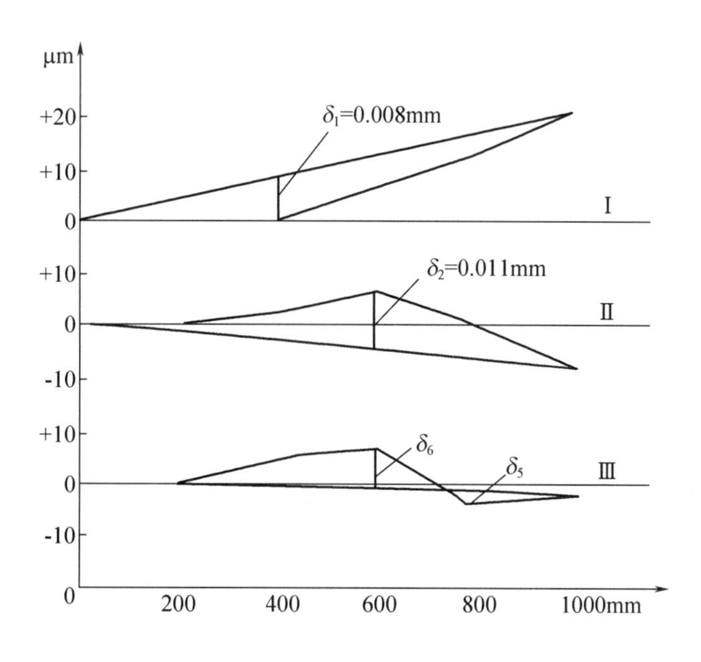

图 8－1　1000mm 导轨直线度误差曲线

在测量长导轨时，通常除对导轨在全长上的直线度有规定外，还对导轨在局部长度上的直线度误差也有一定要求，以保证导轨表面形状均匀变化。现以一条 1 600mm 长的导轨为例，求该导轨在任何一段 1m 长度上和全长上的直线度误差。若选用 0.02/1000 的水平仪进行测量，桥板长度为 200mm，各次测量读数列于表 8－2 中。

表 8－2　1600mm 导轨直线度测量数据

水平仪安装位置	水平仪读数值 n/格	L_1 段的升差与落差 δ_i/mm	累计升差与落差 $\sum\delta_i$/mm	直线度误差 f/mm	
0～200	+2.5	+0.010	+0.010	全长上的直线度误差为 0.028	1m 长度上的直线度误差为 0.016
200～400	+2.0	+0.008	+0.018		
400～600	+1.5	+0.006	+0.024		
600～800	+2.0	+0.008	+0.032		
800～1000	0	0	+0.032		
1000～1200	−2.0	−0.008	+0.024		
1200～1400	−2.0	−0.008	+0.016		
1400～1600	−2.0	−0.008	+0.008		

根据表中数据可绘出曲线如图 8－2 所示。从图中可以看出，在全长上的直线度误差为 0.028mm。在任何一段 1m 长度上的直线度误差，可以连接各相距 1m 处，取其最大的一个误差值作为 1m 长度上的直线度误差，f =0.016mm。

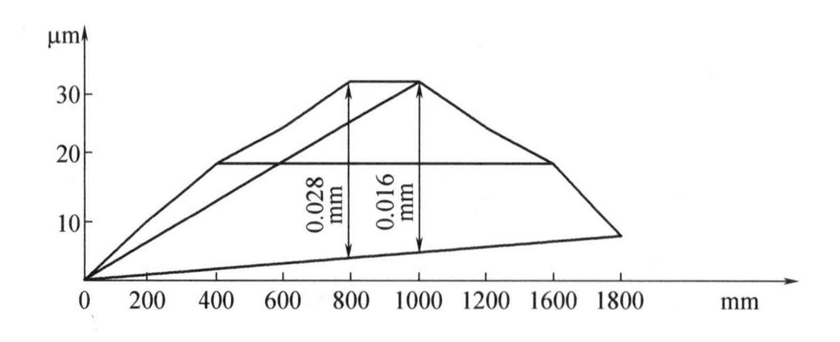

图 8－2　导轨在全长或任意 1m 长度上的直线度误差

（二）用自准直仪检验导轨直线度

自准直仪又称自动准直仪或自准直测微平行光管，是一种较高精度的测量仪器，其测量精度为微米级。自准直仪的构造和光路如图 8－3 所示。它由物镜、自准直测微目镜（包括斜面是半透明的胶合直角棱镜组成，与光轴成 45°放置的半透明反射镜、十字分划板、角度分划板、测微机构和目镜）及照明器三部分组成。反射镜是自准直仪的一个必备附件。

测量时，将自准直仪放在床身导轨一端，将反射镜放在专用的桥板（或溜板）上，按桥板节距长将导轨划分成若干段，由近及远地移动专用桥板，逐段进行检验。记录下每段的倾角值，

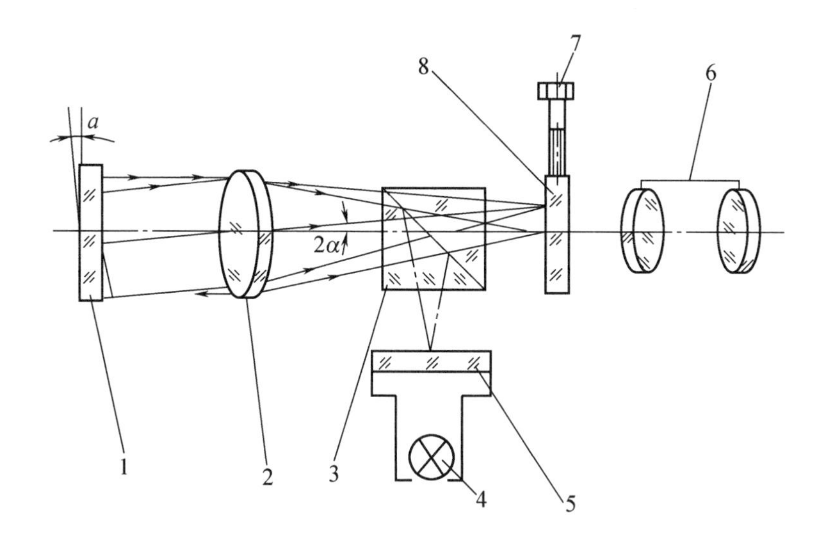

图 8－3　自准直仪测微平行光管原理图

1— 反射镜；2—物镜；3—棱镜组；4—照明器；5—十字分划板；6—目镜；7—测微螺丝；8—角度分划板

进行必要的数据处理，即可画出坐标曲线图。连接曲线两端点，曲线上各点到端点连线的坐标值的最大代数差即为直线度误差。如将目镜由垂直位置旋转 90°后（如图 8－4 所示），就可检验导轨在水平面内的直线度误差。所以，自准直仪可测量垂直平面内和水平面内的直线度误差。

表 8－3 是这种测量数据处理的例子，表中相邻点高度差中的 $5\times10^{-3}l$ 系反射镜底边长为 l 时，倾斜 1″的高度，一般仪器说明书都给出这个常数。当反射镜需放在桥板上时，l 即为桥板节距。表中 $l=200\text{mm}$。

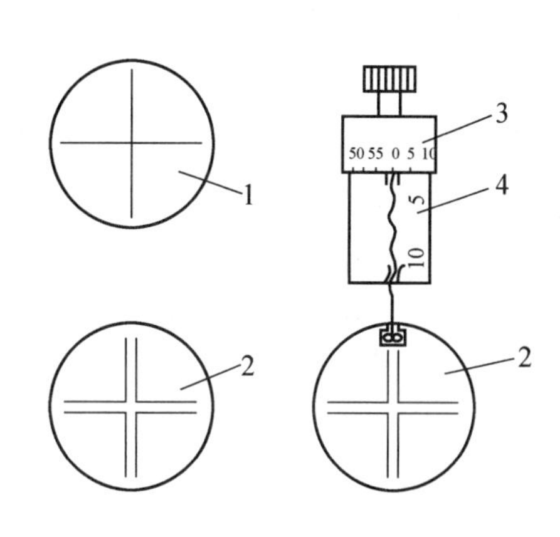

图 8－4　分划板及读数机构

1—十字分划板；2—角度分划板；3—刻度套管；4—固定套管

表 8－3　导轨直线度测量数据的处理

测量点 i	反射镜位置	各点读数 α_i (″)	与初读数差 $\beta_i=\alpha_i-\alpha_1$ (″)	相邻点高度差 $\Delta h_i=5\times10^{-3}l\beta_i$ (μm)	累积高度差 $\Delta i=\sum_{i=1}^{n}\Delta h_i$ (μm)	修正量 $\Delta i'=(i/n)\Delta n$ (μm)	直线度误差 $h_i=\Delta i-\Delta i'$ (μm)
				0	0	0	0
1	0～1	$\bar{\alpha}_1=11.6$	0	0	0	+0.09	−0.09
2	1～2	$\bar{\alpha}_2=10.7$	−0.9	−0.9	−0.9	+0.18	−1.08
3	2～3	$\bar{\alpha}_3=9.6$	−2.0	−2.0	−2.9	+0.28	−3.18

续表

测量点 i	反射镜位置	各点读数 α_i (″)	与初读数差 $\beta_i=\alpha_i-\alpha_1$ (″)	相邻点高度差 $\Delta h_i=5\times10^{-3}l\beta_i$ (μm)	累积高度差 $\Delta i=\sum_{i=1}^{n}\Delta h_i$ (μm)	修正量 $\Delta i'=(i/n)\Delta n$ (μm)	直线度误差 $h_i=\Delta i-\Delta i'$ (μm)
4	3~4	$\bar{\alpha}_4=11.5$	−0.1	−0.1	−3.0	+0.37	−3.37
5	4~5	$\bar{\alpha}_5=12.9$	+1.3	+1.3	−1.7	+0.46	−2.16
6	5~6	$\bar{\alpha}_6=14.7$	+3.1	+3.1	+1.4	+0.55	+0.85
7	6~7	$\bar{\alpha}_7=13.5$	+1.9	+1.9	+3.3	+0.64	+2.66
8	7~8	$\bar{\alpha}_8=12.2$	+0.6	+0.6	+3.9	+0.73	+3.17
9	8~9	$\bar{\alpha}_9=10.8$	−0.8	−0.8	+3.1	+0.83	+2.27
10	9~10	$\bar{\alpha}_{10}=9.8$	−1.8	−1.8	+1.3	+0.92	+0.38
11	10~11	$\bar{\alpha}_{11}=12.0$	+0.4	+0.4	+1.7	+1.01	+0.69
12	11~12	$\bar{\alpha}_{12}=11.0$	−0.6	−0.6	$\Delta n+1.1$	+1.1	0

用导轨的测量点为横坐标，累积高度差为纵坐标，则误差曲线如图8－5所示。连接曲线两端点，第8点和第4点误差曲线到两端点连线的误差为+3.17μm和－3.37μm，导轨直线度误差 $\delta=|\delta_1|+|\delta_2|=3.17+3.37=6.54\mu m$。

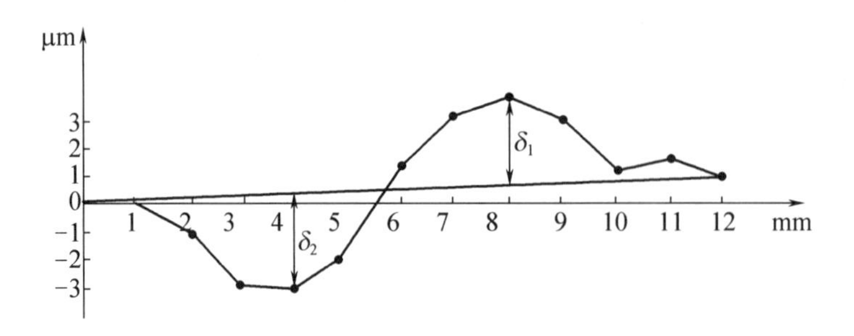

图8－5　用平行光管测量的导轨直线度误差曲线

二、平行度的检验

平行度的允差与测量长度有关，例如，测量长度为300mm，平行度的允差为0.02mm；对于测量较长的导轨时，还要规定局部允差。对直线运动和直线自身间或相互间的平行度，一般应在两个相互垂直的平面内测量。

图8－6所示是利用水平仪和桥板检验V型导轨与平导轨在垂直平面内的平行度。检验时，将水平仪横向放在专用桥板（或溜板）上，移动桥板逐点进行检验，其误差计算的方法用角度偏差值表示，如0.02/1000等。水平仪在导轨全长上测量读数的最大代数差，即为导轨的平

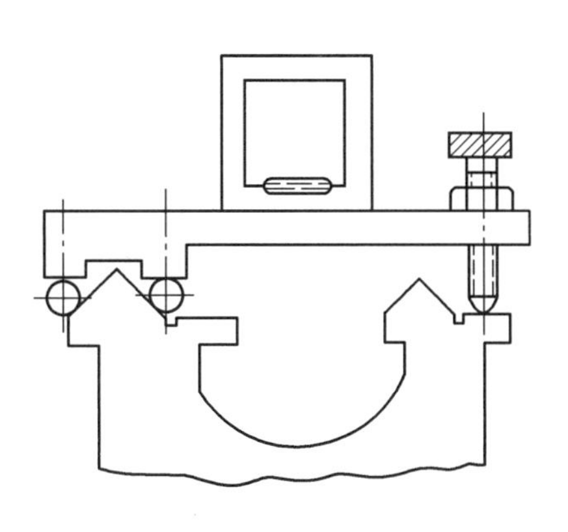

图 8－6　用水平仪检验导轨平行度

行度误差。

例如，有一床身导轨全长为 2m，其平行度允差为：在 1m 长度上为 0.02/1000；在全长上为 0.03/1000。

现用水平仪精度为 0.02/1000，检验桥板每 250mm 移动一次，可取得 8 个读数，见表 8－4。从表中可看出，在 1m 长度上的最大平行度误差，在 3～6位置处，误差为 $\frac{0.01}{1000}-\left(-\frac{0.01}{1000}\right)=\frac{0.02}{1000}$，精度合格；全长上的平行度误差为2 ～8 位置处，其误差值为$\frac{0.015}{1000}-\left(-\frac{0.015}{1000}\right)=\frac{0.03}{1000}$，精度也未超差。

表 8－4　导轨平行度检验数据

位置序号	1	2	3	4	5	6	7	8
距离/mm	0～250	250～500	500～750	750～1000	1000～1250	1250～1500	1500～1750	1750～2000
水平仪读数	0	$-\frac{0.015}{1000}$	$-\frac{0.010}{1000}$	$-\frac{0.005}{1000}$	0	$+\frac{0.010}{1000}$	$+\frac{0.005}{1000}$	$+\frac{0.015}{1000}$

图 8－7 所示为车床主轴锥孔中心线对床身导轨平行度的检验方法。在主轴锥孔里插入一根检验棒，千分表固定在溜板上，在指定长度内移动溜板，用千分表分别在检验棒的上母线 a 和侧母线 b 进行检验。a,b 的测量结果分别以千分表读数的最大差值表示。为消除检验棒圆柱部分与锥体部分的同轴度误差，第一次测量后，将检验棒拔出，相对主轴转 180°后再插入重新检验。误差以两次测量结果的代数和之半计算。

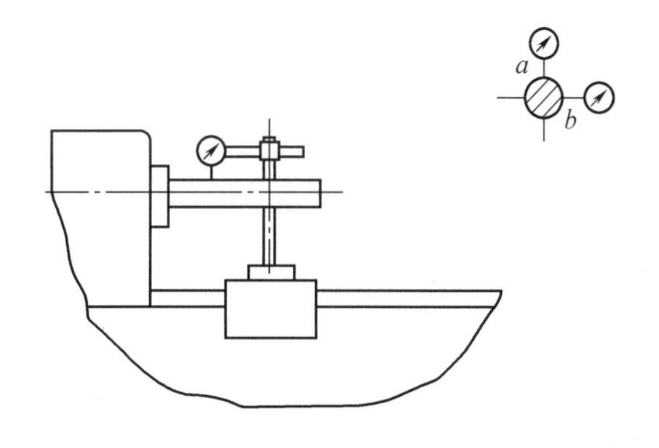

图 8－7　主轴锥孔中心线对床身导轨平行度的检验

其他如外圆磨床头架及尾架主轴锥孔中心线、砂轮架主轴中心线对工作台导轨移动的平行度，卧式铣床悬梁导轨移动对主轴锥孔中心线的平行度，都与上述检验方法类似。

图 8－8 所示为双柱坐标镗床主轴箱水平直线移动对工作台面平行度的检验方法。在工作台面上放两块等高块，将平尺放在等高垫块上且平行于横梁。将测微仪固定在主轴箱上，按图示方法移动主轴箱进行检验，测微仪的最大差值就是平行度误差。为了提高测量精度，必须用块规塞入测头与平尺表面之间进行测量，以防止刮研平尺刀花带来的测量误差。要消除平尺工作面和工作台面间的平行度误差，可在第一次测量后，将平尺调头，再测量一次，两次测量结果的代数和之半就是平行度误差。

图 8－9 为无心磨床砂轮中心线与导轮中心线平行度的检验方法。检验时，通过托架定位槽导向面作为两者的基准，分别检验两个轴线与导向面的平行度后，然后进行换算。图 8－9(a) 所示为检验托架定位槽导向面对砂轮轴线的平行度。在砂轮的定心锥面上紧密地套一根检验轴套，在托架定位槽上紧靠一个专用滑块，将千分表固定在专用滑块上，并使千分表测头顶在检验轴套的表面。移动专用滑块，分别在上母线 a 和侧母线 b 上检验。a，b 处千分表读数的最大差值，就表示砂轮轴对托架定位槽导向面在垂直平面内和水平面内的平行度误差。为了将砂轮轴锥部和圆柱部分的同轴度误差消除，应将砂轮轴回转 180°，再用同样方法检验一次。两次测量结果代数和的一半就是平行度误差。

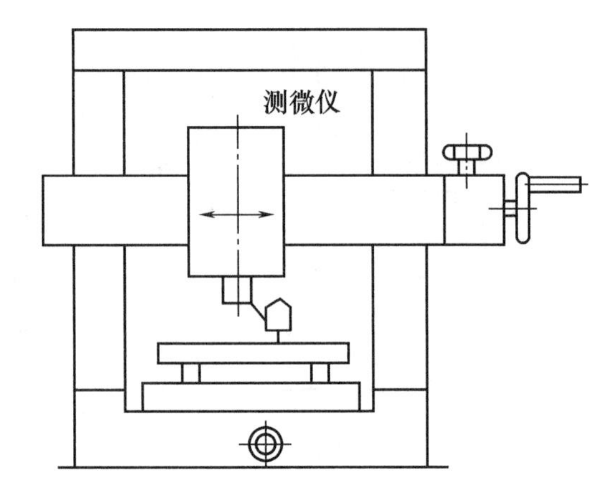

图 8－8　主轴箱移动对工作台面平行度的检验

图 8－9(b) 所示为检验托架定位槽导向面对导轨轴线的平行度，方法和误差计算也均同上述。

砂轮轴线与导轨轴线平行度误差，按母线 a，b 分别计算，即将上述两项检验结果的代数和作为平行度误差值。

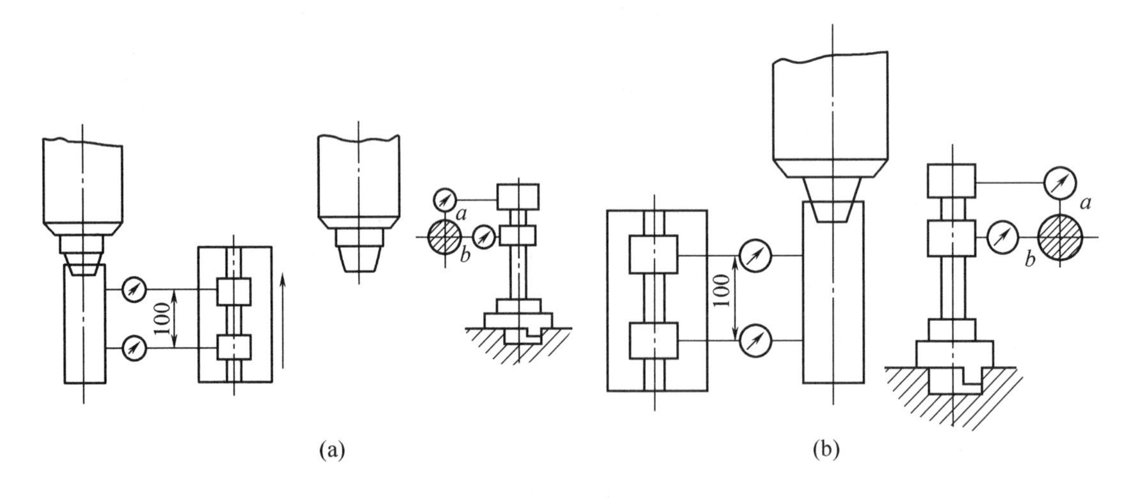

图 8－9　无心磨床砂轮中心线与导轮中心线平行度的检验

三、工作台面平面度的检验

机床工作台面是用来固定工件或夹具的基准面，在我国机床精度标准中，规定为测量工作台面在各个方向（纵、横、对角、辐射）上的直线度误差后，取其中最大一个直线度误差作为工作台面的平面度误差。

测量时，沿各规定方向测其直线度误差，如图 8－10 所示。当被测平面为矩形时，测量方向应包括 3 个纵向、3 个横向（当被测平面纵向或横向大于 1600mm 时，在横向或纵向应各测 4～5个方向）及两对角线方向；当被测平面为圆形时，应在间隔为 45°的 4 条直径方向上检验。

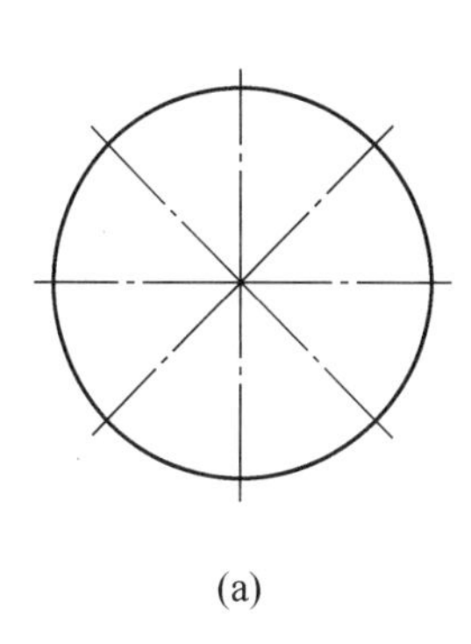

(a)

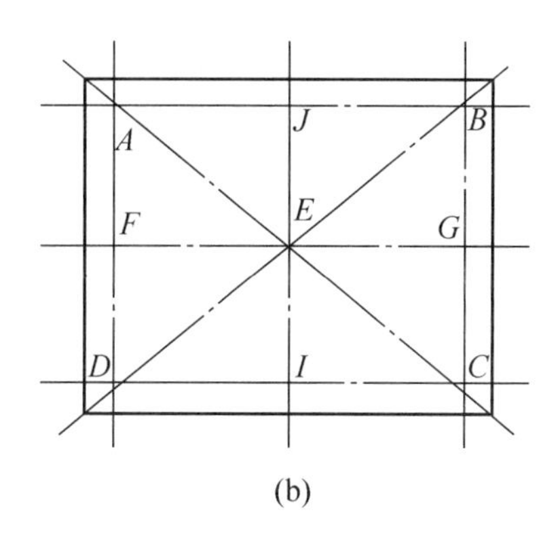

(b)

图 8－10　工作台面平面度检验

如使用水平仪、自准直仪测量时，在规定方向放一平尺，将放水平仪或反射镜的垫块靠在平尺上，移动垫块和水平仪或反射镜进行测量，以减少测量误差。当用自准直仪或校正望远镜检验时，可使用五角棱镜（如图 8－11 所示）。测完第一条直线的直线度误差后，把五角棱镜、垫块及其上的反射镜（或标靶）移到第二条测量线上，依次测量即可。

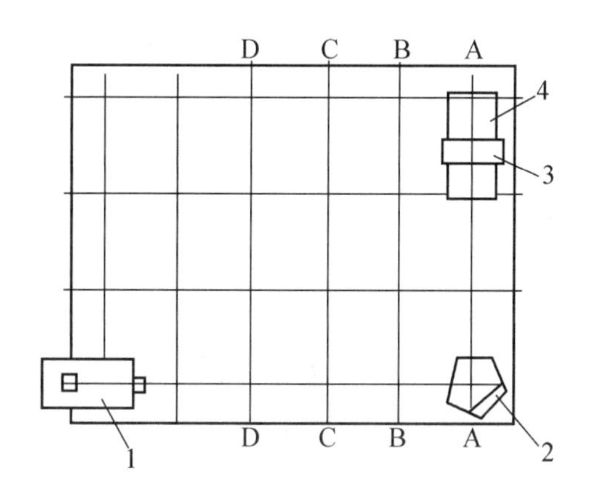

图 8－11　用自准直仪或校正望远镜检验平面度

1—自准直仪；2—五角棱镜；3—反射镜；4—垫块

为了在工作台面上可靠地紧固工件或夹具，工作台面的平面度误差一般规定为中凹。

对中小型台面，可以利用标准平板研点检验。一般中等型号的工作台，可采用相应长度的 0～1 级精度平尺、等高垫块、块规或塞尺在纵向及对角线方向检验。

四、导轨或部件间的垂直度检验

机床溜板的导轨，如车床溜板、铣床溜板、镗床溜板等零件，一般都制成上下互相垂直的十字导轨，以便于在工件加工时能加工出互相垂直的工件表面。又如横梁类零件，它本身在立柱上作垂直移动，而刀架又在它的导轨上作水平移动，因此，也要求横梁的两导轨面互相垂直。对于立柱类零件，则要求其安装表面与导轨面在纵横两个方向保持垂直。

图 8－12 所示为检验工作台侧基准面对工作台台面的垂直度。工作台放在检验平板上，把框式水平仪放在工作台台面上，记下读数；然后将水平仪的侧面紧靠在工作台侧基准面上，再记下读数。水平仪读数的最大代数差值就是侧基面对工作台台面的垂直度误差。两次测量时水平仪的方向不能变，若将水平仪回转 180°，则改变了工作台台面的倾斜方向，当然读数也就错了。

图 8－13 所示是检验铣床工作台纵向、横向移动的垂直度。将方尺或角尺卧放在工作台面上，千分表固定在主轴上，其测头顶在方尺检验面 b 上移动工作台，使方尺的检验面 b 和工作台移动方向平行。然后变动千分表的位置，使其测头顶在方尺的另一检验面 a 上，移动工作台进行检验，千分表读数的最大差值就是垂直度误差。

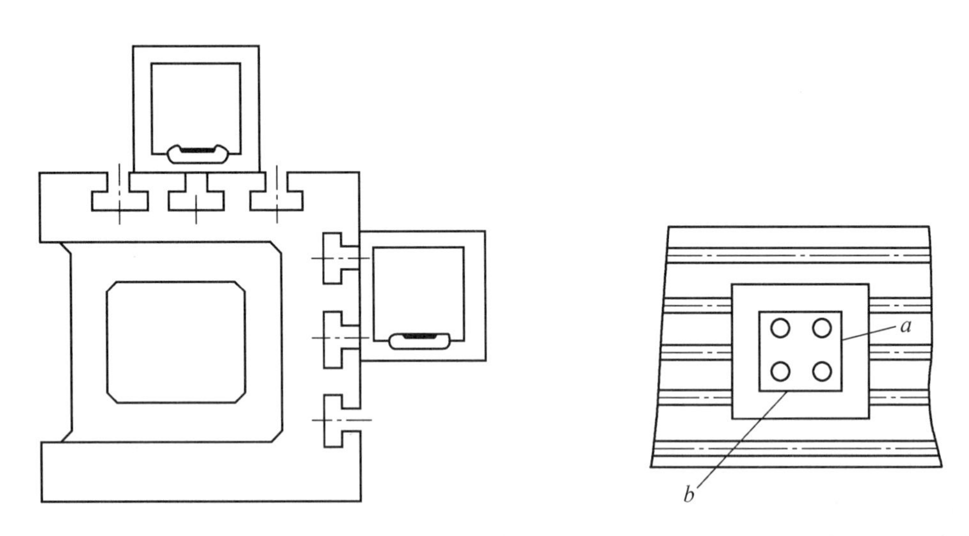

图 8－12　检验工作台侧基准面对工作台台面的垂直度　　图 8－13　工作台纵向和横向移动垂直度检验

五、回转精度的检验

回转精度包括主轴回转中心线的径向跳动和轴向窜动。有关机床主轴精度的动态试验将在第二节中专题介绍。在验收试验的几何精度检验中，对于主轴（或回转工作台）的回转精度只进行静态的径向与轴向误差测量，有的机床如钻床等的主轴，则只需进行径向跳动的检验。

主轴（或回转工作台）锥孔中心线径向跳动的检验如图 8－14 所示。在锥孔中紧密地插入一根锥柄检验棒，将千分表固定在机床上，使千分表测头顶在检验棒表面上。旋转主轴（或回转工作台），分别在靠近主轴端部的 a 处和 b 处检验径向跳动（a，b 距离为 300mm 或 500mm），a，b 的误差分别计算，千分表读数的最大差值，就是径向跳动的数值。为了消除检验棒同轴度误差，可将检验棒取出转过 180°后再插入锥孔，按照上述方法重复检验一次。两次测量读数代数和的一半即为径向跳动的数值。

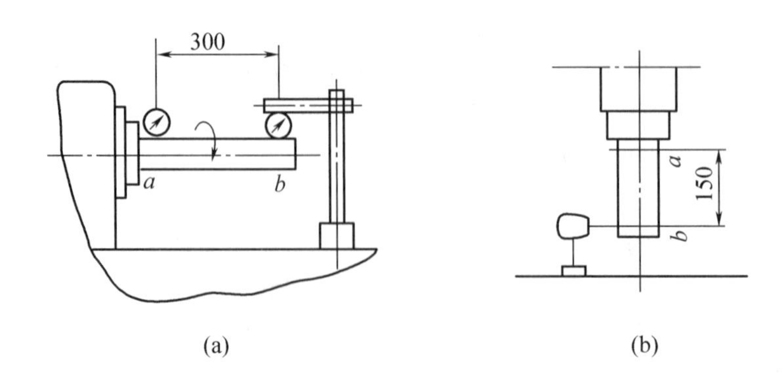

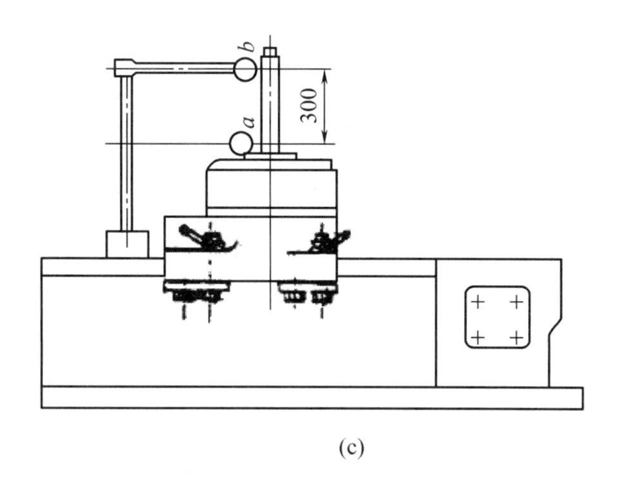

(c)

图 8－14　主轴锥孔中心线径向跳动的检验

图 8－15 为装有弹簧夹头的主轴孔中心线的径向跳动检验方法。在夹头孔中夹紧一检验棒，千分表固定在机床上，使千分表测头顶在检验棒的表面上。旋转主轴，分别在靠近主轴端 a 处和 b 处检验径向跳动。第一次读数后，在检验棒转位 120°，240°的两个位置各再测量 1 次，3 次读数的平均值就是 a，b 处径向跳动的数值。

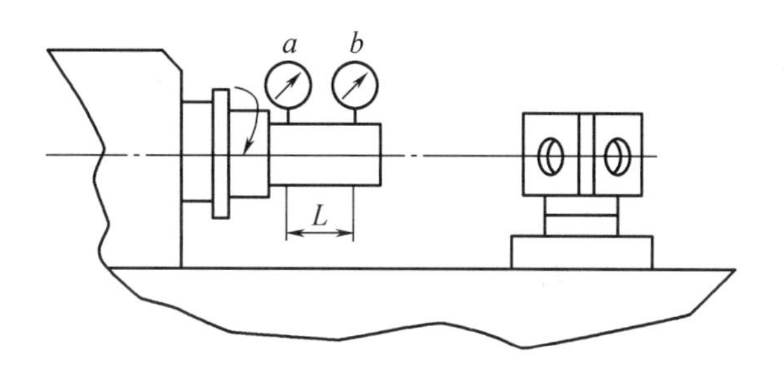

图 8－15　装有弹簧夹头的主轴孔中心线的径向跳动检验

图 8－16 所示是主轴轴向窜动的检验。将平头千分表固定在机床上，使千分表测头顶在主轴中心孔中的钢球上（钢球用黄油粘住），旋转主轴进行检验，千分表读数的最大差值，就是轴向窜动的数值。带锥孔的主轴，则应插入一根锥柄短检验棒，在检验棒的中心孔中装上钢球。对于丝杠和蜗杆的轴向窜动要分别进行正反转的检验。在正转或反转时，千分表读数的最大差值就是轴向窜动的数值。

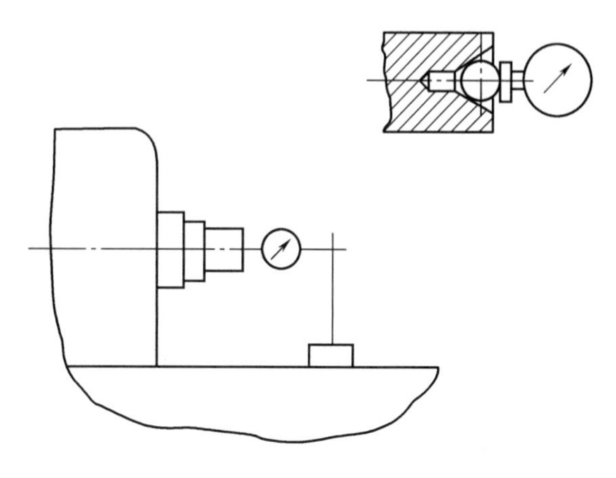

图 8－16　主轴轴向窜动的检验

六、同轴度检验

同轴度是指两轴线间的最大距离的2倍。卧式铣床刀杆支架孔对主轴中心的同轴度，六角车床主轴对工具孔同轴度，插齿机主轴中心对工作台锥孔中心的同轴度等都可以用图8－17所示的方法进行检验。将千分表固定在主轴上，使千分表测头顶在被检验孔或轴的表面上（或插入孔中的检验棒表面）。旋转主轴进行检验，或分别在平面 $a-a$ 和平面 $b-b$ 内进行检验。千分表读数的最大差值，就是同轴度误差。

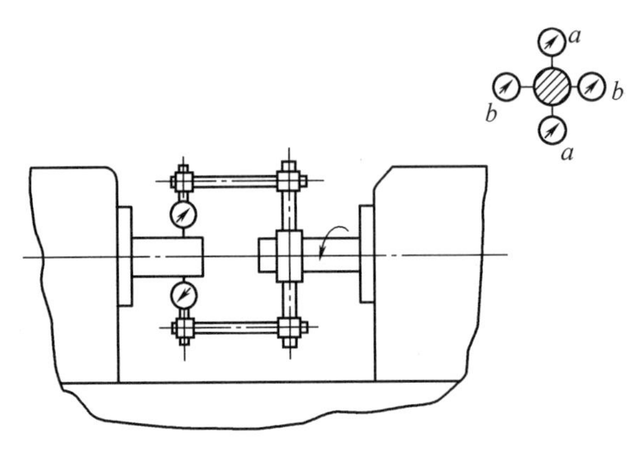

图8－17　同轴度回转检验法

对于滚齿机滚刀刀杆托架轴承中心线与滚刀主轴回转中心线的同轴度可用图8－18所示的方法进行检验。在滚刀主轴锥孔中紧密地插入一根检验棒，在检验棒上，套一配合良好的锥形检验套。在托架轴承中装一检验衬套，衬套的内径应当等于锥形检验套的外径并配合良好。将托架固定在检验棒自由端可超出托架外侧的地方。千分表固定在机床上，千分表测头顶在托架外侧检验棒表面上，使锥形检验套进入或退出检验衬套，读数的最大差值就是同轴度误差。为了消除检验棒本身的误差可在检验棒相隔90°的两条母线上各检验一次。

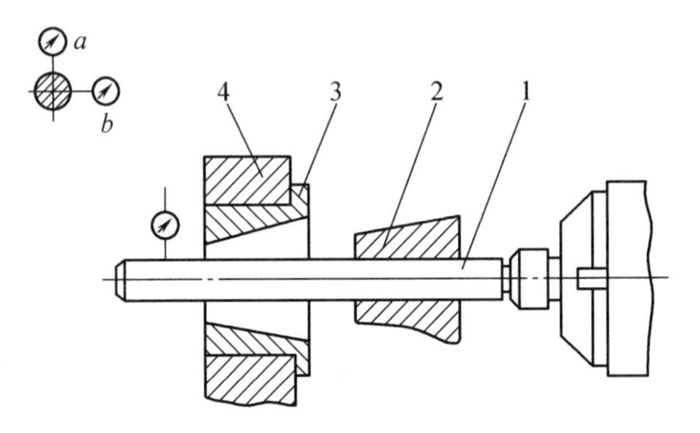

图8－18　同轴度堵塞检验法

1—滚刀心轴；2—内锥套；3—外锥套；4—滚刀心轴托架

七、回转工作台分度精度检验

图8－19所示为回转工作台分度精度的检验装置，它是一个外接圆直径为250mm的八方或多方检具。在工作台锥孔中紧密插入八方检具的定位心轴，以保证工作台回转中心与八方检具外接圆中心重合。

将被检验工作台固定于检验平台上，将千分表底座上的凸缘靠紧在检验平台上导向槽的侧面（没有导向槽时可用平尺代替），使千分表测头顶在八方检具的一边上，沿导向槽移动千分表座，使千分表在 a，b 两处的读数相同（靠转动蜗杆手柄来调整）。然后将工作台转过45°。千分表在另一边的全部长度上检验，依次检验各边。

千分表在任一边两端读数的最大差值，就是分度精度的误差。这种方法只能测4′～8′分范围的误差，精度较低，但不需要贵重仪器。

图8－20是用经纬仪检验滚齿机分度链的分度精度。在滚刀主轴上安装一个标准螺旋分度盘2。在立柱上装一个读数显微镜1，用来确定螺旋分度盘的回转角度。在工作台上装一个

经纬仪3。在机床外面的支架上装有一个平行光管4，用来确定工作台的旋转角度。

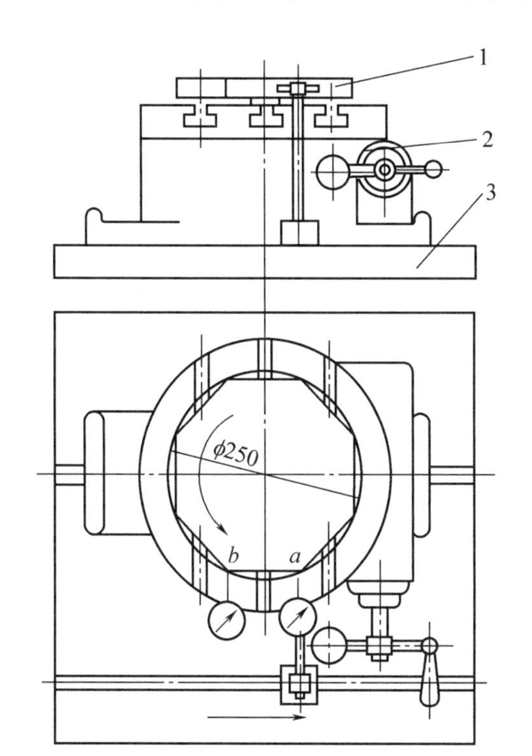

图8-19　回转工作台分度精度检验
1—八方检具；2—回转工作台；3—平板

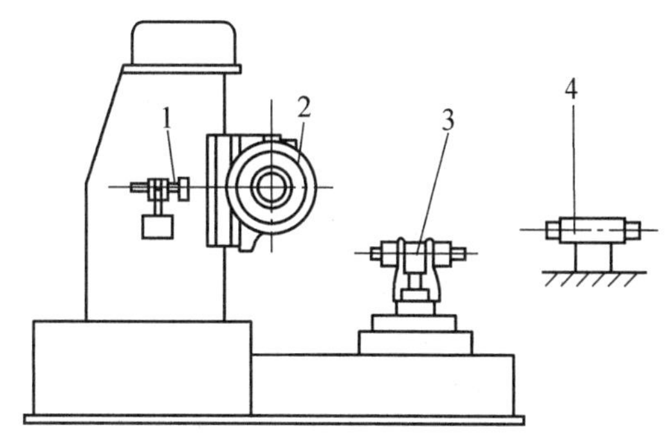

图8-20　用经纬仪检验滚齿机分度链的分度精度
1—读数显微镜；2—分度盘；3—经纬仪；4—平行光管

检验时，调整分度链，使分度齿数等于分度蜗轮的齿数 Z，并调整平行光管，使其光轴与经纬仪上望远镜的光轴重合。当滚刀主轴回转一转时，工作台回转的理论角度应当是 $360°/Z$，然后往回转动经纬仪，使其望远镜的光轴仍与平行光管重合，并根据经纬仪的刻度读出工作台的实际回转角度。实际回转角度与理论回转角度之差，即为该角度时的分度误差。

在工作台回转一周中，依次检验，在所得一组误差值中，最大值和最小值的绝对值之和，就是工件一转时的最大分度误差。为了得到更准确数值，工作台应正转和反转各检验一次。

第二节　机床主轴回转运动精度检验

机床主轴作回转运动时，其理想的回转轴线在空间的位置是固定不变的，回转中心的线速度为零，其余各点均围绕该点作圆周运动。但是，由于主轴和轴承的几何形状精度、安装配合精度、受力和受热后的变形以及润滑油的变化等因素，都可能引起主轴回转中心的不稳定。回转中心的实际位置，在每一瞬时都是变化的，其变化规律是有周期性的，也有随机的。因为回转中心不稳定，就影响了被加工工件的加工精度和表面质量。测定主轴回转运动精度，分析主轴回转运动误差，将有助于评价机床的质量，预测加工精度，改善机床的设计与制造。因此，主轴回转运动精度的测试与研究是机床试验研究的主要项目之一。

一、主轴回转运动精度

主轴某一瞬时的回转中心叫做瞬时回转中心，它随时间与主轴回转角的不同而变化，即瞬时回转中心的变化量是时间与回转角的函数。

瞬时回转中心的变化范围叫做主轴回转精度，它是以瞬时回转中心与理想回转中心的分散度来表示的；而主轴回转运动的误差，则是以瞬时回转中心与理想回转中心之间的相对位移来表示的，它随测量位置和方向的不同而异，所以主轴回转精度误差是向量。

主轴回转精度在实际测量中，总是以工件与刀具之间的相对位置变化来测定和分析的，因此，实际定义的主轴回转精度是主轴回转精度同机床结构振动的总和。

二、主轴回转运动误差

为了便于分析研究，可将主轴回转运动分解为以下3种基本运动。

(一)纯轴向运动

纯轴向运动是指主轴回转轴线平行于理论回转轴线并沿轴向的漂移运动。如图8－21(a)所示，ab 沿 Y 轴方向漂移到 $a'b'$，其纯轴向运动误差以 ΔY 表示。

(二)纯径向运动

纯径向运动是指主轴回转轴线平行于理论回转轴线并沿 OX 或 OZ 方向的漂移运动，其误差以 ΔR 表示，如图8－21(b)所示。

(三)纯角度运动

纯角度运动是指主轴回转轴线与理论轴线成倾斜角的运动，即绕 OX 轴、OZ 轴的角度漂移运动。角度漂移运动本身是空间的运动，所以可同时绕 OX 轴和 OZ 轴两轴转动，如图8－21(c)所示。

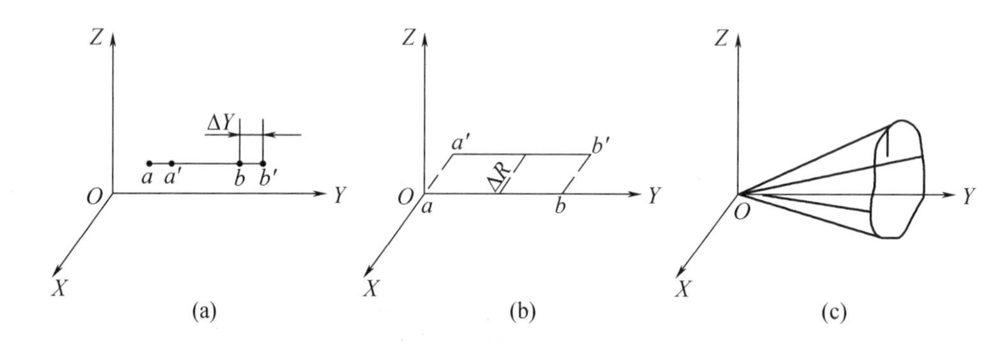

图8－21　主轴回转运动误差

上述3种纯运动同径向振摆、轴向窜动及端面振摆不同，后三者实际上是前三者不同的组合形式，并包括有测量部位本身的各种误差。

纯径向运动是不便于测量的，只能测量在理想回转轴心线上某一点处的垂直剖面内的误差，称为径向误差，它是纯径向运动误差和纯角度运动误差的合成。对于车床类机床来说，工件旋转，刀具固定，如图8－22所示，当主轴的回转轴心线在垂直方向(OY)上偏离了 h 距离，因此造成工件的径向尺寸误差为 ΔR，则：

$$(\Delta R + R)^2 = R^2 + h^2$$

所以　　$\Delta R \approx \dfrac{h^2}{2R}$

式中，R 为工件的半径。

三种基本运动误差对于车床加工的影响各不相同。纯轴向运动对于车削来说，在车外圆时没有影响；在车端面时影响表面的粗糙度和端面形状的凹凸。对于镗孔来说，镗刀杆的伸缩不会影响孔的形状和尺寸。

纯角度运动对于车削外圆来说表现为径向运动，影响加工精度；对于车端面，只要刀具沿垂直于理想回转轴心线运动就无影响。对于镗孔来说，表现为径向运动的一部分，影响加工精度。

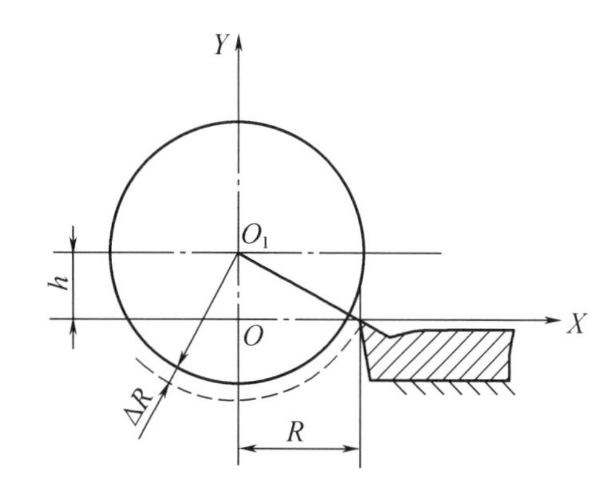

图 8 - 22　车削时径向误差

三、误差敏感方向

由以上分析可以看出，主轴在作回转运动时，OY 方向的运动误差对于加工的影响无足轻重。但是在 OX 方向上，即刀尖至工件的理想回转轴心这一距离如果有任何误差，都将直接反映在工件上。因此，对车床来说，就称这个固定的方向为敏感方向。在镗床类机床中，刀具旋转，工件固定，刀具在任何径向的运动误差都直接反映到工件上，因此刀尖至理想回转轴心的连线即为敏感方向，对镗床类机床的主轴回转运动精度的测量必须在这个随主轴一起回转的误差敏感方向上进行。

四、主轴回转运动精度的测量方法

前面已经讲到，回转运动精度的测量应在误差敏感方向上进行。我们知道，车削只对 OX 方向敏感，镗孔对径向误差敏感。因此，测量方法分双向测量法和单向测量法，双向测量法适用于镗床类机床（刀具旋转），单向测量法适用于车床类机床（工件旋转）。

（一）双向测量法（镗床类机床的测试系统）

图 8 - 23 为双向测量法的示意图，图中 1 为被测的主轴，2 为测量附件。测量附件上部为夹持件，在中间的两圆盘之间有一钢球作支点，两个圆盘用 3 个螺钉联接，并借 3 个螺钉旋紧程度的不同，来调整测量附件下部钢球的偏心位置。该标准钢球用来作为测量基准，是一个精度和粗糙度都很高的元件，其圆度和粗糙度应比机床的回转误差小得多，因而可以忽略。3 为电容测微仪 4 的测头，即电容传感器。两个测头安装在垂直于主轴的平面内，并互成 90°的位置处。测微仪的输出端可接入示波器，或经放大器接入 $X-Y$ 记录仪中。经过仔细调试，就可在屏幕上或记录纸上看出主轴回转轴心线的轨迹图像。

这一方法的基本原理为：设主轴运动是一个没有径向漂移的理想情况，两个传感器的信号仅仅是由钢球安装偏心 e 而引起的，偏心 e 对于两个传感器将分别引起 $e\sin\theta$ 和 $e\cos\theta$ 的信号，其中 θ 是主轴回转角。这两个信号分别送入示波器的 X,Y 轴，获得的李沙育图形将是一个真圆。圆的半径就是偏心 e 乘以仪器的灵敏度。

当主轴回转存在着漂移时，李沙育图形就不是一个真圆，而是图 8 - 24 所示的图形。它对于真圆的偏差就视为主轴回转时的漂移量。确定此漂移量一般采用“最小区域法”。若用两

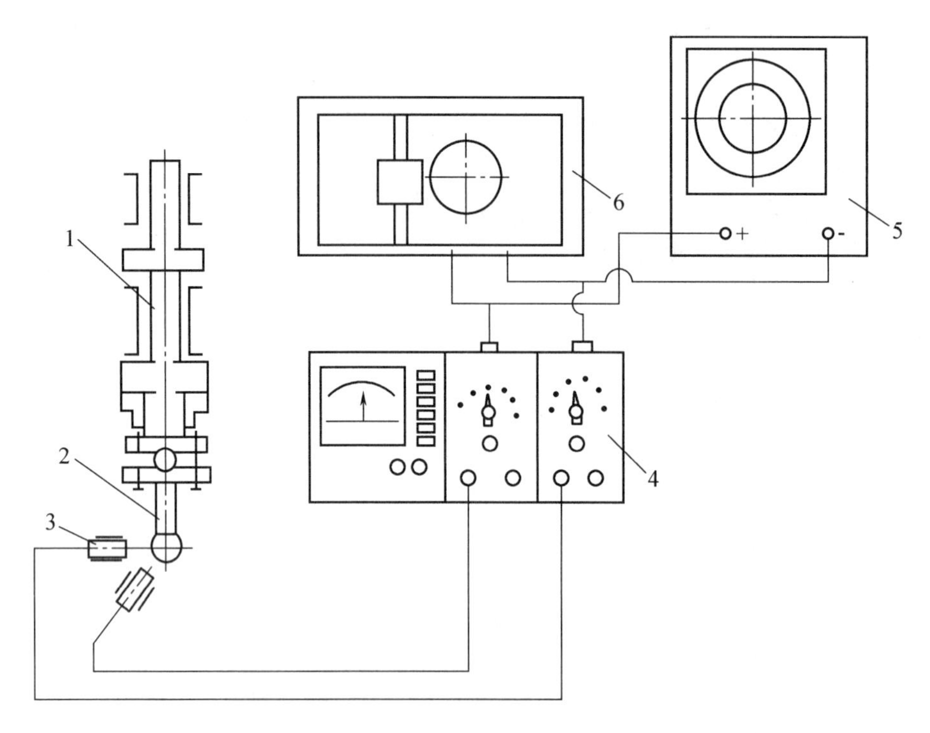

图 8 - 23 双向测量法原理图

1—被测主轴;2—测量附件;3—电容传感器;4—电容测微仪;5—示波器;6—X - Y 记录仪

个同心圆去包容李沙育图像,使李沙育图像完全落在这两个同心圆之间的圆环内,将可以有许多组同心圆,但其中有一组同心圆,其两圆半径之差(此二同心圆分别内切和外切于李沙育图像)是最小的,取这组同心圆的半径作为主轴径向漂移量。此漂移量就是主轴径向回转误差,它影响工件的圆度。图形轮廓线的宽度表示随机径向漂移量,它影响工件的表面粗糙度。

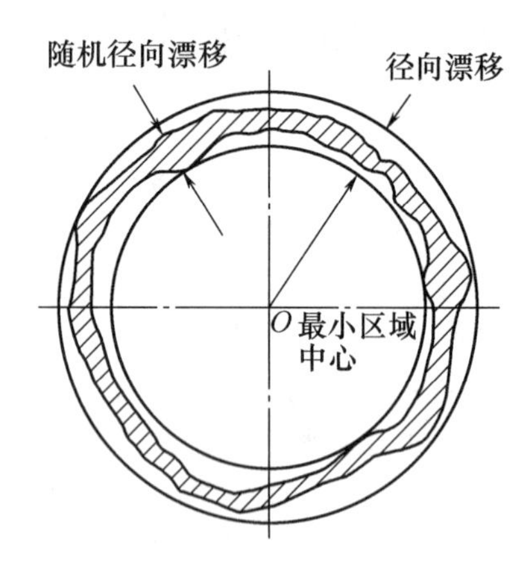

图 8 - 24 李沙育图的最小包容区域图

这种测试方法简单易行,显示结果也较直观,但这种测试方法只适用于镗床类机床(即刀具旋转的机床),而不适用于车床类机床(即工件旋转的机床)。在车床类机床上,水平方向的漂移量对工件加工精度的影响最为严重。从理论上说,与此方向垂直的漂移量对工件精度是没有影响的。因此,从对加工精度的影响的观点来看,测试的传感器只能放置在刀具的位置上,以保证任何时候都能测出主轴向刀具接近和离开的位移量。上述的这种测试方法无法满足这种要求。因为,从极端的情况来说,当偏心 e 转到垂直位置瞬间出现一个对加工精度影响很大的水平漂移量,这套测试方法的反映却很小。

此外,当漂移量和 e 都处在水平方向上,按理应当如实反映出漂移量的大小,但是同样大小、同样方向的漂移量 ΔD_1 和 ΔD_2 (图 8 - 25)在 e 朝左时,显示为半径减小,在 e 朝右时,显示为半径的增加，实际上，ΔD_1 和 ΔD_2 对于车削精度的影响是确定的，都使工件半径减小，这再次说明显示的和实际情况不一样。

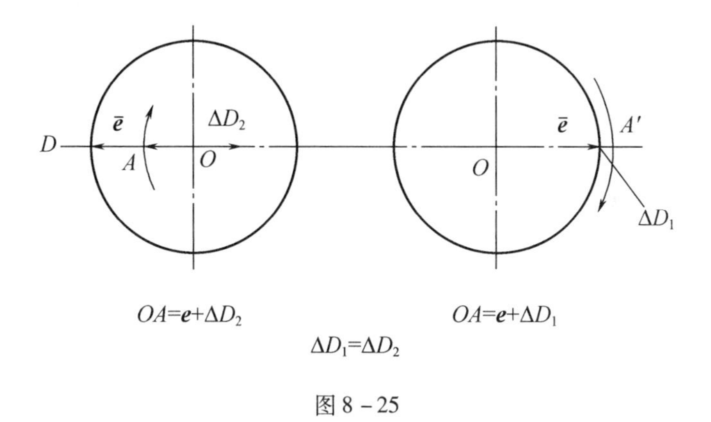

图 8－25

综上所述，这种测试方法若用来测定车床回转精度，存在着不真实的地方。车床类机床的回转精度应当采取一个位移传感器装在刀具位置上的所谓单向测量法。

（二）单向测量法（车床类机床的测试系统）

为了消除用李沙育图形显示的误差，在测定车床类机床的回转精度时采用直角坐标系显示法。这种显示法是以直线为零线的。图 8－26 是采用直角坐标显示的单向测量装置的示意图。用一高灵敏度的位移传感器 1 来接受标准圆盘 2 的位移信号，并经放大之后送入示波器的 Y 轴。示波器的 X 轴则用作扫描。在没有漂移的理想情况下，传感器 1 获得的位移信号就是标准圆盘的偏心 e 的运动信号，即正弦信号 $e\sin\theta$，当主轴存在着漂移运动，则漂移信号就叠加在上述正弦信号上。

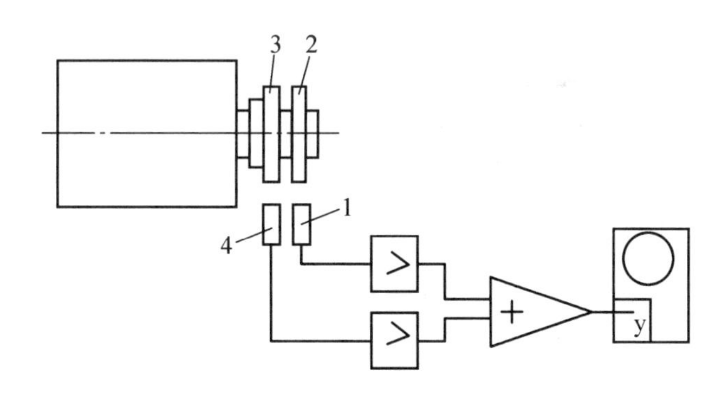

图 8－26　单向测量法原理图

1，4—传感器；2—标准圆盘；3—补偿圆盘

如果在主轴上，再固定一个补偿圆盘 3，此圆盘的偏心有意取得比标准圆盘大得多。例如大 100 倍，同时安装这两个圆盘时，又使补偿圆盘的偏心同标准圆盘的偏心在圆周上相差 180°。用一个灵敏度只为传感器 1 的 1/100 的传感器 4 来接受补偿圆盘 3 的位移信号。虽然补偿盘的偏心很大，等于 $100e$，但是由于传感器 4 的灵敏度低，补偿圆盘偏心使它产生的电信号还只等于 $e\sin\theta$，而且与传感器 1 的信号相差 180。如果使两信号相加，就可以消除偏心运

动的影响,使实际上的零线成为一条直线。

显然由于补偿圆盘是固定在主轴上,传感器 4 接受的信号不仅包含补偿圆盘的偏心运动及其圆度误差,而且还包含主轴的漂移量。但是传感器 4 的灵敏度只有传感器 1 的 1%。同样的漂移量在两传感器中所产生的电信号就相差 100 倍。当两电信号加在一起,其合成信号基本上还是以传感器 1 的信号为主,传感器 4 的信号影响极小,这就是说,加上补偿圆盘的漂移信号对测定漂移量仍会带来一些误差(1%的系统误差,通过标定可完全消除),将两传感器的信号加在一起,其合成信号可以认为是主轴的漂移信号。它在示波器上的图像如图 8－27 所示,其中 h_1 和 h_2 是漂移量。而宽度 Δ 就是随机径向漂移量。

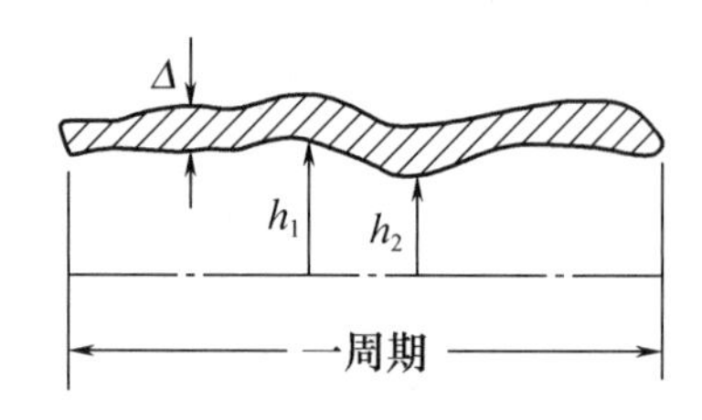

图 8－27　主轴漂移信号图

第三节　机床传动精度检验

机床传动精度是指在机床传动链中,各环节精度对刀具与工件间相对运动的均匀性和准确性的影响程度。它是评定齿轮加工机床和螺纹加工机床的一项十分重要的性能指标,是判断机床传动链传动结构方案优劣的重要条件,是直接影响加工工件质量的重要因素。

在齿轮加工机床和螺纹加工机床上进行切削加工时,工件表面的形成是靠刀具与工件间按照一定规律的相对运动来实现的。这种有规律的相对运动是由机床的传动链来保证的。由于组成传动链的各个环节必然具有一定的误差,如齿轮的固有误差(包括相邻周节误差、周节累积误差、齿形误差和径向跳动等),在啮合传动过程中,就作为传动误差而显示出来,使所形成的工件表面达不到理想的精度。

机床传动精度试验的目的就是为了分析研究机床传动链传动误差的来源和传递规律,提出改善措施,以便提高传动链的传动精度。这不仅对于改善机床的运动平稳性,而且对减小机床的振动和降低机床的噪声等都有重要意义。

一、机床传动链误差的来源

传动误差主要来自齿轮、蜗杆蜗轮及丝杠螺母等传动件的制造和装配误差。这些传动件的误差分别计算如下。

(一)齿轮传动副

圆柱齿轮的制造误差中,影响传动精度较大的主要是周节累积误差 Δt_{Σ}。而齿形误差、基节误差、相邻周节误差、齿向误差等,相对来说对传动精度影响不大,一般可忽略不计。周节累积误差 Δt_{Σ} 是一种线值误差。周节累积误差在主动齿轮产生角度误差时,致使从动齿轮多转(或少转)一个角度,从而引起瞬时速比不恒定。

齿圈径向跳动,在压力角 α 较大时,也会影响传动精度。齿圈径向跳动在齿轮的周向将引起线值误差,这一线值误差 Δe_j 也同周节累积误差 Δt_{Σ} 一样,可转换成角度误差,同样影响传动精度。如为斜齿圆柱齿轮,则齿轮的轴向窜动 Δb,也将引起周向线值误差。

齿轮在轴上或轴在轴承中的装配误差,以及轴承的误差等,将引起齿轮上附加的齿圈径向跳动和轴向窜动，这同上述 Δe_j 和 Δb 对传动精度的影响是一样的，在分析时可同等看待。

（二）丝杠螺母传动副

丝杠的螺距误差和轴向窜动都会以线值误差的形式直接传递给螺母。梯形螺纹的径向跳动则与齿轮的齿圈径向跳动相似，将产生一个轴向的线值误差 Δl 传递给螺母。

（三）蜗杆蜗轮传动副

对于蜗轮，其误差分析同斜齿圆柱齿轮一样。对于蜗杆，其误差分析同丝杠一样。

若某一传动件同时存在多种独立误差，既有制造误差又有装配误差，根据概率原理，设误差按正态分布，则其总误差可近似取均方根值，即：

$$\Delta\psi = \sqrt{\Delta\psi_1^2 + \Delta\psi_2^2 + \Delta\psi_3^2 + \cdots}$$

式中：$\Delta\psi_1, \Delta\psi_2, \Delta\psi_3 \cdots$为某一传动件上的各种角度误差。

二、机床传动链误差的传递规律

传动链中各传动件的误差，不仅在一个传动副中互相传递，而且在整个传动链中按传动比的规律依次传递，最终必然使其末端件受到影响。

例如，图 8－28 中的齿轮传动链，如果齿轮 1 存在总的角度误差 $\Delta\psi_1$，这一误差必将传递给齿轮 2，使其产生角度误差 $\Delta\psi_2$，它们的关系是：

$$\Delta\psi_{12} r_2 = \Delta\psi_1 r_1$$

$$\Delta\psi_{12} = \Delta\psi_1 \frac{r_1}{r_2} = \Delta\psi_1 u_{12}$$

式中　r_1, r_2——齿轮 1 和 2 的节圆半径；

　　u_{12}——齿轮 1 至齿轮 2 的传动比。

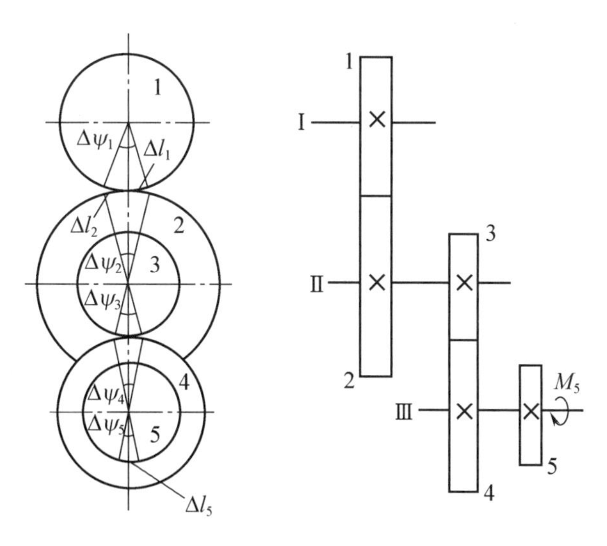

图 8－28　误差的传递

因齿轮 3 与齿轮 2 同轴，角位移相同，且 $u_{12} = u_{13}$，故齿轮 1 的角度误差使齿轮 3 产生的角度误差为：

$$\Delta\psi_{13} = \Delta\psi_{12} = \Delta\psi_1 u_{12} = \Delta\psi_1 u_{13}$$

同理，在齿轮 4 上产生的角度误差为：

$$\Delta\psi_{14} = \Delta\psi_1 u_{13} \frac{r_3}{r_4} = \Delta\psi_1 u_{13} u_{34} = \Delta\psi_1 u_{14}$$

式中　r_3, r_4 ——齿轮 3 和 4 的节圆半径；

u_{34} ——齿轮 3 至 4 的传动比；

u_{14} ——齿轮 1 至 4 的传动比。

齿轮 1 的角度误差一直传递到末端件 5，引起角度误差 $\Delta\psi_{15}$ 为：

$$\Delta\psi_{15} = \Delta\psi_{14} = \Delta\psi_1 u_{14} = \Delta\psi_1 u_{15}$$

在末端件 5 与加工精度有关的半径 r_5 上的线值误差为：

$$\Delta l_{15} = \Delta\psi_{15} r_5 = \Delta\psi_1 u_{15} r_5$$

由此可见，齿轮 1 的角度误差传递到末端件 5 时，反映在末端件 5 上的误差不仅与 $\Delta\psi_1$ 的大小有关，而且与总传动比 u_{15} 有关。如为降速传动，$u_{15} < 1$，则误差在传递过程中缩小；如为等速传动，$u_{15} = 1$，则误差值不变；如为升速传动，$u_{15} > 1$，则误差值将放大。以此类推，不难证明传动链中任意传动件 i 对末端件 n 的误差传递规律为：

$$\Delta\psi_{in} = \Delta\psi_i u_{in}$$

$$\Delta l_{in} = r_n \Delta\psi_{in} = r_n \Delta\psi_i u_{in}$$

式中　$\Delta\psi_{in}, \Delta l_{in}$ ——由传动件 i 的误差所引起的末端件 n 的角度误差和线值误差；

$\Delta\psi_i$ ——传动件 i 的角度误差；

u_{in} ——由传动件 i 至末端件 n 的传动比；

r_n ——末端件 n 中与加工精度有关的半径。

由于一条传动链是若干传动件所组成的，因此每一传动件的误差都将传递到末端件上，形成 $\Delta\psi_{in}$ 或 Δl_{in}。根据概率原理，假定误差值为正态分布，则从传动件 1 至末端件 n 之间的各传动件 i 传递到末端件上总的误差 $\Delta\psi_{\Sigma}$ 或 Δl_{Σ}，可用均方根误差表示：

$$\Delta\psi_{\Sigma} = \sqrt{(\Delta\psi_1 u_{1n})^2 + (\Delta\psi_2 u_{2n})^2 + \cdots + (\Delta\psi_n u_{nn})^2} = \sqrt{\sum_{i=1}^{n} (\Delta\psi_i u_{in})^2} \quad (8-1)$$

故

$$\Delta l_{\Sigma} = r_n \Delta\psi_{\Sigma}$$

由式(8－1)可见，当 $u_{in} < 1$ 时，每个传动件的误差都将在传递过程中缩小。

又

$$u_{1n} = u_{12} u_{23} u_{34} \cdots u_{(n-1)n} \quad (8-2)$$

由式(8－2)可知，传动链中后面传动副的传动比，将对在它之前的各传动件的误差传递起作用。因此，把越靠近末端件的传动副的转动比安排得越小，对减小其前面各传动件的误差影响的效果就越显著，从而可以有效地减小传递到末端件的总误差 $\Delta\psi_{\Sigma}$ 或 Δl_{Σ}。由此可见，应用传动比递降的原则，在结构可能的条件下，把全部降速比集中在最后一个或几个传动副，对提高传动精度是非常有效的。

以上所述只是对机床传动链传动误差的静态计算，而在实际传动中，特别是在有负载的情况下，各传动件都将在不同程度上引起变形而影响传动精度，其值又是变化的，则属于传动精度的动态特性，常用试验方法测定。

三、传动精度测量方法

测量机床传动精度的方法很多，可分为静态测量和动态测量两大类。

（一）静态测量

静态测量是一种间断测量，可用经纬仪、千分表或其他量仪，分次测量出传动链两末端件相对运动的转角或移动量，减去理论值后即可得出误差值。例如，螺纹车床，主轴每转一整转时刀架的移动量，可用块规和千分表来测量。主轴每转一转就停下来量一次，可得到丝杠的螺距误差在长度上的分布情况。

又如图8－29所示滚齿机，在工作台上安装经纬仪3，在床身（或立柱）上安装准直仪1。水平仪2固定在主轴上，用来确定主轴回转一整转的精确位置。即从水平位置开始回转一周，再达到水平位置为止。测量时，先让经纬仪与准直仪对准，然后使主轴回转一整转，于是经纬仪随着工作台回转了一个角度，再将经纬仪与准直仪对准，这时的转角读数，就是工作台的实际角位移。主轴每转一转测量一次，直到工作台回转一周为止。这样便可得到工作台转一周的传动误差分布情况。

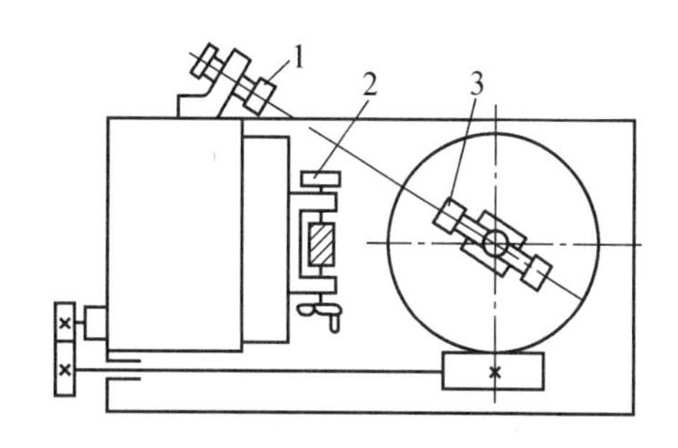

图8－29　滚齿机静态测量
1—准直仪；2—水平仪；3—经纬仪

由于机床在工作时连续运转，故用静态测量法所测得的传动精度，与机床实际工作时的情况不完全符合，而且测量费时。因此，多用动态测量法。

（二）动态测量

动态测量是当机床空运转时或在切削条件下，连续测量机床传动链的传动误差。

最简单的动态测量是试切法。就是在机床上试切一个工件样品，然后根据从样品测量得到误差数据来分析和判断机床的传动误差。其优点是不需要专门的机床测试设备，便于在车间内进行。其缺点是测量的结果包含了刀具、工件和机床等各种因素对加工精度的影响，不能直接测出机床的传动误差。目前，国内外已广泛将电磁分度、光栅、激光、地震仪及同步电感等动态测量技术应用到传动误差的检测和校正上。

四、滚齿机传动仪的试验方法

滚齿机传动仪主要用于测量滚齿机传动链的动态精度或分别测量平均累积误差和周期性误差，并可将测得的误差曲线描绘在记录纸上。仪器的测量精度可达±1″（角度），能满足一般精度滚齿机的测量。此外，如果增加适当夹具，还可以测量蜗轮副、齿轮箱或其他连续旋转机构的传动精度。

（一）仪器的工作原理

滚齿机传动仪的工作原理如图8－30所示。在大磁盘8和小磁盘3的周缘上，录制有标准等分的磁波。图8－31为磁盘结构示意图，图中1为基体，2为磁性材料层。当磁盘回转时，在磁头3的线圈上就感生出交变电压信号。两个磁盘分别装在图8－30被测传动链9的输入和输出端。在滚齿机上，大磁盘8被安装在工作台5上，小磁盘3被安装在滚刀轴2上。当机床开动时，工作台5和滚刀轴2都要旋转，分别带动大磁盘8和小磁盘3转动。低频磁头7和高频磁头1各自固定在其托架上，并与两个磁盘靠得很近。当磁盘以一定的速度回转时，每转过$\frac{360°}{10000}$，在不动的磁头上就感应出一个交变的电信号输出。低频磁头7及高频磁头1

发出的信号频率是不同的，转速比较低的工作台发出的信号频率就低，转速比较高的滚刀轴所发出的信号频率则高。如果滚刀轴 2 到工作台 5 的减速比为 i，则信号频率也就提高到 i 倍。这两个频率不同的信号，送入相位计加以放大、整形、分频等处理，使两个信号的频率完全一样，然后进行相位的比较，就可以把两个磁盘在转动过程中相对不均匀性的误差反映出来，其结果可以在示波器上观察，并在记录仪上记录出误差曲线。

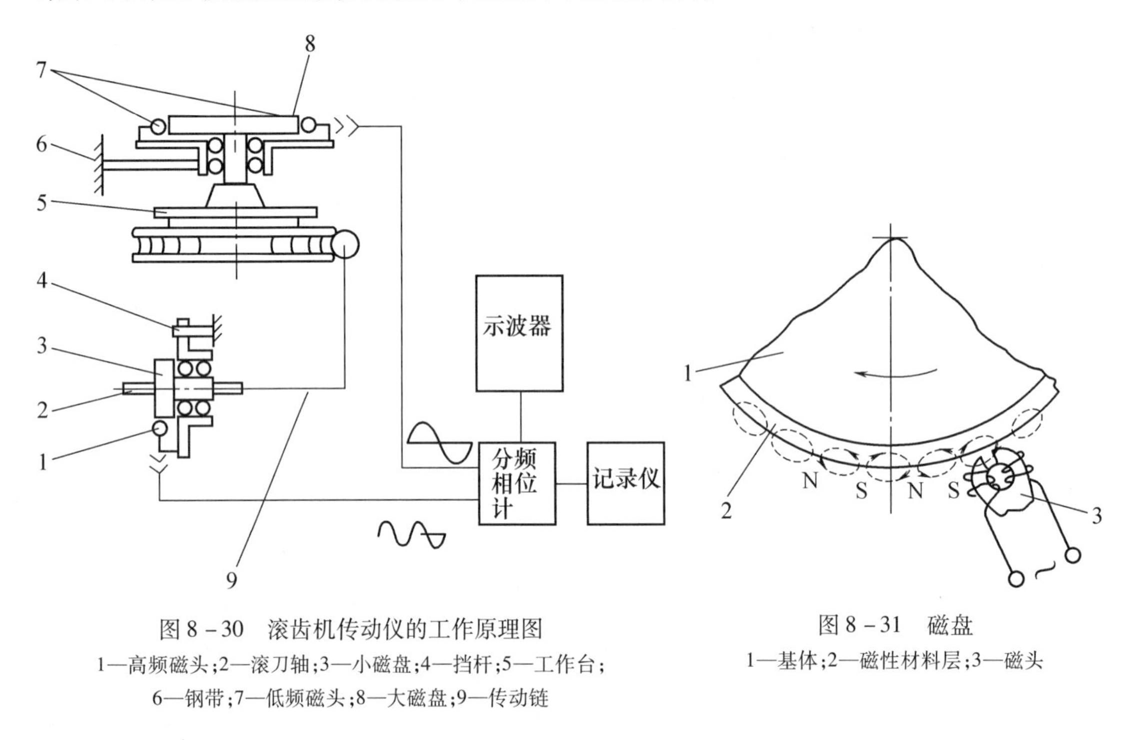

图 8－30　滚齿机传动仪的工作原理图

1—高频磁头；2—滚刀轴；3—小磁盘；4—挡杆；5—工作台；6—钢带；7—低频磁头；8—大磁盘；9—传动链

图 8－31　磁盘

1—基体；2—磁性材料层；3—磁头

当传动链没有误差时，小磁盘所发出的信号经分频后同大磁盘所发出的信号频率完全相同，没有相位差，在记录纸上画得的将是一条直线。

当传动链有一定误差时，则大、小磁盘的转速相对地产生变化，从而导致两个输出信号之间的相位差发生变化，在示波器上就可以看到其波形在左右摆动，在记录器上则可以画出一条运动误差的曲线来，如图 8－32 所示。通过电路中滤去长周期分量，在记录器上就可以只记录短周期误差（或周期误差）。

若滤去短周期分量，则在记录器上就可以只记下长周期分量（或累积误差）。

（二）传动误差的识别

在对传动误差的识别和分析时，借助于以下几个常用的测量技巧，可对测量结果进行正确的分析。

1. 改变动力源的驱动速度

当测量系统的驱动速度改变时，被测系统中各部分的转速随之改变，因此，所产生的误差频率也就随之改变。分析驱动速度改变前后的测量结果，有助于辨认传动副本身的误差、传动元件和机床的自振影响等。而且，为了“显示”或“隐没”传动系统中某部分的误差时，也可改变驱动速度的办法来实现。

2. 改变传动比

如果测量结果中某一频率的误差可能是由于两个以上的部位所产生时，则可改变各部分

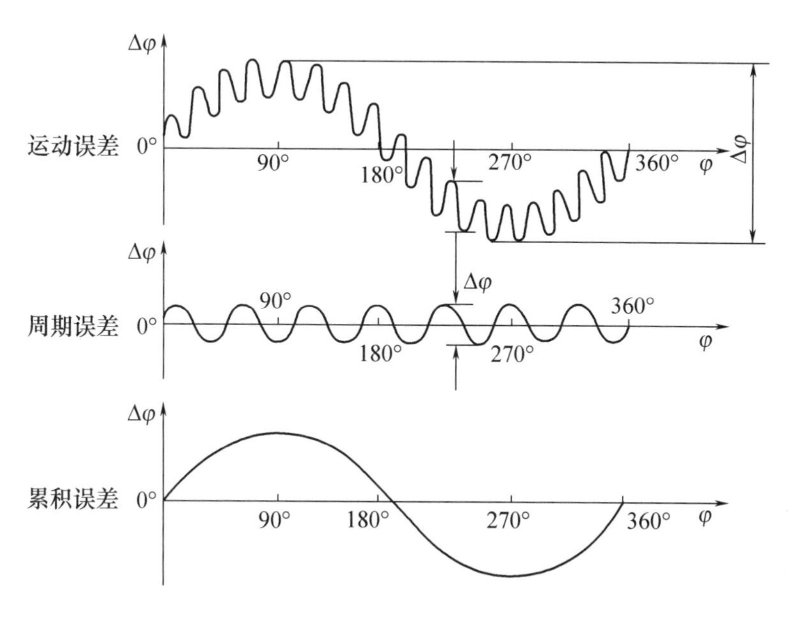

图 8－32　传动误差的典型形式

的传动比，使某些部位产生的误差频率发生变化，有助于从测量结果中辨别误差源。

3. 改变传动元件的传动相位

改变传动链中某一部分的传动相位，或改变传感器对传动副的相对安装相位，则可在记录结果中辨认各误差成分的相对“移动”，或误差成分相对于每周一次的标记信号的相对“移动”，从而辨别误差发生源。

4. 用人为误差源来确定误差相位

在传动元件表面上人为地制造一些误差（如贴金属片或打毛刺等），用这些误差在记录结果中的反映作为“标记”，来确定曲线上的误差与实际零件误差的相位的相互对应关系。

第四节　机床定位精度试验

机床上的移动部件如工作台、刀架等，在调整或加工过程中，由传动系统驱动所到达的实际位置和预期要求到达的给定位置之间的差别称为定位精度。定位精度是以误差的形式表现的，其中有些误差是由于传动系统、传动件或结构件上的固定误差所造成，有一定的规律并能确定其数值，有些误差则是由一系列不确定的偶然误差造成的，无一定的规律。但是，对于某一个给定的位置或称为目标点来测量时，每次实际到达的位置都有一些差别，重复测量的次数愈多，误差值愈可能呈现出围绕着某一个平均值的两侧作正态分布。如图8－33 所

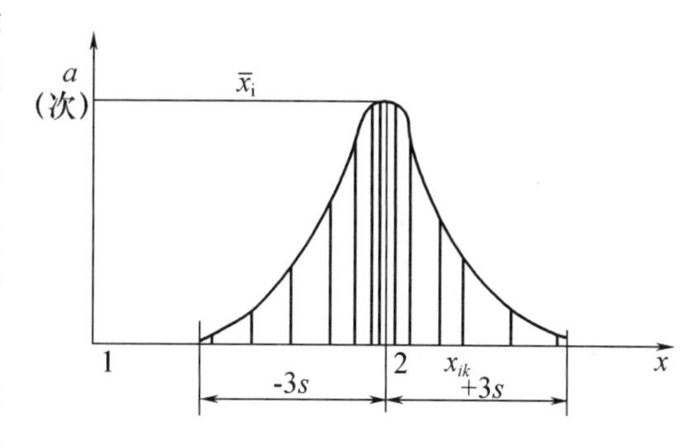

图 8－33　误差值的正态分布

示，X 轴为位移量的坐标轴，1 为目标点的坐标值，2 为多次试验向 1 点趋近时所测得的误差值 x_{ik} 的平均值 $\bar{x}_i$，即：

$$\bar{x}_i = \frac{\sum_{k=1}^{n} x_{ik}}{n}$$

式中　n——测量的次数；

i——某一坐标点；

k——n 次测量的顺序。

对某一位置 i 测量 n 次后的误差值为正态分布，其标准偏差为：

$$s_i = \sqrt{\frac{\sum_{k=1}^{n}(x_{ik} - \bar{x}_i)^2}{n-1}}$$

此点的定位精度 A 为：

$$A = \bar{x}_i \pm 3s_i$$

重复定位精度 R_i 为：

$$R_i = \pm 3s_i$$

式中　$\bar{x}_i$——此目标点的系统误差值；

$3s_i$——偶然误差值。

如果在 x 轴上测量若干个目标点，则可定出部件在此方向上运动时总的定位精度。

此外，定位系统由正方向趋近目标点和由反方向趋近目标点时，由于存在机械的间隙、电液伺服系统的不灵敏度和非线性等因素，也会造成很大的定位误差，其中有些是可以减小的，如间隙和不灵敏度等。

当定位运动是沿机床某坐标轴作直线运动时，所产生的直线位移偏差，即为直线坐标定位精度，通称为定位精度；而当定位运动为回转运动时，例如，数控加工中心工作台回转时的定位运动，所产生的角位移偏差，则称为回转坐标定位精度。

一、定位误差分析

定位精度是机床精度试验的一项重要指标，它综合地反映机床构件和进给控制系统的精度、刚度以及其动态特性，也反映测量系统的精度。定位误差对被加工零件的尺寸精度和形位精度有很大影响。在装配和调整机床过程中，为了测定坐标移动误差的补偿量，也需要检测机床的定位精度。因此，试验与分析定位精度，具有重要的意义。

机床的定位误差是由多方面因素造成的，包括测量系统误差、控制系统误差、机械传动系统误差以及结构系统误差等，分述如下。

（一）测量系统误差

1. 测量基准的误差

测量基准的误差，将直接反映为系统的误差。例如，线纹尺刻线间距的误差、线纹尺本身廓形的误差，都会直接反映出来。但在光栅、感应同步器中，测量信号是刻线或绕组同时作用的平均值，其间的误差值也被平均化了，所以这些测量尺的单条刻线或绕组间的误差都不会显得突出，对其制造精度的要求就可降低。此外，测量尺安装的倾斜、自重变形、短尺接长时的接头误差等也都有同样的影响。

2. 测量尺安装的阿贝原则

被测工件在测量中和测量尺在同一条轴线上才能测量得准确，这就是阿贝（Abbe）提出的测量原则。但是除了少数的测量仪器千分尺等以外，在机床中很难将测量尺布置得与工件被测尺寸在同一轴线上。一般机床的测量系统中都难免有此项误差。

3. 该数头和测量线路的误差

读数头本身也会引入一些误差。例如，在光栅读数头中，光源灯丝的发散角便会影响信号的波形和细分精度。因此，要对灯泡加以选择，光源要直流稳压的，并注意其安装位置。聚光镜与灯丝中心的光轴对于光栅表面要垂直，硅光电池的性能要一致，光源要均匀，聚光镜和光栅透明应一致，才不致由于硅光电池上的电桥不平衡而带入过大的直流分量。

（二）控制系统的误差

控制系统的误差主要有系统的不灵敏度、零点漂移和稳态误差等。

系统的不灵敏度反映在系统的输出脉冲的增加或丢失。当系统中的输入信号电量刚够触发出一个脉冲而无输出时，即丢失脉冲；当尚未触发一个脉冲而有输出时，即增加了脉冲量。这种现象都将使机床的工作台少移动或多移动过指令要求的位移量，形成了定位误差。

系统的零点漂移是指系统的输入稳定而输出出现波动的现象。这将使电桥失去平衡和放大器产生失真。因此，系统输出信号的变化将引起机床工作台位移的变化，这种变化有些是有规律的，可以采取适当措施予以补偿，有些则是偶然性的。

系统的稳态误差是指系统有输入信号以后，经过一段时间，输出信号与输入信号之间的误差，这在轮廓加工的控制系统中比较重要。

（三）机械传动系统误差

上述控制系统的输出常常是液压电动机的转动。在液压电动机到工作台之间，还需要有减速齿轮、滚珠丝杠和螺母等传动件以及传动轴、键、轴承和支承导轨等结构件，这些零件的误差也将导致定位误差。

1. 传动件的间隙

每个传动件在传动过程中都可能有间隙存在。当单向运动时，这些间隙除使工作台运动产生滞后以外，行程量可以不变；而当正、反向运动时，特别是在开环系统中，间隙会造成空程，对定位精度影响很大。

2. 传动件的变形

传动件受力和扭矩以后会产生变形，这些变形在传动中会造成一定的空程运动，由于传动力和变形是变动的，所以空程量也就含有偶然误差的因素。此外，传动件在低速运动时，工作台会产生爬行现象，定位时可能产生不稳定的影响。

（四）机床结构系统的误差

机床结构系统的误差包括机床各部件工作表面的几何形状和相互位置误差，其中，导轨的形位误差对于定位精度的影响最大。例如，在图 8－34 中，图（a）为导轨有凹曲时的情况。工作台移动一段距离后，两孔的中心距将比应移过的 250mm 减少了 0.02mm。当导轨面与底面不垂直时，如图 8－34（b）所示，主轴上下移动一段距离后，主轴在工件上的定位误差为 Δ。

二、定位精度的试验方法

定位精度主要评定项目有 3 项：重复定位精度；定位精度；反向差值。

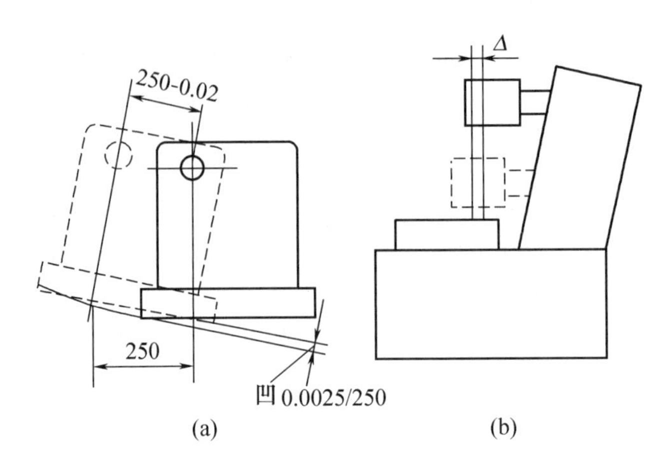

图 8－34　导轨的形位误差引起的定位误差

(一)坐标全程定位误差测量

1. 直线运动的检测

目标位置数量和正、负方向循环次数按表 8－5 规定。

表 8－5　直线运动的检测

<table>
<tr><td colspan="2">行程/mm</td><td>目标位置数/个　≥</td><td>正负方向循环数/次　≥</td></tr>
<tr><td colspan="2">≤1000</td><td>5</td><td rowspan="3">5</td></tr>
<tr><td colspan="2">>1000～2000</td><td>10</td></tr>
<tr><td rowspan="2">>2000～6000</td><td>常用工作行程[①]2000</td><td>10</td></tr>
<tr><td>其余行程每 250 或 500</td><td>1</td><td>3</td></tr>
<tr><td colspan="2">>6000</td><td colspan="2">由制造厂用户协商决定</td></tr>
</table>

注:①常用工作行程的位置由制造厂与用户协商决定或由制造厂规定。

2. 回转运动的检测

检测应在 0°,90°,180°,270°4 个主要位置进行。如果机床结构允许任意分度,除 4 个主要位置外,可任意再选择 3 个位置进行。正、负方向循环检测 5 次。

(二)重复定位精度测量

重复定位精度是指机床移动部件向同一给定位置重复定位时定位精度的一致性。对于直线坐标应在全行程两端及中央选择至少 3 个测点,每点试验重复 5 次以上,取最大的差值为测试结果。对于回转坐标按上述 0°,90°,180°,270° 4 个主要位置,加任意3 个位置进行测量。

(三)反向差值测量

由于传动件如齿轮、丝杠等的弹性变形和它们之间存在着间隙以及接触变形等原因,使移动件从相反两个方向多次趋近同一位置定位时,位置误差的平均值对于正反两个方向是不相同的,而出现一个反向不灵敏区,其效果相当于部件移动量的减少,因而也称为反向差值(失动量)。

三、坐标定位误差数据的处理

以各定位点取平均标准偏差法为例介绍数据处理方法。

（一）单向检测

图 8－35 为一组检测的实例图表，沿 OX 轴取定位点 m 个，各点的次序号 $i=1,2,3,\cdots,m$。每个定位点上重复测量次数为 $n=5$ 次，每次的顺序号 $k=1,2,\cdots,5$。每次测量定位的实际值与该次定位点的坐标值之差为 x_{ik}。下标中 ik 代表第 i 个定位点第 k 次测量值。各点的算术平均值为：

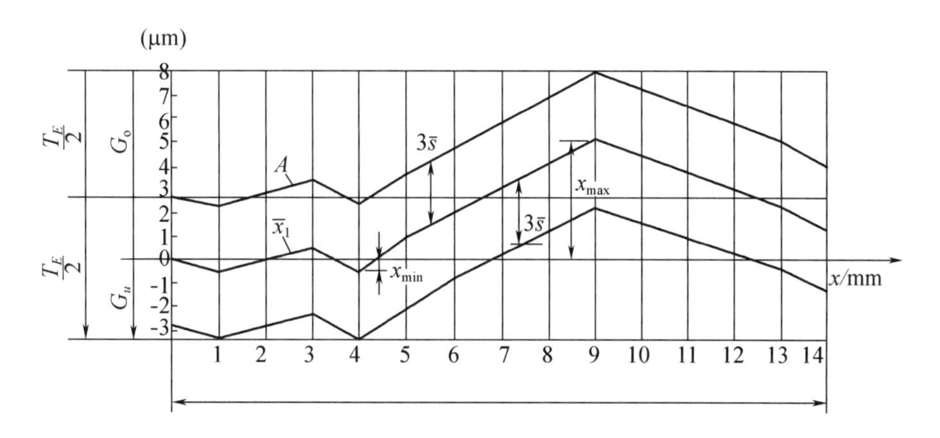

图 8－35　单向检测

$$\bar{x}_i=\frac{1}{n}\sum_{k=1}^{n}x_{ik}$$

此处

$$\bar{x}_i=\frac{1}{5}\sum_{k=1}^{5}x_{ik}\,(n=5)$$

由正态分布得知各定位点的标准偏差为：

$$s_i=\pm\sqrt{\frac{\sum_{k=1}^{n}(x_{ik}-\bar{x}_i)^2}{n-1}}$$

各定位点平均的标准偏差值为：

$$\bar{s}=\frac{1}{m}\sum_{i=1}^{m}s_i$$

以各定位点的算术平均值为中心（$\bar{x}_i$），以平均的标准偏差值（$\bar{s}$）按正态分布，两边分布各为 $3\bar{s}$，即可得到图 8－35。

如果取各定位点实测的误差值分布范围为 R_i，其值应为实际误差值的最大值与最小值之差，即：

$$R_i=x_{i\max}-x_{i\min}$$

如测量次数 $m<25$ 次，在统计学中求标准偏差 s_i 时，可用一修正系数 d（见表 8－6），即：

$$s_i=\frac{R_i}{d}$$

表 8－6

n	3	4	5	6	7	8	…
$d/\mu m$	1.69	2.06	2.33	2.53	2.70	2.85	…

如 $n=5$ 次，$s_i=\dfrac{R_i}{2.33}$

由此可求出各定位点的平均标准偏差：

$$\bar{s}=\frac{1}{m}\sum_{i=1}^{m}s_i$$

或者，由各定位点的实测误差分布范围 R_i，求出平均分布范围，即：

$$\bar{R}=\frac{1}{m}\sum_{i=1}^{m}R_i$$

由此可求出：

$$\bar{s}=\frac{\bar{R}}{d}$$

故定位分布带宽 $|R_p|=6\bar{s}$ 表示工作台在任一定位点处的偶然误差范围。

工作台在各定位点定位时，总的平均定位误差为 A，则：

$$A=\frac{1}{2}(\bar{x}_{i\max}+\bar{x}_{i\min})$$

式中，$\bar{x}_{i\max}$，$\bar{x}_{i\min}$ 分别为各定位点中定位误差的算术平均值中的最大值和最小值。

A 表示工作台定位中的系统误差，可以用适当的措施加以补偿。

在此标准中，给出了工作台定位中的公差带概念，即限定定位误差在最大定位公差带 T_E 之内，

$$T_E=(\bar{x}_{i\max}-\bar{x}_{i\min})+6\bar{s}$$

在图 8－35 中，以坐标轴 OX 为误差值的起点，取 G_0 和 G_u 为定位误差的上、下偏差值，即：

$$G_0=A+\frac{T_E}{2}$$

$$G_u=A-\frac{T_E}{2}$$

即以 A 中心，$\dfrac{T_E}{2}$ 上下分布。

检测中　$\bar{x}_{i\max}=5.3\ (\mu m)$；$\bar{x}_{i\min}=-0.2\ (\mu m)$

$$A=\frac{1}{2}(5.3-0.2)=2.55\ (\mu m)$$

$$\bar{s}=0.967\ (\mu m)$$

$$R_p=6\bar{s}=5.8\ (\mu m)$$

$$T_E=(5.3+0.2)+5.8=11.3\ (\mu m)$$

（二）双向检测

上述检测为单向检测时的情况，当双向检测时，由于有反向差值 u_i 的存在，u_i 称为失动量，工作台向坐标原点返回时，总比正向时滞后一段距离 u_i，从图 8－36 中看出：

$$u_i=\bar{x}_{i左}-\bar{x}_{i右}$$

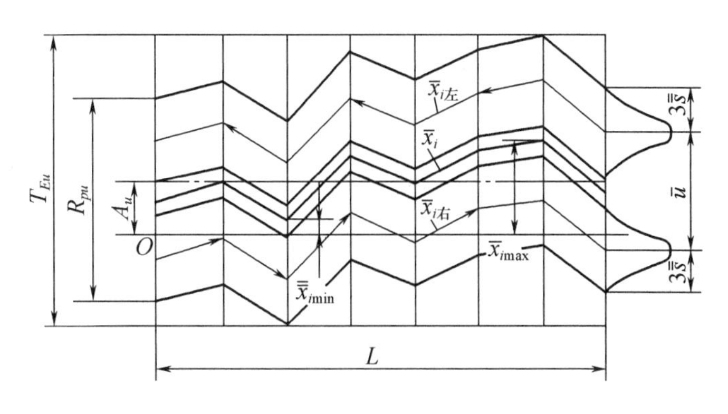

图 8－36　双向检测

其中取各定位点上的 u_i 的平均值为 $\bar{u}$ ：

$$\bar{u} = \frac{1}{m}\sum_{i=1}^{m} u_i$$

取各定位点定位误差算术平均值的平均值为双向时的算术平均值 $\bar{\bar{x}}_i$ ：

$$\bar{\bar{x}}_i = \frac{1}{2}(\bar{x}_{i左} + \bar{x}_{i右})$$

双向总的平均定位误差为 A_u ：

$$A_u = \frac{1}{2}(\bar{\bar{x}}_{i\max} + \bar{\bar{x}}_{i\min})$$

相应的取：

$$\bar{s} = \frac{1}{2}(\bar{s}_{左} + \bar{s}_{右})$$

故双向时：

$$\bar{R}_{pu} = \bar{u} + 6\bar{s}$$

$$T_{Eu} = (\bar{x}_{i\max} - \bar{x}_{i\min}) + \bar{u} + 6\bar{s}$$

第五节　机床爬行试验

一、机床爬行现象及其描述方法

机床运动部件如工作台、溜板等，在理想情况下，运动部件的移动速度保持定值，其加速度则为零。但在低速度、重载荷的运动情况下，运动部件的移动速度不为常数。加速度或为连续变化或为周期性突变，运动部件运动时快时慢。运动部件在运动中出现的时走时停或时快时慢的现象称为爬行现象。爬行的位移量一般在几个微米到零点几毫米的范围内，爬行的频率一般不超过数十赫兹。

机床爬行现象不能用单一的参数来表征，爬行规律较为复杂，而同样的爬行现象又可用各种不同参数的组合来描述。时走时停的爬行属于张弛型振动，可用位移—时间($s-t$)曲线来描述。时快时慢的爬行是一种谐振动状态，最宜用速度—时间($v-t$)曲线来描述。

图 8 - 37 为经理想化的典型 $s-t$ 曲线，所谓理想化就是不考虑过渡过程。从 $s-t$ 曲线可以求得停顿时间 t_1、跳跃持续时间 t_2、跳跃位移量 Δs（既爬行量）和爬行频率 $f=\frac{1}{T}=\frac{1}{t_1+t_2}$。在表征爬行规律的各参数中，爬行量 Δs 直接影响加工精度，是表征机床爬行的主要参数。

图 8 - 38 为经理想化的典型 $v-t$ 曲线。从 $v-t$ 曲线上可以求得部件运动的最大速度 v_{max}、最小速度 v_{min} 和爬行频率 $f=\frac{1}{T}$。在这种运动状态下没有跳跃位移，所以不能用爬行量这个参数来表征；但此时速度的变化比较直观，可用相对速度差与最小速度之比来表征，即：

$$\delta_v=\frac{v_{max}-v_{min}}{v_{min}}$$

这一概念作为表征机床爬行的主要参数。

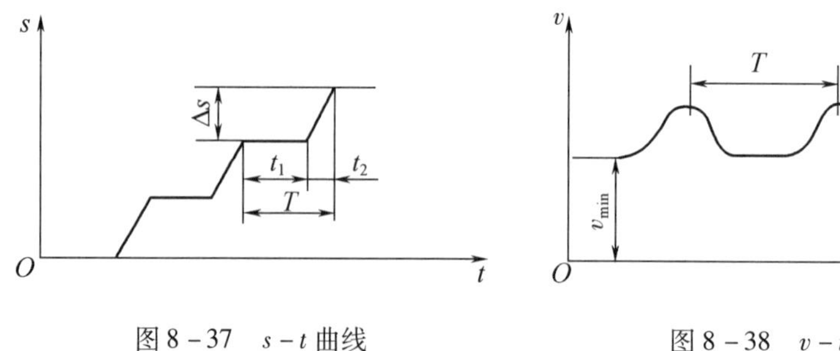

图 8 - 37　$s-t$ 曲线

图 8 - 38　$v-t$ 曲线

实际情况往往比理想状态复杂得多，通常 $s-t$ 及 $v-t$ 曲线并没有明显、简单的规律性，因此，就不能用某些简单的参数来表征爬行运动，而需要对 $s-t$ 曲线及 $v-t$ 曲线进行深入的研究，应根据 $s-t$ 曲线及 $v-t$ 曲线来确定每一瞬时的运动状态，并根据它们的总体来分析爬行运动的内在规律。如部件在运动过程中驱动速度的变化，传动件刚度的变化，运动副间摩擦阻尼特性的变化等，都会使爬行现象复杂化。当要求不太严格时，可对记录曲线进行简化处理而得到近似于图 8 - 37、图 8 - 38 所示的典型曲线。

上述爬行现象仅指运动部件沿其移动方向所产生的运动不平稳情况，即如图 8 - 39 所示的 x 方向。实际上，部件除在 x 方向可能产生爬行现象外，还可能产生垂直于 x 方向即 z 方向的跳动。但在一般情况下，影响机床加工精度的主要是移动方向的爬行现象，所以在测试和研究机床爬行时，可近似地把运动的数学模型简化为一个自由度问题，即只考虑运动部件沿移动方向的运动状态。

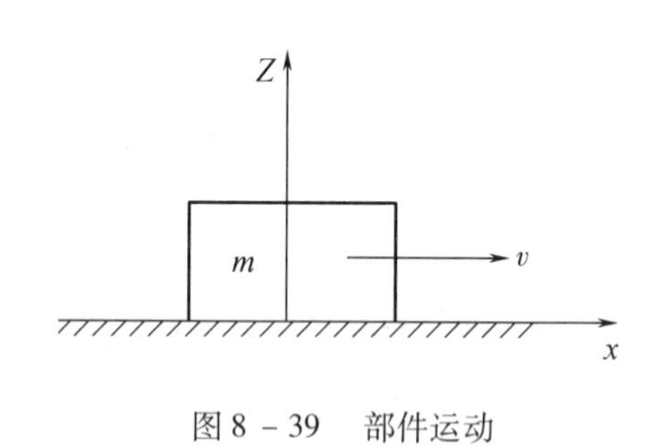

图 8 - 39　部件运动

二、爬行的原理

图 8 - 40 是为说明爬行现象的一个原理模型。图中，A 为驱动件，以速度 v_0 作匀速运动，B 为被驱动件，A 和 B 之间的传动系统设为 C（假设其传动比为 1），并且 B 在导轨 D 上移动。A 和 B 的运动轨迹示于图 8 - 41 中，其中，a 为加速度，v 为速度，s 为位移；A 的运动轨迹为 od，B 的运动轨迹为 $oabcdabcd$。

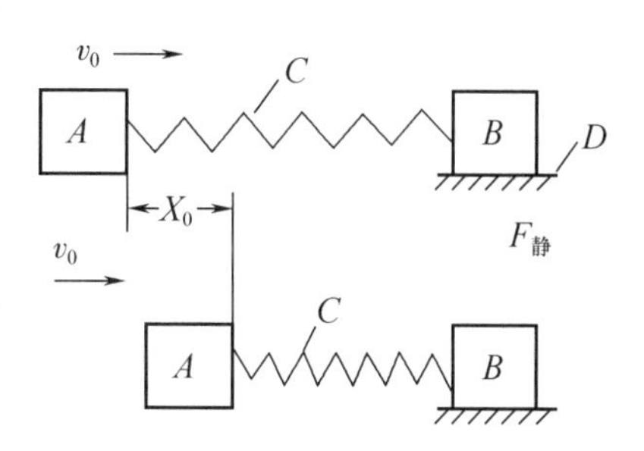

图 8-40　爬行现象的原理模型

如果 C 为绝对刚体，则 A，C，B 构成一体，B 将以同样的速度（v_0）随着 A 作匀速运动，不会产生爬行现象。但是，实际上传动件都是弹性体。

如果设想 C 为弹性体时，当 B 不动，B 与 D 之间具有静摩擦力（$F_{静}$）。当 A 开始以速度 v_0 作匀速运动后一段时间内，B 仍然是不动的，这时 C 就被压缩。当 A 移动了一段距离 X_0 以后，C 就产生了一定张力 KX_0，其中 K 为 C 的弹性系数，当 $KX_0 \geqslant F_{静}$ 时，B 在 a 点由静止状态突然变为运动状态。如果导轨的动、静摩擦阻力相同，即 $F_{静} = F_{动}$，B 将以速度 v_0 作匀速运动，也不会产生爬行现象。但是，实际上 B 与 D 之间的导轨摩擦力不相等，而且 $F_{静} > F_{动}$。

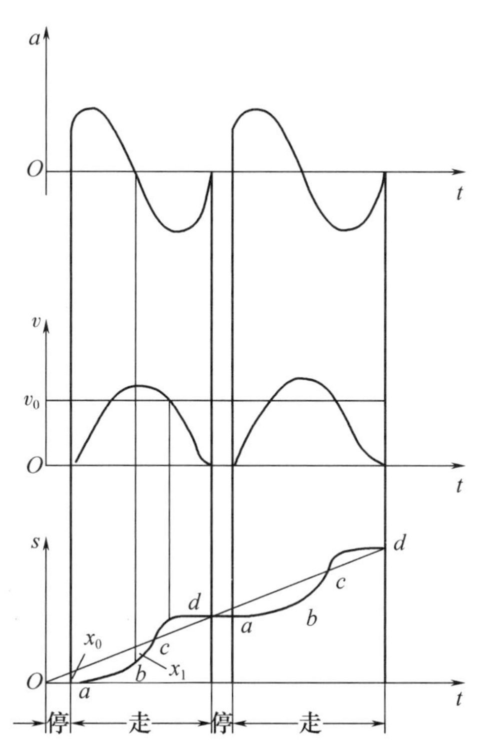

图 8-41　爬行运动参量的曲线

如果导轨的摩擦力 $F_{静} > F_{动}$，当 B 由 a 点突然变为运动状态之后，摩擦力便从 $F_{静}$ 减小为 $F_{动}$，由于阻力差 $F_{静} - F_{动}$，可使 B 产生一个加速度；并且，$F_{静} - F_{动}$ 越大，产生的加速度越大。当 B 由 a 点作加速运动到达 b 点时，其速度增加到 $v_0 + \Delta v$，C 的压缩量减小到 $X_1 = X_0 - \Delta X$，$\Delta X > 0$，这时，$KX_1 = F_{动}$。当 B 由 b 点依靠自身的惯性继续移动时，在 b 和 c 之间，C 的压缩量减小到 X_2，由于 $KX_2 < F_{动}$，使 B 作减速运动；在 c 和 d 之间，由于 B 在行程上超过了 A（从 $s-t$ 曲线可看出），这时 C 就被拉伸，也使 B 作减速运动。因此，B 在 bd 之间是减速运动，直到 d 点时运动停止。但是由于 A 一直是作匀速运动，故 A 在行程上追上 B 之后，就要复而压缩 C，就这样，周而复始地重复上述过程。这种过程中，B 作爬行运动：从不动 → 加速运动 → 减速运动 → 不动。在行程上表现为：B 落后于 A，B 赶上了 A，B 超过了 A，A 赶上了 B，B 落后于 A。

上述爬行模型的讨论情况，适应于 v_0 较小，K 值较小，$F_{静} - F_{动}$ 较大的条件。如果 v_0 较大，K 值较大，$F_{静} - F_{动}$ 较小时，被驱动件 B 由 a 点开始跳跃后速度增加得缓慢，当 B 在行程上还未赶上 A 时，A 就重新压缩 C 而使 B 继续前进了，这样 B 就不会产生爬行运动，B 将随同 A 按照同样的速度 v_0 作匀速运动。对于每一个具体的传动系统，驱动件应有一个临界速度 v_c，当驱动速度小于临界速度 v_c 时，就要出现爬行现象。

根据上述分析可知，运动部件低速时爬行现象的产生，主要取决于下列因素。

1. 静、动摩擦力之差

这个差值越大，越容易产生爬行现象。这个差值主要是静、动摩擦系数之 $f_{静} - f_{动}$ 引起的。因为静、动摩擦力之差等于 $f_{静} - f_{动}$ 乘以正压力 N。

2. 传动系统的刚度

传动系统的弹性系数 K 越小,越容易产生爬行现象。

3. 运动部件的质量

质量 m 越大,越容易产生爬行现象。因为质量越大时惯性力越大,爬行现象越严重。

4. 振动系统的阻尼

爬行过程是一个自激振动的过程,振动系统的阻尼越大,产生振动越困难,即使偶然因素引起了振动,振幅衰减也较快。可见,增加阻尼有利于减轻爬行现象;良好的润滑油膜能够起到增加阻尼的作用。

综上所述:$f_{静}-f_{动}$的存在,是爬行产生的内因,而 K 值、m 值以及阻尼的大小是产生爬行的条件,是外因。在重型机床上,由于载荷大,质量大,在高精度机床上,运动部件的移动速度有时极低,往往出现低于临界速度的情况,故对重型机床和精密机床解决爬行问题十分重要。

对于爬行问题,临界速度最为重要,可按下式估计:

$$v_c = \frac{\Delta F}{\sqrt{4\pi k m \theta}}$$

式中 ΔF——静、动摩擦力之差 $F_{静}-F_{动}$;

k——传动系统的刚度;

m——运动部件质量;

θ——振动系统的阻尼系数。

三、爬行对加工质量的影响

爬行现象对加工质量的影响很大,主要有以下几个方面。

(一)影响加工工件的精度

工件的几何尺寸是靠工件和刀具之间保持一定的相对位置达到的,这可通过移动工件或刀具,或者同时移动工件和刀具来实现。如果工件或刀具运动时产生爬行现象,不能控制精确的速度和距离,工件加工精度就会降低。例如,精密外圆磨床砂轮架在作微量横向进给时产生爬行,砂轮架要跳跃式前进,有时跳动,就要偏离正确位置若干微米,这就难于实现所要求的1~2μm的微量进给,使被加工件达不到所要求的加工精度。

(二)影响运动件的定位精度

精密机床的定位精度要求达到1~2μm,而工作台的调整定位是在低速下实现的,这是因为惯性可能影响到准确定位,所以一般在定位之前要由高速度变为低速。但是,低速往往容易产生爬行。如果工作台有了爬行,就使工作台偏离要求的位置,达不到预定的定位精度。例如,当某些位置要用微动速度停靠时,爬行现象就是一种干扰,使测量值不稳定,影响测定精度。这时若是加工孔,就可能出现形状误差或是孔间距误差。

(三)影响加工表面的波度和表面粗糙度

影响加工表面波度和表面粗糙度的因素很多,从机床爬行的因素来分析,由于部件运动速度的不均匀性,特别是在时快时慢的运动状态下,爬行是导致较大的表面波度、较低的表面粗糙度的主要因素之一。

(四)加快导轨副的磨损

爬行的产生将使导轨引起较快摩擦性磨损,以及定位公差增大,从而使表面质量变坏。

从以上 4 个方面来看，爬行现象对精密机床（如坐标镗床、螺纹磨床、外圆磨床等）和较精密的大型机床（如大型滚齿机、落地镗床等）具有很大的危害，所以对机床爬行的试验研究是机床行业必须重视的重要课题之一。

四、机床爬行试验的项目

对于机床爬行试验，并不需要对影响爬行的诸因素进行逐个测试，根据机床的实际工作情况，主要进行爬行临界速度和爬行量这两个试验项目；其他试验研究项目，如传动系统刚度、系统的阻尼特性以及各种因素对摩擦自振的影响等，则大多在试验室中进行。

（一）临界速度 v_c

产生爬行的临界速度取决于导轨的摩擦特性、系统的刚度、运动部件的质量和系统的阻尼。在计算临界速度 v_c 时，最困难的是确定系统的阻尼 θ 。通常，临界速度值系通过试验方法而获得。

对产生爬行的临界速度进行测定时，应使运动部件的移动速度由高到低逐渐减小，直到开始出现爬行现象时为止。在高速区试验速度值可选得少一些，低速区则应选得多一些，因为爬行现象出现在低速运动情况下，以免遗漏爬行临界速度的出现。

在测定爬行临界速度 v_c 的同时，应测定其相应的爬行量 Δs 。此后，在连续改变部件移动速度的同时，又应测得相应的其他爬行量值。将测得的各爬行量值及相应速度值绘出爬行性能试验曲线，即如图 8 - 42 所示。图中曲线 v_{c1} 表示某台机床的运动部件在移动速度大于 v_{c1} 的情况下，都不可能出现爬行现象；当移动速度等于 v_{c1} 时，开始出现爬行，v_{c1} 就是出现爬行的临界速度；当移动速度低于 v_{c1} 时，爬行量增大，即爬行现象加重。

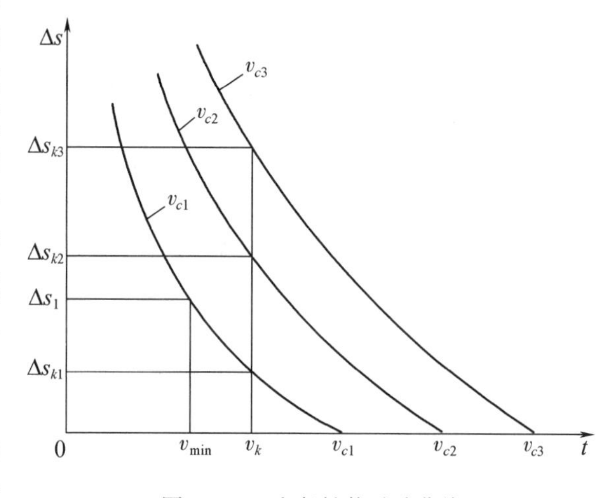

图 8 - 42　爬行性能试验曲线

如果对规格相同但进给机构不同的几种机床进行条件相同的试验时，便可在 $\Delta s - v$ 坐标图上得出一系列曲线，如图 8 - 42 中的曲线 v_{c1}，v_{c2}，v_{c3} 。根据曲线来比较几种机床的爬行状况，就可以对设计、改进机床结构提供试验数据。例如，图 8 - 42 所示的 3 条曲线中，临界速度 $v_{c1} < v_{c2} < v_{c3}$ ，则表示曲线 v_{c1} 所代表的那台机床运动平稳性最佳，曲线 v_{c3} 所代表的那台机床最差。

（二）爬行量 Δs

每台机床都规定了运动部件移动速度的最高值和最低值。测定最低移动速度 v_{min} 时的爬行量 Δs ，可使我们对该机床所能实现的加工精度的实际情况了解得更清楚。

进行这项试验时，所测定的内容与测定爬行临界速度时完全相同，但是在分析时不以 v_c 作为讨论的对象，而是以 v_{min} 作为讨论的对象。如图 8 - 42 中的曲线 v_{c1} ，在最低工作速度为 v_{min} 的条件下，其位移时的爬行量为 Δs_1 ，从而掌握在低速的极限工作条件下的加工精度所受影响的具体数值。

在对比几种不同结构的机床时，同样可用代表各台机床的一系列爬行量—速度曲线来分析，对比分析的内容有以下两个方面。

1. 在每台机床所规定的低速极限工作条件下的爬行量 Δs

用途、规格都相同的机床，不一定各种工作范围都相同，各有其所规定的最低移动速度 $v_{\min}$，因此各有其在 $v_{\min}$ 时的爬行量 Δs。在此条件下相比较，则 Δs 值愈小者愈好。

2. 在同一低速 v_k 移动条件下的爬行量 Δs

如图 8－42 所示，当 3 种机床运动部件的移动速度均取为 v_k 时，其爬行量分别为 Δs_{k1}，Δs_{k2}，Δs_{k3}，由图可见，$\Delta s_{k1} < \Delta s_{k2} < \Delta s_{k3}$，说明当工作条件相同时，曲线 v_{c3} 所代表的机床爬行现象最为严重，曲线 v_{c1} 所代表的机床运动平稳性最佳。

从上述两项试验数据来看，曲线 v_{c1} 所代表的机床防爬性能最好。

五、爬行测试仪器与测试方法

爬行测试仪器是测试和研究机床爬行现象的重要工具，对于揭示机床爬行的内在规律和判断导轨改进效果等都是必不可少的。在测定机床运动部件爬行性能时，若无专用的测试仪器，可用下面简单方法加以判断。

(1) 将棉丝放在被测的运动部件上，或将一碗水放在运动部件上，当有爬行时，棉丝即产生抖动，或水面产生波动，从而判断有无爬行现象以及发生爬行现象的严重程度。

(2) 将水平仪放在被测的运动部件上，当运动部件产生速度变化时，水平仪的水泡即来回游动，从水泡游动的量值就可观察有无爬行现象和爬行量值的大小变化。

(3) 利用机械式测长仪来测定爬行。如用千分表来测量，其最大优点是设备简单、经济方便。在测量时，千分表的安装位置一般应使读数随部件移动位移而递减。这种方法可以判别百分之几毫米级的爬行量，但精度不高，也不能自动记录，所以不能对爬行规律进行比较详细的分析研究。此外，利用千分表测定的行程也较短，一般在 10mm 以内。

为了定量地掌握爬行量值的大小及其特性，应尽可能地使用测试仪器进行测量。但是，目前用于测试机床爬行的专用仪器很少，通常是用一般的位移传感器、速度传感器和加速度计配合放大、记录仪器来进行测量，也可以利用光栅技术、激光技术和电磁技术来进行测量。

第六节　机床噪声试验

随着现代工业的发展，金属切削机床朝着精密、高速和大功率方向发展，高速和大功率不可避免引起噪声，强烈的噪声不仅影响机械加工的精度，使灵敏的测试仪表失灵，机件遭到损坏，同时，长期工作和生活在噪声环境下，还会影响人身健康，使人听觉受到影响，消化系统、内分泌机能、中枢神经系统出现多种疾病。因此，近年来噪声引起了广泛重视，把噪声列为三大公害之一。原机械工业部也把噪声列为金属切削机床的质量检验指标之一，目前按照国家测量标准《金属切削机床噪声声功率级的测定》(GB/T 4215—1984)进行。

一、噪声的物理量度

通常人们用声压(声压级)、声强(声强级)、声功率(声功率级)以及频率(频带)等物理量作为噪声的物理量度。

(一)声压、声强、声功率

声波在空气中传播时,引起空气质点振动,从而使空气压强产生变化,通常把这个压强变化量与其在正常大气压的差值称为声压,用符号 P 表示,其单位是 μbar(1μbar = 0.1Pa)。通常声压是指有效声压(即均方根值)。

对于正常人耳,当声音的频率为 1000Hz 时,刚刚能听到的声压约为 0.0002μbar,称听阈声压。当频率为 1000Hz、声压约为 200μbar 时,产生震耳欲聋的声音,超过这一数值将使人耳感到疼痛,这个声压称为痛阈声压。人们正常说话时的声压约为 0.2 ~0.3μbar,普通车床的声压约为 2μbar。

从听阈声压到痛阈声压的绝对值相差 100 万倍。为了方便和与人对声响的感觉符合,引用一种成倍比关系的对数量——"级"来表示声音的大小,这就是声压级,其单位是分贝(dB),它的数学表达式为:

$$L_P = 20\lg \frac{P}{P_0} \quad (8-3)$$

式中 L_P——声压级,dB;

P——声压,μbar;

P_0——参考基准声压,为 0.0002μbar。

声波作为一种波动形式 当然具有一定的能量,因此,人们也常用能量的大小来表示声音的强弱,这就引出了声强和声功率两个物理量。声强是指在垂直于声波传播方向上,在单位时间内通过单位面积上的声能量,用符号 I 表示,其单位是瓦/米^2(W/m^2)。声功率是指声源在单位时间内向外辐射出来的总声能,用符号 W 表示,其单位是瓦(W)。

从听阈到痛阈,声能量的绝对值之比差亿万倍。因此,与声压一样,也引用声强级和声功率级,其单位也用分贝(dB)表示,其数学表达式为:

$$\text{声强级} \quad L_I = 10\lg \frac{I}{I_0} \quad (8-4)$$

式中 I——声强,W/m^2;

I_0——参考基准声强,为 10^{-12}W/m^2。

$$\text{声功率级} \quad L_W = 10\lg \frac{W}{W_0} \quad (8-5)$$

式中 W——声功率,W;

W_0——参考基准声功率,为 10^{-12}W。

(二)声压、声强和声功率之间的关系

声强与声源辐射的声功率有关,声源的声功率愈大,在声源周围的声强也就愈大,其数学表达式为:

$$W = \oint_s I_n \mathrm{d}s \quad (8-6)$$

式中 s——包围声源的封闭面;

I_n——声强在单元面积 ds 法线方向的分量。

声强大小与离开声源的距离有关,对于一定的声源来说,距离愈远声强愈小。在自由声场(即声波无反射地自由传播的空间)中声波作球面辐射时,由于辐射的球对称性,球面上各点的声强 I 是相同的。因此,单位时间内通过球面向外辐射的总声能是 $4\pi R^2 I$($4\pi R^2$ 球表面积)。若不考虑介质的吸收,它就等于声源在单位时间内发出的声能,即声功率 W,可得:

$$I = \frac{W}{4\pi R^2} \tag{8-7}$$

式中 R——距离，m；

I——按球面平均的声强，W/m^2。

如果声源在开阔空间的地面上，声波只向半球面辐射，此时声强 I 为：

$$I = \frac{W}{2\pi R^2} \tag{8-8}$$

从式(8－7)、式(8－8)可看出，对声源来说声功率是恒量；但是在声场中，声强随着离开声源的距离 R 的平方成反比而变化。

当声波在自由声场中传播时，在传播方向上，声压和声强有下列关系：

$$I = \frac{P^2}{\rho c} \tag{8-9}$$

式中 ρ——空气的密度，kg/m^3；

c——声速，m/s；

P——声压，μbar。

对于以球面波传播的空气声来说，根据式(8－9)可得：

$$\frac{I}{I_0} = \frac{P^2}{P_0^2}$$

代入公式(8－4)得：

$$L_I = 10\lg\frac{I}{I_0} = 10\lg\frac{P^2}{P_0^2} = 20\lg\frac{P}{P_0} = L_P$$

即声强级 L_I 与声压级 L_P 相等。

声强和声功率难以直接测量，但通过上式，测定了声压就可求出声强，进而求出声功率。

在自由声场中，根据公式(8－7)和上式可得：

$$\begin{aligned} L_P = L_I = 10\lg\frac{I}{I_0} &= 10\lg\left(\frac{1}{4\pi R^2}\times\frac{W}{W_0}\right) \\ &= 10\lg\frac{W}{W_0} - 10\lg(4\pi R^2) \\ &= L_W - 20\lg R - 10\lg(4\pi) \\ &= L_W - 20\lg R - 11 \end{aligned}$$

即

$$L_W = L_P + 20\lg R + 11 \tag{8-10}$$

若机器放在室外坚硬的地面上，周围无反射，或声源的尺寸比房屋尺寸小得多，周围无反射面，声源以半球面辐射，于是有：

$$L_W = L_P + 10\lg(2\pi R^2) = L_P + 20\lg R + 8 \tag{8-11}$$

(三)声级的合成与分解

1. 声级的合成

两个相互独立的声源发出来的声音叠加在一起时，声能量可以简单地相加。设两个声源的声功率分别为 W_1，W_2，则总声功率为：

$$W_\Sigma = W_1 + W_2 \tag{8-12}$$

两声源所发声音在某处的声强为 I_1 和 I_2 时，叠加后的总声强 I_Σ 为：

$$I_\Sigma = I_1 + I_2 \tag{8-13}$$

由此得：

总声功率级 $L_{W\Sigma} = 10\lg \frac{W}{W_0} = 10\lg \frac{W_1 + W_2}{W_0}$

总声强级 $L_{I\Sigma} = 10\lg \frac{I}{I_0} = 10\lg \frac{I_1 + I_2}{I_0}$

必须注意，不能把两个声源分别产生的声压 P_1 和 P_2 简单地相加作为叠加后的总声压 P_Σ。因为声压是指有效声压（即均方根值），所以总声压 P_Σ 应由下式决定：

$$P_\Sigma = \sqrt{P_1^2 + P_2^2}$$

由此得，总声压级：

$$\begin{aligned} L_{P\Sigma} &= 20\lg \frac{P_\Sigma}{P_0} = 10\lg \frac{P_1^2 + P_2^2}{P_0^2} = 10\lg \left[\frac{P_1^2}{P_0^2}\left(1 + \frac{P_2^2}{P_1^2}\right)\right] \\ &= 10\lg \frac{P_1^2}{P_0^2} + 10\lg \left(1 + \frac{P_2^2}{P_1^2}\right) = L_{P1} + 10\lg \left(1 + \frac{P_2^2/P_0^2}{P_1^2/P_0^2}\right) \\ &= L_{P1} + 10\lg \left(1 + \frac{10^{\frac{L_{P2}}{10}}}{10^{\frac{L_{P1}}{10}}}\right) = L_{P1} + 10\lg \left[1 + 10^{-\left(\frac{L_{P1}-L_{P2}}{10}\right)}\right] \end{aligned}$$

$$L_{P\Sigma} = L_{P1} + \Delta L_P \tag{8-14}$$

式中 $\Delta L_P = 10\lg \left[1 + 10^{-\left(\frac{L_{P1}-L_{P2}}{10}\right)}\right]$

由上式可算出下列表 8－7 中数据：

表 8－7

$L_{p1} - L_{p2}$	0	1	2	4	3	5	6	7	8	9	10	11
ΔL_p	3	2.5	2.1	1.4	1.7	1.2	1	0.8	0.6	0.5	0.43	0.3

〔例 8－1〕 室内有 3 台机床，运转时各噪声级分别为 89，83，80dB，求室内总噪声级。

〔解〕先把噪声级由大到小按顺序排列，即 85，83，80dB；求级差，把表 8－7 中的 ΔL_P 值加到声级值大的上，顺序进行，因噪声级级差为 $\Delta_1 = L_{P1} - L_{P2} = 85 - 83 = 2$，查表得 $\Delta L_{P1} = 2.1$dB，所以 85dB 和 83dB 合成后为 87.1 dB，再将 87.1 dB 和 80dB 合成，因 $\Delta_2 = 87.1 - 80 = 7.1$dB，查表得 $\Delta L_{P2} = 0.8$dB，则室内总噪声级为 87.1＋0.8＝87.9dB。

从表 8－7 得知，如两个声源中的一个噪声级超过另一个噪声级 10dB 时，则较弱的声源可以忽略不计，因此时总噪声级附加值小于 0.4dB，由此可知，为了减弱机组的总噪声，首先必须消除其中最强的噪声源。

2. 有背景噪声时被测对象噪声的确定

选取某声源为被测对象时，当此对象不发声时，该场所具有的噪声，称为背景噪声或称本底噪声。它是由环境噪声和其他的干扰组成。

背景噪声 L_{P2} 可以事先测定，被测对象噪声 L_{P1} 出现后，所测得的总噪声级 $L_{P\Sigma}$ 是被测对象噪声和背景噪声的合成。在存在背景噪声的环境里，被测对象噪声是无法直接测出的，只能由测到的合成噪声，通过计算，除去背景噪声的影响而得到，和上面噪声合成相类似，通过推导可得：

$$L_{P1} = L_{P\Sigma} - \Delta L'_P \tag{8-15}$$

式中　$\Delta L'_P = 10\lg\left(1 + \frac{1}{10^{\frac{\Delta L}{10}} - 1}\right)$，其值见表 8－8 所示；

$\Delta L = L_{P\Sigma} - L_{P2}$

表 8－8

合成噪声和背景噪声级差 ΔL/dB	1	2	3	4	5	6	7	8	9	10
修正值 $\Delta L'_p$/dB	6.90	4.40	3.00	2.30	1.70	1.25	0.95	0.75	0.60	0.45

〔例 8－2〕　车间里被测机器停止工作时的噪声级为 93dB，机器运转时的噪声级为 100dB，求该机器的噪声级。

〔解〕$\Delta L = L_{P\Sigma} - L_{P2} = 100 - 93 = 7$(dB)

由表 8－8 查出 $\Delta L'_P = 0.95$ (dB)

故被测机器的噪声级为：

$$L_{P1} = L_{P\Sigma} - \Delta L'_P = 100 - 0.95 = 99\text{(dB)}$$

一般测得的合成噪声级超过背景噪声 10dB 以上时，可以忽略背景噪声的影响，因为此时的修正值（$\Delta L'_P < 0.45$dB）很小。

（四）频程

人耳可闻声音的频率在 20～20000Hz 之间有 1000 倍的变化范围。为了方便起见，把这个宽广的频率范围划分为几个频段，称为频带宽度或频程。

在噪声测量中，常用的是倍频程，就是两个相邻频率之比为 2∶1 的频程。

二、声级测量

（一）测试内容和条件

A 声级测定为主要测量内容，有时为了更好地评价机床，也需进行声压级和倍频程频谱的测量。

为了获得精确的数值，应按规定的条件测量。测量环境对噪声测量的影响很大，因为相同的声源在不同的环境中所形成的声场是完全不一样的。为了减少其他声源的声波和反射声波的干扰，在测量时其他声源尽可能停止发声，被测机床周围不应放置障碍物，机床与墙壁距离不得小于 2000mm，同时传声器应接近机床的声辐射面，但亦不可太近，若接近声源，则因物体振动使空气流动，声场不稳定，影响测量效果。

为了测量准确，测量时应避免本底噪声（背景噪声）对测量结果的影响。被测机床噪声源的 A 声级以及各频带的声压级，应分别高于本底噪声的 A 声级和各频带的声压级 10dB 以上，这样就可不计本底噪声的影响。若测得机床噪声（包括本底噪声在内）与本底噪声差 3～10dB 时，应按表 8－9 进行修正；若二者相差小于 3dB，说明本底噪声大于机床噪声，则测量无效。测量时必须用三角架支撑声级计，测量者应远离声级计 0.5m 处工作，避免测量者引起反射声的影响。

表 8－9　扣除本底噪声的修正量

被测噪声级与本底噪声级之差/dB	3	4～6	6～9
从被测噪声中应扣除的噪声级/dB	3	2	1

除了本底噪声和反射对噪声测量的影响外，风、电磁场、振动和湿度等对噪声测量也有不同的影响。特别是风或运动迅速的气流作用，它会在传声器外壳上形成涡流，产生附加噪声。

为了减小气流的影响,可在传声器之前安置风罩或防风鼻锥。

(二)测试方法

1. 测点的选择

从劳动保护观点出发,传声器应距地面高度为1500mm(近似人耳高度),面向机床噪声源,并与水平面平行。

传声器的位置对测量结果影响很大。传声器与机床的距离规定如下:如机床外形尺寸大于1000mm,则传声器距机床外表面为1000mm;若机床小于或等于1000mm,则距离机床外表面为500mm。

由于机床不是均匀地向各个方向辐射噪声(即具有一定的指向性),故标准规定沿机床周边若干点进行测量(一般多于5个点),如图8-43所示。以各测量点中测得的最大读数值作为该机床的噪声评价值。

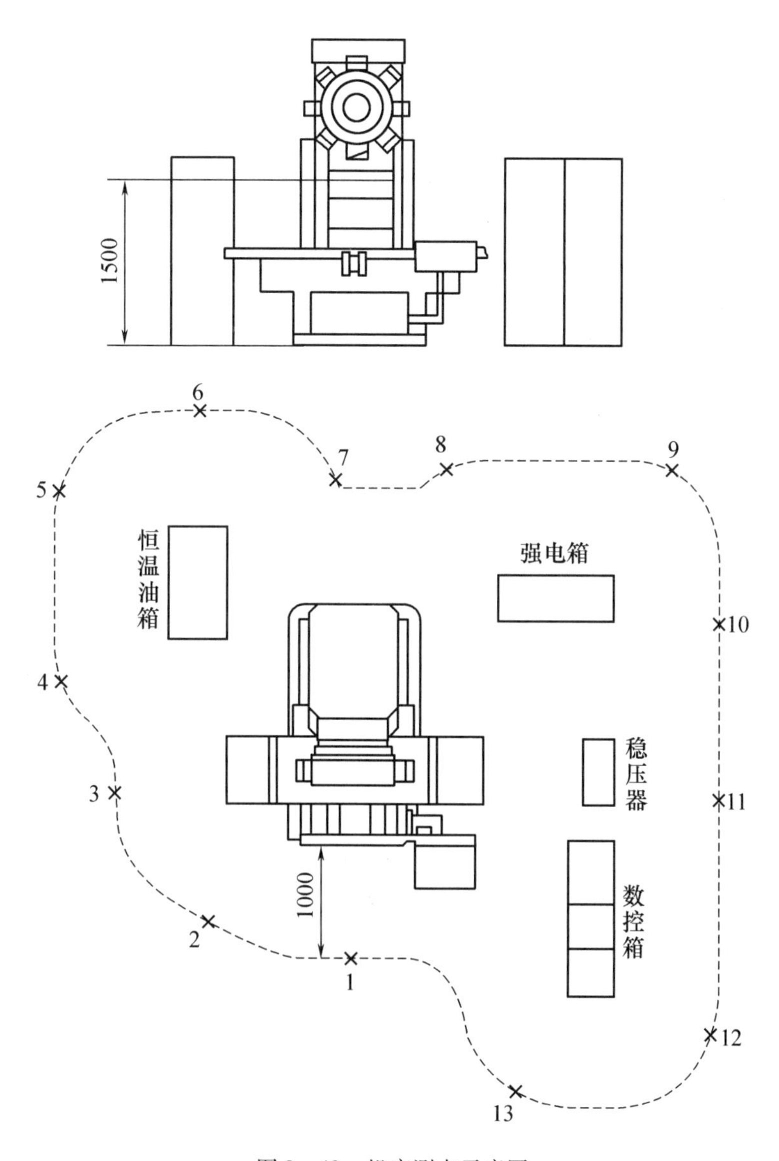

图8-43　机床测点示意图

2. 机床的状态

测量机床噪声时，所有运动部件（系统）一般均应处于运动状态，同时应按机床主运动的正、反向各级速度逐级进行测量（如用交换齿轮、皮带传动变速和无级变速的机床，允许选择正、反向，高、中、低速进行测试），以其中最大读数作为机床评价值。

3. 数据处理

在噪声测量中，一般使用“快”档，当读数起伏超过 4dB 时，则改用“慢”档。使用“慢”档时应保证一定的观察时间，不能过快地变换“计权网络”或频带，否则，检波线路来不及平均，读数将有偏差。

在测量稳态噪声或每秒钟脉冲次数大于 10 的脉冲噪声时，即使用“慢”档读数，但指针的起伏摆动仍然很大，可分下列几种情况分别处理。

（1）当指针起伏范围在 3dB 以内时，可取上下限的平均值：

$$\bar{L}^2 = \frac{L_X + L_S}{2} \tag{8-16}$$

式中，L_S，L_X 分别为声压级的上、下限。

（2）当指针起伏超过 3dB，但小于 10dB，而且起伏不均匀，大部分时间停留在某一个值附近，偶尔达到 L_S 和 L_X，只要大部分时间停留范围小于 3dB 时，仍按上式取平均值。为确切起见，也可将 L_S 及 L_X 同时记录下来以备参考。

（3）当指针起伏大于 3dB，但小于 10dB 时，在 L_S 及 L_X 之间没有明显的某个停留区域，则可认为均方声压在此范围内均匀变化，按声强平均，其平均值为：

$$\bar{P}^2 = \frac{P_S^2 + P_X^2}{2} \tag{8-17}$$

据式（8-16）和式（8-14），可导出平均声压级 $\bar{L}$ 及 L_X 的差值和 $L_S - L_X$ 的关系：

$$\bar{L} - L_S = -10\lg\left(\frac{2}{1 + 10^{-\frac{L_S - l_X}{10}}}\right) \tag{8-18}$$

据式（8-18）可导出表 8-10。

表 8-10 dB

若 $L_S - L_X$	1	2	3	4	5	6
则 $\bar{L} - L_S$	-0.5	-0.9	-1.2	-1.5	-1.8	-2.0
若 $L_S - L_X$	7	8	9	10	12	15
则 $\bar{L} - L_S$	-2.2	-2.4	-2.5	-2.6	-2.7	-2.9

（4）当指针起伏范围超过 10dB 时，则不能用常规方法测量，而必须用声级的统计分析或脉冲声级计测量。

三、声功率级测量

声压级的测量与被测机床周围环境有关，如机床附近的障碍物，距墙壁的远近，以及墙壁吸声性能等都会使声的强度分布不同。当环境变化时，测量的声压级也就有差异。声功率是一项基本量，是发声体在单位时间内发射出的能量。声功率级与测量面无关，避免了用声压级作评价值带来的麻烦，不需附加说明测量距离。声功率级提供一个声辐射能量的数据，在声学分析和噪声控制方面有其优越性。因此，国际上有不少产品以声功率级作为评价值。国家也制定了相应的测量标准《金属切削机床噪声声功率级的测定》(GB/T 4215—1984)。下面以工程法测量 A 声功率级为例，介绍测量过程与方法。

(一)测试条件

测量方法的标准偏差为 2dB，在整个测量过程中，各测点上的本底噪声均比被测机床工作时声压级低 6dB 以上，否则测量无效。本底噪声修正值 K_1 见表 8－11。声学环境要求为：在一个反射平面上方为自由场的房间或具有硬反射面的平坦的室外广场。

表 8－11 本底噪声修正值 K_1

被测噪声级与本底噪声级之差/dB	<6	6～8	9、10	>10
从被测噪声中应扣除的噪声级/dB	测量无效	1	0.5	0

在自由声场中，若声源每秒发射的噪声能量为 W 时，则声源的声功率级为：

$$L_W = 10\lg\frac{W}{W_0} = 10\lg\frac{IS}{I_0S_0} = 10\lg\frac{P^2S}{P_0^2S_0} = 10\lg\frac{P^2}{P_0^2} + 10\lg\frac{S}{S_0} = L_P + 10\lg\frac{S}{S_0}$$

式中 W_0——参考基准声功率，为 10^{-12} W；

I——声强，W/m^2，$I = \frac{P^2}{\rho c}$；

I_0——参考基准声强，为 10^{-12}W/m^2；

S——测量表面积，m^2；

S_0——参考表面积，$S_0 = 1\text{m}^2$；

P——声压，N/m^2；

ρ——空气的密度，kg/m^3；

c——声速，m/s；

L_P——声压级，dB。

因此，在自由声场中，声功率级可以由测量面上的自由声场平均声压级 $\bar{L}_P$ 和测量表面积来进行计算，即：

$$L_W = \bar{L}_P + 10\lg\frac{S}{S_0} \tag{8-19}$$

在上述非自由声场测量时，要考虑本底噪声的影响，当所测量声压级与本底噪声之差在 10dB 以内时，应按表 8－11 修正。

(二)测试方法

根据本底噪声的影响，声源设置地面大小，声源产生声量大小以及周围状况等因素决定测量面。测量面有半球测量面和矩形六面体测量面两种。基准体最大尺寸小于 1 m，或者虽然有某一尺寸超过 1m，但最大与最小尺寸之比小于 2 时，只要现场条件许可，应优先选用半球测量表面。测量长机床、高机床或只能离机床较近位置测量时，应选用六面体测量表面。

对于半球测量表面，测量距离是指基准体在反射面上投影的中心(坐标系统的原点)到半球测量表面的距离，即为半球的半径 r_0，此距离应满足以下条件：

$$r_0 \geqslant 2D_0$$

式中，D_0 为特性距离，是基准体的投影中心到基准体四顶角中任一顶角的距离，即 $D_0=\left[\left(\frac{l_1}{2}\right)^2+\left(\frac{l_2}{2}\right)^2+\left(\frac{l_3}{2}\right)^2\right]^{\frac{1}{2}}$，其中 l_1，l_2，l_3 分别为基准体的长、宽、高。

对于矩形六面体测量表面，测量距离是指基准体到矩形六面体测量表面各对应面间的距离。此测量距离 d 最好取 $d=1\text{m}$；最小应不小于 $d=0.5\text{m}$。

测量的测点数与测点布置如图 8－44、图 8－45 所示。

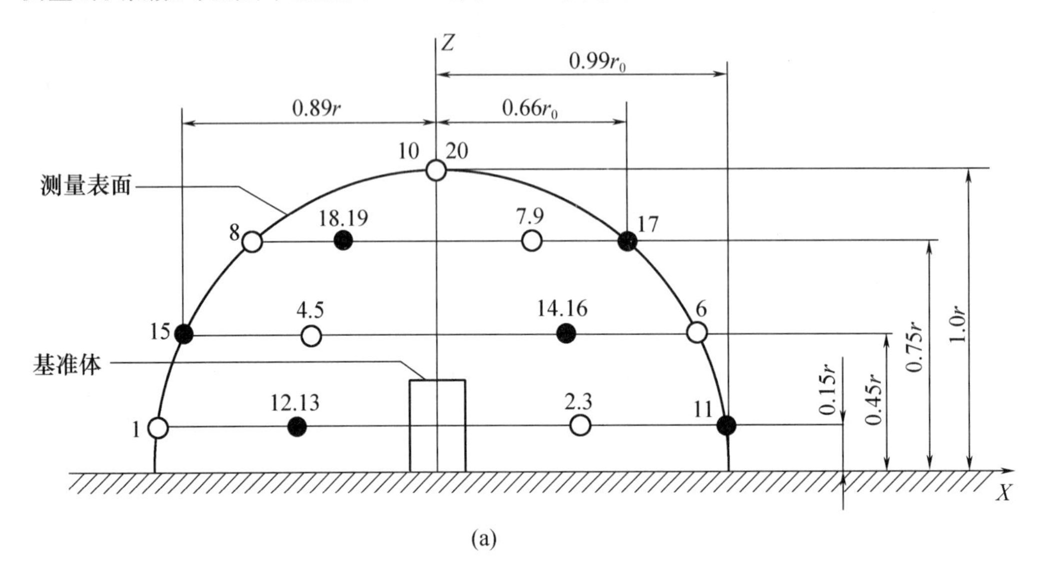

(a)

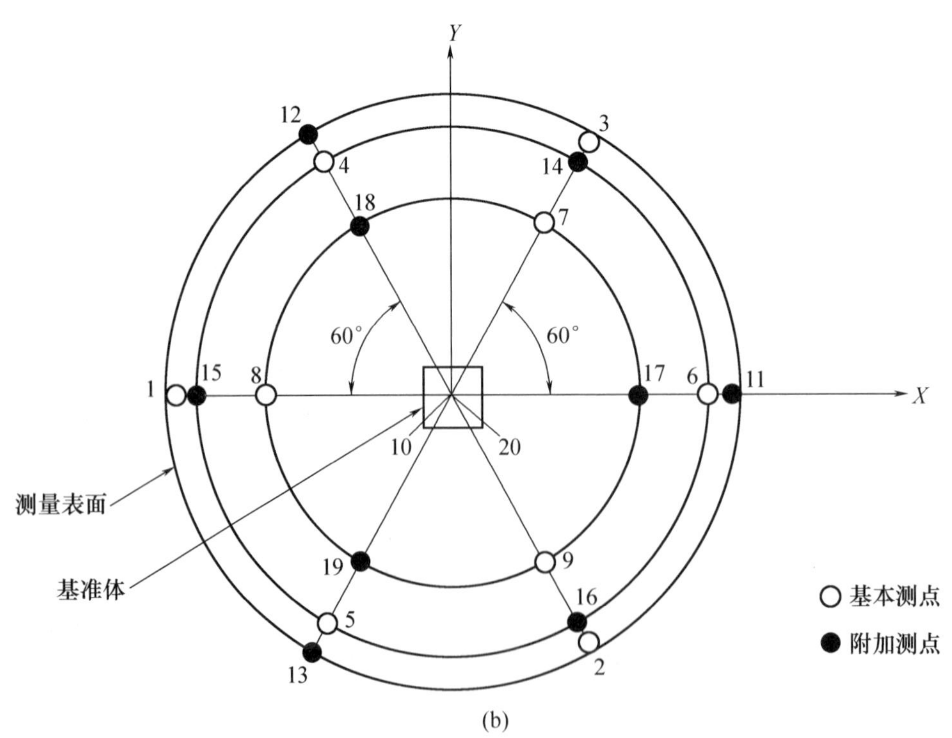

(b)

图 8－44　半球测量表面上的测点布置

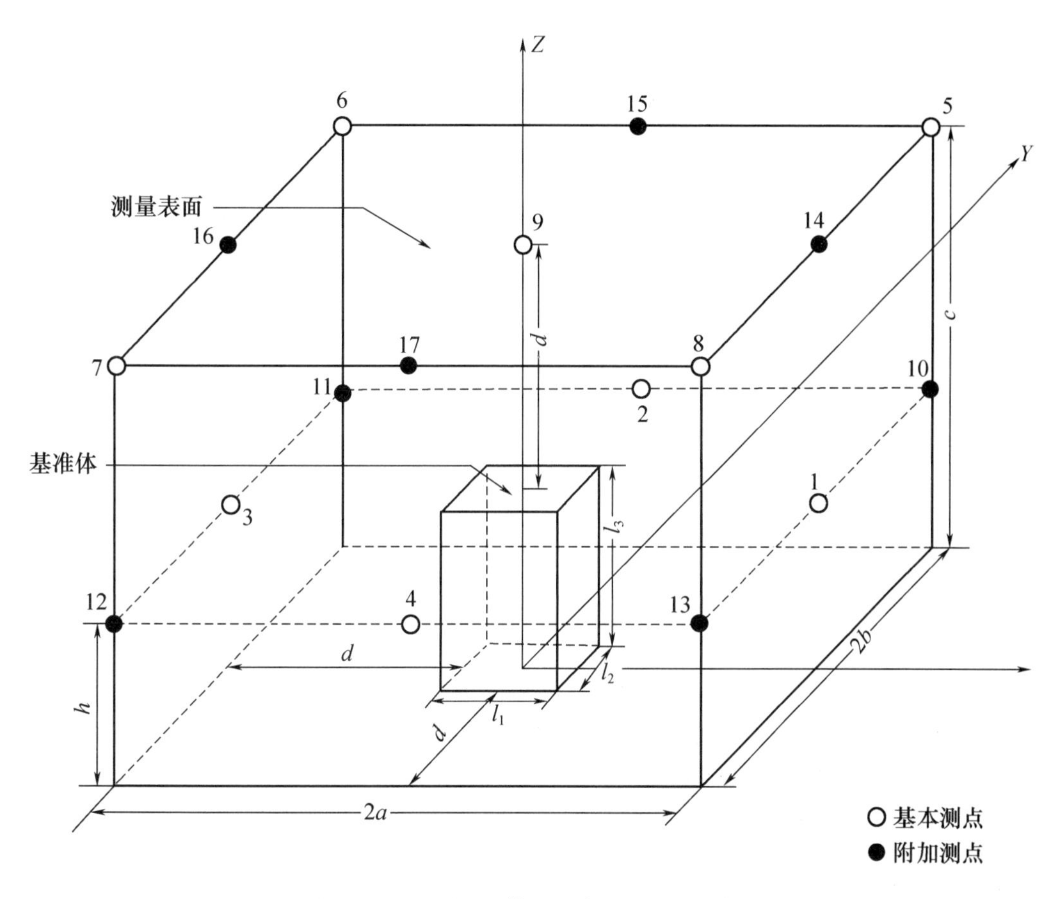

图 8－45　矩形六面体测量表面上的测点布置

(三)声功率级的计算

各测点上测量的声压级值,其最大值与最小值之差小于 6dB 时,可用算术平均值来计算测量面平均声压级;当差值大于等于 6dB 时,则按式(8－20)计算:

$$\bar{L}_P = 10\lg\left[\frac{1}{N}\sum_{i=1}^{N} 10^{0.1(L_{Pi}-K_{1i})}\right] \tag{8-20}$$

式中　$\bar{L}_P$——测量表面平均声压级,dB;

L_{Pi}——第 i 点测得的声压级,dB;

K_{1i}——第 i 点的背景噪声修正值,dB;

N——测点总数。

声功率级 L_W 用式(8－21)计算:

$$L_W = (\bar{L}_P - K_2) + 10\lg(S/S_0) \tag{8-21}$$

式中　L_W——声功率级,dB;

$\bar{L}_P$——测量表面平均声压级,dB;

K_2——环境修正值,dB,按式(8－22)计算;

S——测量表面面积,m^2。对于半球测量表面 $S = 2\pi r^2$;对于矩形测量表面 $S = 4(ab + bc + ca)$;

$S_0 = 1\text{m}^2$。

环境修正值 K_2 按式(8-22)计算：

$$K_2 = 10\lg\left(1 + \frac{4}{A/S}\right) \quad (8-22)$$

式中　S——测量表面面积，m^2；

A——房间吸声量，m^2，$A = 0.16\dfrac{V}{T}$；V 为房间体积，m^3；T 为混响时间，s。

复习思考题

1. 机床检验的主要目的是什么？

2. 机床验收的项目有哪些？

3. 如何评价直线度误差？

4. 如何用水平仪检验导轨直线度？如何计算？

5. 平尺调头、检验棒转180°的目的是什么？

6. 主轴回转运动有哪3种基本误差？

7. 车床类机床与镗床类机床的误差敏感方向有何不同？主轴回转运动精度的测量方法有哪两种？

8. 什么叫机床传动精度？掌握传动链中误差的传递规律，掌握机床传动精度的试验方法。

9. 什么叫机床的定位精度、重复定位精度和失动量？机床定位误差是由哪些原因引起的？失动量是由什么原因造成的？掌握定位误差数据处理方法。

10. 什么是爬行现象？爬行属于一种什么现象？爬行取决于哪些因素？掌握爬行临界速度的计算公式，爬行对加工质量有什么影响？

11. 掌握噪声的物理量度，声级的合成与分解，声级测量的数据处理。

第九章　内燃机性能试验

第一节　内燃机及其原理

内燃机是1876年由德国人奥托发明的。它是发动机的一种，发动机是把某种形式的能转变为机械能的机器。将燃料中的化学能经过燃烧过程转变为热能，并通过一定的机构使之再转化为机械能的发动机称为热力发动机（简称热机）。如燃料的燃烧是在产生动力的空间（通常就是气缸）中进行的，这种热机就称为内燃机。

内燃机的类型和分类方法很多。按所用燃料的不同，可分为汽油机、柴油机和煤气机等。

按照完成一个工作循环所需的行程数来分，有四冲程内燃机和二冲程内燃机。汽车和工程机械用内燃机多为四冲程的。

内燃机气缸中进行的每一次将热能转变为机械能的一系列连续过程称为内燃机的一次工作循环（作一次功）。

每一次工作循环都包括进气、压缩、燃烧—膨胀和排气等4个过程。四冲程内燃机的工作循环是在曲轴旋转两周，即4个行程中完成的；而二冲程内燃机的工作循环则是在曲轴旋转一周，即2个行程中完成的。

图9－1示出内燃机的基本机构，它包括气缸、气缸盖、活塞、活塞销、连杆、曲轴、飞轮、曲轴箱和进、排气门等。

活塞可在气缸内上下往复运动。活塞销穿过活塞和连杆的上端，使活塞和连杆成为铰链似的连接，连杆下端套在曲轴弯曲部分的曲柄销（连杆轴颈）上，也是铰链似的连接。

曲轴两端由曲轴箱上的轴承来支承，曲轴可在轴承中转动。

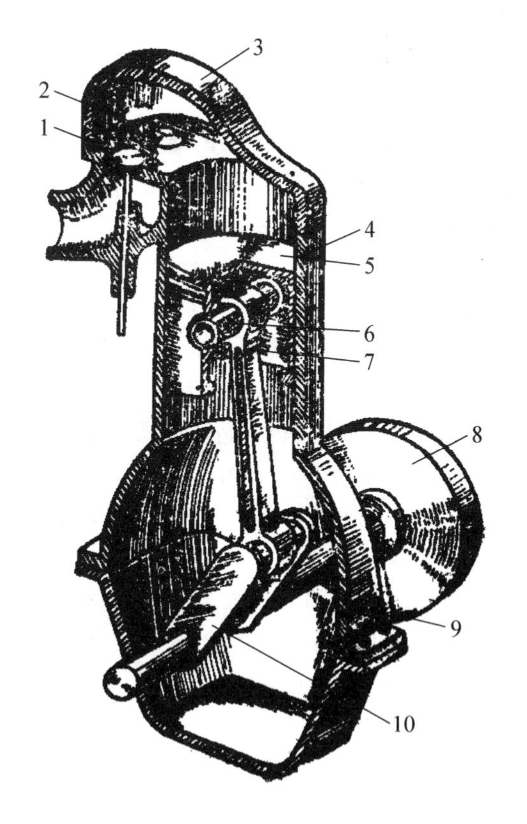

图9－1　内燃机的基本结构

1—进气门；2—排气门；3—气缸盖；4—气缸；5—活塞；6—活塞销；7—连杠；8—飞轮；9—曲轴箱；10—曲轴

活塞在气缸中往复运动时,曲轴则绕其轴心线作旋转运动。很明显,曲轴每转一周,活塞向上向下各行一次(两个行程)。

活塞离曲轴中心最大距离的位置称为上止点(图9-2);活塞离曲轴中心最小距离的位置称为下止点。在上、下止点时,活塞的运动方向改变,同时它的速度等于零。

上止点与下止点间的距离称为活塞行程S。由图9-2可见,活塞行程S等于曲柄半径r的两倍,即:

$$S = 2r$$

在一个气缸中,活塞从上止点到下止点所扫过的容积称为气缸工作容积V_h。

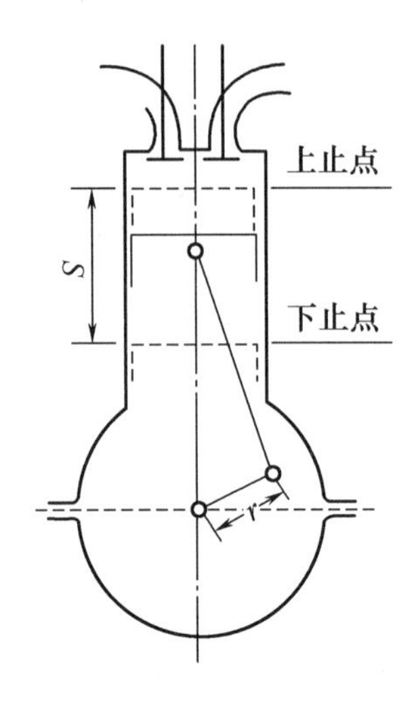

图9-2　内燃机示意图

第二节　内燃机试验中常用的计算公式

一、内燃机的指示性能指标

(一)指示功和平均指示压力的定义

所谓指示功是指在气缸内完成一个循环所得到的有用功W_i。内燃机单位气缸工作容积所作指示功称平均指示压力p_i(Pa)。

$$p_i = \frac{W_i}{V_h} \tag{9-1}$$

式中　W_i——内燃机工作循环的指示功,J;

V_h——内燃机气缸工作容积,m^3。

平均指示压力p_i是从实际循环的角度来标志内燃机气缸工作容积利用率高低的一个参数。p_i值愈高,同样大小的气缸容积将发出更大的指示功,气缸工作容积的利用程度愈佳。由此可知,平均指示压力p_i是衡量内燃机实际循环动力性能方面的一个很重要的指标。

(二)指示功率

内燃机单位时间内所作的指示功称为内燃机的指示功率N_i。设一台内燃机的气缸数为i,每缸工作容积为V_h(m^3),平均指示压力为p_i(N/m^2)、转速为n(r/min),按照p_i的定义,每循环气体所作之指示功,由式(9-1)可得:

$$W_i = p_i V_h$$

具有i个气缸的内燃机每秒所作指示功为:

$$N_i = 2p_i V_h \frac{n}{\tau} i \tag{9-2}$$

式中　τ为冲程数,对四冲程$\tau=4$,对二冲程$\tau=2$。

在实际应用时,一般采用p_i(bar),V_h(L),n(r/min),N_i(kW),代入可得:

$$10^3 N_i = 2 \times 10^5 p_i \frac{iV_h}{10^3} \times \frac{n}{60\tau}$$

$$N_i = \frac{p_i V_h ni}{300\tau} \tag{9-3}$$

对四冲程内燃机：

$$N_i = \frac{p_i V_h ni}{1200}$$

对二冲程内燃机：

$$N_i = \frac{p_i V_h ni}{600}$$

在应用工程单位制时，p_i（kgf/cm²），V_h（L），n（r/min），N_i（PS，公制马力）时，则

$$N_i = \frac{p_i V_h ni}{225\tau} \tag{9-4}$$

（三）指示热效率和指示比油耗

指示热效率 η_i 是内燃机实际循环指示功与所消耗的燃料热量之比值，即：

$$\eta_i = \frac{W_i}{Q_i} \tag{9-5}$$

式中，Q_i 为得到指示功 W_i 所消耗的热量，J。

对于一台内燃机，当测得其指示功率 N_i（kW）和每小时耗油量 G_b（kg/h）时，根据 η_i 的定义，可得：

$$\eta_i = \frac{3.6 \times 10^3 N_i}{G_b H_u} \tag{9-6}$$

式中　3.6×10^3 ——1kW·h 的热当量，kJ/kW·h；

G_b ——每小时发动机耗油量，kg/h；

H_u ——所用燃料的低热值，kJ/kg。

指示比油耗是指单位指示功的耗油量，它通常以指示千瓦小时的耗油量来表示。

$$g_i = \frac{G_b}{N_i} \times 10^3 \tag{9-7}$$

因此，表示实际循环经济性指标 η_i 和 g_i 之间存在着以下关系：

$$\eta_i = \frac{3.6 \times 10^6}{H_u g_i} \tag{9-8}$$

二、内燃机的有效性能指标

（一）机械效率和有效功率

以上讨论的许多参数都是标志内燃机气缸内部工作循环的指示指标，它们只能评定工作循环进行的质量好坏。内燃机的指示功率在内部传动机构的传递过程中必不可免地要有一定的损耗。这些损耗大致包括有内燃机内部运动件的摩擦损失，驱动附属设备（如配气机构、水泵、机油泵、喷油泵、扫气泵等）的消耗、泵损失等。相当于上述这些损耗总和的功率称作机械损失功率 N_m。因此，最后从内燃机功率输出轴上所得到的净功率，即有效功率 N_e 等于：

$$N_e = N_i - N_m \tag{9-9}$$

有效功率和指示功率之比为机械效率 η_m：

$$\eta_m = \frac{N_e}{N_i} \tag{9-10}$$

内燃机的有效功率在工厂和实验室中是利用各种测功器和转速计来进行测量计算而得。用测功器可以测量到内燃机在某工况下曲轴输出的扭矩 M_e，用转速计可以测得同一工况下的内燃机曲轴转速 n，运用下列公式即可求出在该工况下内燃机输出的有效功率 N_e：

$$N_e = M_e \frac{2\pi n}{60} \times 10^{-3} = \frac{M_e n}{9550} \tag{9-11}$$

式中，M_e 为内燃机输出扭矩，N · m。

在应用工程单位制时：

$$N_e = \frac{M_e \cdot 2\pi n}{75 \times 60} = \frac{M_e n}{716.2}$$

式中　M_e ——内燃机输出扭矩，kgf · m。

n ——内燃机转速，r/min。

（二）平均有效压力和升功率

在评定内燃机所作有效功和机械损失时，将用与平均指示压力 p_i 相类似的折合到单位气缸工作容积的比参数——平均有效压力 p_e 和平均机械损失压力 p_m。

平均有效压力 p_e 的定义是：内燃机单位气缸工作容积所发出的有效功，它是从最终内燃机实际输出功的角度来评定气缸容积的利用率。因此，平均有效压力 p_e 是衡量内燃机动力性能方面的一个很重要的指标。

平均机械损失压力 p_m 的定义是：内燃机单位气缸工作容积所损耗的功，它可以用来衡量内燃机机械损失的大小。

按照上述定义可以如式（9－3）表示 N_i 和 p_i 之间的关系那样，列出 N_e 和 p_e，N_m 和 p_m 的关系式：

$$N_e = \frac{p_e V_h n i}{300\tau} \tag{9-12}$$

$$N_m = \frac{p_m V_h n i}{300\tau} \tag{9-13}$$

$$p_e = \frac{300 N_e \tau}{V_h i n} \tag{9-14}$$

$$p_m = \frac{300 N_m \tau}{V_h i n} \tag{9-15}$$

应用式（9－11）和式（9－12）的恒等关系：

$$N_e = \frac{M_e n}{9550} = \frac{p_e V_h n i}{300\tau}$$

可得：

$$M_e = \frac{31.83 p_e V_h i}{\tau} \tag{9-16}$$

由此，对于一定气缸总工作容积（即 iV_h）的内燃机而言，其平均有效压力 p_e 值反映了内燃机输出扭矩 M_e 的大小，即：

$$M_e \propto p_e$$

也就是说，p_e 可以反映出内燃机单位气缸工作容积输出扭矩的大小。但就功率（即单位时间内作功的能力）方面来衡量内燃机气缸工作容积的利用率而言，还需要采用升功率 N_l 这样一个参数。

升功率 N_l 的定义是：在标定工况下，内燃机每升气缸工作容积所发出的有效功率。

$$N_l = \frac{N_e}{iV_h} \tag{9-17}$$

式中，N_l 为升功率，kW/L。

又从式(9－12)可得：

$$N_l = \frac{p_e n}{300\tau} \tag{9-18}$$

可见，升功率 N_l 是从内燃机有效功率出发，对其气缸工作容积的利用率作总的评价。它与 p_e 和 n 的乘积成正比。N_l 的数值愈大，则内燃机的强化程度愈高，而发出一定有效功率的内燃机尺寸愈小。因此，不断提高 p_e 和 n 的水平以获得更强化、更轻巧、更紧凑的内燃机，是历来内燃机工作者所致力以求的奋斗目标。于是，N_l 也就成为评定一台内燃机整机动力性能和强化程度的重要指标之一。

（三）有效热效率和比油耗

总的来衡量内燃机经济性能的重要指标是有效热效率 η_e 和比油耗 g_e。

有效热效率 η_e 是实际循环有效功 W_e 与为得到此有效功所消耗的热量之比值，即：

$$\eta_e = \frac{W_e}{Q_1} = \frac{W_i \eta_m}{Q_1}$$

以式(9－5)代入，得：

$$\eta_e = \eta_i \eta_m \tag{9-19}$$

由此可知，在 η_e 中已考虑到实际内燃机工作时的一切损失了。

和前述的 η_i 一样，可得：

$$\eta_e = \frac{3.6 \times 10^3 N_e}{G_b H_u} \tag{9-20}$$

通过此式，在实测获得内燃机的有效功率 N_e 和每小时耗油量 G_b 后，η_e 之值即可计算出来。

比油耗是指单位有效功的耗油量，它通常是以每有效千瓦小时所消耗的燃料重量 g_e 来表示。

$$g_e = \frac{G_b}{N_e} \times 10^3 \tag{9-21}$$

由式(9－20)，g_e 又可表示为：

$$g_e = \frac{3.6 \times 10^3}{\eta_e H_u} \tag{9-22}$$

可见，内燃机的比油耗 g_e 是与 η_e 成反比的，知道其中一值以后，便可求出另一值。

第三节　内燃机特性

一、内燃机的工况与特性

内燃机在运转过程中变化的主要性能参数是转速 n 和有效功率 N_e（或平均有效压力 p_e、或扭矩 M_e）。N_e,M_e,n,p_e 之间有如下的关系：

$$N_e = \frac{p_e V_h n i}{300\tau}$$

$$M_e = 9550\frac{N_e}{n} = \frac{31.83V_h i}{\tau}p_e = Kp_e$$

式中，$K = \dfrac{31.83V_h i}{\tau}$，对于一定的内燃机是一常数，所以扭矩 M_e 与平均有效压力 p_e 成正比。在 N_e,n,p_e(或 M_e) 3 个参数中，只有 2 个是独立变量，知道其中任意 2 个，就可求出第 3 个。两个参数一给定，内燃机的运行情况（简称工况）也就决定了。两个参数变化即表明内燃机运行的工况发生了变化。内燃机的运行工况与用途密切有关，不同的用途，工况变化的规律要求是不同的。

固定式内燃机（发电用或带动水泵等）的工作特点是要求转速恒定，在这个恒定转速下，功率可由零变到最大，其运行情况可用图 9－3 的垂直线 1 来表示。

车用内燃机转速和扭矩之间没有一定的关系。转速决定于车速，可以从最低稳定转速一直变到最高转速；功率取决于行驶阻力，在同一转速下，可以由零变化到全负荷，其运行情况可用图 9－3 中的阴影线表示。

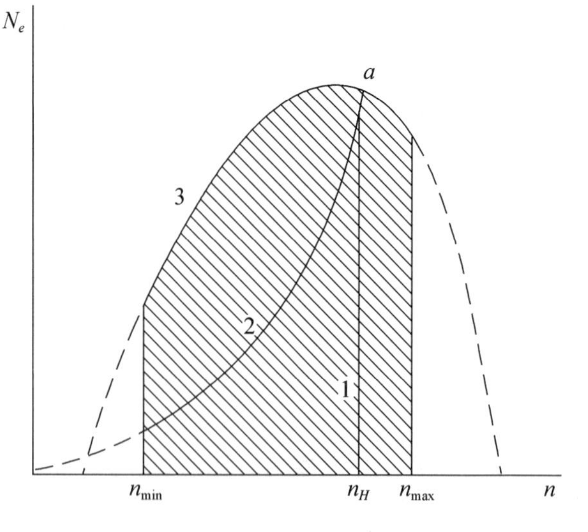

图 9－3　内燃机的工况

由此可见，内燃机的工作情况是各不相同的，这就要求我们要了解在各种工作情况下内燃机的性能变化。所谓内燃机的特性，就是指内燃机的主要性能参数（如 N_e,p_e,M_e,g_e 等）随工况而变化的关系。通常这种变化关系是用曲线表示出来，我们称它为特性曲线。

有了内燃机的特性，就可以评价内燃机在不同工况下的动力性和经济性，可以分析在某一工况下内燃机运行的可能性、适应性等，从而可以更合理地使用或选择内燃机。

内燃机的特性有很多，其中最主要的是速度特性和负荷特性。下面将分别叙述有关的几个特性。

二、负荷特性

内燃机负荷通常是指内燃机阻力矩大小。由于平均有效压力正比于扭矩,常用平均有效压力来表示负荷。发动机的工况是由转速和负荷两个因素决定的。所谓负荷特性就是发动机转速不变时,其他性能参数随负荷而变化的关系。这时,由于转速为常数,有效功率也可度量负荷。负荷特性如图9-4所示。横坐标是负荷(功率或平均有效压力),纵坐标是性能参数,主要参数是比油耗g_e[g/(kW·h)]和排气温度t_r(℃)。此外,机械效率η_m等其他参数也可以根据需要测定出来,绘制成曲线。一般测定标定转速下的负荷特性。从负荷特性上可以看出不同负荷下运转的经济性。负荷特性是内燃机的最基本的特性,也比较容易测定,所以在内燃机调试过程中,经常用负荷特性作为性能比较的标准。

图9-4是按负荷特性运转时一些参数随负荷变化的一般规律。增加负荷就是意味着增加每循环供油量。所以每小时的耗油量G_b随负荷增加而增加,供油量多,放热也多,使排气温度t_r随负荷增加而升高。

内燃机的机械损失主要与转速有关,当转速一定时,平均机械损失压力p_m几乎不变。机械效率$\eta_m = 1 - \frac{p_m}{p_i}$。空负荷运转时,有效功率为零,即$p_i = p_m$,内燃机的指示功完全消耗在内燃机的内部损失上,因此空负荷时,$\eta_m = 0$,而比油耗g_e为无穷大;随着负荷增加,p_i增加,使η_m迅速上升,而g_e下降;负荷增加到A点位置,g_e达到最低值,再继续增加负荷,混合气形成和燃烧恶化,g_e反而升高。

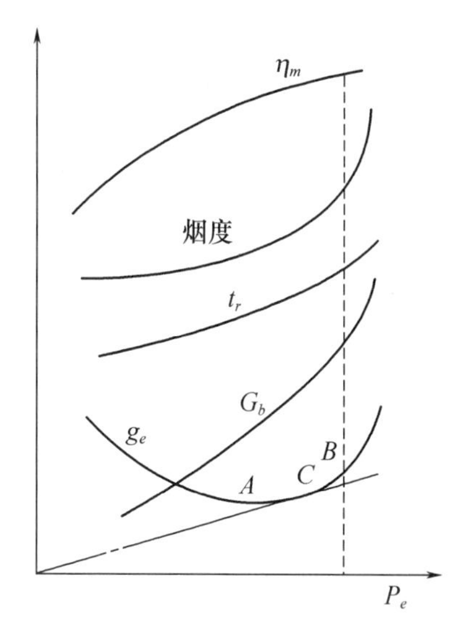

图9-4　各基本参数随负荷变化情况

从图9-4中还可以看到,A点g_e最低,但功率较小;B点功率虽高,但g_e也高。从坐标原点作一射线与g_e曲线相切得切点C,C点的功率与比油耗之比值最大,这些点的位置,可作为标定功率时的参考。

三、速度特性

速度特性是指柴油机在油泵齿条位置固定,汽油机在节气门开度固定时,内燃机性能指标(有效扭矩M_e,有效功率N_e,排气温度t_r,燃油消耗率g_e,比重量—内燃机净重与标定功率的比值G_b等)随转速的变化曲线。在柴油机喷油泵齿条处于标定功率的循环供油量位置时,汽油机节气门处于全开位置时,所测得的速度特性称为全负荷速度特性(或外特性),如图9-5内燃机的全负荷速度特性曲线所示。当柴油机喷油泵齿条固定在小于标定功率循环供油量位置,汽油机节气门处于部分开度位置时所测得的速度特性称为部分负荷速度特性。拖拉机、工程机械和载重汽车对内燃机外特性曲线的形状有要求,其中尤以工程机械对内燃机的要求更为苛刻。

在分析上述用途内燃机的速度特性时,要看到它和分析恒速内燃机的负荷特性是不同的。

例如,汽车用内燃机的运转工况,大部分时间是偏离标定工况而以部分负荷工作的,因而对其经济性能的评价,要以汽车经常行驶的部分负荷工况范围内的比油耗大小和变化程度为

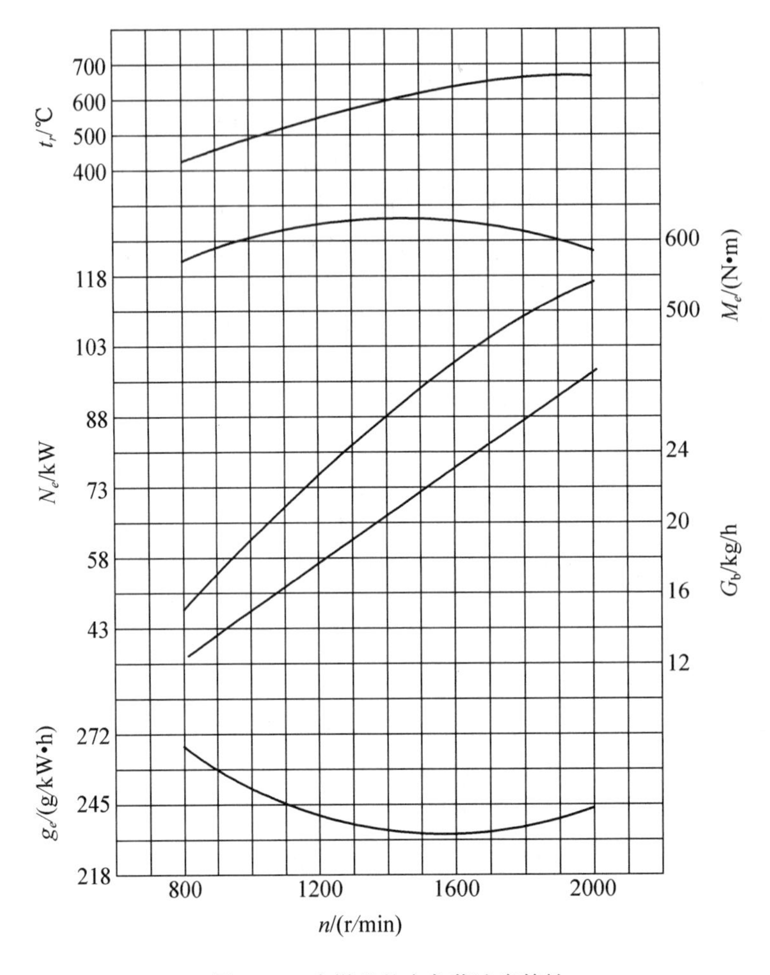

图 9－5　内燃机的全负荷速度特性

准,而对于全负荷工况,则着重要求它具有高的动力性能指标,以保证汽车短期内加速、爬坡的需要。又如拖拉机、工程机械用内燃机,对全负荷速度特性形状有严格要求,那就是希望其输出扭矩特性 $M_e = f(n)$ 随转速下降而沿着一定的斜率上升,以至达到最大值 M_{emax} ,如 M_{emax} 比标定功率时的 M_e 大得多,则工程机械或拖拉机在不换挡的情况下,克服阻力的能力愈强,有利于提高劳动生产率和改善工人的劳动条件。

从以上所述不同用途内燃机的变工况运转性能的要求,可以充分说明一点,离开了内燃机变工况特性,而只从标定功率工况下的性能指标来权衡该机在不同使用场合下的先进性和适用性是很片面的。

可以得出这样一个结论:在认识、衡量和提高内燃机的性能指标过程中,必须把标定工况和变工况两者同时予以考虑,而且针对某些使用目的,还要考虑内燃机在不稳定工况下(例如,汽车用内燃机的加速与减速过程,涡轮增压柴油发电机组的负荷响应能力等)的性能。往往会出现这样一种情况,即提高或改善部分负荷性能会成为发展中的主要矛盾,只有兼顾到这些方面,才能使我们得以全面地、准确地评价和提高内燃机的工作性能,使之能够针对使用目的、发挥更好的作用。

四、调速特性

当调速手柄固定在某一位置，由调速器自动控制喷油泵齿条（或拉杆）的移动，使负荷从零变到最大。此时，内燃机扭矩 M_e 或功率 N_e 等参数与调（转）速的变化关系称为调速特性。它主要用以考核调速器的性能是否满足使用要求。

汽车、拖拉机和工程机械经常在负荷不断变化的情况下工作，而且经常会遇到负荷突变的情况。如汽车从上坡过渡到下坡行驶，或推土机推土时，由于地势不平，土壤软硬干湿不同，都会引起柴油机转速的不断变化。当推土机推土时，如果将油量调节杆固定在正常的最大供油位置，使柴油机在某一转速下稳定运转，但是当卸土以后，由于突然卸去了负荷，油量调节杆一时还来不及向减少供油量的方向移动，柴油机的转速就会迅速增高，而这时由于喷油泵速度特性的作用，喷油泵的循环供油量反而增大，促使柴油机的转速进一步提高。这样相互影响的结果，使柴油机的转速越来越高，严重时会出现超速，甚至发生“飞车”事故。对柴油机来说，超速是很危险的，因为这时混合气形成时间更短，燃烧过程剧烈恶化，会出现排气冒黑烟和柴油机过热等现象。而且，由于柴油机的运动零件质量较大，超速时会产生很大的惯性力，使某些零件承受过大的机械负荷，严重时就会引起零件损坏。因此，柴油机必须限制超速。

在柴油机怠速运转时，油量调节杆保持在最小供油位置，这时如果某种原因（如润滑油黏度的变化）使柴油机的内部阻力略有增大，则其转速就略为降低，但由于喷油泵速度特性的作用，每次循环供油量反而减少，这就促使转速进一步降低，如此循环作用，最后将使柴油机熄火；反之，如果柴油机内部的阻力略有减小，则将导致柴油机怠速转速不断升高，所以柴油机的怠速是很不稳定的。

综上所述可知，为使柴油机在不同的负荷下能保持所需要的转速，柴油机上必须有调速装置，自动地控制转速。调速器就是用来完成这一任务的。调速器调节柴油机转速的实质，就是自动控制柴油机的循环供油量，即当柴油机由于某种原因使其转速增高或降低时，则调速器就自动控制调节杆的位置，减少或增加循环供油量，使柴油机转速不再继续增高或降低。这样就使柴油机保持在某一变化较小的转速范围内稳定运转。

调速特性与全负荷速度特性有密切联系，两者经常画在一张图上。汽车、拖拉机用的柴油机在进行调速特性试验时，应同时测出速度特性曲线。图9－6为带全速调速器的柴油机的速度特性和调速特性。其中，竖线即相当于调速手柄在不同位置时的调速特性。当调速手柄固定某一位置，柴油机即沿相应该位置的调速特性工作，负荷可由零变化到全负荷速度特性上。有时为了更清楚地表明标定工况的工作指标，调速特性还可作成如图9－7所示的形式。

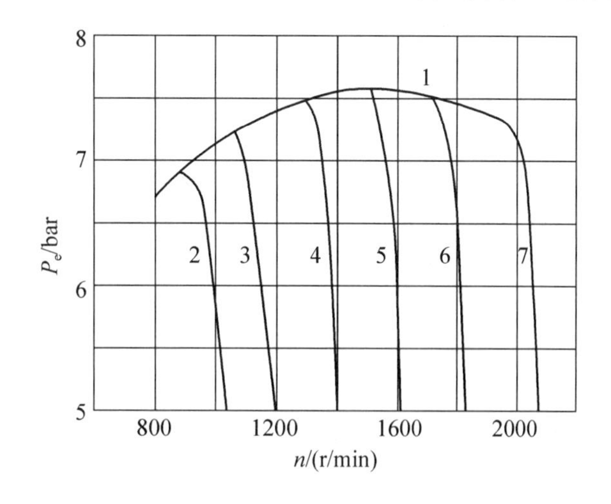

图9－6　柴油机的速度特性和调速特性

1—速度特性；2～7—调速特性

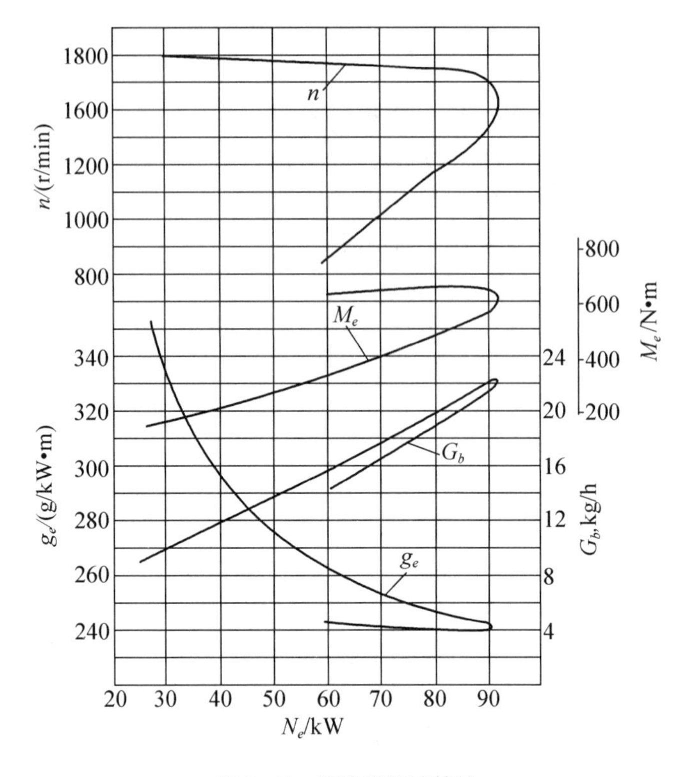

图 9－7　柴油机调速特性

第四节　内燃机试验简介

内燃机试验参照《内燃机台架试验方法》(GB/1105. 1—1987、GB/1105. 2—1987、GB/1105. 3—1987)规定进行。所谓台架试验是指内燃机在试验台上进行的试验。

一、试验类别

(一)定型试验

内燃机在投入批量生产之前为检验内燃机的性能指标是否达到设计或改进的要求,并对其可靠性耐久性做出评价所进行的试验。

(二)验收试验

为检验产品是否符合合同和有关技术文件所规定的技术要求而进行的试验,它也可与抽查试验结合进行。

(三)抽查试验

成批或大量生产的内燃机应根据批量的大小,抽取一定数量的产品进行性能试验和功能检查,必要时,同时进行可靠性、耐久性试验,以考核内燃机制造质量的稳定性。

二、主要性能试验

性能试验是对内燃机各项性能所做的试验。试验种类和项目很多,本章仅介绍如下一些主要的性能试验。

（一）起动性能试验

考查内燃机的起动性能是否符合有关专业标准和/或制造厂的规定。

试验时，按使用说明书规定加冷却液（水冷内燃机）和机油。在专业标准和/或制造厂规定的起动环境温度下，按说明书规定的操作程序进行起动。

起动能量和重复进行的次数按专业标准或制造厂规定。

试验时，应测取环境状况参数，内燃机冷却介质和机油温度，起动次数，起动时间和转速，蓄电池电压、电流或贮气瓶压缩空气压力等。

（二）调速性能试验

1. 调速特性试验

试验时，将内燃机调定在标定工况或超负荷功率工况下稳定运转。卸去全部负荷，使其转速达到最高空载转速或超负荷功率最高空载转速，然后逐步增加负荷直至上述工况。在各挡负荷下分别测定其稳定转速、扭矩、燃油消耗量等参数，并绘制标定工况或超负荷功率工况的调速特性曲线。

内燃机的标定工况或超负荷功率工况的稳定调速率可分别按以下两式计算：

$$\delta_2 = \frac{n_{0\max} - n_b}{n_b} \times 100\% \tag{9-23}$$

$$\delta'_2 = \frac{n_{i\max} - n_i}{n_i} \times 100\% \tag{9-24}$$

式中　$n_{0\max}$——最高空载转速，r/min；

n_b——标定转速，r/min；

$n_{i\max}$——超负荷功率最高空载转速，r/min；

n_i——超负荷功率转速，r/min。

装有全程制调速器的柴油机，应按其使用要求增做部分调速特性试验。将柴油机调定在要求工况下稳定运转。卸去全部负荷，使其转速达到空载转速，然后逐步增加负荷直至原来要求的工况。在各档负荷下，分别测定稳定转速、扭矩、燃油消耗量等参数。绘制部分调速特性曲线。

2. 瞬时调速率

（1）突减负荷试验

内燃机先在标定工况或超负荷功率工况下稳定运转，然后突然卸去全部负荷，测定转速随时间的变化关系。

突减负荷瞬时调速率可按以下两式计算：

$$\delta_1^+ = \frac{n_{\max} - n_b}{n_b} \times 100\% \tag{9-25}$$

$$\delta'^+_1 = \frac{n'_{\max} - n_i}{n_i} \times 100\% \tag{9-26}$$

式中　$n_{\max}$——标定工况突减负荷时的最高瞬时转速，r/min；

$n'_{\max}$——超负荷功率工况突减负荷时的最高瞬时转速，r/min。

（2）突加负荷试验

内燃机先在最高空载转速或超负荷功率最高空载转速下稳定运转，然后突加全部负荷，测定转速随时间的变化关系。

突加负荷瞬时调速率可按以下两式计算：

$$\delta_1^- = \left|\frac{n_{\min} - n_{0\max}}{n_b}\right| \times 100\% \quad (9-27)$$

$$\delta'^-_1 = \left|\frac{n'_{\min} - n_{i\max}}{n_b}\right| \times 100\% \quad (9-28)$$

式中 $n_{\min}$——标定工况突加负荷时的最低瞬时转速，r/min；

$n'_{\min}$——超负荷功率工况突加负荷时的最低瞬时转速，r/min。

(3)转速波动率或转速变化率

内燃机在稳定运转时转速变化的程度，试验工况按专业标准规定。

转速波动率按式(9－29)计算：

$$\phi = \left|\frac{n_{c\max}(\text{或}\ n_{c\min}) - n_m}{n_m}\right| \times 100\% \quad (9-29)$$

转速变化率按式(9－30)计算：

$$\varphi = \frac{n_{c\max} - n_{c\min}}{n_m} \times 100\% \quad (9-30)$$

式中 $n_{c\max}$——测定期间的最高转速，r/min；

$n_{c\min}$——测定期间的最低转速，r/min；

n_m——测定期间的平均转速（$n_m = \frac{n_{c\max} + n_{c\min}}{2}$），r/min。

(三)负荷特性试验

转速不变时内燃机的各项主要性能参数随负荷变化的规律。

试验时，内燃机保持在标定转速或专业标准规定的其他转速下。负荷由小逐步增加至最大。在各负荷下分别测取扭矩、燃油消耗量、排气温度等参数。制取负荷特性曲线。

(四)速度特性试验

内燃机的各项主要性能参数随转速变化的规律。

试验时，先将内燃机调定在标定工况或超负荷功率工况稳定运转，固定燃油供给控制机构，然后逐步增加负荷，降低转速，分别测取各稳定转速下的扭矩、燃油消耗量、排气温度和烟度等参数。制取速度特性曲线。速度特性的扭矩储备率按式(9－31)或式(9－32)计算：

$$\mu_m = \frac{M_{e\max} - M_{eb}}{M_{eb}} \times 100\% \quad (9-31)$$

或

$$\mu_m = \frac{M'_{e\max} - M'_{eb}}{M'_{eb}} \times 100\% \quad (9-32)$$

式中 $M_{e\max}$——标定工况下速度特性的最大扭矩，kN · m(kgf · m)；

$M'_{e\max}$——超负荷功率工况速度特性的最大扭矩，kN · m(kgf · m)；

M_{eb}——标定功率时的扭矩，kN · m(kgf · m)；

M'_{eb}——超负荷功率时的扭矩，kN · m(kgf · m)。

汽油机和装有两极式调速器的柴油机可以根据用途需要增做部分负荷的速度特性试验，绘制相应的特性曲线。

（五）标定功率工作稳定性试验

确定内燃机在标定功率运转时，各项主要性能参数的稳定性。

试验时，内燃机应在标定功率下稳定持续运转，测量转速、扭矩、燃油消耗量、排气温度和烟度等主要参数，并绘制它们随时间而变化的关系曲线。稳定持续运转的时间按专业标准规定。

（六）空载特性试验

确定内燃机空载时燃油消耗量随转速变化的关系。

试验时，内燃机不带负荷，转速从最高空载转速或超负荷功率最高空载转速逐步降至最低空载稳定转速，分别测取各稳定转速下的燃油消耗量。绘制空载特性曲线。

（七）最低空载稳定转速（怠速）测定

确定内燃机最低空载稳定转速（怠速）。

试验时，内燃机不带负荷，降低转速至最低空载稳定转速，并在此转速下稳定运转时间不少5min。

（八）最低工作稳定转速测定

确定内燃机的最低工作稳定转速。

试验时，内燃机的燃油供给控制机构保持在出厂调整的最大功率位置上，逐步改变负荷，降低转速达到最低工作稳定转速，并能在该转速下稳定运转。

（九）各缸工作均匀性试验

确定多缸内燃机气缸内各项工作参数均匀性的试验。测定缸数可按专业标准或制造厂规定。测定参数和试验方法可根据内燃机的具体要求和结构按下述方法选定或由专业标准规定。

试验时，应严格保持内燃机正常工作时的热状态。

1. 工作参数直接测定法

试验时，内燃机在标定工况下稳定运转，测量各缸的压缩压力、最高爆发压力、平均指示压力和排气温度等参数，按式（9－33）计算各项参数的不均匀率：

$$\varepsilon = \left| \frac{\rho_{\max}(\text{或}\,\rho_{\min}) - \rho_m}{\rho_m} \right| \times 100\% \tag{9-33}$$

式中　$\rho_{\max}$（或 $\rho_{\min}$）——某项参数的最大（或最小）值；

ρ_m——各缸同项参数的算术平均值。

2. 单缸熄火法

试验时，先将内燃机调定在标定工况下稳定运转，然后轮流停止一缸工作，并随即降低负荷使转速迅速恢复到标定转速，测量其有效功率。

某一缸的指示功率近似地由式（9－34）计算：

$$P_i = P_b - P_e \tag{9-34}$$

式中　P_i——第 i 缸的指示功率，kW；

P_b——标定功率，kW；

P_e——第 i 缸停止工作后内燃机的有效功率，kW。

指示功率的不均匀率按公式（9－33）确定。

（十）机械效率的测定

确定内燃机在标定工况或在其他规定工况下的机械效率，可根据内燃机的用途和结构特点选用下述测定方法。

1. 单缸熄火法

方法同(九)中2,机械效率按式(9-35)计算

$$\eta_m = \frac{P}{P_1 + P_2 + \cdots + P_i} \tag{9-35}$$

式中 P——规定工况下的有效功率(标定工况时为 P_b),kW;

$P_1, P_2, \cdots, P_i$——分别为规定或标定工况下第1,2…,i 缸的指示功率,kW。

2. 电力测功器拖动法

内燃机在标定工况或在其他规定工况下稳定运转,待达到热状态稳定后停止向各缸供给燃料(汽油机待剩余燃料烧尽后,还需切断点火电源),随即用电力测功器以标定转速或所要求工况的转速拖动内燃机,测定电力测功器拖动功率。此即为内燃机的机械损失功率。

机械效率按式(9-36)计算:

$$\eta_m = \frac{P}{P + P_m} \tag{9-36}$$

式中 P——规定工况下的有效功率(标定工况时为 P_b),kW;

P_m——规定或标定工况的机械损失功率,kW。

除上述测定方法外,还可以用油耗量线延长法、示功图法、惯性法等。

除以上介绍的主要性能试验外,将在以下几节中重点介绍扭矩与功率测量、排气烟度测量。其中,噪声测量参见第八章的第六节。

第五节 内燃机扭矩与功率测量

有效功率是内燃机最重要的性能参数之一,在内燃机试验中大都需要测量有效功率。若能测出内燃机输出轴上的扭矩和此时的转速,则内燃机的有效功率可由式(9-11)求得:

$$N_e = M_e \frac{2\pi n}{60} \times 10^{-3} = \frac{M_e n}{9\,550}$$

式中 N_e——内燃机的有效功率,kW;

M_e——内燃机输出扭矩,N·m。

n——内燃机转速,r/min。

可见,发动机有效功率的测定属于间接测量。

一、水力测功器

(一)工作原理

水力测功器的原理如图9-8所示。在轴1上固定安装的圆盘2旋转于外壳5中,水由进水管3经调节阀门4流向中心圆盘2,在圆盘离心力的作用下,水抛向外壳周围并绕它分散开,形成一水环。工作完了的水沿管6流入下水道。为了调节外壳5中的水层厚度,借以调节测功器吸收功率的大小,用蜗杆齿轮7将分管8绕出水管6的轴线旋转,使水经由分管8进入管6。当旋转(摆动)分管8时,即改变了外壳5中的水层厚度。

当测功器工作时,因为水与圆盘之间有摩擦力,所以水在测功器中发生旋转运动。靠近圆

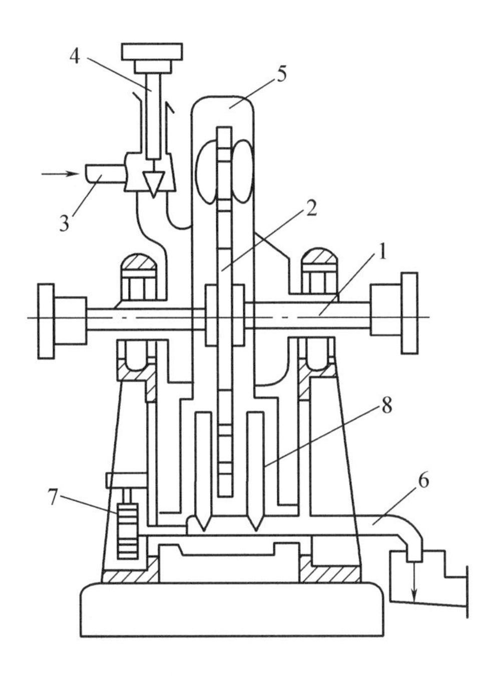

图9-8　水力测功器原理图

1—轴；2—圆盘；3—进水管；4—调节阀；5—外壳；6—出水管；7—蜗杆齿轮；8—分管

盘2的水层由于离心力的作用是加速的，靠近外壳5的水层由于外壳阻力的作用降低了速度，付出了动能，最后使水的温度升高。旋转圆盘2经常地处于圆环形的水层中，部分地浸湿了它的表面。水层厚度愈大，圆盘在水中浸湿愈多，与水摩擦的面积也愈大，则吸收的功率也就愈大。由于外壳5是用滚珠轴承支承在测功器的支架上。圆盘2的旋转运动通过水层传递到外壳5上，外壳5也会跟随旋转。在此情况下，水对外壳的摩擦力矩等于测功器圆盘2在轴1上的扭矩。如果在外壳的制动臂R处挂上一重量P，使外壳处于平衡状态，此时制动扭矩将为：

$$M_K = RP$$

对于某一具体的测功器而言，重锤平衡机构的尺寸是确定的，所以制动功率为：

$$N_e = K \cdot P \cdot n \qquad (9-37)$$

式中　K——测功器常数。

影响测功器制动扭矩的主要因素是其尺寸及转速。如图9-9所示。圆盘的外半径为R_a，水能达到的半径为R_b。可得到整个圆盘对于水的摩擦扭矩为：

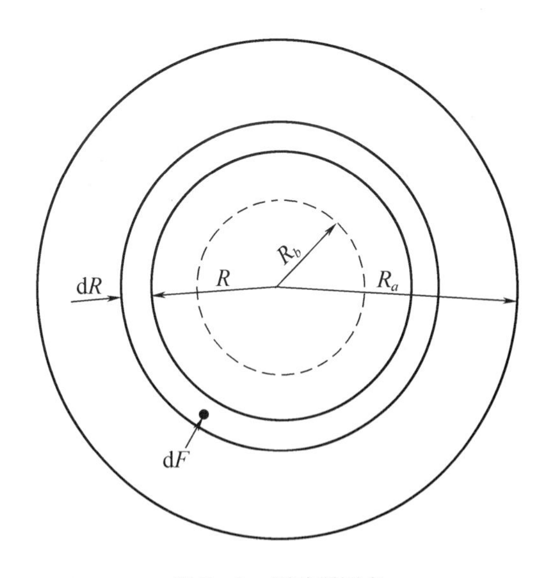

图9-9　测功器圆盘

$$M_m = \varphi n^2 (R_a^5 - R_b^5) \qquad (9-38)$$

由式(9-38)可知，制动扭矩与φ成正比，φ决定于圆盘对水的摩擦力。制动扭矩还与转速的平方成正比，与圆盘外半径及浸入水层中的内半径5次方的差数成正比。因此，圆盘表面愈粗糙、测功器尺寸愈大，转速愈高制动扭矩就愈大。

调节测功器中的水量，改变圆盘浸湿内半径R_b的值，就能改变测功器吸收功率的大小。

（二）水力测功器的特性曲线

一台水力测功器的特性曲线表明了它的工作范围，亦即表明在不同转速下测功器能吸收的最大及最小功率。在内燃机试验中为一定的机型选择与之相匹配的测功器是十分重要的。图9-10是一典型的水力测功器特性曲线，此特性线共有5段组成。

OA（立方抛物线）相当于测功器充满水时（水层厚度最大）所吸收的功率，A点达到测功器转动部分允许扭转强度的最大制动扭矩。

AB 在扭矩不变的情况下，提高测功器的转速以达到增加吸收功率的目的，此时需要减少测功器内的水层厚度。

BC 为测功器排水温度达到最大允许值的限制功率，因为测功器的排水温度一般要求限制在 50 ~ 70℃ 之间，过高的排水温度会使工作腔中的水层大量汽化，形成局部汽泡而影响测功器工作的稳定性，严重时会导致内燃机飞车。BC 段内测功器水层厚度须进一步减小。

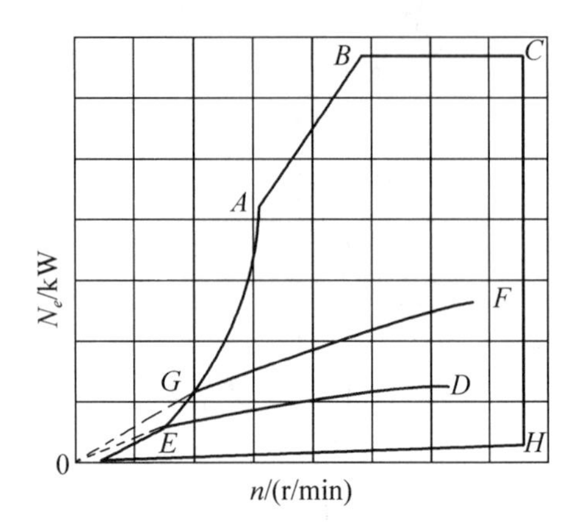

图 9－10　水力测功器的特性曲线

CH 受离心力负荷的限制，如转速进一步升高会使转动部分发生危险应力。

OH 为空载线，表示测功器中没有充水时所能吸收的最小功率。这是由于空气的阻力和转子轴承的摩擦所引起的制动扭矩。

曲线图形 $OABCHO$ 就是测功器的特性曲线。$OABCHO$ 所包括的面积就是测功器的工作范围，在此面积内测功器所能吸收的功率可以得到任意的调整。只要被测内燃机的特性线（外特性）在此面积之内，即认为该测功器与内燃机是匹配的。图 9－10 中的 OD 及 OF 代表两台内燃机的特性，并且第一台内燃机可能从相当于 E 点的转速（内燃机特性与测功器特性的交点）测量功率，而第二台内燃机可能从相当于 G 点的转速测量功率。

二、电力测功器

电力测功器是目前在内燃机试验中广泛应用的测功设备，尤其是平衡式直流电力测功器具有其独特的优点。

电力测功器的最简单形式就是由内燃机直接传动普通的直流或交流发电机，然后根据发电机发出的功率及效率来决定内燃机功率的大小，其关系式为：

对于直流发电机

$$N_e = \frac{UI}{736\eta_g}\ (\text{马力}) \tag{9-39}$$

对于三相交流发电机

$$N_e = \frac{\sqrt{3}UI}{736\eta_g}\cos\varphi\ (\text{马力}) \tag{9-40}$$

注：1 马力 = 735.5W。

式中　U——发电机的电压（对三相交流发电机而言为相压）；

I——发电机的输出电流；

$\cos\varphi$——交流发电机的功率因素；

η_g——发电机的效率。

由于 η_g 与发电机工作时的铜损失、铁损失、摩擦损失、风扇损失等复杂因素有关，而且是随负荷及转速的变化而变化的，很难确定 η_g 的值。所以如要采用此种方法测量功率，应备有发电机在各种转速和电流下的效率曲线。所用的电流、电压表精度应不低于 0.5 级。

由于直接用发电机测量内燃机的功率难于精确，所以此种方法一般很少采用，而广泛采用平衡式直流电力测功器。

(一)平衡式直流电力测功器

作为完整的电力测功器,除了作为测功器直流电源的变流机组及作为测功器激磁电源的变流机组外,其核心部分就是测功器本身(平衡电机)其典型结构如图 9 - 11 所示。它实际上就是一台直流电机。电枢 1 旋转于定子 4 的轴承 3,5 之中,而定子 4 外壳可摆动于与电枢轴线同心的滚动轴承 2,6 中,滚动轴承 2,6 的支架固定在测功器底座 7 上。在定子 4 外壳上与水力测功器一样装有秤量机构。

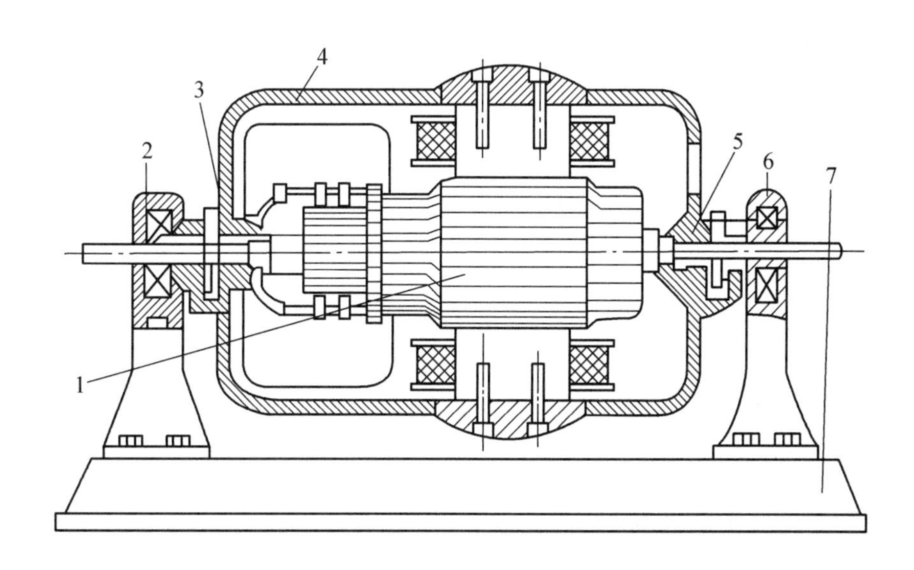

图 9 - 11　平衡式直流电力测功器

1— 电枢;2,3,5,6—轴承;4—定子;7—底座

当定子磁场由激磁电源给予激磁的条件下,此时定子产生与激磁电流相适应磁场,内燃机带动电枢 1,旋转于定子 4 的磁场中,由于磁力线的相互作用,在定子磁场中产生一个与电枢转向相反的电磁阻力矩 M,要维持电枢的旋转速度必须克服这个阻力矩。由于定子 4 是可以摆动的,所以此阻力还促使外壳顺电枢旋转方向产生摆动,此摆动力矩的大小等于阻力矩 M,并且被安装于外壳 4 上的秤量机构所平衡。另外,在轴承 3 及 5 中亦有一微小的摩擦力矩 M' ,同样, M' 也被外壳上的秤量机构所平衡。内燃机如带动电枢旋转于上述的磁场中,则内燃机输出轴的输出力矩 $M_k = M + M'$ 。此输出力矩可由秤量机构测出,通过计算便可得到 N_e 。

直流平衡式电力测功器定子磁场的作用,相当于水力测功器中水层的作用。它的负荷调节可以由激磁回路及电枢回路两方面进行,此电力测功器平稳而精细。

(二)电力测功器的特性曲线

和水力测功器一样,选用电力测功器也要与被试内燃机相匹配,内燃机的外特性要在电力测功器的特性曲线之内。

由电力测功器典型控制与调节电路可知,测功器是由专门的激磁机给予激磁,因而定子的磁场强度与转速及负荷几乎无关。由于电枢的电压与定子的磁通及转速成正比,即:

$$U = C\varphi n$$

在外源激磁的情况下记 $a = c\varphi =$ 常数 ,则:

$$U = an$$

若负荷电阻为 R,则电流强度为:

$$I = \frac{U}{R} = \frac{an}{R}$$

由此,测功器所吸收的功率为:

$$N_e = \frac{UI}{736\eta_g} = \frac{a^2 n^2}{736R\eta_g}$$

式中, η_g 为电机效率。

如果忽略 η_g 随负荷及转速的变化,可以近似地引用常数:

$$B_1 = \frac{a^2}{736R\eta_g}$$

则

$$N_e \approx B_1 n^2 \quad (9-41)$$

这样测功器所吸收的功率近似地与转速平方成比例。图 9-12 是典型的电力测功器特性曲线。

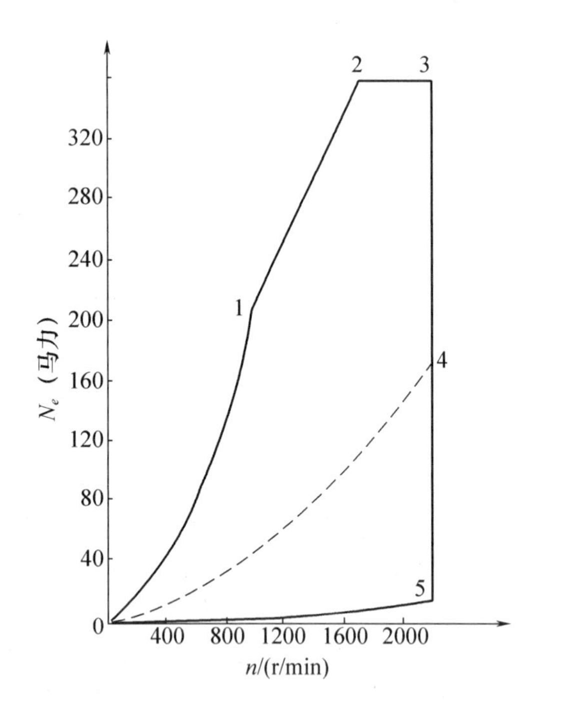

图 9-12　电力测功器特性曲线

特性曲线的 0—1 部分表示有最大激磁电流和最小负荷电阻(即 B_1 值最大)情况下,功率随转速的增长线。

特性曲线的 1—2 部分是电枢最大电流限制线(也是扭矩限制线),此时随转速的上升负荷电阻应予加大(或降低激磁电流),以保证电枢电流不超过允许值。

特性线 2—3 段受限于电机散热条件的最大功率。

特性线 3—5 是受限于电枢绕组的离心力负荷(即转速极限)。

特性线 0—5 是测功器最小阻力矩,此时激磁电流为零。

特性线 0—4 是在有最大激磁电流和电枢电路中的负荷电阻充分大的情况下,功率随转速的增长线。

如果在激磁不变的情况下,负荷电阻由最小调整到最大,便可得到测功器的工作范围。如特性线 0—1 就是在最小负荷电阻下得到的,0—4 是在最大负荷电阻下得到的。则测功器就可在 0—1—2—3—4—0 的范围内工作。

对于上述的小型简易直流电力测功器而言,一般是在恒定电压及恒定转速下工作,则有:

$$N_e = \frac{UI}{736\eta_g}$$

若以常数:

$$B_2 = \frac{U}{736\eta_g}$$

电机的效率 η_g 仍然近似地认为是不变的，则：

$$N_e \approx B_2 I \tag{9-42}$$

由式(9－42)可知，小型简易直流电力测功器的制动功率是与电枢电流成正比，并且呈线性关系。这根直线是在转速不变及电压不变的情况下随电枢电流增长而得到的功率增长线。

三、测功器的选用

选择测功器时应注意以下3点。

首先，必须保证使试验内燃机的外特性全部落在所选测功器工作范围之内。在测量低速大扭矩内燃机时，测功器应具有良好的低速制动特性，其固有特性曲线以陡直走向为好。

其次，测功器测量精度应能满足测量的要求。在可以满足前条要求的条件下，应优先选用满量程标定值最小的测功器，或者使内燃机的最大功率与测功器的最大吸收功率之比为3∶4，以获得较好的测量准确度。

第三，测功器响应速度快。通常，测功器外形尺寸小的，其转子部件的转动惯量也小，则响应速度也快。测功器的测力机构及其选用的力传感器的动态特性要好，动态误差要小，能迅速准确反映出内燃机的性能。

水力测功器、电力测功器等测功设备，各自均有其优点及缺点，都有其适当的使用场合。正确选用测功器设备是获得理想试验结果及收到良好的经济效益的重要条件。

在实际的内燃机试验过程中，扭矩及转速都不可能是恒定的，由于种种因素的综合作用，扭矩及转速总是以一定的幅度上下波动。测功器的工作必须适应内燃机的这种运行状况。所以，平衡工况的稳定程度是测功器的一个重要质量指标，它是在内燃机和测功器的调节机构不动的情况下，功率平衡被破坏时，测功器自动进行负荷调整，使转速变化不大而能达到新的平衡位置的能力。这个指标决定于在测功器调节机构不动时，制动马力与转速的关系。

在水力测功器中：

$$N_e = Cn^3$$

在电力测功器中：

$$N_e \approx Bn^2$$

图9－13为测功器工况平衡图。

曲线 N_e 为某一内燃机的特性，N_1 表示电力测功器的特性，N_2 表示水力测功器的特性。设 N_1，N_2，N_e 相交于 A 点(平衡点)，此时，如由于某个偶然因素的影响，出现了短暂的功率平衡受到破坏的情况时，转速将由 n 增加为 $n+\Delta n$，于是在测功器中出现了多余功率 ΔN，如 ΔN 是正值，它将力图把内燃机恢复到原来的转速，而且此正值愈大愈能迅速回到平衡工况。如果转速由 n 下降为 $n-\Delta n$，则 ΔN 应为负值才能恢复到原来转速的能力，而且 ΔN 的绝对值愈大愈好。

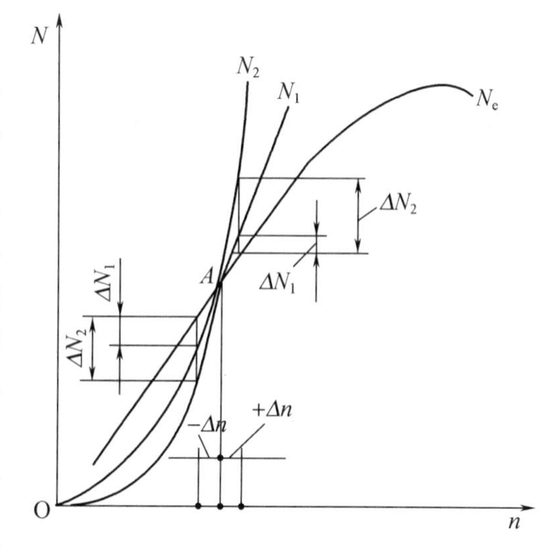

图9－13　测功器工况平衡图

由测功器平衡工况图不难看出，水力测功器的稳定性要比电力测功器更好些，尤其是在高负荷时。电力测功器也有足够的稳定性。

在实际应用上，水力测功器在低负荷时的稳定性较差，不如电力测功器，这是由于各种因素引起的工作腔水层厚度的波动所致。

水力测功器是利用液体摩擦与撞击而制动消耗能量，它的负荷能力是工作转子的几何尺寸与水黏性摩擦力等参数的函数。工作过程中能量大量转变为热能，由流动的水吸收后带走，小部分热由外壳传导出。由于水的热容量大，流动水量又可大幅度调节，冷却水流量与测功器吸收功率成正比，吸收功率大小仅受进出水口的流速限制，故其吸收功率的范围大，可以大至73549kW，转速可高达10000r/min以上，它的结构比较简单，单位吸收功率的尺寸小，具有较平稳的制动扭矩。价格低廉，工作可靠，维护保养简单，具有足够的精确度（其误差不超过1%）。在低转速时制动扭矩较小，在低负荷工作时，工作不够稳定，在变工况时需要一段过渡时间，发动机能量不能利用，全部被冷却水带走。

水力测功器的型号配套齐全，有宽广的功率系列及转速范围，所以水力测功器是最基本的测功设备，对大、中、小型，高、中、低速内燃机都能适应。在一定程度上也能满足自动控制的要求，获得广泛地应用。

电力测功器一般认为是较理想的测功器，几乎任何形式的回转电机均可作为测功器。平衡式直流电力测功器在整个功率范围内工作比较平稳，调节精细，改变工况比较迅速，操作方便，维护简单，噪声小，比较清洁，测量精度一般比水力测功器高。在低转速时，也有良好的性能。大功率交流电力测功器还可以向电网送电，具有良好的经济效益。

电力测功器一般局限于中小功率，转速局限于中高速。大功率直流电力测功器的价格昂贵，因为其控制电流大，需要庞大的配电设备，在边远地区甚至需要专门为它建设变电站。对低速大功率的电力测功器，因为电机尺寸大，耗铜多，一次投资费用大。电力测功器的转子惯性大，对转子的平衡要求高。所以电力测功器在实验室用得较多，而工厂使用较少。

第六节　烟度测量

内燃机排气烟度测量不仅是评价内燃机对大气污染程度的主要指标之一，而且也是评价内燃机燃烧过程是否完善的重要参数。烟度、排气成分、排气温度及气缸压力是限制内燃机最大输出功率的主要因素。许多国家根据本国的情况，已先后颁布了内燃机排气烟度极限值、相应的试验方法及所采用的仪器。

一、测量原理

测定排烟浓度的方法主要有以下3种。

第一种是通过滤纸吸收一定量的排烟，再利用此滤纸的光反射作用进行测定，按此法进行工作的烟度测量仪表，叫滤纸式烟度计。

第二种是让排烟的部分或全部连续不断地与光按触，用透光度来测定排气烟度，按此法工作的仪表称为透光式烟度计。也称消光式烟度计。

第三种是测定排气中烟粒的重量，用单位体积排气中所含烟粒重量来表示烟度，依此法工作的仪表，叫做重量式烟度计。

下面介绍常见的几种烟度计。

二、烟度计

（一）波许（Bosch）式烟度计

波许式烟度计是典型的滤纸式烟度计，现已为许多国家所采用。它包括采样泵和检测仪两部分。采样泵从排气中抽取固定容积（330mL ± 15mL）的气样，被抽气样通过夹装在泵上的一张圆片滤纸，气样中碳粒便沉积在滤纸上。滤纸被染黑的程度与气样中碳粒浓度有关。检测仪又称滤纸反射率计，由反射光检测器及指示器构成，如图 9－14 所示。反射光检测器是一个光电变换器，其作用是：根据光学反射作用，由光源射向滤纸的光线，一部分被滤纸上的碳粒所吸收，一部分被滤纸反射给环形光电管，从而产生相应的光电流。指示器的调节旋钮用来调节电源以控制光源亮度，而电流表则将光电管输出的光电流指示出来。刻度标尺为 0 ~ 10，依光电流线性刻度，0 是全白色滤纸色度，10 是全黑色滤纸色度。测量时，在已经取样的滤纸下面垫上 4 ~ 5 张同样洁白的未用滤纸，以消除工作台的背景误差。仪表刻度应定期采用全白、全黑或其他标准色度的样纸进行校正。

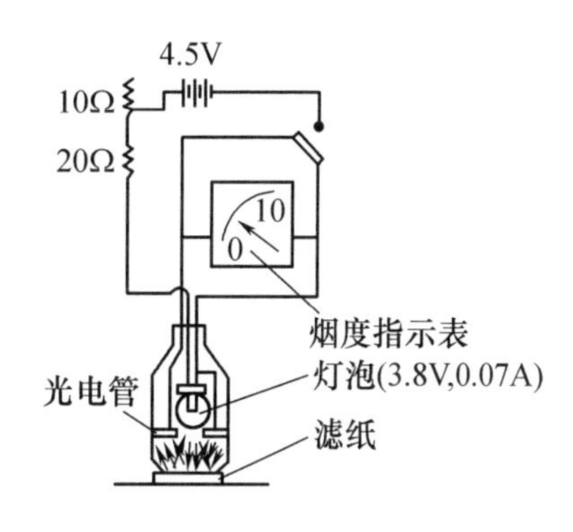

图 9－14　波许式烟度计

这种烟度计结构简单，调整方便，使用可靠，测量精度较高，可在实验室和野外广泛使用，宜于作稳定工况的烟度测定；但不能直接连续测量烟度数值，不能在非稳态工况下测量，也不能测量蓝烟和白烟，且所用滤纸品质对测量结果有影响。

（二）哈特立奇（Hartridge）式烟度计

哈持立奇式烟度计是典型的透光式烟度计，它利用透光衰减率来测定排气烟度。其构造如图 9－15 所示。测定前，用鼓风机向校正管吹入干净空气，旋转转换手柄，使光源和光电池分别置于校正管两侧，作零点校正。然后，再旋转转换手柄，将光源和光电池移至测试管两侧，并把需要测定的一部分排气连续不断地导入测试管，让光线透过导入的烟气，光电池即可检出光线的衰减率，通过记录仪，可以看出排烟随时间的变化情况。烟度测定值以 0 表示无烟，以 100 表示全黑。

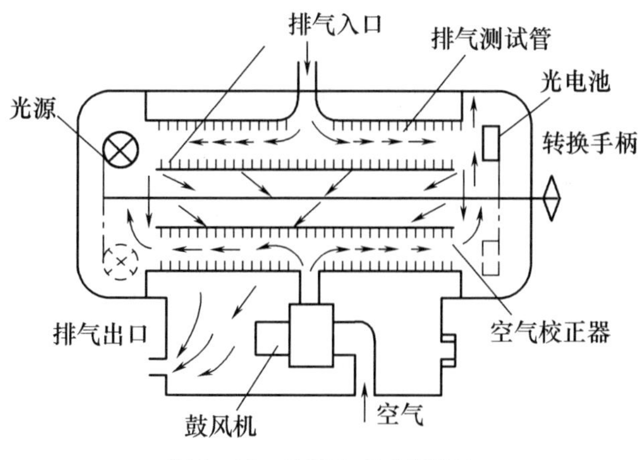

图 9－15　哈特立奇式烟度计

这种烟度计可以作稳态和非稳态下的烟度测定，不仅能测定排气中的碳烟微粒烟度，也能显示排气中水气和油雾所产生的烟度，但是光学系统易受污染，必须注意清洗，以免影响测量精度。此外，该烟度计的调整较复杂，当排气导入量不能保持固定时，会产生测量误差，故通常以取气压力不低于500Pa来控制排气导入量保持一定。

（三）冯布兰德式（Von Brand）烟度计

这也是一种过滤式烟度计，测量原理也基于光电效应。其主要组成如图9－16所示。由于滤纸做成卷带状，可由滤纸传送装置连续传送，以实现排烟浓度的连续测量。调节纸带传送速度和改变排气流量的喷嘴尺寸，可以变动仪表的灵敏度。滤纸的污染程度也由光电元件测出，其分度以全白为0，全黑为100。

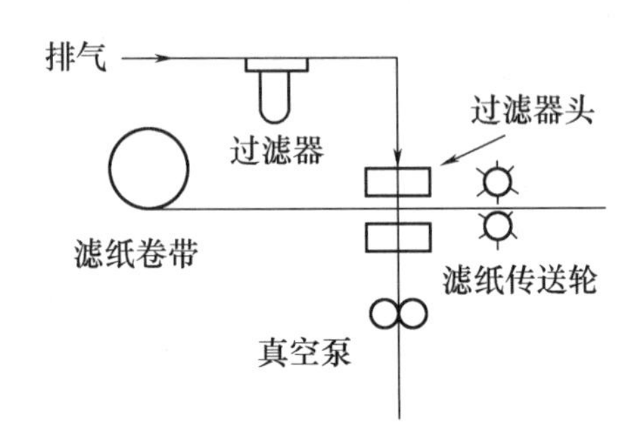

图9－16　冯布兰德式烟度计

（四）林格曼（Ringelmann）比色法

林格曼比色法是最初测定排气烟度所采用的一种目测方法，目前仍广泛地用来检测铁路机车和停港船舶的黑烟排放。它通过一套显示浓度的标准色纸用肉眼比校，以确定排烟浓度。纸的标准浓度分为6级，0度为全白，1度相当于20%黑色（黑线宽1mm，白线宽9mm），2度相当于40%黑色（黑线宽2.3 mm ，白线宽7.7mm），3度相当于60%黑色（黑线宽3.7mm，白线宽6.3mm），4度相当于80%黑色（黑线宽5.5mm，白线宽4.5mm），5度为全黑，其标准图解如图9－17所示。显然，此法测量误差较大。

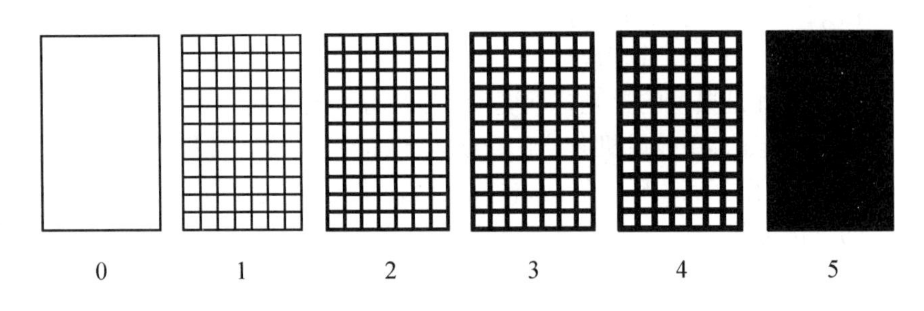

图9－17　林格曼标准烟度图解

（五）PHS式烟度计

美国使用的PHS式烟度计（图9－18）是将柴油机全部排气都导入检测部分进行烟度测定的透光式烟度计。它也是基于光电转换原理，用透光度来测定排烟浓度。其检测部分——光源和光电变换装置直接放在离发动机排气口一定距离的排气通道上，以减小排气散热的影响。该烟度计无专设的校正管，使用时应注意消除光源以外的光线的干扰。PHS式烟度计的测定值受到排气管直径的影响，在排气量和排气管直径都大时，即使排烟浓度很低，由于通过检测部分的烟层厚，所得测定值仍然是高的。为此，通常规定发动机标定功率在73.5kW以下时用2in①管，73.5～147kW时用3in管，在147～220.5kW时用4in管，220.5kW以上用5in管。

① 注：1in＝25.4mm。

（六）重量式烟度计

重量式烟度计的组成如图 9－19 所示。测定时，通过真空气泵的作用，使全部排气都通过过滤式收集器，测出收集器重量增大值，同时用流量计测出排气的容积流量，然后算出单位容积排气中所含碳烟颗粒的重量。

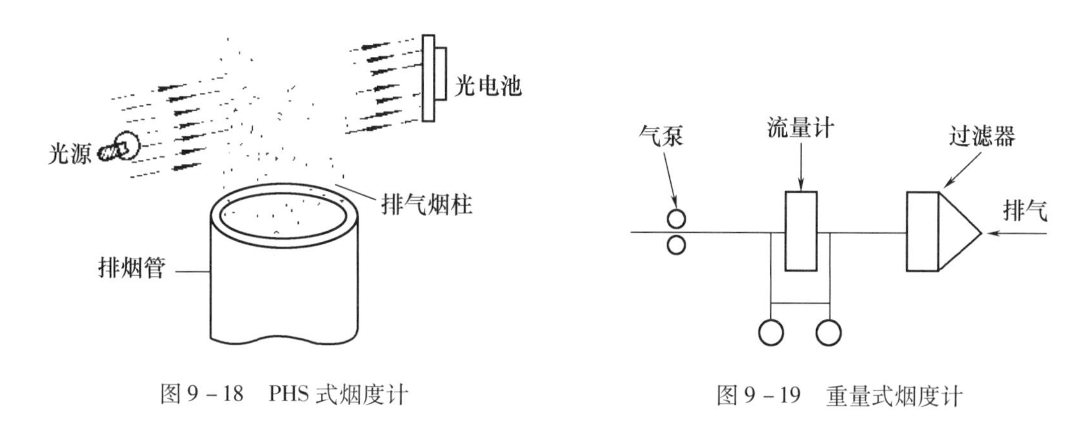

图 9－18　PHS 式烟度计　　　图 9－19　重量式烟度计

三、烟度测量

柴油机排气烟度测量可在实验台架上进行，也可在现场测量，但所采用的烟度计及试验方法都必须严格遵照国家颁布的法规执行。归纳起来可分为稳态烟度测量与非稳态烟度测量两种类型。

（一）稳态烟度测量

所谓稳态烟度测量是指测定在稳定工况下运行的柴油机排气烟度。要求受试柴油机按正常进行调整，测量时，柴油机处于正常工作状态，冷却水和机油应达到规定的正常温度。

对于汽车、拖拉机、工程机械等所用的柴油机应在全负荷（即标定功率的速度特性）下稳定运转，自标定转速起至 45% 标定转速止，以均匀的转速间隔选取不少于 6 点的测量转速作为测量点，其中应包括最大扭矩工况在内。

对于农用、发电、船用等其他固定式柴油机应在标定工况（标定功率、标定转速）下测量烟度。

每一工况下烟度测量必须是在柴油机工况稳定之后进行。每一工况应至少测量烟度 2 次，相邻 2 次的测量时间间隔不应超过 1min。取 3 次测量的平均值作为测量结果。若 3 次测量值相差 0.2Rb（波许烟度单位）时，则须重新测量。

（二）非稳态烟度测量

柴油机处于突然加速、减速或其他非稳定工况下时，其排气烟度变化很快，因此称为非稳态烟度测量。所使用的烟度计可为取样型消光式烟度计或全流型消光式烟度计。而且由于消光式烟度计指示表头响应速度慢，还须配用记录器录制非稳态排气烟度曲线。在实验室中进行测量时，还可同时将影响柴油机过渡工况特性的主要参数录制下来，所记录的参数可根据试验目的而定。通常，记录柴油机转速、喷油泵齿杆的位移、增压器转速，增压压力、排气压力等。由于非稳态工况下柴油机排气烟度变化快，不稳定的因素多，因此试验过程必须严格遵照国家法规执行，按法规规定的试验方法、试验条件进行。目前，国外非稳态烟度测量的试验方法有自由加速法和控制加速法（也称作美国联邦排烟试验循环）。

1. 自由加速法

许多国家法规规定非稳态烟度测量试验方法为自由加速法。

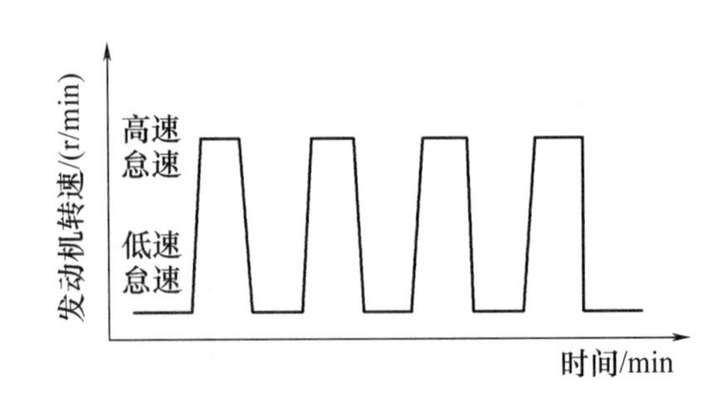

图 9－20　自由加速法

所谓自由加速法就是当柴油机从低速怠速状态，突然加大油门使柴油机转速急剧上升直到最高怠速，连续进行数次，如图 9－20 所示。具体方法各国规范中略有不同，但大体上作法是：车辆处于停止状态，柴油机的温度为正常使用温度，所使用的燃料符合规范。预先尽可能快地连续进行 3～4 次加速，直到柴油机达到最高转速，尽可能地清除排气系统中的碳烟或其他残留物，若使用增压器时，还应尽可能地减小进气惯性的影响。当第 4 次加速时，马上进行测量，烟度计的最大读数即为测量值，如上所述重复加速 4 次，取各次最大值的算术平均值作为测量值。各次测量结果允许偏差均不应超过 2～4 烟度单位。否则须重新测量，直到得到稳定的测量结果为止。

2. 美国联邦排烟试验循环

美国联邦排烟试验循环是目前最严格的也是最复杂的排烟测量方法。用于测定载重汽车用柴油机排气烟度。整个试验循环由怠速、加速、加载、中间转速等工况组成，如图 9－21 所示。

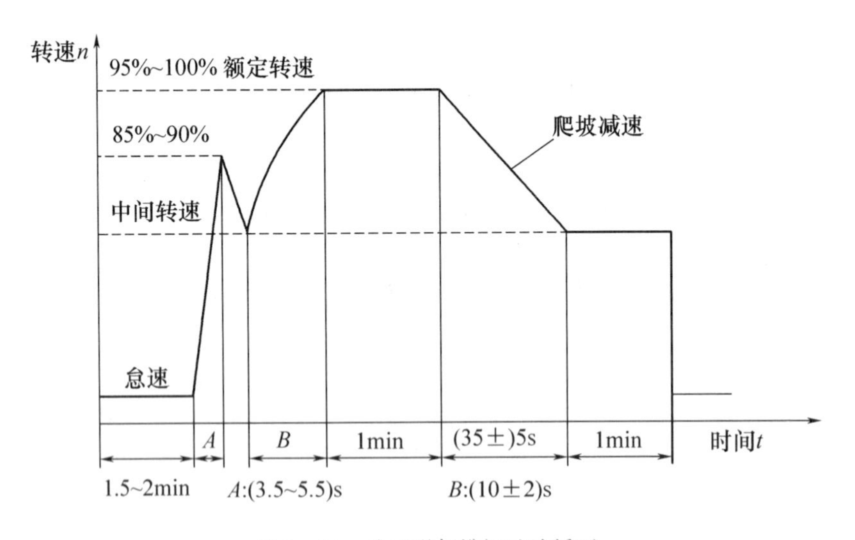

图 9－21　美国联邦排烟试验循环

它相当于模拟一辆汽车在行驶过程中经常遇到的冒烟工况。该试验循环需连续进行 3 次，每一循环各工况的转换及运转时间应按图示规定进行操作。发动机先在怠速下运转；然后全开油门，使发动机克服惯性或预定的负荷加速至 85%～90% 的额定转速；随后立即卸去负荷，关小油门，使发动机迅即降至中间转速（指最大扭矩转速或 60% 额定转速中之较大者）；接着再全开油门，使发动机加速到 95%～100% 额定转速，并在额定转速下达到全负荷；发动机在额定转速和全负荷下稳定运转；再转入爬坡减速工况，此时不改变油门位置，仅调节测功器加载，使发动机逐渐平稳地减至中间转速，发动机在中间转速负荷下稳定运转；最后仍使发动机返回怠速工况。在整个试验过程中，用透光烟度计连续记录烟度值与转速的变化关系。

烟度曲线按每半秒区间取平均烟度读数的方法整理。在每循环加速工况内选择15个最大的半秒读数，3个循环共45个读数，求其平均值，作为加速烟度值。在每循环爬坡减速工况内，选择5个最大的半秒读数，3个循环共15个读数，求其平均值，作为爬坡减速烟度值。在每循环内找出1个最大的半秒读数，3个循环共3个读数，作为高峰烟度值，以控制发动机的峰值烟度。在每循环额定转速工况最后15s的位置上，读取这段时间的平均烟度值，然后取3个循环读数的平均值，作为额定转速下全负荷的烟度值。在每循环中间转速工况最后15s的位置上，读取平均烟度值，再取3个循环读数的平均值，作为中间转速下全负荷的烟度值。

除上述3种试验规范外，为了控制汽油客车和轻型卡车在行驶时的燃料蒸发排放量，不少国家也制定了相应的试验规范。其要点是模拟汽车在大城市夏季典型使用情况，用活性炭捕捉法或密封室测定法，测出燃料系统的蒸发排放量。

复习思考题

1. 什么叫内燃机的气缸工作容积、工作循环、平均指示压力、指示功率。体现内燃机经济性、动力性能、高速性能的指标分别是什么？

2. 什么叫内燃机的特性（曲线）？什么叫负荷特性、速度特性？为什么要保证一定的扭矩储备率？

3. 理解两种测功器的原理，两种测功器是通过改变什么从而改变吸收功率大小的？测功器的特性曲线是表明什么的？它与内燃机的外特性应有什么关系？特性曲线各线段的意义及确定依据是什么？

第十章 其他典型机械产品检验

机械工业是国民经济各部门的装备工业,其种类很多,技术要求也各异。设计时应根据设计任务书的要求,选择适当的结构和参数来保证使用要求,并力争较好的技术经济指标。制造时应按经规定程序批准的产品图样和工艺文件进行加工,保证零件与其技术要求相吻合。检验人员按产品标准或图样,有时按订货合同进行合格检验,确保产品性能满足需要。

试验体系按试验方法可分为型式试验和合格试验;按试验对象则分为:入厂试验、零件检验、部件检验及整机检验。

合格试验:检测产品性能及精度是否符合技术要求,即是否合格的试验,适用于新产品型式试验前或产品正常生产时。合格试验应按有关技术标准执行,如国家标准、行业标准、地方标准、企业标准,可采用国外先进标准。使用企业标准时,应在当地技术监督部门备案;采用国外先进标准时,应将标准原文及译文同时送当地技术监督部门备案。

型式试验按 JB/T 5055—2001《机械工业产品设计和开发基本程序》的要求进行,并出具型式试验报告。主要用于新设计研制的产品,检验其性能及精度是否达到设计任务书的要求。一般为“破坏性”试验(试验时可能未破坏,但试后已无销售价值),按产品“型式试验大纲”进行试验。

机械产品试验方法各异,均可分为性能试验和精度检验两大类。合格试验应选择适当的产品标准,不可选错。所有标准都会修订,若标准中注明年代号,表示只有该版本适用;而未注明时,则表示该标准的最新版本均适用。

汽车起重机和防盗安全门之国家标准对技术要求及试验方法做了规定。180t 运输型拖拉机是一种变形产品,可采用拖拉机标准检测,或用四轮农用运输车标准,也可使用企业标准。每种产品都有不同类别,如起重机可分为桥架式、桥式、门式、臂架式、塔式、流动式起重机等,构造和工作原理均不同。拖拉机有手扶式、轮式、履带式。本书的“拖拉机”为一种变形产品,是因手扶拖拉机的动力性能和转向性能不好(手扶拖拉机在下坡时转向的操纵方法与平地相反),设计时将其结构向农用运输车靠近,但动力未改变。有许多的变形产品,应合理起草和选择产品标准,以便合理选择检测方法,不得选错。

第一节 型式试验与合格试验

型式试验是检验产品性能是否达到设计任务书及产品标准的试验方法,是强化试验,或是“破坏性”试验;在标准中或产品《型式试验大纲》中有要求。

型式试验时,应根据实际情况来选择试验方法。可按实际工况试验;有时为缩短试验时间;或从强化产品的试验内容出发,可选择台架试验。台架试验时,可采用以传感器及计算机为代表的现代检测技术来进行数据收集与处理,也可采用传统检测技术。它不受时间和地点的限制,能在短时间内得到正确结论,如我国某兵器试验场在试验室里进行大炮的发射试验,连玻璃都不损坏。

新设计的机车在铁路进行试验，耗时太多、且维护不便；进行台架试验则效果很好。十余年前，DF4C 型客运机车就进行了台架试验。

牵引动力国家重点实验室里，曾创造了 321.5km/h 的“中国铁路第一速”。机车车辆滚动振动试验台控制与测试系统，可以进行仿真计算，优选参数，设计样机，还可以通过试验测试新机车的动力学及驱动系统性能，并通过优化参数和结构从而优化被测试车的运行性能，以及通过各种极端工况，测定新车上线运行的安全性。六对结实的滚轮凸出机器顶部，将机车吊装上去并前后固定，就可进行试验。滚轮在电动机的带动下按指定速度运转，圆形“铁轨”周而复始地奔跑，火车却在原地踏步，通过数据采集及处理系统，对火车在运行时的参数进行收集、整理，可以判定火车的运行状态。左右滚轮独立激振的滚振结合试验模式能模拟轨道的各种不平顺现象，最大限度地仿真出火车的运行状态，从而保障火车安全运行。

一、型式试验的条件

符合下列条件之一时，应进行型式试验。

1. 新产品或老产品转厂生产的试制定型鉴定

新产品研制，因各种原因可造成性能及精度与设计要求有差别：如估计载荷不正确；公式选用错误，且公式是基于各向同性、均匀性、连续性假设和小变形条件的，与实际材料不符；零件加工与图样要求出现误差；装配时未符合装配要求；运输时受到野蛮装卸；用户非正常使用机器等。故产品性能与预期可能有较大差距，或根本不能使用。通过型式试验可发现缺欠的存在或机器失效的形式。试制时一般生产 3 台样机，一台用于型式试验，另两台进行工业性试用。

2. 正式生产后，结构、材料、工艺有较大改变，可能影响产品性能时

正常生产时，要根据用户意见经常对产品结构进行修改，以提高技术经济指标，有时是小修改，不会影响性能；有时会使性能和精度变化。根据材料供应的变化，有时要进行材料代用，也可引起性能发生改变，特别是焊接件材质变化可能引起影响焊接性能时。

3. 正常生产时，定期或积累一定产量后，应周期性进行一次型式试验

生产工艺的简化，机床精度的下降，均可引起性能变化。故应周期性进行试验，以核查工艺的稳定性。

4. 产品长期停产需恢复生产时

长期停产时，工人对产品的熟练程度明显下降，机床精度也下降，会造成产品性能的变化，恢复生产时应进行型式试验。

5. 出厂检验结果与上次型式试验有较大差异时

出厂检验结果与上次型式试验有较大差异，尤其是安全性能或主要性能指标有较大差异时，应进行型式试验。并应通过图样复查、工艺复查等找出问题，查明原因并解决，并对已售出产品采取相应措施，确保用户能正常使用。

6. 国家质量监督机构或合同提出进行型式试验的要求时

此时应无条件进行型式试验。

7. 成批从国外引进产品时

产品在设计时均有一定的环境温度、湿度等，各地区条件不同，生产国与使用国的气候差异若太大，会造成产品性能的降低。为验证其适应性，成批从国外进行产品时应进行型式

试验。

型式试验应在合格试验后进行,不合格则不得进行型式试验。

二、型式试验的检测内容

新产品的设计文件中应有型式试验大纲,或产品标准规定了型式试验的条件、试验及评判方法。成熟的产品,有统一制定的型式试验标准,如 GB/T 6068—2008《汽车起重机和轮胎起重机试验规范》中作业可靠性、行驶可靠性、结构试验、稳定性试验、液压系统试验、工业性试验等内容,还对试验的评判方法及产品可靠性指标计算做了规定。某厂的企业标准《180t 运输型拖拉机》规定:型式试验有合格试验、行驶可靠性试验等。

在 QC/T 252—1998《专用汽车定型试验规程》中,规定了专用汽车、专用半挂车定型(型式)试验的实施条件、试验条件、试验项目、试验程序和方法及试验报告等。并规定了适用情况和试验里程等;引用标准中包含噪声测定、排气污染物测定、自由加速烟度的测定、操纵稳定性试验、客车防尘密封性试验、汽车道路试验、起动性能试验、滑行试验、质心高度测量、爬陡坡试验、最小转弯直径测量、地形通过性能试验、加速性能试验、燃料消耗量试验、隔热通风试验、最低稳定车速测定、汽车里程表、速度表检验校正方法、主要尺寸测量、整车质量参数测定、制动性能道路试验、可靠性行驶试验、采暖性能试验、发动机性能试验、驻车制动试验等。

试验时,应注意以下两点:

首先,从标准化的角度来讲,所有标准都会被修订,质检人员应随时关注产品标准的修订情况,并探讨使用最新版本的可能性,必要时可组织设计、制造、质检及用户进行讨论,确定型式试验的试验内容、方法和评判准则;

其次,一成不变的产品是无生命力的,产品性能要求和检测方法均在变化,故检测内容也会变化。

三、合格试验的条件

正常生产时,应按产品标准或订货合同进行合格试验,以判别其性能是否符合规定要求。一般为逐台检验;批量较大时,则按 GB/T 2828 进行抽检。

外购件及有特殊要求的产品可按定货合同进行检验。

四、合格试验的检测内容

合格试验内容因产品而异,均根据使用要求来拟定。一般有 A 类(安全性能及相当重要参数)、B 类(重要参数)、C 类(一般参数),并在标准中规定了不合格评定数 r 或合格评判数。

试验时应把安全性能列为重要考核内容,可一票否决。检测时可先检测安全性能,合格时则进行其余检验;否则可中止试验,判为“不合格”。安全性能指标一般都列为 A 类考核。

安全性能指标主要有:各种安全装置、液压元件的密封性能、车辆制动性能、电器绝缘电阻、放射性的警示、外露的高速运动的运动件有无防护罩等。液压元件密封性不好,可能出现误动作;绝缘电阻低则会漏电;外露的高速运动的运动件会导致伤亡事故;放射线可导致人体组织病变或癌变直至死亡;车辆制动性能及跑偏量则是可否安全运行的基础。

第二节　汽车起重机的型式试验

汽车起重机以经改装的通用或专用底盘为运行部分，车桥多数采用弹性悬挂，起重机和底盘有各自的驾驶室，运行速度快，可长距离迅速转换作业场地。但不能带载行驶，车身长，转弯半径大。上车的动力通常是通过取力装置从底盘的发动机上获得，如图10－1。轮胎起重机使用特制的运行底盘，车桥为刚性悬挂，可以带载行驶。底盘通称下车，起重机部件通称上车。中、小吨位起重机一般采用载货汽车二、三类底盘作为下车；大吨位起重机大多采用专用底盘；上车一般有取力箱、液压系统、油门操纵、转台、吊臂、伸缩臂油缸、支腿油缸、变幅油缸、卷扬机构、制动机构、安全机构等组成。

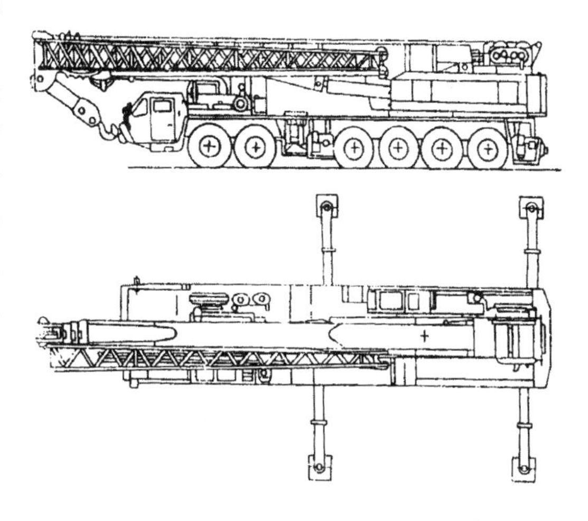

图10－1　液压汽车起重机

按特种设备管理的要求，汽车起重机进行国家级型式试验是许可制造的条件，故必须进行型式试验。

按GB/T 6068—2008及JB 4030的规定，试验项目有“试验条件”、“磨合试验”、“性能试验”、“结构试验”、“作业可靠性试验”、“行驶可靠性试验”、“工业性试验”和检验规则。

一、强度指标测试

机械设计时采用理论公式计算零部件的强度，只能作为设计依据。型式试验时，大多要进行应力测试以对零部件进行强度鉴定，并作为整顿、修改图样的依据，为批量生产做准备。

在机械、土木工程的设计、制造和应用中，为验证设计结果、选定设计方案、分析破坏原因及进行强度鉴定时，一般采用电阻应变片来测出工件危险截面的最大应力，并将其和材料的许用应力相比，得出强度是否足够的结论。

（一）应变片的粘贴

1. 表面清理

在清理过的试件表面上涂上一层厚约0.2mm的胶（若需加热固化，可用恒温箱、加热炉等加热。试件较大时可用红外线加热或用电流加热线栅），并立即将应变片不加压地放上。不要触及应变片的线栅区，挤出多余胶水，微加压力使其固化。应变片方向应正确，不应将引线粘贴到试件表面上。

非粘贴式应变片的连接方式有焊接、喷涂和埋入。

2. 焊引线

为了与仪器连接，引线常用钎焊与连接线相接。常用电铬铁（功率20～25W）将引线直接与事先挂锡的导线端部连接，多用于静态应变测量；或将导线与连接片锡焊连接，然后再将引线与连接片焊接，此法连接可靠，导线的振动对引线无影响。应防止引线之间或引线与试件间短路。

连接线较长或外界有磁场等干扰时，可使用多芯屏蔽线并使屏蔽网接地，以防止干扰。

3. 粘贴质量的检查

粘贴质量是指应变片粘贴后，应变片轴线是否偏离要求方向；电阻和绝缘电阻是否变化；胶层中是否有气泡等。

用量角器测量应变片与贴片坐标的偏离角度是否在允许的误差范围内；用万用表检查应变片有无断路或短路，电阻变化是否超出要求；胶层按要求固化、稳定化处理后，用测量电压为60～100V 的兆欧表检查绝缘电阻，一般达 50～100MΩ 即可，要求高时应超过 100MΩ；检查胶层中有无气泡存在，可用放大 10 倍的放大镜检查；应变片线栅是否平整。

4. 应变片的保护

应变片和黏结剂会吸收空气中的水分，而降低绝缘电阻；降低黏结强度，不能有效地传递变形；黏结层吸水后体积发生膨胀，使敏感栅发生虚假应变；线栅有水分时，通过电流时将产生电解现象而腐蚀，使电阻值增加，产生测量误差。

可在应变片上涂上中性凡士林、石腊和蜂腊混合物、石腊和松香混合物等。

野外试验时，为防止机械损伤，在防潮层外罩上用薄钢片、铝片或铜片制成的保护罩。保护罩用快干胶贴上或用点焊机点焊。

（二）温度补偿原理

为减少温度的影响，常采用线路补偿法和温度自补偿。温度自补偿应变片是在应变片设计时，通过材料选择、结构设计和制造工艺，使其工作时，没有热输出或热输出很小。

线路补偿法基于电桥的和差特性：相对臂相加，相邻臂相减。将两个分别贴在相同材料、相同温度下的同批应变片，连接在电桥的相邻臂上，如图 10－2 温度变化时，两个应变片的热输出互相补偿，使电桥输出端电压变化很小。工作片与补偿片的尺寸和电气参数要完全一致。不得接入相对臂中，否则会造成更大的误差。

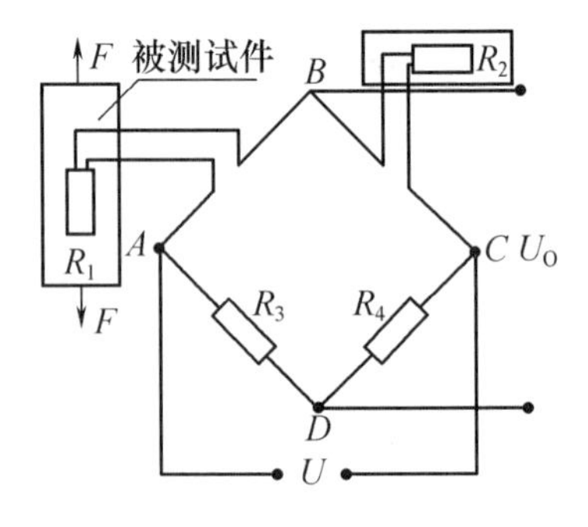

图 10－2　温度补偿的基本方法

（三）电阻应变仪

测量时，应变片产生的电阻值的变化很小，电桥输出也很小，不能推动显示记录仪器；且电阻值变化不便于处理，应转换为电压或电流的变化。故需用电阻应变仪（高阻抗的电子仪器）将测量信号进行放大，以满足测量的需要。

1. 工作原理和应用

应变仪的测量电路为交流电桥，主要由电桥电路、放大器、相敏检波器、功率放大器、低通滤波器、振荡器和稳压电源等组成。

工作原理是：贴在试件上的应变片接入电桥的桥臂上，电桥由产生一定频率的正弦交流信号的振荡器供电。试件受力时，应变片产生电阻变化，改变来自振荡器的载波的振幅大小，电桥输出一个幅值与应变成正比、频率与载波频率相同的调幅波。此调幅波输入至放大器进行放大，再经相敏检波器将此波的波形取出来，得到一个变化与应变相同的信号。经低通滤波器将高频部分去除后，输送至显示记录仪器中，即可记录下被测信号的大小和方向。

2. 应变仪的分类

电阻应变仪可分为静态、静动态、动态、超动态应变仪和特种应变仪。

静态应变仪用于测量变化十分缓慢或变化一次后能相对稳定的静态应变；静动态应变仪用于测量静态或频率不大于200Hz的单点动态应变；动态应变仪用于测量频率在5 000Hz以下的周期性或非周期性动态应变，可同时测量数个动态应变信号；超动态应变仪用于测量频率达几十kHz以上动态应变，可用来测量爆炸和高速冲击等的应变，或测量静动态应变；特种应变仪如可进行无线电遥测的遥测应变仪等特殊要求的应变仪。

3. 无线电遥测

在一个地点进行测量，测量信号不用导线连接，而用无线电磁波发射至另一地点进行显示记录，称无线电遥测。可解决无法用导线传输信号时的测量问题。

遥测有两种：一是代替集流环对旋转或往复运动部件的近距离遥测，因距离较近，发射机功率和体积都可很小，可方便地固定在被测部件上；二是对移动体的远距离遥测，因测量距离较远，发射机功率应大，有时要求有多个通道（路）。

（四）布片与接桥

若有几个力同时作用在工件上，要根据力学原理和电桥的输出特性，在构件上正确选用贴片位置、方向和接桥方法，使应变仪读数只与要测的参数有关，而与其他不需要测量的参数及环境温度无关。

布片与接桥的原则：选择主应变（力）最大点作为贴片位置，并沿主应力方向贴片；充分合理地应用电桥的和差特性，将应变片接入电桥各臂，完成所需测量并消除温度的影响；贴片位置应使应变和外载荷成线性关系。

电桥测量可分半桥和全桥测量。半桥是指电桥两臂为工作臂，另两臂为仪器内设的精密无感电阻。为了简化叙述，半桥测量时，将与工作半桥相连的另两臂及指示电表、电源、平衡装置简化，如图10－3所示。3个接线点分别为1—2—3，后述接线点分别与此连接，构成了完整的测量电路。

1. 拉压载荷的测量

如图10－4测量拉力P时，沿力的作用线贴应变片R_1，在另一块不受力和振动，与试件同材质和环境温度的材料上粘贴补偿片R_2，将R_1和R_2组成半桥即可测量力P。

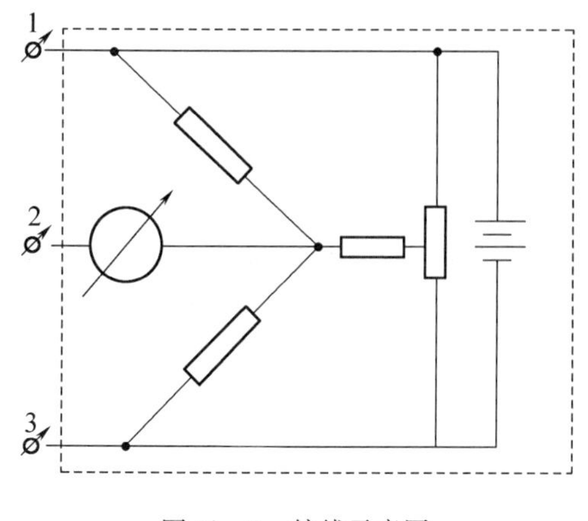

图10－3　接线示意图

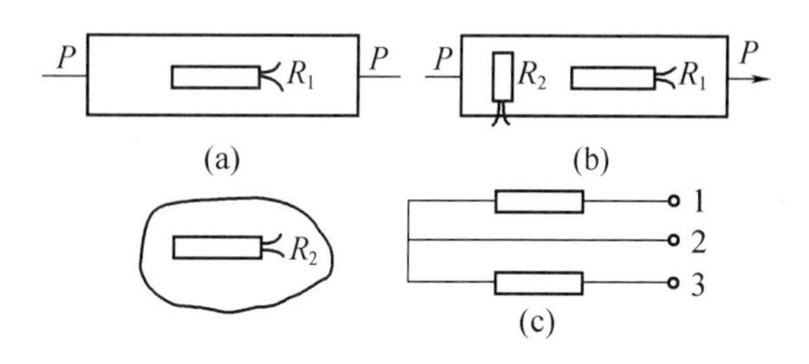

图10－4　拉压载荷的测量

通常将补偿片 R_2 也同时粘贴于试件上，并感受相同的环境温度。因温度 R_2 与 R_1 的轴线垂直，其感受的应变为力 P 作用线方向应变的 $-\mu$ 倍（μ 为泊松比）。电桥的输出为前者的 $1+\mu$ 倍。

2. 弯曲载荷的测量

如图 10－5，试件承受弯矩 M 时。可在试件粘贴工作片 R_1，而补偿片 R_2 粘贴于一块与试件同环境温度和材质且不受力和振动的材料上。或工作片 R_1、补偿片 R_2 分别粘贴于承受最大拉应力及压应力处。后者的测量精度是前者的 2 倍，并提高了测量灵敏度。

3. 拉弯组合作用的测量

如图 10－6，试件同时承受拉力 P 和弯矩 M 时，工作片 R_1 和补偿片 R_2 分别粘贴于试件的最大拉应力及压应力处。单测拉力 P 时，电桥按图 10－6 下图的方法连接，输出只与拉力 P 有关，与弯矩 M 和环境温度无关。

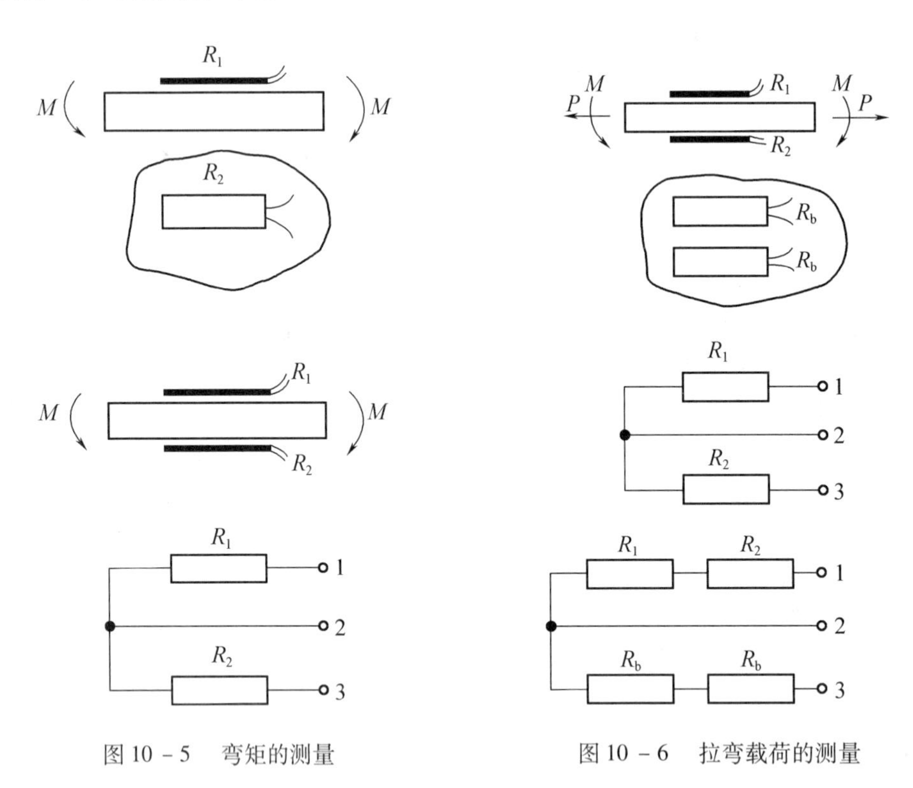

图 10－5　弯矩的测量　　　图 10－6　拉弯载荷的测量

测量弯矩 M 时，只需将电桥按图 10－6 中图的方法连接。输出只与弯矩 M 有关，与拉力 P 及环境温度无关。

4. 剪切力的测量

剪应变不能使应变片敏感栅发生伸缩变形，故不能产生电阻变化。测量剪力时，只能用剪力引起的正应力来进行测量。故应按图 10－7 的方法粘贴工作片 R_1 和 R_2 及连接测量电桥。剪力的大小为：

$$Q=(M_1-M_2)/a \tag{10-1}$$

5. 扭矩（功率）的测量

承受扭转时，圆轴表面与轴线成 45°的方向为主应力方向，而互相垂直方向上的主应力绝对值相等，符号相反，其绝对值在数值上等于圆轴截面上的最大剪应力 τ_{max} 的值，即：

$$\sigma_1 = -\sigma_3\ ,\ |\sigma_1| = \tau_{max}$$

将应变片粘贴于与轴线成45°方向的圆轴表面上，即可测出应变 ε，根据广义虎克定律，$\sigma = E\varepsilon/(1+\mu)$，则此处最大剪应力 $\tau_{max} = |\sigma| = \left|\frac{E\varepsilon}{1+\mu}\right|$，则扭矩为：

$$M_n = \tau_{max} W_n = \left|\frac{E\varepsilon}{1+\mu}\right| W_n \tag{10-2}$$

式中　W_n——圆轴抗扭截面模量；

E——材料的弹性模量；

μ——材料的泊松比(系数)。

测出扭矩 N 的同时也测出轴的转速 n，则因：

$$M_n = 9549\frac{N}{n} \tag{10-3}$$

故可测出其功率 N 的大小，其值为：

$$N = M_n \frac{n}{9\ 549} \tag{10-4}$$

式中　N——功率，kW；

M_n——扭矩，Nm；

n——转速，r/min。

应变片的粘贴方法如图 10-8 所示。

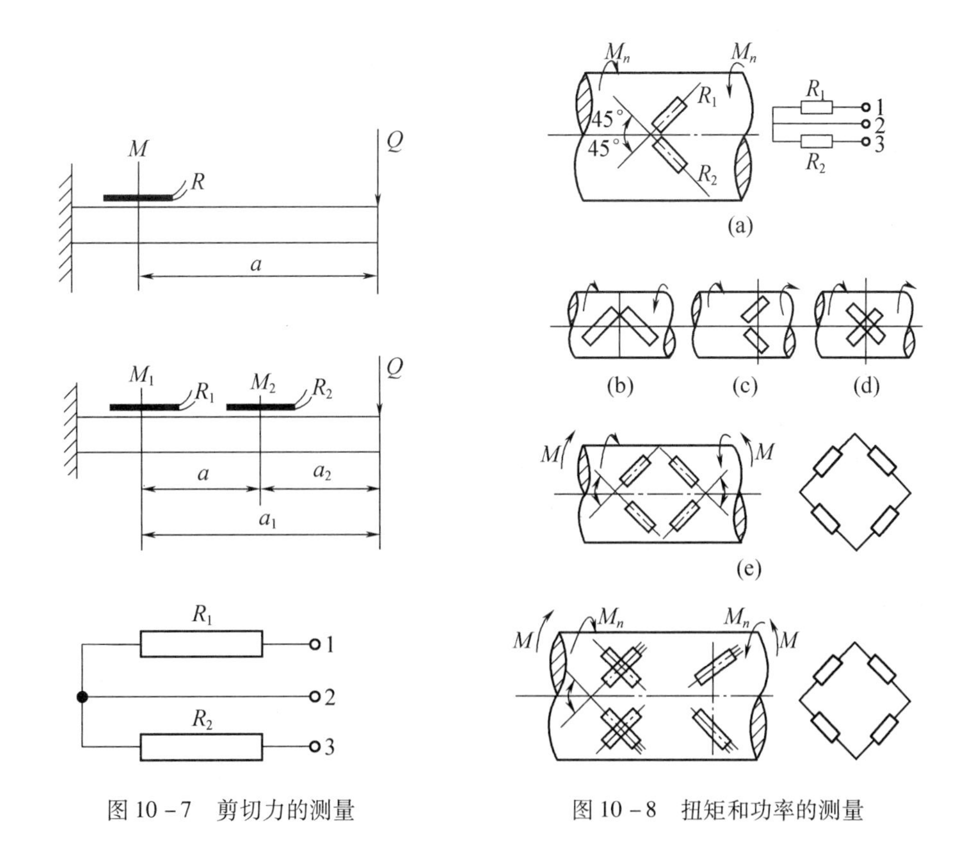

图 10-7　剪切力的测量　　　　图 10-8　扭矩和功率的测量

为增加电桥输出，互相垂直地粘贴 2 片或 4 片应变片组成全桥或半桥电路，可进行温度补偿,又可增加电桥输出。

工程中的轴,往往承受扭矩和弯矩的共同作用。测量时应设法消除弯矩给扭矩测量带来的影响。

可将若干应变片串联或并联后接入测量电桥,如图 10－9、图 10－10。或所有桥臂均接入串联或并联后的应变片。

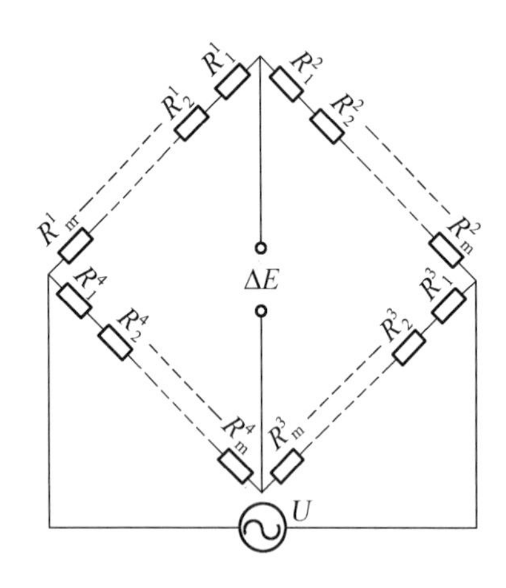

图 10－9　串联测量电桥(全桥)

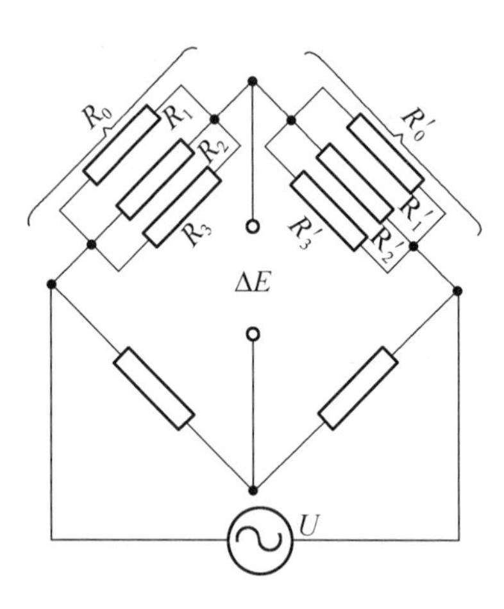

图 10－10　并联测量电桥

6. 平面力场的测量—应变花

在测点呈平面应力状态,而主应力方向未知时,为确定其大小和方向,需在测点粘贴数片应变片(花),靠计算的方法求出。

(五)提高应力(应变)测试精度的措施

为消除或减小测量误差以提高测试精度,应采取下列措施:

(1)选用良好的测量仪器;

(2)对测量结果进行修正;

(3)进行温度补偿;

(4)减小贴片误差;

(5)注意应变片的频率响应特性;

(6)采用抗干扰技术。

用标准设备产生已知的非电量,或用基准量来确定传感器输出和输入量关系的过程,称为标定,分机械标定和电标定。用应变仪检测时,大多采用机械标定,是因其精度高,仅在无法机械标定时,才在应变片上并联大阻值电阻进行电标定。

二、起重机的结构试验

结构试验是对起重机结构件进行强度和刚度的测定,以确定是否满足性能和工作要求。标准中规定了结构试验时测试的 7 种工况、试验目的、载荷的要求和测试点的位置,对试验程序做了明确的要求,结构变形和振动的测量方法,并规定了测试应力值的安全判别方法。

在应力集中区内贴的应变片,应尽可能贴在高应力点上。根据选择好的测试部位和确定的测试点,绘制测点分布图,对贴片进行统一编号,指明粘贴方位。

试验时,应观察结构有无永久变形或局部损坏。如有应终止试验,进行全面检查和分析。

结构位移测量:标准中只规定测量臂架的变形,有条件时应测量支架、支腿、转台等结构件在主要工况下的变形。

结构动特性的测试项目有:起重机结构件危险应力区危险点的动态应力;司机室振动特性。测量方法是:额定载荷、正常操作起升离地或以额定速度下降制动时,测试动应力和振动特性;对有伸缩臂的起重机,臂架为全伸臂,仰角为40°~50°之间,空载,作缩臂运动时产生的振动。测量司机室内操纵台和座椅处的垂直和水平加速度。标准规定了允许的加速度数值。

三、起重机的稳定性试验和空载试验

试验项目有整机稳定性试验和抗后倾稳定性试验,标准分别规定了试验条件、试验工况及评判方法。详见标准。

使用支腿支撑的起重机,支腿处于规定的作业位置,所有轮胎离地。试验方法是:以基本臂和最小额定工作幅度在作业范围内回转、起升;以最长主臂和相应工作幅度在作业范围内进行回转、起升、伸缩和变幅。试验均以低速和较高速各进行3次。

试验过程中和结束后,符合以下要求应判定为合格:各机构工作未见异常,没有不正常的声音,各指示装置指示准确,安全装置功能可靠;液压系统的压力符合设计要求;起重机运动平稳、无抖动。具带载行驶功能的起重机,行走时起动和制动平稳。

四、起重机可靠性试验

起重机可靠性试验分为作业和行驶可靠性试验两大类。

GB/T 6068—2008《汽车起重机和轮胎起重机试验规范　作业可靠性试验》规定了汽车起重机和轮胎起重机(以下称起重机)作业可靠性试验方法、故障分类及其特征量的计算。是评定起重机在规定条件和预定时间内强化作业状态下的工作能力,考察在起重作业时整机和零部件的作业可靠性、主要零部件的耐磨性以及基本性能的稳定程度。

JB/T 4030.2—2000《汽车起重机和轮胎起重机试验规范　行驶可靠性试验》规定:是评定起重机在行驶时,整机和底盘的工作可靠性、基本性能的稳定程度、零件的强度和耐磨性以及使用维修的方便性。

(一)试验条件

型式试验前应进行磨合和二级保养。

合格试验和作业可靠性试验条件为:装上规定工作状态的全部工作装置;燃油箱应装1/2~1/3,液压油箱油量在范围内,水箱装满水。轮胎压力应符合规定,作业时应摆正;地面应水平、坚实,倾斜度不大于1%;风速不大于8.3m/s(应力测试时不超过4m/s;环境温度为-15~+35℃;载荷应标定准确,垂直载荷误差不大于±1%;有特殊要求时,按合同要求进行。

行驶可靠性试验的条件为:行驶状态的附属装置必须按规定装备齐全,并安放在规定的位置上;燃油和润滑油应符合技术文件的规定;轮胎气压符合规定,误差±10kPa;严禁发动机未经预热就起步行驶,观察各部分是否正常,有无异常声响;应选择多种或相应的气象条件;试验道路有平原公路、山路、坏路、无路地段等,起重机在平原公路高速行驶占20%,常规行驶占30%,山路占20%,坏路占30%。

试验里程不少于8 000km时,应进行试验场快速可靠性试验,可减少公路试验时其他车辆造成的影响。北京、海南有国家级试验场。

(二)作业可靠性试验方法

循环次数按起重机的额定起重量分级(如表10-1),并在规定时间(如表10-2)内完成。3~32t为7 000次,40~80t为4 200次,>100t为2 100次。

抽样方法为:从正常生产入库的合格产品中随机抽取1台,抽样基数不少于5台(大于40t的起重机的基数可为2~5台)。在用户处抽样时,抽样基数不限。新产品的型式试验不执行本条。

表10-1 起重机作业可靠性试验要求

序号	循环名称	试验工况	一次循环内容	循环次数/次		
				3~32t	40~80t	≥100t
1	基本臂升、回转循环	基本臂;最大额定起重量;相应的工作幅度;吊臂在正侧方	由地面起升到最大高度→下降到能回转的最低高度→180°范围内左右回转→重物下降到地面	3000	1600	500
2	中长臂起升、变幅回转循环	中长臂;中长臂时最大额定起重量的1/3;相应的工作幅度;吊臂在正侧方	重物起升离地200mm→起臂到最小工作幅度后再落臂到原位→180°范围内左右回转→起升到最大高度→下降到地面	1500	1000	700
3	最长主臂起升、回转循环	最长主臂;最长主臂时电大额定起重量;相应工作幅度;吊臂在正侧方	重物起升离地200mm→180°范围内左右回转→起升到最大高度→下降到地面	1500	1000	400
4	空载吊臂伸缩循环	吊臂仰角50°;空载;吊臂正侧方	空载状态下,吊臂从基本臂状态全部伸出再缩回到基本臂状态	400	200	100
5	副臂起升、回转循环	各节副臂同序号1	同序号1	500	300	3×100
6	支腿收放	样机呈行驶状态	支腿连续收放	100		

表10-2 作业可靠性试验总作业时间

起重量/t	8	12	16	20	25	32	40	50	65	80	100	125	160	200
时间/h	300	330	350	380	400	450	350	380	400	450	140	150	170	220

试验时间含作业时间和有效停机时间,若超出则不予建立可靠性指标。试验时应进行检查,固定结合面不允许渗油。相对运动部位不允许形成油滴。发动机运转或停机时间不允许漏水。试验时允许更换零件,按其损坏性质进行故障分类。正常磨损的钢丝绳,不论何时更换、截绳、整修均计维修时间,不计故障次数;钢丝绳断裂等异常情况计故障次数。

按故障性质、危害程度、维修的难易、对功能影响大小，分为致命故障、严重故障、一般故障和轻微故障。例如，吊臂失稳或断裂；支腿断裂；主要部位焊缝开裂造成重大事故等为致命事故；减速器轴类、轴承、齿轮损坏，油泵等严重漏油，主要部位焊缝开裂担未造成事故等为严重事故；更换重要部位的密封圈，一般部位的焊缝开焊，更换密封件、接头或软管，清洗阀芯等为一般事故；螺栓松动，轻微渗漏等为轻微故障。标准的规定很详细（共有 437 种），要注意区别。如吊臂开裂有 16 种情况，有 6 种应判为致命故障，8 种为严重故障，2 种为一般故障，应根据实际情况区分。

工业性试验的目的是考核起重机作业功能技术水平和整机性能稳定性。考核项目有：使用可靠性能指标验证；燃油消耗量统计；司机劳动条件考核；整机性能稳定性评价。

（三）行驶可靠性试验

行驶可靠性试验是评定起重机在行驶时整机和底盘的工作可靠性、基本性能的稳定程度、零件的强度和耐磨性及使用、维修的方便性。起重机要在公路上行驶，若行驶性能不好，同样不能正常工作。

1. 试验条件

行驶状态的附属装置（含随车工具与备胎）应按规定装备齐全，并放在规定位置上。燃油和润滑油应符合技术文件规定。轮胎气压应符合要求，其冷气压误差不大于 ±10kPa。发动机应预热后方可起步。

2. 气象条件

应在多种气象条件下试验，以便和实际使用条件尽可能相同，特殊地区使用的起重机应在相应条件下进行试验。高速公路上试验应选无雨无雾天气，否则无法高速行驶。

3. 试验道路

试验道路分为平原公路、山路、坏路和无路地段。

平原公路为路面平整的 C 级及以上的平原微丘公路，能以较高车速行驶距离大于 50km。

山路的平均坡度大于 4%，最大坡度大于 8%，连续坡长大于 3km。

坏路为路基坚实，路面不平的道路。有明显的搓板波、鱼鳞坑等。无路地段为很少有车辆行驶的荒野地区。

4. 样机的准备

抽样方法同前，其驾驶、磨合与保养应按使用说明书的要求进行。

5. 试验要求

起重机行驶可靠性行驶总里程如表 10－3。表中 v 为设计最高速度，km/h。吊重行驶适用于可吊重行驶的起重机（轮胎起重机，或具有部分吊重行驶功能的汽车起重机），其里程计入可靠性行驶总里程。

表 10－3　起重机行驶可靠性试验里程表

序号	样　机　型　式	规格/t	行驶可靠性试验里程/km
1	新设计的汽车起重机专用底盘	＜50	30000
		≥50	10000
2	选用已定型汽车三类底盘的起重机	＜50	15000
		≥50	10000

续表

序号	样 机 型 式	规格/t	行驶可靠性试验里程/km
3	选用已定型汽车二类底盘,更换底盘		5000
4	汽车起重机整机,全地面起重机		5000
5	选用已定型汽车二类底盘,更换底盘		5000
5	普通轮胎起重机	<50	110v(吊重行驶 50v)
		≥50	55v(吊重行驶 25v)
6	越野轮胎起重机	<50	220v(吊重行驶 50v)
		≥50	110v(吊重行驶 25v)

对行驶的要求如下。

(1)确保安全时,应以尽可能高车速行驶。合理选择挡位,但不能脱挡滑行。100km 至少有 2 次原地起步连续换挡,一次倒挡行驶 200m。

(2)夜间行驶里程不少于总里程的 3%。

(3)吊重行驶最高速度不大于规定的最高速度。重物离地约 100~200mm,以保证安全。试验要包括制动、转向和倒车等内容。无吊重行驶功能的起重机,不得进行该项试验。汽车起重机吊重时,应使用支腿支撑,而不是靠轮胎支撑,否则会损坏轮胎;有些汽车起重机有部分吊重行驶功能,但吊重应在允许范围内。

6. 维护保养与检查

起重机底盘应按说明书保养。应经常进行检查:吊钩固定状况和各部分的紧固状态;各总成工作的声音、温度;结构件以及传动系零件是否损坏或产生裂纹、永久变形;转向系有无摆动、跑偏、不稳定、卡死、气阴或过早抱死等;轮胎气压是否正常,外胎有无明显的裂口或伤痕;仪器、照明、刮水器等是否正常。

试验时严禁带故障运行,以免故障扩大造成事故。出现故障时,应分析判明原因,改进零件后再继续试验。根据损坏性质,决定是否重新进行全程试验。

7. 试验记录

应认真记录保养情况、故障与损坏原因、排除情况及采取的措施,对起重机行驶性能、保养等意见。可采用拍照或录像等形式。

8. 性能复试和样机的拆检

试验结束后要进行性能测试,确定是否得到要求或标准限值及稳定程度。

测试内容有:动力性;燃油经济性;安全环保性;操纵稳定性;平顺性;密封性。测试方法按国家标准或行业标准的规定。

试验结束后,为检查各总成磨损及其他异常情况,应按规定对主要总成(发动机、离合器、变速器、转向器、驱动桥等)进行部分或全部拆检。

9. 试验结论

试验后,应定期统计试验道路情况:实际行驶里程、平均技术车速、燃油消耗量、变速器各挡使用次数及时间的百分率、制动次数和时间等。按故障的里程顺序,统计出故障统计表。故障按"基本故障"和"从属故障"填写,从属故障不计入故障数。

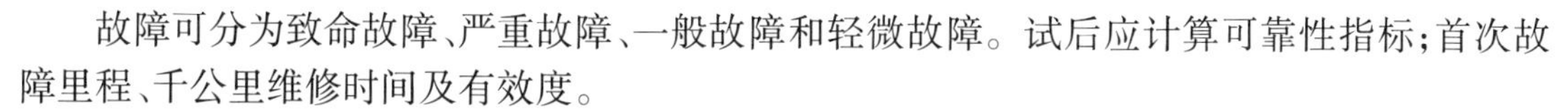

故障可分为致命故障、严重故障、一般故障和轻微故障。试后应计算可靠性指标;首次故障里程、千公里维修时间及有效度。

(四)操作和保养

应严格执行操作规程,确保安全,操作应平稳。应进行正常保养,起重作业时,不允许进行保养。每日作业不少于8h。

(五)性能复试及拆检

试验完成后,应复测性能,检验其性能稳定性。进行整机拆检,记录零件磨损情况,并进行拍照,检验其耐磨性。

(六)试验记录和试验结论

各工况的循环数、作业时间、燃油耗量、异常响声、紧固松动、轻微渗漏等故障的现场情况,诊断准备、修复、调试等时间应真实记录。

试验期间出现致命故障,本次试验终止,不计算可靠性指标。在规定时间完成试验后,应计算作业率、当量总故障次数及平均无故障工作时间等指标。否则不予建立可靠性指标。应在规定时间内完成循环次数;固定结合面不准渗油,相对运动件不允许形成油滴;允许更换零件;异常损坏的钢绳,计故障次数。

五、液压系统试验

液压元件有动力元件(油泵)、操纵元件(操纵阀及液压锁)、工作装置(液压缸及马达)和辅助元件(油箱、管道、滤油器、压力表等)。主要参数有排量、流量、转速、额定压力、最大压力、安装尺寸、行程、容积效率和压力效率等。

液压元件进厂时,应检查产品合格证、使用说明书与实物是否相符,有无异常情况。必要时应抽检,并应在产品装配前完成。

液压元件检验有台架试验法和简易试验法。台架试验法的检测速度快,成本低及使用方便,适用于液压元件专业厂。试验台的设计应根据元件性能来确定,通用性较差。其专业标准规定了试验方法。机械制造厂在总装配前,可进行简易试验。通常可测试流量(已知转速时可算出排量)、压力、容积效率、压力效率,可测出是否有漏油(内漏和外漏)。

液压缸内外漏简易检验是:用油管将液压缸一端油口和油泵连接起来,接入压力表,驱动油泵,使液压缸产生运动至极限位置,用堵头和密封圈将出油口封住,在规定试验压力下保持一定时间。若液压缸外部有油滴为外漏;若无外漏,但压力下降,则为内漏(密封圈损坏或缸体加工有问题)。

液压泵的试验可按图10-11进行,适用于较大流量泵的试验,若流量较小时可用节流阀代替溢流阀。驱动装置多用可调速的直流或交流电动机。可测出其总功率、容积效率、自吸性能和噪声等。

电动机的试验用图10-12的方法进行。可输出电动机的启动压力、转矩和转速,从而测出总效率、容积效率等。

溢流阀的试验用图10-13的方法进行。

(一)起重机液压系统试验要求

JB/T 4030.3—2000《汽车起重机和轮胎起重机试验规范　液压系统试验》中,对起重机液压系统各回路试验项目和工况做了规定。

起重机应符合GB/T 6068—2008《汽车起重机和轮胎起重机试验规范》的试验要求;液压

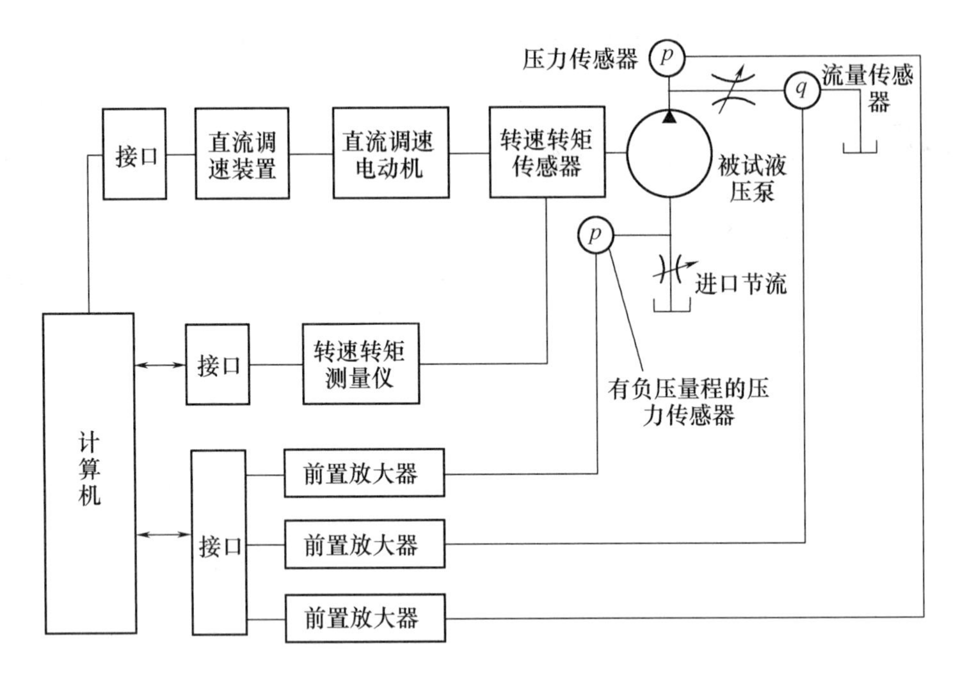

图 10－11 液压泵的基本试验回路

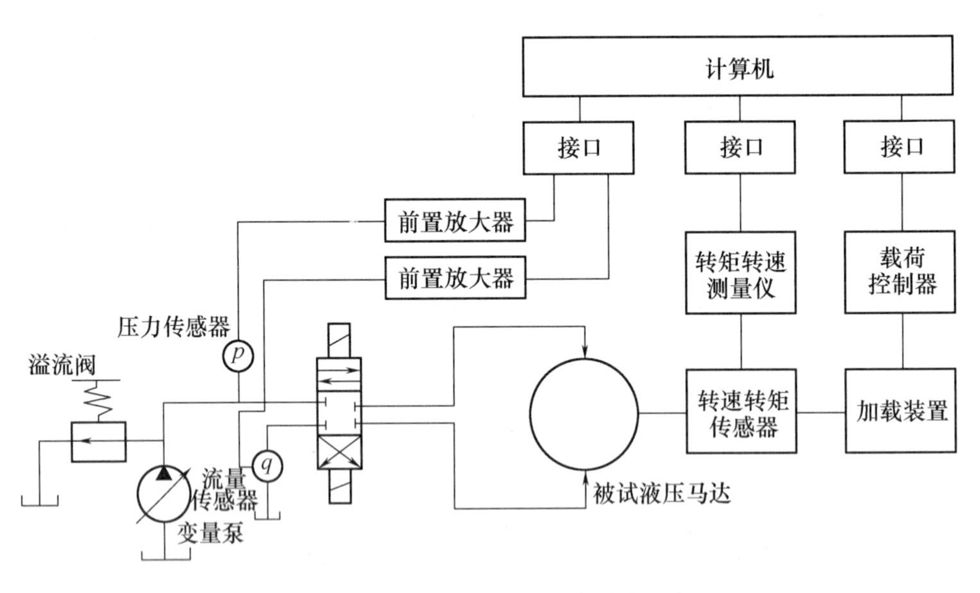

图 10－12 液压电动机的基本试验回路

油箱的油面应在规定范围内;油泵的工作转速和液压系统的压力应符合 GB/T 6068—2008 的规定;试验仪器的性能及误差应符合要求;传感器在试验前后均应标定,并在允许误差内;应有主要液压元件的使用说明书。

(二)起重机液压系统试验

1. 液压泵真空度的测量

测试条件为起重机空载,液压泵为额定工作转速,液压油温为(50 ±5)℃,操纵阀杆均处

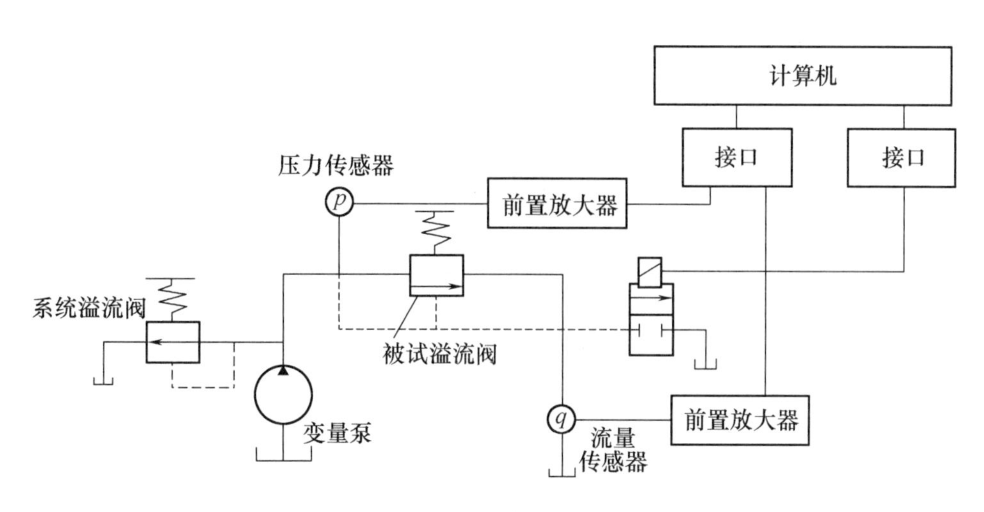

图 10－13　溢流阀的试验方法

于中间位置。

测试方法为在靠近液压泵进口处接真空压力表直接读数。

2. 起升液压回路流量的测量

测试方法为通过检测起升机构的运动参数换算或直接测量流量。液压泵的转速在空载和额定载荷时必须相同;测试应进行 3 次,取平均值。

3. 压力的测量

检测目的是在额定工况下,回路最大工作压力是否达到设计要求。

测试工况如表 10－4。标准规定了各工况下的测量参数(此处略),在各工况下测试 3 次,取其平均值。

表 10－4　压力测量试验工况表

序号	工　　况	一次循环内容
1	基本臂;最大额定起重量;相应工作幅度;吊臂处在支腿最大受压位置	重物由地面升到最高位置至下降到地面
2	基本臂;最大额定起重量;相应工作幅度;吊臂在正侧方	重物由地面提升到能回转的最低高度后在作业区内作 180°左右回转
3	基本臂;幅度从最大到最小;相应起重量;吊臂在正侧方	重物起升离地 200mm,从起臂到最小工作幅度至落臂到最大工作幅度
4	基本臂到最长臂;仰角 50°～60°;伸缩允许重量;吊臂在正侧方	重物起升离地 200mm,从伸臂到极限位置至缩臂到全缩位置

4. 压力损失的测量

测试工况:起重机空载,液压泵为最大转速,液压油温为(50±5)℃。

测试方法:通过传感器或压力油表测出各点间的压力差,计算压力损失值。

5. 压力冲击的测量

试验工况为:基本臂、最大额定起重量、相应的工作幅度、吊臂处于支腿最大受压位置。并规定了测试部位。

试验方法:重物起升至最大起升高度,以额定速度下降距地面2~1m时快速制动,用压力传感器、动态应变仪、示波器、记录仪等记录,整理确定压力冲击峰值及过渡时间。

6. 平衡阀控制压力的测量

测试工况:起重机空载、液压油温(50±5)℃、起升和变幅时液压泵为最大工作转速、伸缩时吊臂为最大仰角,液压泵为最大工作转速的1/3。

测试方法:通过压力传感器或压力表直接测量平衡阀控制口的压力。

7. 变幅、伸缩回路平稳性试验

变幅回路试验工况:基本臂、起吊相应的起重量及空载,以最大和最小速度(流量),及两种操作方式(突然打开和正常打开)操纵换向阀进行变幅,其动作应平稳、无抖动现象。

伸缩回路试验工况:基本臂,起吊允许带载伸缩的起重量及空载,以最大和最小速度(流量),用两种操作方式操纵换向阀,分别在45°和最大仰角进行全程伸缩,其动作应平稳、无抖动现象。

8. 温升试验

试验工况:基本臂、最大额定起重量、相应工作幅度。

重物由地面起升至0.6倍的最大起升高度→下降到能回转的最低高度→在作业区内左右回转180°→重物下降到地面为一次循环。按表10-5的时间要求内连续作业40个循环,油箱内液压油温升不大于45℃。每4个循环测量一次油温,并绘制温升曲线。

表10-5　温升试验工作时间表

起重量/t	3,5	8,10,12,	16,20,25	32,40,50
时间/min	80	120	160	220

9. 密封性能和液压油污染度试验等

按GB/T 6068—2008进行密封性能试验。按JB/T 9737.2—2000《汽车起重机和轮胎起重机液压油　固体颗粒污染测量方法》进行液压油污染度试验,其结果不超过JB/T 9737.1的规定。

若起重机只有一台发动机,排气污染物测量方法应符合GB 3847—2005《车用压燃式发动机和压燃式发动机汽车排气烟度排放限值及测量方法》的规定;若有两台发动机,则底盘发动机按GB 3847的规定,上车发动机按GB 20891—2007《非道路移动机械用柴油机排气污染物排放限值及测量方法(中国Ⅰ、Ⅱ阶段)》的规定进行测量。

六、质心位置检测

起重机应进行质心位置、外形尺寸、轴荷、总质量的检测。外廓尺寸应符合GB 1589—2004《道路车辆外廓尺寸、轴荷及质量限制》的要求。

1. 质心对产品性能的影响

产品质心较高则稳定性差,特别是受振动或较大风载荷作用时。起重运输机械、船舶等产品对质心有严格的要求。设计时要考虑质心位置;型式试验时,有些产品要求检测质心位置。

装有工作装置或活动部件的机器，没有单一的固定质心位置，当机器倾斜时机器的质心也随之改变。

质心的确定方法可用：计算法、实测法（包括悬挂法和称重法）。

其中，实测法中的称重法对于机械零件非常实用，其方法描述如下。

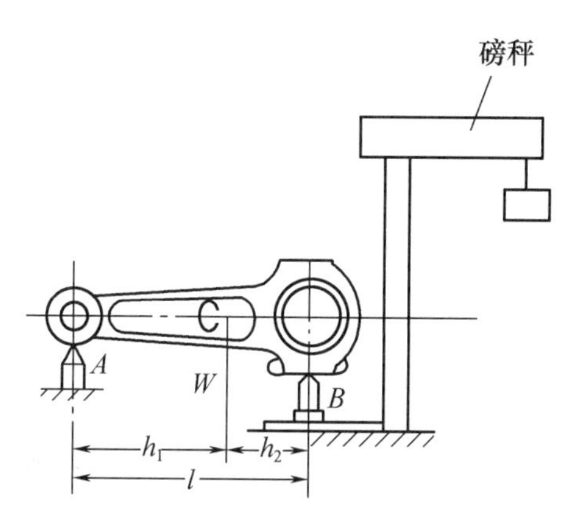

图 10－14　秤重法

较简单工件质心可按如下方法确定：用检定合格的磅秤先秤出重量 W；如图 10－14 将工件一端支承于磅秤上，测得工件的两支承点距离 l，将大头放于磅秤上时，测出大头处反力 R_B，质心必在轴心连线上，质心离轴心 A 的距离 h_1 为：

$$h_1 = \frac{R_B}{W}l \tag{10-5}$$

也可将小头放于磅秤上，测出小头处反力 R_A，则质心离轴心 B 的距离 h_2 为：

$$h_2 = \frac{R_A}{W}l \tag{10-6}$$

较复杂的工件如可按如下方法测量：先测得汽车自重 W 和测出前后轮轴距 L，左右侧轮距 l_1；将其前轮停放于磅秤上（如图 10－15），测得前轮处反力 R_A，则质心 C 到后轮的距离 L_B 为：

$$L_B = \frac{R_A}{W}L \tag{10-7}$$

将左侧前后轮停放在磅秤上（如图 10－16），测出左侧轮处反力为 R_1，则质心 C 到右侧轮处的距离 l_2 为：

$$l_2 = \frac{R_1}{W}l_1 \tag{10-8}$$

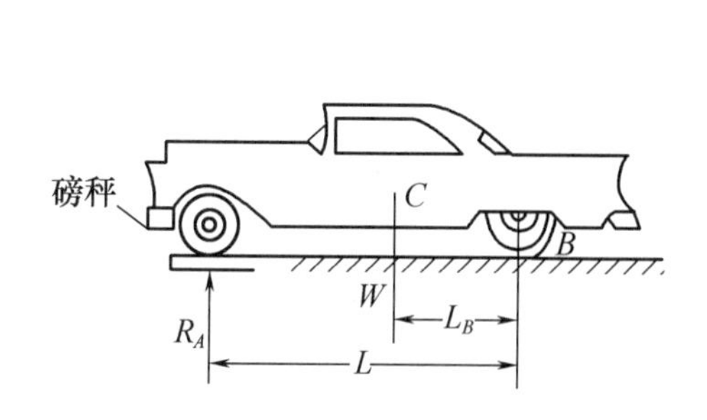

图 10－15　质心到后轮的距离测量

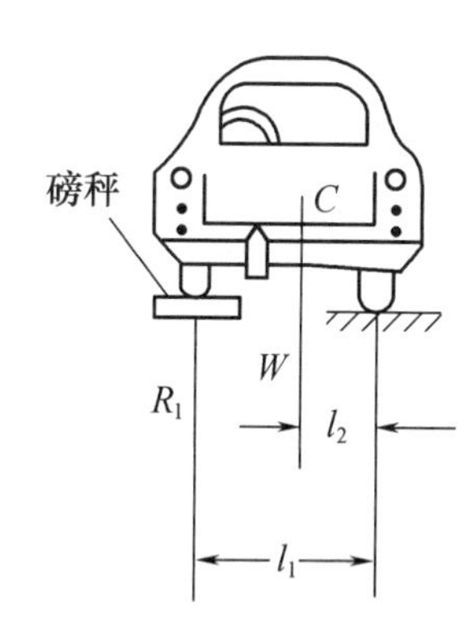

图 10－16　质心到右轮的距离测量

抬起汽车后轮（如图 10－17），测得抬起高度 h，并测得前轮处反力 R_A'，则质心 C 到后轮轴的距离 L_B' 为：

$$L_B' = \frac{R_A'}{W}L' = \frac{R_A'}{W}\sqrt{L^2 - h^2} \tag{10-9}$$

由 L_B 和 L_B'，可测量质心 C 的高度 H。

2. 检测示例

JB/T 3873—1999《土方机械　质心位置测定方法》对土方机械的质心测定做了规定。适用于任何加载状况或工作装置时推土机、装载机、自卸卡车和平地机等质心的测量。

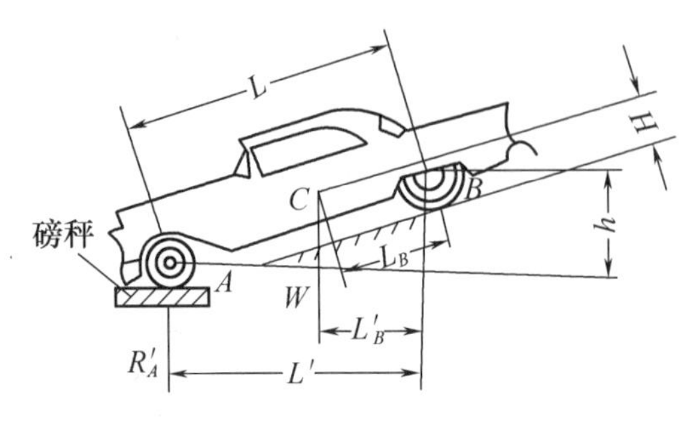

图 10－17　质心高度的测量

①准备工作

机器应在正常工况下或制造厂与测试部门商定的条件下进行试验。

散热器、油槽、液压油箱和其他油箱均应加到规定的工作液位；燃料箱须加满，或是空着，或是加至商定的油位。工具、备用轮胎及零散附件和设备，应按供货要求备齐，放在规定的存放位置。轮胎压力按说明书的规定；若有容许压力范围，则按最高压力充气。工作装置一般应放在作业位置上。

②测定原理和测量仪器

测量采用悬挂与地面反力法，先测量机器放平和前后倾斜时的地面反力，再计算出每次质心距接地点的水平距离，并在固定于机器上的划线板上划出垂直线。垂直线的交点（实际是小三角形）表示质心，准确位置应取三角形中央的交点。试验方法与前述基本相同。

仪器为经校准的地磅、起重机、垫板、刀口、铅锤、直角尺、划线板、划线用具、卷尺。

③基准面

垂直基准面 1：履带式推土机应通过其驱动轮轴，履带式或轮胎式装载机，则通过前桥中心或引导轮中心。

垂直基准面 2：通过机器的纵向主轴线，即轮距或轨距的中间。

水平基准面：取地平面，并要求刚性接触，履带式机器的履刺不切入地面。

④试验报告

报告应给出质心坐标，水平纵向坐标为到垂直基准面 1 的距离；水平横向坐标为到垂直基准面 2 的距离，右侧为正，左侧为负；垂直坐标为距水平地面的距离，以毫米为单位。

七、起重机合格试验

（一）准备性检验

准备性检验包括资料（试验大纲、试验记录）、量具及器具、起重机的调试和目测检验、安全装置的检验等。

应进行以下项目的调试：发动机和液压泵的工作转速符合要求；液压阀的控制压力符合设计要求；没有在台架上进行调试的机构，应按设计要求进行调试。

目测检查主要检查以下内容：整机不应出现渗漏和表面质量缺陷；保护装置的安装位置和功能；所有液压和气压元件外观及其工作性能；所有液压和气压元件的安装、操作手柄和踏板等的操作性能；压力传感器安装所对应的量程；电气线路及元件是否安装正确；吊钩及连接件、钢丝绳、滑轮是否正常；下车的整车标识、车身反光标识、安全防护装置、照明及信号装置、后视镜的安装是否正常；车用安全玻璃、轮胎等国家规定的强制性认证部件应具有认证标志。

还应进行安全装置的检验：侧防护和后防护的检查；水平仪、角度指示器、高度限位器和幅

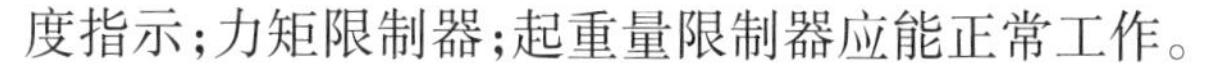

度指示;力矩限制器;起重量限制器应能正常工作。

(二)质量、几何参数和作业参数测量

重量参数的测定主要是行驶状态下整机质量和轴荷。

几何参数测量主要测量以下参数:整车的长、宽、高;轴距;前后轮距;最小离地高度;最小转弯直径;接近角和离去角等。

作业参数测量有以下内容:起升、下降速度、回转速度、主臂伸缩时间、收放支腿时间等。

起升、下降速度是在规定工况下,以最高速度升(降)荷载或空载,测量载荷通过2m(副钩为10m)所需时间,计算平均升(降)速度。在标尺测出相应的距离时,用秒表测出所需时间,计算起升速度;或用传感器测量,如在一定的距离布置两光电传感器及光源,重物通过时光线变化,传感器有输出,用时间脉冲测量时间,可得出速度。3次试验的平均值为测定值,符合制造商提供的数值判定为合格。

回转速度的测量:基本臂和空载时,以最高稳定速度在左右各720°试验3次。以3次试验的平均值为测定值,符合制造商提供的相应数值判定为合格。

主臂伸缩时间的测量是主臂仰角为60°时,测量以最高速度空载全程伸(缩)吊臂所需时间。3次试验的平均值为测定值,符合制造商提供的数值判定为合格。

收放支腿时间为在平坦的水泥或沥青场地收(放)支腿所需时间。处于行驶状态的起重机的水平和垂直支腿全程伸缩各3次。3次试验的平均值为测定值,符合制造商提供的数值判定为合格。

(三)行驶性能及参数测定

有行驶试验(汽车起重机不少于50km)及检查(检查项目为整机装配技术状态;各总成的温度及工作性能和工作状态;转向、制动等机构的功能;渗漏情况、外部照明和信号装置的工作状态)。

汽车起重机按QC/T 252—2005《专用汽车定型试验规程》规定的项目和方法进行行车制动试验;按GB 7258—2004《机动车运行安全技术条件》规定的试验方法进行停车制动试验;按GB/T 12544—1990《汽车最高车速试验方法》规定的试验方法测最高车速;按GB/T 12547—2009《汽车最低稳定车速试验方法》规定的方法测最低车速;按GB/T 12543—2009《汽车加速性能试验方法》规定的方法测加速性能;按GB/T 12539—1990《汽车爬陡坡试验方法》规定的试验方法测最大爬陡坡度。

(四)额定载荷试验

试验条件:使用支腿的起重机,支腿处于规定的作业位置,所有轮胎离地。应在保证安全、操作平稳的前提下各工况以最低和最高速度各进行2次。

试验过程和试验结束后,符合以下要求应判为合格:各部件能完成性能试验,未发现机构或结构件有损坏,连接处没有松动;液压泵在设计转速(流量)时,各液压回路的工作压力符合设计要求;液压系统工作正常,无异常噪声;角度指示器、起重量指示器、力矩限制器误差应符合要求;各制动器工作可靠、动作准确、起动和制动平稳;表10－6中序1～4工况试验过程中,侧后方工作时,任何支撑不得松动;有带载行驶功能的起重机,作业时起动和制动平稳,动作准确。

无带载行驶功能的起重机试验工况如表10－6,作业时,测定机构分别工作时液压系统的压力或电流。最大额定载荷试验时,活动支腿不得离地和松动。

表 10－6　额定载荷工况表

序号	试验工况	一次循环内容
1	基本臂；最大额定总起重量；最小额定工作幅度	臂架在正侧方，载荷由地面起升到最大高度→下降到某一高度→在作业区范围内全程左右回转（制动 1 ~ 2 次）→重物下降到地面→起升、下降过程各制动一次
2	中长臂；相应的最大额定总起重量的 1/3；相应的工作幅度；吊臂在正侧方	臂架在正侧方，载荷起升到离地面约 200mm→起臂到最小工作幅度，落臂到原位→在作业区范围内全程左右回转至原位→下降到地面，起升、下降过程各制动一次
3	最长主臂；相应的最大额定总起重量；相应的工作幅度	臂架在正侧方，重物起升到离地约 200mm→在作业区范围内全程左（或右）回转至原位→起升到最大高度后再下降到地面（中间制动一次），起升、下降过程各制动一次
4	最长臂架；相应的最大额定总起重量；相应的工作幅度	臂架在正侧方，载荷由地面起升到最大高度→下降到某一高度→在作业区范围内全程左右回转（制动 1 ~ 2 次）→载荷下降到地面，起升、下降过程各制动一次
5	臂架允许带载伸缩时：最长主臂；允许的额定总起重量；允许的臂架仰角	臂架在正侧方，载荷起升到离地约 200mm→全伸主臂→全缩主臂→重物下降到地面

（五）动载试验

试验条件：使用支腿的起重机，支腿处于规定的作业位置，所有轮胎离地。起重机应按要求进行控制，加速度和速度限制在适于起重机正常运转的范围内。试验次数较旧标准减少。有带载行驶功能的起重机另有一次循环（详见标准）。

试验过程和试验结束后，符合以下要求应判为合格：基本臂 15 次循环连续试验结束后，液压油箱内的液压油相对温升不大于 45℃，但最高油温不超过 80℃（据工厂经验，液压油温度过高时应停止工作，放下载荷，将所有油缸全部收回再次伸出，强制冷却使油温降低。）；任何起升操作时，载荷均不得出现反向动作（即提升时出现下降）；侧后方工作时，允许有一个支腿松动但不得抬离地面；各部件能完成试验，目测检查中未发现机构或结构有损坏，连接处未出现松动。试验载荷应为额定载荷的 1.1 倍，工况如表 10－7。

表 10－7　动载试验工况表

序号	试验工况	一次循环内容	循环次数
1	基本臂；最大额定总起重量的 1.1 倍；最小额定工作幅度	臂架在正侧方，载荷由地面起升到最大高度→下降到某一高度→在作业区范围内全程左右回转至原位→重物下降到地面，起升、下降过程各制动一次	15 次
2	中长臂；中长臂的最大额定总起重量 1/3 的 1.1 倍；相应的工作幅度	臂架在正侧方，载荷起升到离地面 200mm 左右→起臂到最小工作幅度→再落臂到原位→在作业区范围内全程左右回转至原位→起升到最大高度→载荷下降到地面，起升、下降过程各制动一次	2 次

续表

序号	试验工况	一次循环内容	循环次数
3	最长主臂;相应的最大额定总起重量的1.1倍;相应的工作幅度	臂架在正侧方,载荷起升到离地面200mm左右→在作业区范围内全程左右回转至原位→起升到最大高度再下降到地面,起升、下降过程各制动一次	2次
4	最长臂架;相应的最大额定总起重量的1.1倍;相应的工作幅度;吊臂在正侧方	臂架在正侧方,载荷起升到离地面200mm左右→在作业区范围内全程左右回转至原位→起升到最大高度再下降到地面,起升、下降过程各制动一次	2次

(六)静载试验

试验过程和试验结束后,符合以下要求应判为合格:机构或结构件未产生裂纹、永久变形、油漆剥落或对性能与安全有影响的损坏;连接处未出现松动;允许有一个支腿抬起,但边缘抬起量不大于50mm。

试验时,起重机吊臂应分别位于正后方、正侧方及最大支腿压力处。载荷可以逐渐加上去,将重物停留在离地100～200mm高度处(支腿处除外),使载荷至少悬空停留10min再下降到地面。在最大支腿压力处,允许先在其他地方起吊1.1倍最大额定起重量,旋转至该位置再静止添加载荷到规定的数值。(新产品可添加载荷,老产品直接起吊试验载荷)。允许调整溢流阀开启压力,但试后必须调回规定数值。

(七)密封性能试验

外漏是油缸缸体或刮尘圈处出现漏油,用肉眼可以观察到;内漏是油缸密封圈损坏或缸筒加工时形位误差过大而出现漏油,只能由试验验证。漏油轻则影响正常使用,重则造成倾翻等严重安全事故。故列为A类(安全性能指标)进行考核。合格试验时,此项试验提前进行,即在空载试验后立即进行。密封性能不合格就终止试验,判产品为不合格,查明原因并重新调试后再次提交试验。

对起重机密封性能试验的要求如下。

吊臂位于最大支腿压力处时,以基本臂和最长主臂在相应工作幅度下,起吊最大额定总起重量,起升到某一高度后,回转到某一支腿压力最大的位置。载荷在空中停稳后,发动机熄火。试验持续15min,变幅、垂直支腿油缸的活塞杆回缩量不大于2mm,重物下沉量不大于15mm。应减少温度变化对油缸回缩的影响。

若第一次试验活塞杆回缩量超过2mm,可进行2次重复性试验,取3次平均值作为回缩量。按行驶试验后,水平支腿油缸伸出不大于3mm。活动支腿有插销的可不检查油缸伸出量。

在空载试验、额定载荷试验、动静载荷试验过程中,或试验结束后15min内,液压系统连接处不渗滴油,为合格。

(八)噪声测定

起重机加速行驶机外噪声测量方法按GB 1495—2002《汽车加速行驶车外噪声限值及测量方法》的规定进行,起重作业时的机外和司机室内噪声检测按GB 20062—2006《流动式起重机作业噪声限值及测量方法》的方法进行。

第三节　拖拉机合格试验

合格试验时，有许多参数需要检测，复杂产品需检测较多的参数。在不降低使用性能的前提下，将指标按重要程度分为A,B,C三类。A类为安全性能及相当重要指标，A类不合格将导致严重的事故，故A类必须合格。即不合格评判数一般为1，即有一项不合格，就应判为“不合格”。B类为重要参数，对产品影响较大，要根据产品性质来确定不合格评判数。某产品的B类指标不合格评判数为2，表示B类指标2项不合格时，产品判为“不合格”；仅1项不合格时，仍判为“合格”。C类指标为一般参数，可能有多项不合格，若未超出不合格评判数，仍应判为“不合格”。

一、拖拉机技术要求

180T运输型拖拉机是一种变形产品，是手扶拖拉机的改进型。180T运输型拖拉机（以下简称拖拉机）是利用一吨级载货汽车底盘的配件作为构件，用手扶拖拉机的动力—195型单缸柴油机为动力。外形和四轮农用运输车无区别，后者多采用四缸柴油机。与手扶拖拉机相比有如下优点：增加了驾驶室，驾驶员不受日晒雨淋；采用后桥驱动，动力性能大大提高（读者可以自行分析）。这类“四不象”产品在起草标准和检测时均应特别注意，往往可采用多种检测方法。可按拖拉机进行检测，也可按四轮农用运输车检测（但成本和技术要求提高），当时按JB/T 7234—2001《四轮农用运输车　通用技术条件》进行设计、制造，参照JB/T 7235—2002《四轮农用运输车　试验方法》起草了企业标准，并按企业标准进行了型式试验和合格试验，但仍称为拖拉机。现按农用运输车标准进行介绍。

1. 一般技术要求

产品应按经规定程序批准（设计、制图、校对、审核、标准化、审定）的图样和技术文件制造；零部件应符合标准规定，检验合格后方可装配；用紧固件连接的零部件应连接可靠，不得有松动现象。重要部位（如紧固车轮的螺栓等）紧固件的拧紧力矩应符合图样或技术文件的要求；涂漆、锻件、焊接件、金属镀层等外观质量应符合JB/T 6712—2004《拖拉机外观质量要求》的规定；最小离地间隙应不小于160mm；不得漏水和漏油；驾驶室不得漏水；主要操纵机构的操纵力应符合规定，自动回位的操纵手柄、踏板在操纵力去除后，能自动复位；转向盘应转动灵活、操纵方便，无阻滞，并设置转向限位装置；转向时车轮不得有干涉现象；转向轮转向后能自动复位；在平坦、硬实、干燥和清洁的道路上行驶时不得跑偏，转向盘不得有摆振现象；同一轴的轮胎型号和花纹应相同，且应与最大设计车速所用轮胎相适应，轮胎负荷不应超过额定负荷；发电机技术性能应良好。

2. 安全要求

安全性能指标涉及人身安全，有不合格项次则应判产品不合格。通过对GB 18320—2001《农用运输车　安全技术要求》的引用，构成了其技术要求。

有安全性要求的项目有：外廓尺寸、最大设计车速和最大设计总质量；驾驶室内部空间；座椅；转向盘；操纵机构；进出驾驶室的通道；车门和车窗；车辆稳定性；转向系；制动系；传动系；自卸装置；照明信号装置和其他电气设备；安全防护；液压、燃油和润滑系统等。

3. 主要性能要求

发动机标定功率;最高挡最低稳定车速应不大于最高挡理论车速的40%;最大爬坡度应不小于25%;满载时,在平坦、干燥的混凝土或沥青路面上脱挡滑行,初速度30km/h的直线滑行距离应不小于165m;六工况等速平均燃油耗应不大于2.8L/(t·100km);最小转向圆直径应不大于15m;低温起动性能;自卸车车厢应能平稳升起、降落或停在任何位置,最大倾角应不小于45°。发动机以标定转速运转时,满载车箱举升到最大倾角(不卸载)的时间应不大于20s。

二、检验规则

标准规定了型式试验和合格试验。对合格检验有如下的要求。

每辆运输车必须经合格试验后方能出厂,并附有证明产品质量合格的文件或标记;规定了出厂检验项目,其项目至少应全数检验并合格后方可签署合格证。

A类试验项目共有59项,合格试验时至少应检验29项。B类试验项目有10项,合格试验时至少应检测2项。C类试验项目有16项,合格试验时至少检测5项。型式试验时应检验A,B,C类全部项目。

标准还规定了抽样方法和判定规则。在检验测试过程中(含磨合期间),因产品质量发生了一项A类不合格,则可停止检测,判为不合格。

三、拖拉机试验方法

产品尺寸和质量参数、动力性能、发动机主要性能指标、燃油经济性、滑行性能、操纵性能、制动性能、自卸车自卸性能、环境污染测定和驾驶室防雨密封性按JB/T 7235—2002试验。

前照灯的检验参照GB 7454—1987《机动车前照灯使用和光束调整技术规定》试验。

漏油检查在连续行驶距离不小于10km,停车5min后观察,不得有明显渗漏。漏水检查在发动机运转及停车时,水箱、水泵等部位及连接部位无明显漏水。

外观质量用目测法检查,漆膜附着性能按JB/T 9832.2—1999《农林拖拉机及机具 漆膜附着性能测定方法 压切法》的要求用压切法检查。安全项目的检查按GB 18320—2008《三轮汽车和低速货车　安全技术要求》进行。

可靠性试验按JB/T 7736—1995《四轮农用运输车　可靠性考核》试验。

(一)通用试验要求

试验时应按说明书的要求进行常规保养与调整,不允许做其他调整与换修。轮胎气压应符合要求。试验前应将机器预热,使各部分达到正常工作温度。

试验载荷应保持最大厂定装载质量,且载荷不因气候及使用条件改变质量(大多采用铁块),并在车内固定,高度不超过车箱边板。乘员数目按使用说明书上规定(可用65kg重物代替一人)。气温在0~40℃之间,距地面1.2m高度处风速不大于3m/s,并无雨、无雾。试验条件应如实记录。

试验均应在清洁、干燥、平坦的沥青或混凝土路面上进行,路面的纵向坡度不大于0.1%,直线段长度不小于100m。

(二)试验样车的验收与磨合

样车应按验收技术条件或有关文件的要求,进行全面检查及验收。试验前应按规定进行磨合及保养,并记录磨合情况。

1. 整车参数测定

(1)测定条件

参数测定时,除随车工具及备胎外,不允许有超载货物、杂物、泥土等。燃油、润滑油、冷却液应加注到规定的最高液面位置。测定时发动机熄火,变速杆置于空挡位置,制动器松开,不准用垫木。

对外廓尺寸有影响的可调整的或可改变状态的零部件(如翻转驾驶室、自卸车厢),应处于最小外廓尺寸。

(2)仪器设备

钢卷尺等线性测量装置、磅秤或其他称量装置、角度计等。

2. 尺寸参数

应测量运输车外廓和货厢尺寸等,详见标准原文。

3. 质量参数

应在空车质量状态、空载(有 1 名驾驶员、无载货和其他人员)和满载(全部乘员和最大厂定载荷)状态下测定运输车的总质量和前后轴上的质量分配。

可将产品驶上磅秤称取整车质量,也可分别将前、后轮驶入,分别测量,计算出整车质量和质量分配。

4. 质心参数

质心的测定见前述。

5. 动力性能试验

(1)试验条件、仪器设备

道路附着力应良好,爬坡试验在有纵向坡度的坡道上进行。试验仪器可用五轮仪或车速测试仪。

(2)试验方法

①车速的测定

测定最低稳定车速时,产品挂最低挡,以尽可能小的油门行驶,仪器显示车速稳定后,测定驶过 100m 距离的时间;测试完成后立即加速行驶,产品不应有发动机熄火、传动系颤动等现象。直到找出产品能平稳加速的最低稳定车速。试验应往返各一次,分别计算数值大小,并取算术平均值。用同样方法测定运输车挂最高挡时的最高挡的最低稳定车速。

最高车速测定:产品换挡加速至最高挡,油门踩到底,仪器显示车速保持稳定状态后,测定驶过 200m 距离的时间,往返各进行一次。分别计算最高车速,并取算术平均值。

②加速性能测定

最高挡的加速性能测定:产品挂最高挡,以比该挡的最低稳定车速约高 10% 的车速行驶。车速稳定后,将油门踩到底,加速到最高车速的 80% 以上为止。用仪器记录速度、时间和距离。往返各进行一次,在相同速度下测得值的平均值为测量结果。初速度和末速度在测定时误差不大于 3km/h。

起步连续换挡的加速性能测定:先练习换挡加速过程,确定最佳换挡工况。试验时,产品静止挂空挡,从发令开始立即挂起步挡起步并尽快加速行驶,至最佳换挡时刻,最迅速换入高一挡位,并尽快地换至最高挡位并加速到最高车速的 80% 以上。用仪器记录整个加速过程,测记速度、时间和距离。往返各进行一次,取在相同速度下的平均值为测量结果。

③爬坡能力测定

试验道路应接近运输车最大爬坡坡度，且坡道均匀、坡长足够、坡底有一段平缓的直线坡道。坡道上设置长25m的测区，起点距坡底为20m。坡道坡度的测量应在起点、终点和中部有代表性的3处进行测量，取平均值。

试验时，产品从离坡底约20m的平路区段用最低挡起步后，立即将油门踩到底使产品驶上坡道，应能顺利通过测区。若不能爬上时，应减少载荷重新试验。

若坡度大小不合适，可改变载荷或改变挡位行驶，反复试验，并用标准中规定的公式进行折算。

6. 燃油经济性试验

(1)试验条件和仪器设备

试验条件应符合JB/T 7235—2002《四轮农用运输车　试验方法》的要求，仪器为油耗仪和五轮仪等。

(2)试验方法

运输车装多缸或单缸发动机时的试验方法不同。装单缸柴油机时，应选用相应的试验方法。试验内容有等速平均燃油消耗测定、经济燃油消耗率测定和限定条件使用平均燃油消耗测定等。

等速平均燃油消耗测定：试验时，在远离测区前起步，油门限于某一位置，运输车以一恒定车速行驶，测定通过500m长测区的时间和燃油消耗量。试验车速应为最高车速的100%，90%，80%，70%，60%和50%(允许偏差±1km/h)。往返各进行一次进行测定，取其平均值。

经济燃油消耗率测定的方法：紧接上述试验，补测若干点(包括最高挡最低稳定车速)，画出燃油消耗率与车速的关系曲线，直到找出最低燃油消耗率及对应车速。在此车速下行驶，车辆的经济性最好。

限定条件使用平均燃油消耗测定的方法：在三级公路上尽可能平坦的地段，在正常交通时，按常规的方法行驶。其平均车速应不低于最高车速的60%，在25km长的路面上往返行驶一次，测记总燃油消耗量和时间。停车时发动机应熄火，记录停车时间。计算平均燃油消耗量和平均燃油消耗率。

7. 滑行试验

仪器设备为风速计和五轮仪等。

试验方法为：产品加速至30km/h以上时，立即分离离合器并挂空挡滑行行驶，车速降至30km/h时起动距离测定开关直至停车。测记从滑行至停车的滑行距离，往返各进行一次，取平均值。

8. 操纵性能试验

检测内容有：前轮前束及侧滑率测量、最小转向圆直径和水平通过圆直径测量、行驶直线性测量、操纵力测量。

(1)试验条件和试验设备

试验可在磨合前进行，试验时空载(可另加1名测试人员)。所用仪器为前轮侧滑试验台、转向力角仪、测力计、五轮仪和钢卷尺等。

(2)试验方法

前轮侧滑率的测定在侧滑试验台上进行，运输车挂最低挡，以3~5km/h的车速直线平稳行驶，正向驶过侧滑试验台(不得转动转向盘)，读取前轮驶过时的最大侧滑率值。重复进行3次，取最小值。

最小转向圆半径和水平通过圆半径分别是指运输车转弯时，外轮辙中心和最外端点至瞬时回转轴线的距离，如图 10－18 所示。

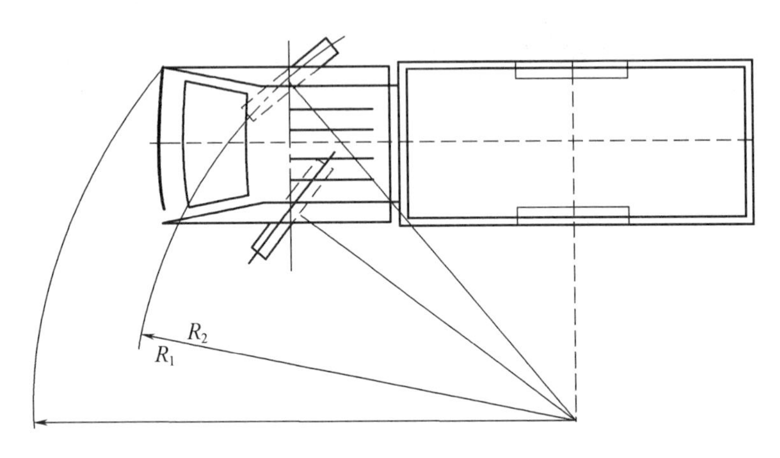

图 10－18　转向圆半径测量

产品以最低车速稳定行驶，将转向盘向一方转到极限位置，在地上分别标出最外轮辙中心和车辆最外端点的轨迹，待驶完一个整圆后退出场地。用钢卷尺分别测量两个圆的半径，均布测量 3 次后取平均值。在左、右转两个方向上重复进行，取其最大值。

行驶直线性试验方法为：在试验场划出 25m 长的测区。试验运输车以约 10km/h 的速度匀速并垂直于测区行驶，前轮刚抵达测区线时，松开转向盘，使运输车自由行驶，直到任一前轮抵过测区终线时停车。测量运输车在终点时前轴中心和在起点时行驶轨迹的延长线的距离。试验重复 3 次，并取平均值。在 3 次试验中，出现偏离方向相反的现象，试验无效，应检查调整后重新试验。

操纵力测量有转向盘切向操纵力测量和制动器、离合器及其他操纵杆操纵力测量等。

切向操纵力测量，是在规定的试验场地和路线上行驶，测量在行驶时作用在转向盘上的最大操纵力。试验应左、右转各进行 3 次，取两者的较大值。

制动器、离合器及其他操纵杆的操纵力测量方法为：测量时，运输车处于静止状态，分别测量将各操纵机构平缓地移至其工作位置时所需的最小操纵力。

9. 制动性能试验

（1）基本要求

车辆制动有行车制动、驻车制动和应急制动。标准中规定，制动装置应具有如下功能。

行车制动：不论车速高低、载荷多少、车辆上坡或下坡，行车制动系统应能控制车速的行驶，且车辆安全、迅速、有效地停住；行车制动是可控制的，应保证驾驶员在其座位上双手无须离开方向盘就能实现的制动。行车制动应作用在所有的车轮上。

应急制动：（不适用于三轮农用运输车）制动系应在行车制动只有一处失效的情况下，在适当的一段距离内使车辆停住；应急制动应是可控制的，应使驾驶员在其座位上至少有一只手在握住方向盘的情况下就可实现的制动。

驻车制动：驻车制动应能通过纯机械装置把工作部件锁住，使车辆停在上或下坡的地方，驾驶员离开也如此。应能够在其座位上就可实现驻车制动。

行车制动与驻车制动的控制装置应相互独立。行车制动系和应急制动系共用同一控制装置时，则驻车制动系应保证车辆处于行驶状态时也能制动。

制动器磨损后，制动间隙应易于通过手动或自动调整装置来补偿，它的控制和传能装置及制动器的零部件应具有一定的储备行程。

(2)制动系统性能要求

①基本要求

在规定的条件下，通过测量相应的初速度下的制动距离和/或充分发出的平均减速度来确定。制动距离是指驾驶员开始触动控制装置时起到停止时行驶过的距离，制动初速度是指驾驶员开始触动控制装置时的车辆速度。制动初速度应不低于规定值的95%。

充分发出的平均减速度 MFDD 按式(10-10)计算：

$$MFDD = \frac{v_b^2 - v_e^2}{25.92(S_e - S_b)} \tag{10-10}$$

式中　MEDD——平均减速度，m/s^2；

v——试验车制动初速度，km/h；

v_b——0.8 v 试验车速，km/h；

v_e——0.1 v 试验车速，km/h；

S_b——试验车速从 v 到 v_b 的行驶的距离，m；

S_e——试验车速从 v 到 v_e 的行驶的距离，m。

应按规定条件进行道路试验来测定制动性能；车辆的载荷状态应符合试验时的规定，并在试验报告中说明；各种试验都应按规定车速进行，若最高设计车速低于试验规定的车速，则可按车辆的最高设计车速进行；作用在控制装置上的控制力不应超过规定的最大值；制动性能应在车轮不抱死，任何部位不偏离表10-8规定的试车道宽度且无异常振动的条件下获得，若车辆的车速低于15km/h时，允许车轮抱死。

②行车制动系性能

按表10-8、表10-9的要求进行试验，并对试验力做了平衡要求，详见标准原文。

表10-8　制动距离和制动稳定性要求

农用运输车类型	制动初速度/(km/h)	满载检验制动距离要求/m	空载检验制动距离要求/m	车辆任何部位不应超出的试车道宽度/m
最高设计车速≥40km/h	30	≤9	≤8	2.5
最高设计车速<40km/h	20	≤5	≤4.5	2.3

表10-9　运输车制动力要求

项　目	要　求	
制动力总和与整车质量的百分比/%	空载	≥60
	满载	≥50
空载和满载下，轴制动力与轴荷的百分比/%	前轴	≥60
	后轴	—

③行车制动的传能装置失效后的剩余制动性能试验

行车制动系的传能装置若有某一零件失效，应按要求进行试验，试验制动初速度和剩余制动性能应符合表10－10的要求。

表10－10　行车制动的传能装置失效后的剩余制动性能要求

车辆状态	满载	空载
试验制动初速度/(km/h)	50	50
制动距离 S_{max} /m	$0.15v+\frac{100}{30}\times\frac{v^2}{115}$	$0.15v+\frac{100}{25}\times\frac{v^2}{115}$
充分发出的平均减速度 $MFDD_{min}/m\cdot s^{-2}$	1.3	1.1
最大控制力/N	700	700

④应急制动试验（仅适用于四轮运输车）

空、满载试验车辆分别进行试验，其试验结果应符合表10－11的要求。

表10－11　应急制动性能要求

试验车制动初速度 $v/km\cdot h^{-1}$		50
制动距离 S_{max} /m		$0.15v+\frac{2v^2}{115}$
充分发出的平均减速度 $MEDD_{min}/m\cdot s^{-2}$		2.2
最大控制力/N	手控制	600
	脚控制	700

⑤行车制动系Ⅰ型试验制动性能

满载车辆进行行车制动系Ⅰ型试验后，应在60s内立即测量行车制动系的热态性能。控制力保持恒定且不大于试验所用的控制力的平均值，所测得的热制动性能不应低于表10－12的规定值的80%。

表10－12　行车制动系Ⅰ型试验制动性能

试验车制动初速 $v/km\cdot h^{-1}$	50
制动距离 S_{max} /m	$0.15v+\frac{v^2}{130}$
最大控制力/N	700

⑥驻车制动性能要求

满载或空载运输车即使在没有驾驶员的情况下，用纯机械装置把工作部件锁住，并保证运输车在坡度为20%、轮胎与路面间的附着系数不小于0.7的坡道上正、反两个方向保持固定不动，其时间不少于5min。手操纵时，其控制力不大于600N，脚操纵时不大于700N。

（3）试验场地和试验条件

①试验场地

道路应为干燥、平整的水泥或其他路面;纵向坡度应小于1%(50m长);风速应小于5m/s;气温不超过35℃。

②试验车辆负荷

试验车辆处于最大厂定质量状态,载荷应均匀分布,轴荷分配应符合制造厂的要求。空载时油箱加至厂定容积的90%,加满冷却液及润滑剂,随车工具和备胎应符合要求,另包括200kg的质量(驾驶员、1名试验人员和试验仪器的质量)。

③试验仪器

试验仪器有控制力测定仪、减速度仪、测速仪、制动距离测定仪、时间测定仪、温度测定仪、管路压力测定仪等。仪器应经检定或校准,并在有效期内。

(4)试验方法

①空载制动与满载制动

空载试验与满载制动均按表10-8规定的试验车速,脱开发动机制动。在试验道路上画出与表10-8规定制动稳定性要求相应宽度试车道的边线,试验车沿车道中线行驶至高于规定的初速度后,变速器置于空挡,当滑行到规定的初速度时,迅速踩下制动踏板使车辆停住。

②台检试验

将运输车驶上表面干燥、没有松散物质及油污的制动试验台滚筒,位置摆正,启动滚筒,使用制动测量表10-9及其他要求测量的参数。

为获得足够的附加力以避免车轮抱死,可在车辆上增加足够的附加质量或施加相当于附加质量的作用力,或采用防止车辆移动的措施。若采用措施后,仍出现车轮抱死并在滚筒上打滑或整车随滚筒滚动而移出的现象,制动力仍未达到合格要求时,应采用路面试验方法。

③应急制动性能试验

以制动初速度为表10-11规定的试验车速,发动机脱开的试验,试验结果应符合要求。

④行车制动系Ⅰ型试验

试验道路允许包含弯道,但制动应在直路段上进行。

⑤驻车制动系性能试验

驻车制动系试验时车辆处于满载或空载,制动器最高温度不应超过100℃。试验可分为静态试验(含坡道试验、牵引试验和台试试验)和动态试验。

坡道试验为将试验车驶上规定的坡道,用行车制动系将车停住,变速器置于空挡,用最大许用控制力作一次驻车制动,然后解除驻车制动,保持5min。应在相反方向各进行一次。

牵引试验的方法是:试验车静止,按要求规定的控制力进行驻车制动,用牵引装置牵引,使试验车静止5min。当牵引力增量小于试验车总质量的20%时,试验车应保持静止,相反方向各进行一次。

动态试验为试验车满载,加速至标准规定的初速度,脱开发动机,进行驻车制动,其控制力、减速度等不应超出要求数值。

10. 环境污染试验

自由加速烟度的测定按GB 18322—2002《农用运输车自由加速烟度排放限值及测量方法》进行;噪声的测定按GB/T 19118—2003《农用运输车噪声测量方法》进行。

11. 自卸货箱性能试验

有自卸货箱的运输车应进行此项试验,可在磨合前进行。试验应在无明显坡度的坚实场地上进行，仪器设备有角度仪、转速表、秒表和直尺等。

举升时间和最大举升角测定方法为：运输车处于最大厂定装载质量状态，并使车厢锁定使其不会开启，发动机在额定转速下运转，测定从举升操作开始至最大位置所需时间，在左、右侧测量车厢举升到最高位置时的举升角。重复试验3次，取其平均值。

货物静沉降试验的方法是：运输车装载110%的最大厂定装载质量载荷，载荷均匀分布并固定在车厢内，当车厢举升角达到20°±1°时，将举升操纵手柄置于中间位置，发动机熄火。测量车厢停留5min时车箱前端的垂直下降量，如图10－19。

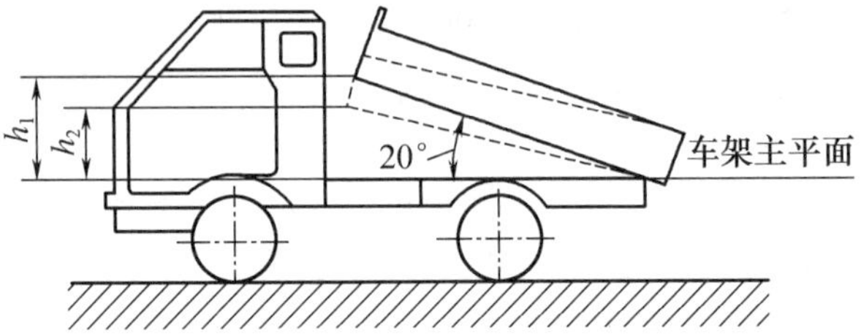

图10－19　货物静沉降试验

12. 驾驶室淋雨试验

试验应在降雨实验室进行，可在磨合前进行。设备为淋雨实验室、气象雨量计或量盘、计时器等。

运输车的门、窗及孔盖均应关闭，在淋雨时，应仔细观察驾驶室内各密封结合处的密封情况，认真记录渗漏部位。试验报告应详细报告渗水和漏水处数及部位。

判断规则如下：渗水是水从缝隙中缓慢出现，并附在驾驶室内表面上漫延开来的现象；漏水是出现滴水或流水；滴水是水从缝隙中成滴出现，在驾驶室内表面断续滴下的现象；流水是水从缝隙中出现，并沿着或离开驾驶室内表面连续不断的向周围流淌的现象。

13. 照明信号装置试验

按GB/T 19119—2003《农用运输车照明与信号装置的安装规定》进行。

14. 可靠性行驶试验

(1)试验条件和仪器设备

可靠性试验为型式试验的内容。每种车型的试验车为两辆；除行驶道路另有规定外，应符合JB/T 7235—2002《四轮农用运输车　试验方法》第3.1条的规定。

仪器为五轮仪、油耗仪、声级计、烟度计、计时器、气象仪器、钢卷尺等。

(2)性能试验

运输车在试验前后，应进行下列试验：动力性能试验、燃油经济性试验、制动性能试验、噪声测定和自由加速烟度测定。

(3)道路行驶试验

将完成上述试验的试验车投入试验，具体要求如下。

①试验行驶里程

新产品的负载行驶总里程为：最高车速不大于50km/h的车型为20 000km(拖拉机设计车速一般不超过30km/h)，其余为30 000km。里程数可按里程表读数乘里程表校正系数确定。

②行驶道路

试验时，平路行驶里程不超过总里程的50%、山路不少于20%、坏路不少于30%。试验道路应尽可能按上述比例构成一定里程的循环，难以实现时，可按下述比例集中行驶：平路25%、山路20%、坏路30%、平路25%。

③驾驶操作

在保证安全的前提下，应尽可能以较高速度行驶，试验平均车速不低于实测最高车速的

60%，夜间行驶里程不小于总里程的10%，坏路上平均车速应不低于最高车速的50%（载重量不大于1t的车型为40%）；每100km中至少有两次停车起步、一次倒车行驶100m及两次制动过程；山路行驶，每100km至少作一次上坡停车和起步。

应填写班次记录，按说明书进行操作和维护，不得任意调整和改变试验车的技术状态。

④试验记录

试验时（含磨合及性能试验）应仔细观察并记录一切异常情况，在故障登记表中记录一切故障，记录故障发生的时间和累计行驶里程。试验前发生的故障，其里程记为0km；行驶试验后的性能试验中出现的故障，按试验截止里程计，最后填写故障汇总表。发生故障后，排除后才能继续试验。

⑤故障定义和处理

故障定义、分类及判断，应符合JB/T 7736的要求。

试验时若出现致命故障，即认为达不到可靠性要求，可终止试验。若为了发现产品的问题，也可在修复后继续试验。新产品型式试验时重复出现的故障，若在未改进设计或制造质量时而换用原样制造的零件再次发生，只统计一次故障。

（4）最终检查

行驶试验后，应对试验车进行整车检查。根据需要可进行解体检查，对未失效但磨损量已超出限值的零件，应对磨损处进行精密测量测出磨损量。

15. 试验报告

试验报告应包括：名称、试验单位的名称和地址、试验地址、报告的唯一性标识、客户名称和地址、试验所用标准、被试样车的描述、样车的状态和唯一性标识、试验日期、检验的内容和结果、试验结果的误差分析或仪器的精度、主要试验人员和报告批准人员的签字或同等标识、试验条件偏离试验方法规定的要求时的说明等。

第四节　防盗安全门试验

一、防盗安全门术语及技术要求

（一）防盗安全门术语

防盗安全门（以下简称门）：配有防盗锁，在一定时间内可以抵抗一定条件下非正常开启，具有一定安全防护性能并符合相应防盗安全级别的门。

普通机械手工工具（以下简称工具）：凿子、锉刀、楔子、钳子、螺丝刀、扳手、钢锯、长度不大于600mm的大铁剪、1.2kg的手锤、便携式手摇钻、长度不大于600mm且直径不大于ϕ50mm的各种撬棍和撬扒工具。

615cm^{2}开口：最小边长为152mm的矩形开口，或直径为281mm的圆形开口，或斜边长为497mm的等腰直角三角形。

（二）技术要求

GB 17565—2007《防盗门通用技术条件》对门的技术要求做了一定的规定，门的设计生产和检验时，应以标准要求为准，且该标准为强制性标准。标准中规定的强制性条款必须执行。

1. 一般要求

门所选的板材材质应符合相关标准的规定；主要构件及五金附件应与门的使用功能一致，有效证明符合相关标准的规定；门的外观和永久性标记应符合要求。

钢质板材的厚度，如门框、内外面板等的厚度应符合相应规定。

2. 安全级别

门的安全级别按“甲”、“乙”、“丙”、“丁”进行分类，甲为最高，依次递减。

3. 门框、门扇尺寸

门扇与门框的搭接宽度不应小于8mm；门扇平面度不应大于4mm/m²。门扇外形尺寸公差应符合表10－13的规定，间隙应符合表10－14的规定。

表10－13　门扇门框外形尺寸公差

尺寸/mm	<1000	1000～2000	2000～3500	>3500
公差范围/mm	<2.0	≤3.0	≤4	≤5

表10－14　间隙

锁孔与锁舌间隙/mm	门框与门扇配合活动间隙/mm	门框与铰链边贴合面间隙/mm	开启边与门框贴合面间隙/mm
≤3	≤4	≤2	≤3

4. 防破坏性能

(1)门扇

非钢质板材的门扇，应能阻止在门扇上打开一个不小于615cm² 穿透门扇的开口，防破坏时间应符合表10－15的规定。

表10－15　防盗安全级别

项　目	级　别			
	甲级	乙级	丙级	丁级
门扇钢板厚度/mm	符合设计要求	内、外面板≥1.0－δ	内、外面板≥0.8－δ	外面板≥0.8－δ 内面板≥0.6－δ
防破坏时间/min	≥30	≥15	≥10	≥6
机械防盗锁级别	B	A		
电子防盗锁防盗级别	B	A		

注1：级别分类原则应同时符合同一级别的各项指标；

注2：“δ”为GB/T 708、GB/T 709中规定的允许偏差。

(2)锁具

在锁具安装部位以锁孔为中心，在半径不小于100mm的范围内应有防钻钢板；机械防盗锁应符合GA/T 73规定，电子防盗锁的防盗性能应符合GA 374的要求，并能提供有效合格证明材料，其防盗级别应符合相应要求；图样上应注明所选用的锁的型号和制造厂名称。

门宜采用三方位多锁舌锁具,门框与门扇的锁闭点数按门安全级别甲、乙、丙、丁应分别不少于12,10,8,6个。主锁舌伸出有效长度应不小于16mm,并应有锁舌止动装置。

锁具应在相应防盗级别规定的防破坏时间内,承受以下试验,门扇不应被打开:钻掉锁芯、撬断锁体连接件从而拆卸锁具;通过上下间隙伸进撬扒工具,试图松开锁舌;用套筒或类似扳动工具对门把手施加扭矩,试图震开、冲断锁体内的锁定档块或铆钉。

(3)铰链

在相应安全级别规定的防破坏时间内,铰链应承受普通机械手工工具对其实施冲击、錾切破坏时,应无断裂现象;铰链表面、转轴被锯掉后不应将门扇打开。

(4)防闯入装置

门扇与门框之间或其他部位可安装防闯入装置,装置本身及连接强度应可抵抗30kg沙袋、3次冲击而不产生断裂或脱落。

(5)软冲击试验

门扇在30kg沙袋、9次冲击试验后,不应产生超过安全级别规定的变形。

(6)悬端吊重性能

门扇开启到$(90 \pm 5)°$或$(45 \pm 5)°$。在通过门扇把手垂直于地面的作用线上附加(100 ± 0.5)kg重物,保持5min。试验后门框、门扇垂直变形量不大于2mm。

(7)撞击障碍物性能

通过10kg重物的自由落体进行撞击障碍物,反复3次后,门扇不应脱落,门框与门扇的间隙变化不大于2mm,门扇撞击面残余凹变形量不大于5mm,铰链不应有明显的变形,并能正常开启。

5.电气安全要求

门使用交直流电源时,与门体的接触电压应低于36V;电源引入端子与外壳或金属门体的绝缘电阻在正常环境条件下不小200MΩ。

二、试验要求与方法

门的试验分为型式试验和合格试验。

有下列情况之一时应进行型式试验:正式生产后,结构、材料、工艺有较大改变,可能影响产品性能时;正常生产时每两年检测一次;产品停产一年以上再恢复生产时;发生重大质量事故时;出厂检验结果与上次型式试验有较大差异时;国家质量监督机构或合同规定要求进行型式试验时。

产品出厂时,企业应对产品进行合格试验。

(一)试验准备

1.对试验人员的要求

试验人员应有开启门锁、门体的专门技能。试验前应研究门的图样及材料特性,针对其薄弱环节确定先后顺序及具体部位。由2名试验人员组成试验小组,轮流进行破坏试验。

2.对试验设备的要求

采用可将门安装并固定住的一种试验设备,该设备在刚度和强度上应符合门破坏试验和操作功能试验的要求。

门要按实际安装状态,安装在门体试验设备或专用试验固定支架上,然后进行功能检查和其他试验。

（二）尺寸及材质检验

有材质检查、主要构件及五金附件检查、永久性标记检查、板材材质检查、板材厚度检查、尺寸与间隙检查等常规项目检验，标准规定了检验方法和工具，具体见标准。

（三）防破坏性能

1. 门扇

对非钢材板材的门扇在规定时间内实施钻、切、锯、錾、撬、扒等方法，试图在门扇上打开一个不小于615cm^2穿透开口。时间不超过表10－15的要求。

2. 锁具

在相应防盗级别规定的时间内对锁具进行以下破坏试验：在距门锁锁定点150mm的半圆内，试图打开一个38mm^2的开口，通过开口用手或工具从内部拨开锁具；錾掉门框锁定点处的金属，在锁定点的上、下间隙伸进撬扒工具，试图松开锁舌；用套筒或类似扳动工具对门把手施加扭矩，试图震开、冲断锁体内的锁定挡块或铆钉。

3. 铰链

用扁刃撬扒工具拆卸门铰链，从铰链边打开门；锁闭点应能抵御通过上下间隙伸进撬扒工具，试图松开锁舌；用套能抵御用套筒或类似扳动工具对门把手施加扭矩，试图震开、冲断锁体内的锁定挡块或铆钉。

4. 防闯入试验

将试件安装在试验设备上，吊架横梁连接1500mm长的绳索，绳索端连结30kg重的球形沙袋作为悬摆，其位置与落点的高度差值为800mm。沙袋冲击点为试件下$H/2$部位，见图10－20。连续冲击3次，冲击间隔时间为30s。试后，不应产生断裂或脱落。

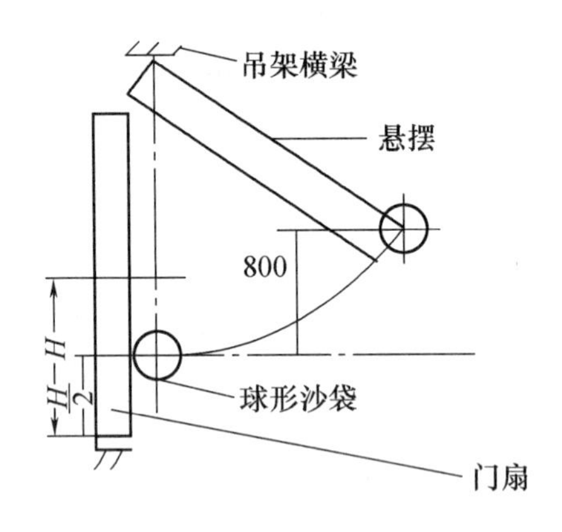

图10－20　防闯入试验和软冲击试验

5. 软冲击试验

将试件安装在试验设备上，吊架横梁连接1500mm长的绳索，绳索端连结30kg重的球形沙袋作为悬摆，沙袋冲击方向沿门扇开启方向，其位置与落点的高度差值为800mm。沙袋冲击点为试件下$H/2$部位，见图10－20（注意：与防闯入试验的区别是冲击点位置不同）。应连续冲击9次，每次间隔时间为1min，不应产生超过安全级别规定的变形。

6. 悬端吊重性能试验

门扇开启到$(90 \pm 5)°$或$(45 \pm 5)°$状态下。在通过门扇把手垂直于地面的作用线上附加(100 ± 0.5)kg垂直载荷力，保持5min。试验后门框、门扇垂直变形量不大于2mm。测量仪器为百分表，测量同一位置在加、卸前后的高度差值。

7. 撞击障碍物性能试验

在规定的位置上，通过10kg重物的自由落体进行撞击障碍物，反复3次后，门扇不应脱落，门框与门扇的间隙变化不大于2mm，门扇撞击面残余凹变形量不大于5mm，铰链不应有明显的变形，并能正常开启。

8. 铰链转动性能试验

将弹簧拉力装置装卡在门把手的正反方向上，通过弹簧拉力装置施加不大于49N的拉力，将门拉开或关闭。门体应灵活转动90°。

9. 锁具检查

用精度不低于0.001mm的超声波测厚仪测试加强钢板的范围和厚度，应符合标准要求；检查机械防盗锁、电子防盗锁的防盗级别的有效合格证明符合标准的要求；在正常关闭状态下，检查门框与门扇的结合点数、锁具的锁定方位数应符合标准要求；测出锁舌的伸出净长度 L_s 和锁具边门框与门扇的配合间隙 δ_s，计算出锁舌有效伸出长度 $L_x = L_s - \delta_s$，其值应符合标准的规定。

10. 电气安全性能检查

用精度不低于0.1V的数字电压表测量带电装置输出电压，其值应符合标准的要求；用精度不低于0.1MΩ，500V的绝缘电阻表分别测量电源任意输入端与门体、带电装置外壳之间的绝缘电阻，应符合标准的规定。

11. 标志

在产品明显部位或指定部位应标明下列标志：制造厂名称和商标；产品名称、型号；生产日期或编号；合格证明标志；防盗级别及标志。

12. 包装

产品应无腐蚀作用的材料包装；包装后的各类部件，应避免发生相互碰撞、窜动；包装后应有装箱单；包装箱应有足够的强度。

（四）检验规则

1. 试验项目

试验项目、试验方法与技术要求及不合格分类按表10－16的规定。

表10－16　防盗安全门试验项目

序号	项目名称	不合格项目	型式试验	合格试验
1	一般要求	C	√	√
2	外观	C	√	√
3	永久性标记	A	√	√
4	板材材质	C	√	√
5	钢质板材厚度	A	√	√
6	其他材质的板材厚度	B	√	√
7	尺寸公差与间隙	C	√	√
8	防盗安全级别	A	√	
9	防破坏性能	A	√	
10	防闯入性能	B	√	
11	软冲击性能	B	√	
12	悬端吊重性能	B	√	

续表

序号	项目名称	不合格项目	型式试验	合格试验
13	撞击障碍物性能	B	√	
14	铰链转动性能	B	√	√
15	锁具防盗性能	A	√	
16	锁具一般要求	B	√	√
17	电气安全性能	A	√	√

2. 抽样规则

型式试验应从成品库的相同材质、相同防盗级别的产品中随机抽取2樘。出厂检验按企业规定,合格后方可出厂。

三、防盗安全门合格评判方法

试后,应按标准所列的检验项目进行合格与否的判定,有下列情况之一者,判产品不合格:有一项A类不合格;有两项B类不合格,有三项C类不合格;有一项B类和两项C类不合格。

若发现A类不合格品时,应立即停止检查,并应在相应范围内采取措施;消除A类不合格的因素后再提交检查。若涉及已出厂产品,应进行事后技术处理,即进行跟踪维修或召回该批产品,以避免出现重大事故。

复习思考题

1. 为什么要进行型式试验和合格试验?
2. 在什么条件下应进行型式试验和合格试验?
3. 电阻应变片的工作原理是什么?可检测什么参数?
4. 有一工件为一典型的等截面悬臂梁,进行强度鉴定时如何贴片?并画图说明?
5. 如何用电阻应变片进行温度的测量?
6. 防盗安全门的A类检测项目有哪些?
7. 试述四轮农用运输车的制动性能试验内容?
8. 自查资料,试确定自行车的合格试验和型式试验项目。

参考文献

[1]质量检验方式与方法. 产品质量检验依据简介. 山东农机,2002(7):14～16

[2]标准与质量摘编. 产品质量检验依据简介. 山东农机,2002(9):15～16

[3]机电产品质量检验. 南京:江苏科学技术出版社,1990

[4]朱沅浦等. 热处理手册. 北京:机械工业出版社,1994

[5]姜伟之等. 工程材料的力学性能. 北京:北京航空航天大学出版社,2000

[6]机械工业部统编. 力学性能实验工操作技能与考核. 北京:机械工业出版社,1996

[7]席宏卓. 产品质量检验技术. 北京:中国计量出版社,2000

[8]刘鸿文. 材料力学. 北京:高等教育出版社,1984

[9]《简明检验工手册》编写组. 北京:机械工业出版社,2003

[10]《简明冷冲压工手册》编写组.《简明冷冲压工手册》第3版. 北京:机械工业出版社,2001

[11]任家隆主编. 机械制造技术. 北京:机械工业出版社,2003

[12]蔺景昌等主编. 机械产品质量检验. 北京:中国计量出版社,1998

[13]汪恺主编. 形状和位置公差. 北京:中国计划出版社,2004

[14]刘天佑主编. 钢材质量检验. 北京:冶金工业出版社,1999

[15]全国锅炉压力容器无损检测人员资格考核委员会.《射线探伤》(Ⅱ、Ⅲ级教材). 北京:劳动部中国锅炉压力容器安全杂志社,1998

[16]全国锅炉压力容器无损检测人员资格考核委员会.《超声波探伤》(Ⅱ、Ⅲ级教材). 北京:劳动部中国锅炉压力容器安全杂志社,1995

[17]全国锅炉压力容器资格考核委员会.《渗透探伤》(Ⅱ、Ⅲ级教材). 北京:劳动部中国锅炉压力容器安全杂志社

[18]劳动部培训司组织编写. 铸工工艺学. 北京:劳动出版社,1994

[19]劳动部教材办公室. 钳工工艺学. 北京:劳动出版社,1997

[20]王宽福主编. 压力容器焊接结构工程分析. 北京:化学工业出版社,1998

[21]徐英南. 机械检验工手册. 北京:中国劳动出版社,1992

[22]张胜涛主编. 电镀工程. 北京:化学工业出版社,2002

[23]曲敬信主编. 表面工程手册. 北京:化学工业出版社,1998

[24]王泳厚主编. 涂料防腐蚀技术300问. 北京:金盾出版社,1996

[25]黄长艺. 机械工程测量与试验技术. 北京:机械工业出版社,2000

[26]机械工程手册编委会.《机械工程手册》第七卷. 北京:机械工业出版社,1983

[27]张胜涛主编. 电镀工程. 北京:化学工业出版社,2002

[28]曲敬信主编. 表面工程手册. 北京:化学工业出版社,1998

[29]王树荣等主编. 环境试验. 北京:人民邮电出版社,1988年

[30]电工电子产品技术、标准化技术委员会编著. 环境试验应用指南. 北京:中国标准出

版社,1990

[31]李岩,花国梁编. 精密测量技术. 修订版. 北京:中国计量出版社,2001

[32]刘巽尔,于春泾编. 机械制造检测技术手册. 北京:机械工业出版社,2000

[33]全国产品尺寸和几何技术规范标准化技术委员会秘书处编. 产品几何精度标准规定汇编. 北京:中国电力出版社,2002

[34]梁子午编. 检验工实用技术手册. 南京:江苏科学技术出版社,2004

[35]廖念钊编. 互换性与测量技术基础. 第二版. 北京:中国计量出版社,1995

[36]梁国明编. 长度计量人员实用手册. 北京:国防工业出版社,2000

[37]张策,高斯脱等编. 机床试验的原理和方法. 北京:机械工业出版社,1986

[38]邵汝椿,黄镇昌编. 机械噪声及其控制. 广州:华南理工大学出版社,1994

[39]西安交通大学内燃机教研室编. 内燃机原理. 北京:中国农业机械出版社,1981

[40]严兆大主编,内燃机测试技术. 杭州:浙江大学出版社,1986

[41]魏荣年,杨光昇主编. 内燃机测试. 北京:国防工业出版社,1994

[42]长沙铁道学院主编. 内燃机构造与原理. 北京:中国铁道出版社,1985